激光智能制造技术

雷仕湛　闫海生　张群莉　编著

復旦大學出版社

序言 | Foreword

　　激光制造是基于 1960 年发明的激光器开发的一种新型制造技术,一种具有巨大发展潜力的绿色制造技术。经过几十的开拓发展,先后开发了一系列制造新技术、新工艺,包括激光机械加工新技术(如激光打孔技术、激光切割技术、激光焊接技术等)、激光成型制造技术、激光表面强化技术、激光表面清洗和修复技术以及激光再制造技术等,已经广泛应用于国防工业生产、能源工业生产、机械工业生产、航空航天业生产、科学仪器制造业生产以及医疗卫生器材生产,大大地提高了生产技术水平和生产效率,取得了很好的经济效益和社会效益,受到了社会广泛关注和好评。

　　近年来,随着机器人技术和人工智能技术的发展,激光制造技术植入这两种技术,提升到了一个新台阶,进一步提高了激光制造技术水平、机械工业生产效率与产品质量,并大幅度降低生产成本,提高市场应变能力,成为一种新型的先进智能制造技术。

　　本书对各种激光加工制造技术、激光再制造技术和激光智能制造技术作了比较全面、具体的介绍,介绍了它们的工作原理、特点、工作系统、优化工艺和主要应用,帮助读者了解、研究和应用这门新技术。

　　激光智能制造技术是面向市场、面向客户,涵盖设计、制造和生产管理整个生产过程的集成制造技术。随着生产发展,这门新技术也在不断发展,期待将来再版并补充。

中国科学院上海光学精密机械研究所

中国科学院院士

林尊琪

前言 | Preface

　　激光智能制造技术是激光技术植入机器人技术和人工智能技术而开拓的新型制造技术，是一种具有巨大发展潜力的绿色制造技术，可大幅度提高制造技术水平，获得很大经济效益和社会效益，受到社会广泛关注。为配合激光智能制造技术的发展，我们编写了这本书。

　　在编写过程中得到了许多科学工作者和生产技术人员的支持和帮助。中国科学院上海光学精密机械研究所的苏宝熔、屈炜、沈力，上海交通大学的邓琦林，上海海事大学的孙士斌，同济大学工程与产业研究院李景全等对本书内容选择提出了宝贵意见和建议；浙江工业大学的姚建华为本书提供了有价值资料，中国科学院上海光学精密机械研究所的王晓峰、薛慧彬等为本书提供了有价值的图片资料，并对一些图片进行了加工处理；复旦大学出版社对本书的出版提供了很多帮助和支持，在此我们向他们表示衷心感谢！同时也特别感谢中国科学院上海光机所的林尊琪院士为本书作序。

　　随着生产发展，激光智能制造技术也在不断发展，不断涌现新技术，我们期待将来有机会再版并补充这些新内容。

目录 Contents

第一章
激光和激光器

激光器是 1960 年问世的特种光源,有特别高的亮度和特别好的单色性,具有巨大的应用潜力。

1-1　激光特性

一　高亮度

(一) 光源的亮度

在光辐射测量中,常用的几何量是立体角。任一光源发射的光能量都是辐射在它周围的一定空间内,与平面角度相似,把整个空间以某一点为中心划分成若干立体角。假定 ΔA 是半径为 R 的球面的一部分,ΔA 的边缘各点和球心 O 连线所包围的那部分空间叫做立体角,数值为部分球面面积 ΔA 与 R 平方之比,即

$$\Omega = \Delta A / R^2 \text{。} \tag{1-1-1}$$

对于一个给定顶点 O 和一个随意方向的微小面积 $\mathrm{d}S$,它们对应的立体角 $\mathrm{d}\Omega$ 为

$$\mathrm{d}\Omega = \frac{\mathrm{d}S\cos\theta}{R^2}, \tag{1-1-2}$$

式中,θ 为 $\mathrm{d}S$ 与投影面积的夹角,R 为 O 到 $\mathrm{d}S$ 中心的距离。光源的亮度就定义为光源单位发光面积上,向某一个方向的单位立体角内发射的光通量,其物理表达式是

$$L = \mathrm{d}^2\Phi/[\mathrm{d}\Omega \cdot \mathrm{d}S \cdot \cos\theta]。 \qquad (1-1-3)$$

式中，Φ 是光通量。考虑到光通量与发光功率 P 的关系，即

$$P = \mathrm{d}\Phi/\mathrm{d}\Omega。 \qquad (1-1-4)$$

光源的亮度又可以写为

$$L = \mathrm{d}P/[\mathrm{d}S \cdot \cos\theta]， \qquad (1-1-5)$$

即在给定方向上的光亮度也就是该方向上单位投影面积上的发光强度。沿与发光面垂直方向的亮度，可以简化为

$$L = P/S\Omega。 \qquad (1-1-6)$$

这样定义的亮度通常又称为定向亮度，单位为 $\mathrm{W/cm^2 \cdot sr}$，在照明工程中亮度的单位是熙提(sb)。几种常见光源的亮度，见表 $1-1-1$。

表 1 - 1 - 1　几种常见光源的亮度

光源	亮度/sb	光源	亮度/sb
蜡烛	大约 0.5	超高压汞灯	大约 120 000
电灯	大约 470	太阳	大约 165 000
碳弧	大约 9 000	高压脉冲氙灯	大约 1 000 000

现代工业生产对设备的精密程度要求越来越高，对零件机械加工的精密度也提出更高要求。用透镜会聚起来的光点尺寸可以非常小，用光束做加工的工具，显然会获得比较高的加工精密度；光束加工时与材料是非机械性接触，"工具"不会出现机械磨损，既能保证加工尺寸一致性，也能够保证加工工具寿命，比起普通机械加工会有许多优越性。但是，首要条件是有亮度非常高的光源。

（二）提高光源亮度

由(1-1-6)式可以看到，加大发光功率可以提高光源的亮度，但潜力有限，受光源的尺寸和输入电功率的限制，当尺寸增大，发光面积也同步增大，而这也限制了光源的亮度。此外，按照拉格朗日定理，利用任何光学成像系统，在光源及光学系统周围具有相同折射率介质的情况下，都不可能获得大于光源本身的亮度。因此，要大幅度提高光源的亮度，采取通常的办法效果不大。

如果全部光辐射能量沿某个方向很小的角度发射，就可以大幅度地提高亮度。比如，光辐射能量集中在1%度内，那么光源在这个方向的亮度就会获得亿倍的提高。普通光源之所以是往四面八方发光，而不是只朝一个方向发光，根本

原因是光源内各发光原子的发光行为没有受到制约,它们主要是做自发辐射跃迁。假如它们的发光行为是受到制约的,同步地从高能态跃迁到低能态,经受激发射过程,情况就会发生重大改变。

爱因斯坦在 1917 年发表的"关于辐射的量子理论"的论文中指出,物质的原子吸收外来的能量后会,从基态或者较低能态跃迁到激发态,这个过程称为激发,或者受激吸收跃迁;在激发态的原子可以自行回到较低能量的能态或者基态,并发射光子,这个过程称为自发发射跃迁,发的光辐射称自发辐射;在激发态的原子也可以在别的光子诱导下,返回较低的能态或者基态,并发射光子,这个过程称为受激辐射跃迁,发射的光辐射称为受激辐射,如图 1-1-1 所示。

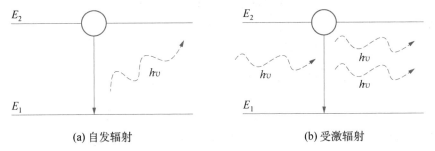

(a) 自发辐射 　　　　　　　　　　　　(b) 受激辐射

图 1-1-1　自发辐射跃迁和受激发射跃迁

受激辐射的频率、传播方向都与诱导其发生跃迁的光子相同。显然,如果每个处于激发态的"成员"都做受激辐射跃迁,便等于实现了众多原子、分子的联合发射行动,此时的光源便可以朝一个方向输出光辐射,输出几乎是一束平行光束,即(1-1-6)式中的发散角 $\Omega \approx 0$。显然,这种光源的亮度将大幅度提高。光束的发散角为 3×10^{-4} rad,其亮度就比相同光功率的普通光源高 4 亿倍。

(三) 激光器的亮度

激光器正是以受激发射为主的光源,它的亮度非常高。

1. 激光器的亮度

普通固体激光器的亮度是 $10^7 \sim 10^{11}$ W/cm² · sr,采用 Q 突变技术的激光器亮度更高,一般是 $10^{12} \sim 10^{17}$ W/cm² · sr。为了更全面评价光源的特性,引入单色定向亮度概念,它定义为光源单位发光面积、向单位立体角发射在单位频率宽度的光功率:

$$L_s = L/\Delta\upsilon, \tag{1-1-7}$$

式中,L_s 是单色定向亮度,L 是定向亮度,$\Delta\upsilon$ 是光源的发光频率范围,即光谱频率宽度(W/cm² · sr · Hz)。太阳在波长 500 nm 附近的单色定向亮度 L_s 大约为

2.6×10^{-12} W/cm^2·sr·Hz。太阳光的单色定向亮度之所以这般低,是因为有限的发光功率分布在空间各个方向和广阔的光频率范围。一般固体激光器的单色定向亮度是 $10 \sim 10^3$ W/cm^2·sr·Hz,是太阳的 10 万亿倍到千万亿倍;采用 Q 突变技术的固体激光器的单色定向亮度一般是 $10^4 \sim 10^7$ W/cm^2·sr·Hz,是太阳的亿亿倍到千亿亿倍!

激光极高亮度是来源于受激发射的特性。激光的发散角极小,一般只有 0.001 rad,接近平行光束。单就这个因素,与相同光功率的普通光源相比,激光器的亮度就提高 $4\pi/(10^{-3})^2 = 1.26 \times 10^7$ 倍。

其次,光源的亮度也与它的发光面积有关,激光器的发光面积很小,一般只有 0.1 cm^2,而输出功率为 10 MW 的激光器的发光面积也只有大约 1 cm^2。两个因素综合起来,激光器的亮度就很高,比普通光源高大约百亿倍。

2. 以受激发射为主体的条件

要让光源转变发光机制,以自发发射跃迁为主变为以受激发射为主是有条件的:

(1) 能级粒子数布居反转　通常,光辐射在通过原子或者分子集体时,其能量总是减少而不是增强。因为光辐射与物质相互作用时,除了发生自发辐射、受激辐射这两个过程之外,还同时发生第三种过程,即受激吸收过程:原子、分子吸收通过的光辐射能量,从基态或者能量较低的能态跃迁到高能态。根据爱因斯坦的辐射理论,原子、分子发生受激发射和受激吸收的几率是相同的,如果处于高能态的粒子数比在低能态或者基态的数量多,这种状态称为能级粒子数布居反转,那么光辐射通过粒子系统时发生受激发射过程将胜过受激吸收过程,光辐射便被放大。

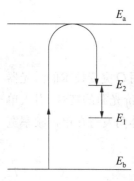

图 1-1-2　建立原子能级粒子数分布反转

图 1-1-2 所示是原子的 4 个能级,其中 E_b 是基态,其余 3 个是激发态,E_1、E_2 和 E_a 分别代表它们所处能态的能量,$E_a > E_2 > E_1$。外来的能量把原子从基态 E_b 激发到能级 E_a,然后从这个能级转移到能级 E_2。假如能级 E_a 与能级 E_b 之间的光学跃迁概率很大,使得能级 E_a 获得很高的激发速率;又假定能级 E_a 向能级 E_2 的弛豫速率比能级 E_a 向能级 E_b 的弛豫速率大,能级 E_2 与能级 E_1 之间的光学跃迁几率比较小(即能级 E_2 是亚稳态),保证在能级 E_2 的原子数量有比较高的增长速率,那么在能级 E_2 与能级 E_1 之间便可以实现能级粒子数布居反转状态。

（2）能级粒子数布居反转密度达到一定数值（即阈值条件）　能级粒子数布居反转是光源实现以受激发射为主的必要条件，但还不是充分条件，还要求能级粒子数布居反转密度达到一定数额。光谱谱线是洛伦兹线型的原子系统，要求的粒子数反转密度数值为

$$\Delta n \geqslant [h(1-\alpha)Ac/16\pi^2\mu^2)](\Delta v/v)。 \qquad (1-1-8)$$

光谱线是多普勒效应展宽的原子系统，要求的粒子数反转密度数值为

$$\Delta n \geqslant [h(1-\alpha)A/16\pi^2\mu^2)](2kT/\pi m)^{1/2}, \qquad (1-1-9)$$

式中，α 是共振腔壁面的反射系数，A 是共振腔的壁面积，μ 是原子偶极子跃迁矩阵元，m 是原子、分子的质量，T 是温度。式（1-1-9）显示一个重要信息，要求的粒子数反转密度值 Δn 与光波频率无关，这就解除了先前担心因为光学波段光频率高导致要求的粒子数布居反转密度值太高，以致难以做到。实际上，通常的原子、分子系统要求的能级粒子数布居反转密度值并不是很高。比如原子的质量 m 是 100 原子质量单位，偶极子跃迁矩阵元 μ 是 5×10^{-18} 静电单位，温度 T 是 400 K，在通常的工作条件下，根据（1-1-9）式算得的 Δn 值大约是 5×10^{18}。

二　光源的单色性、相干性

（一）单色性

视觉是光辐射刺激眼睛视神经产生的，我们感觉到不同颜色，那是不同波长的光辐射对视网膜上视质细胞作用不同的反映，比如波长在 $0.75\sim0.63$ μm 的光波引起红色的感觉，$0.60\sim0.57$ μm 的光波引起黄色感觉，$0.45\sim0.43$ μm 的光波引起紫色感觉等。发射引起单种颜色感觉的光辐射光源，通常称单色光源。从理论上说，每个波长的光波对应于某单种颜色感觉，但实际上由于各种原因，不大可能获得发射单一光波长（或者单一频率）的光源，发射的光辐射总是包含一个波长范围，这个波长范围（或者频率范围）称为光谱线宽度，包含的光波波长范围越小，光谱线宽度越窄，产生的颜色也就越纯。在激光器出现之前，单色性比较好的光源主要有氦灯、氖灯、氪灯，其中以同位素氪-86 气体放电灯的单色性最好，有单色性之冠的美称。

（二）相干性

相干性表示光源发射的单一频率光波相位之间的固定关系，光辐射的传输特性、聚焦特性以及单色性都与它有密切关系。相干性的具体表现是光束叠加时会产生干涉现象。物理学上通常将相干性分时间相干性和空间相干性，时间

相干性表示在空间某点的两列光波的时间关联性。原子被激发到激发态之后停留的时间很短(一般 $10^{-7} \sim 10^{-8}$ s),每个原子是脉冲式发射光辐射,而且发射的光脉冲宽度很窄。在激发态的原子完成发射光辐射后失去能量,返回能量较低的能态或者基态,等待一定时间之后被再次被激发到激发态,进行下一次发射。各次发射的光波的相位不可能保持相同,因而它们到达空间同一个地点时的相位不同,相位差随时间而变化。假如在某个时段内它们的相位差平均值很小,达到 1 rad,那么它们叠加时可以产生干涉现象,即认为它们还是相干的,这段时间便称为相干时间,在数值上可以由光辐射的光谱线宽度计算。假定光辐射的光谱线宽度是 Δv,那么该光辐射的相干时间为

$$\tau = 1/\Delta v 。 \qquad (1 - 1 - 10)$$

或者以光辐射包含波长范围 $\Delta \lambda$ 表示,相干时间为

$$\tau = \lambda^2/(\Delta \lambda c), \qquad (1 - 1 - 11)$$

式中,c 是光波在真空中的传播速度。相干时间长的光辐射,光谱线宽度窄,或者说单色性好。迈克尔逊干涉仪显示的是光源在不同时刻发射的光束产生的干涉条纹,可以显示光源的时间相干性。

空间相干性表示某一时刻通过空间两点的光波的关联性。包含波长范围 $\Delta \lambda$、在空间距离 ΔL 两点的光波,相位差平均值为 $(\Delta \lambda/\lambda^2)\Delta L$。如果此相位差平均值很小,达到 1 rad,那么这两个光波相叠加时可以产生干涉现象,相应的空间距离 ΔL 称为空间相干长度,相干长度长的光辐射单色性也好。杨氏干涉实验显示的是光源上不同发光点在同一时刻发射的光辐射产生的干涉条纹,是研究光的空间相干性的装置。

(三) 干涉条纹

假定两束光强度分别为 I_1 和 I_2 的光束在空间叠合并产生干涉,则产生的干涉条纹可见度(反衬度)为

$$\gamma = 2\xi_{12}(\tau)(I_1 I_2)^{1/2}/(I_1 + I_2), \qquad (1 - 1 - 12)$$

式中,$\xi_{12}(\tau)$ 是两光束的相干度,τ 是两光束到达干涉场的时间差。如果两束光的强度相同,干涉条纹的可见度也就是光辐射的相干度。所以,相干性好才能得清晰的干涉条纹。图 1 - 1 - 3 所示是光学干涉条纹,其中右图是用单色性好的光源得到的干涉图,左图单色性较差。

如果单色性不好,光辐射中包含波长范围为 $\Delta \lambda$,那么,它们将各自形成一组干涉条纹。如果波长 $\lambda + \Delta \lambda$ 的第 j 级干涉条纹与波长 λ 的第 $j + 1$ 级干涉条纹重

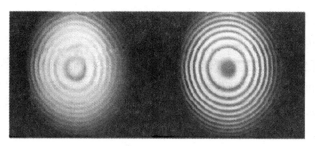

图 1-1-3 不同单色性光源得到的干涉图

叠,得到的干涉图将模糊不清。

（四）激光的单色性和相干性

激发态原子做自发辐射跃迁时,每一个在激发态的原子都是彼此独立地发射光辐射,相位彼此之间没有关联,相干性很差;每个激发态原子发射的光波频率也不相同,因此,光源的单色性也不会好。如果光源的发光过程是以受激跃迁过程为主,各个在激发态的原子同步发射,并且是朝一个方向发射相同的波长,显然,单色性和相干性都很好。激光器正是以受激发射过程为主的光源。

光谱线宽度 $\Delta\lambda$ 是衡量光辐射单色性的物理量,$\Delta\lambda$ 小的光单色性和相干性好。太阳光辐射的波长分布范围很广阔,可见光波段在 $0.76\sim0.4~\mu m$ 之间,对应的颜色是从红色到紫色的各种颜色。氪-86 气体放电灯的红光谱线宽度 $\Delta\lambda$ 是 $4.7\times10^{-4}~nm$,激光的谱线宽度 $\Delta\lambda$ 比它更窄,可由下面式子计算,即

$$\Delta\lambda \approx 8\pi h\lambda(\Delta\upsilon_c)^2/P, \qquad (1-1-13)$$

式中,P 是激光器输出的激光功率,$\Delta\upsilon_c$ 是共振腔频率宽度,λ 是光波长,h 是普朗克常数。采用频率宽度 $\Delta\upsilon_c$ 为 1 MHz 的共振腔,对于激光波长 λ 为 1 μm、激光功率 P 为 1 mW 的激光,激光光谱线宽度 $\Delta\lambda$ 大约是 10^{-12} nm,亦即大约为氪-86 灯的亿分之一。

1-2 激光器组成基本要素

不管是什么类型的激光器,基本上都由 3 大部分组成,即激光工作物质、激光泵浦源和激光共振腔。

 工作物质

工作物质是用来在其特定能级间实现粒子数反转并产生受激发射跃迁,把

外来激发能量转变为相干辐射(即激光)的物质。

(一) 作用和基本要求

对激光工作物质的基本要求是：首先，能够尽可能多地吸收泵浦光源所发出的光功率，即有宽的光谱吸收带，因为光源发射的光功率总是分布在较宽的光谱带；其次，要求有亚稳态，由于在光频区域非亚稳态的自发辐射几率很高，高能态粒子数不易积累增加；第三，要求吸收带的原子能以尽可能高的效率转移到亚稳态，很少通过自发辐射回到基态。为了易于在两个能级间形成粒子数布居反转状态，最好在基态和亚稳态之间具有另外一个底部能级，由亚稳态到此能级的跃迁几率和到基态的几率相近。由于在常温或低温时底部能级的粒子数远小于基态粒子数，亚稳态与底部能级间的粒子数布居反转状态很容易形成。上面叙述中，实际上假定所述能级都是最靠近基态的，尽可能减少其他的跃迁可能性。此外，还要求工作物质光学性质均匀，光学透明性良好，物理和化学性质稳定等。

(二) 常用激光工作物质

可以产生受激发射的工作物质非常多，主要有：固体工作物质包括晶体和玻璃，气体工作物质包括原子气体、分子气体和电离化气体，半导体工作物质，有机和液体工作物质，自由电子束等。产生的激光波长范围从大约 200 nm 的紫外区开始，遍及整个可见区($0.4 \sim 0.7~\mu m$)和红外区($>0.7~\mu m$)，直至几百微米的远红外区，与无线电波谱范围内的亚毫米波段相连。

1. 红宝石激光晶体

红宝石晶体是在刚玉中掺进少量铬离子(Cr^{+3})做成的，在绿色区有一条宽吸收带，称为 Y 带，中心波长 $0.55~\mu m$，带宽大约 100 nm；在紫外区也有一个吸收带，称为 U 带，中心波长 $0.42~\mu m$，带宽也大约 100 nm。用对应吸收带波长的光辐射激发时，晶体发射出几条深红色的窄带谱线(波长大约 700 nm)和两条最强的谱线 R_1 线(波长 694.3 nm)和 R_2 线(波长 692.8 nm)，后面这两个辐射波长对应的跃迁终态是基态。在通常状态下，基态的原子数量总是较多的，故与基态之间建立能级粒子数反转状态十分困难。但是，在满足一些基本要求时似乎还是有可能的。

图 1-2-1 所示是红宝石晶体的 3 个能级，即能级 E_3($^4F_1$ 和 $^4F_2$)、E_2(^2E) 和 E_1($^4A_2$)，能量间隔比热运动能量 kT 大(这里 k 是波尔兹曼常数，T 是温度)。其中 E_1 是基态，能级 E_2 的平均寿命为 5×10^{-3} s，属于亚稳态。记这 3 个能级的粒子数分别为 N_3、N_2、N_1，它们随时间的变化规律由下面的方程描述：

$$dN_3/dt = W_{13}N_1 - (W_{32} + A_{31} + S_{32})N_3,$$

$$(1-2-1)$$

$$dN_2/dt = W_{12}N_1 - (A_{21} + W_{21})N_2 + S_{32}N_3,$$

$$(1-2-2)$$

$$N_3 + N_2 + N_1 = N_0。$$

$$(1-2-3)$$

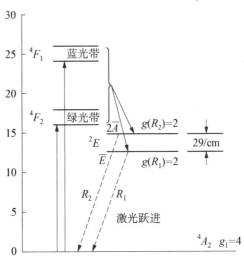

图 1-2-1 红宝石激光晶体与激光跃迁有关的 3 个能级

式中的 W_{ij} 是在频率 υ_{ij} 的光辐射作用下粒子从能级 i 向能级 j 做受激辐射跃迁的几率，A_{ij} 是粒子从能级 i 向能级 j 做自发辐射跃迁几率，S_{32} 是粒子从能级 3 向能级 2 的弛豫速率。在达到稳定时，$dN_3/dt = dN_2/dt = 0$，则有

$$N_2/N_1 = [W_{13}(S_{32}/W_{31} + A_{31} + S_{32}) + W_{12}]/(W_{21} + W_{21})。$$

$$(1-2-4)$$

考虑到弛豫速率 S_{32} 比能级 E_3 向能级 E_1 的自发辐射跃迁几率 A_{31} 大得多，也比从能级 E_2 向能级 E_1 的自发辐射跃迁几率 A_{21} 大得多，即 $S_{32} \gg A_{31}$、A_{21}，上面式子可以简化为

$$N_2/N_1 \cong \{W_{13} + W_{12}\}/(A_{21} + W_{21}),$$

$$(1-2-5)$$

或者写成

$$(N_2 - N_1)/N_0 \cong (W_{13} - A_{21})/(W_{13} + A_{12} + 2W_{12})。$$

$$(1-2-6)$$

显然，如果 $W_{13} > A_{21}$，就可以在能级 E_2 与能级 E_1 之间建立粒子数布居反转状态，这个条件并不苛刻。假定红宝石晶体是用黑体光源对其各向同性地照射，晶体尺寸在光学上很薄，整个体积获得均匀的照射光辐射密度，而且受激辐射吸收跃迁几率 W_{13} 与自发辐射跃迁几率 A_{31} 之间的关系为

$$W_{13} = A_{31}/(e^{h\upsilon/kT} - 1),$$

$$(1-2-7)$$

自发辐射跃迁 A_{31} 大约是 $3 \times 10^5/s$，只要照射红宝石晶体的黑体光源温度

足够高,便可以实现能级粒子数布居反转状态。黑体光源的辐射功率主要由温度决定,从条件 $W_{13} = A_{21}$ 可以获得所需要的光源温度临界值

$$T_s = h\nu_{13}/k\ln(1 + A_{31}/A_{21})。 \qquad (1-2-8)$$

用临界温度大约为 4 000 K 的光源照射红宝石晶体时,就能够在红宝石晶体内实现能级粒子数布居反转状态。氙灯是辐射功率最高的黑体光源,其黑体温度高达 8 000 K,使用氙灯泵浦就能让红宝晶体实现能级粒子数布居反转状态。

2. 掺钕钇铝石榴石(YAG：Nd^{3+})晶体

YAG 激光晶体是在钇铝石榴石晶体掺入适量的三价稀土离子 Nd^{3+} 制成的,如图 1-2-2 所示。钇铝石榴石的化学成分为 $Y_3Al_5O_{12}$,简称 YAG。实际制备时,将一定比例的 Y_2O_3、Al_2O_3 和 NdO_3 在单晶炉中熔化结晶而成。当掺入钕离子 Nd^{3+} 后,原来钇离子 Y^{3+} 的点阵上部分地被钕离子 Nd^{3+} 代换,而形成了淡紫色的 YAG：Nd^{3+} 晶体。掺杂浓度一般为 0.725%(重量),钕离子 Nd^{3+} 密度约为 $1.38 \times 10^{20}/cm^3$。掺入的钕离子 Nd^{3+} 密度应合理选择,密度高时,晶体的光学吸收率高,生成的能级粒子数布居反转粒子数高,获得的激光器功率会高。但是,密度太高时,激光能量转换效率不仅不会增高,反而会下降,甚至出现浓度淬灭现象。因为密度提高会缩短钕离子 Nd^{3+} 的荧光寿命,使荧光谱线展宽,影响其激光增益系数,而且还会引起晶体应变,导致晶体的光学质量变差,最终导致激光能量转换效率降低。掺钕钇铝石榴石在光学上是负双轴晶体,两个光轴位于 ac 面内,分别和 c 轴构成 35°角。

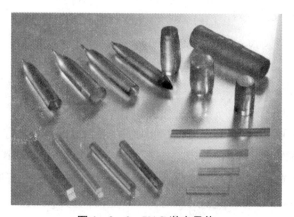

图 1-2-2 YAG 激光晶体

图 1-2-3 所示是与激光发射跃迁有关的能级,其中能态 $^4F_{3/2}$ 的平均寿命

较长(约 0.2 ms),属于亚稳态能级。能态$^4I_{11/2}$在基态上方大约 2 000 cm^{-1},即使是在室温时,在这个能态的粒子数目也是很少的,这表明在能态$^4F_{3/2}$与能态$^4I_{11/2}$之间是比较容易实现能级粒子数布居反转状态。

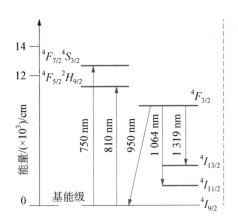

图 1 - 2 - 3　YAG 激光晶体与激光发射跃迁有关的能级

　　YAG 激光晶体在近红外波段有几条强荧光谱线,波长中心在 0.87～0.95 μm、1.05～1.12 μm 和 1.34 μm 附近,在室温下 1.064 μm 的荧光谱线最强。液氮温度下的一组荧光谱线均较室温下的对应谱线向短波方向有微小的位移,这时 1.06 μm 荧光谱线最强。它们的荧光谱线宽度与掺进的钕离子 Nd^{3+} 浓度有关,在 3～6 nm。在可见区的绿光区(510～540 nm)、黄光区(570～600 nm)、深红光区(730～760 nm)和近红外区(790～820 nm)等处均有较强的吸收带,其中 750 nm 和 810 nm 这两个吸收带最重要。

　　3. 钕玻璃

　　钕玻璃是在玻璃基质中掺进钕,其激活粒子是钕离子 Nd^{3+}。这种激光工作物质与 YAG：Nd^{3+} 激光晶体产生激光的机制基本上相同,仅由于玻璃和晶体在结构上的差别,前者形成极不对称的晶格场,从而对激活钕离子 Nd^{3+} 的能级带来不同的影响。

　　光学玻璃熔制技术比较成熟,容易制备大尺寸优质激光工作物质,制造成本也比较低;光学冷加工技术比较成熟,可以根据需要制作各种形状,比如圆柱状、长条状、块状、片状、细丝等。图 1 - 2 - 4 所示是大型激光钕玻璃棒,长度是 5.04 m、直径是 12 cm,利用它制成的激光器可以输出大约 34 万焦耳的激光能量。

　　(1) 受激辐射截面　钕玻璃是由钕离子 Nd^{3+} 发射激光,受激辐射截面是单位光子与 Nd^{3+} 相互作用产生受激发射的几率,是设计钕玻璃激光器的一个重要参数:

图 1-2-4 大型激光钕玻璃棒

$$\sigma = \frac{1}{8\pi c} \frac{\lambda^4}{n^2} \frac{A}{\Delta\lambda}, \tag{1-2-9}$$

式中，A 为自发辐射的爱因斯坦系数；λ 为荧光中心波长；$\Delta\lambda$ 为荧光线宽；n 为折射率；c 为光速。受激发射截面取决于自发辐射的爱因斯坦系数和荧光线宽。图 1-2-5 所示是钕离子在不同玻璃基质中的受激发射截面与荧光有效宽度 $\Delta\lambda_{\mathrm{eff}}$ 的关系。尽管玻璃基质组成变化较大，但仍存在着 $\sigma - \Delta\lambda_{\mathrm{eff}}$ 的近似线性关系。图 1-2-6 所示是受激发射截面与自发辐射的爱因斯坦系数之间的关系。

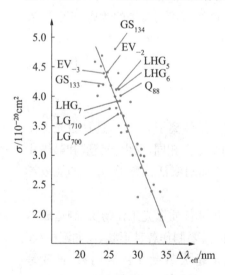

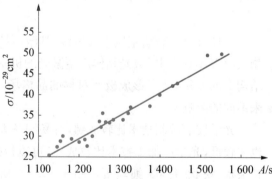

图 1-2-5 Nd^{3+} 在磷酸盐玻璃中的受激发射截面与荧光有效线宽的关系

图 1-2-6 Nd^{3+} 在磷酸盐玻璃中的受激发射截面与自发辐射爱因斯坦系数的关系

除个别数据外,基本上分布在直线上,与公式(1-2-9)吻合。

(2) 基质玻璃 钕玻璃激光工作物质中的基质起的主要作用是分隔钕离子、减少浓度淬灭;由于基质晶格场的作用,取消了钕离子一些禁戒跃迁。可以做基质的玻璃种类比较多,例如氧化物玻璃(硅酸盐、硼酸盐、磷酸盐、钨酸盐、钼酸盐)、氟化物及其他卤化物玻璃、硫化物及硒化物玻璃等。选择的基质玻璃不合适,会使激光器输出性能受到重大影响。

钕离子在不同成分基质玻璃中的荧光寿命 τ、荧光带半宽度 $\Delta\upsilon$、荧光量子效率 η、荧光带中的积分吸收 $\Sigma\kappa_\lambda$ 等参数将明显不同,例如 τ 的数值从几百微秒到毫秒不等。在掺有原子序数大的碱金属离子和碱土金属离子的硅酸盐玻璃中,钕离子有较长的荧光寿命,例如在铷和铯玻璃中,荧光寿命就长达到 1 200 μs,碱土离子和副族元素成分的影响要比碱金属离子小;将镉掺入硅酸钾玻璃后,钕的受激态寿命提高到 1 100 μs,如果加入铅,减小到 300 μs。硼酸盐和多铅玻璃中,钕离子荧光寿命 τ 最短,小于 100 μs。在不同成分基质玻璃中,钕离子的荧光带的半宽度 $\Delta\upsilon$ 和积分吸收 $\Sigma\kappa_\lambda$ 会成倍地改变,比如在氟酸盐玻璃和磷酸盐玻璃中,谱带半宽度 $\Delta\upsilon$ 最小,而在无碱硅酸盐玻璃及锗酸盐玻璃中半宽度最大。量子效率 η 也在不同成分基质玻璃中发生大幅度地改变。选择不同的玻璃成分基质的钕玻璃激光工作物质,激光器会得到不同的激光振荡阈值能量和不同的输出特性,其光谱线宽度也有所变化:在磷酸盐玻璃中变窄,而在硅酸盐玻璃中则加宽。表1-2-1给出了钕离子在几种基质玻璃中的光谱性质。

表1-2-1 钕离子在几种基质玻璃中的光谱性质

玻璃系统	$n_2/10^{-13}$ esu	峰值波长/nm	受激发射截面/10^{-20} cm²	荧光线宽/nm	荧光寿命/μs
硅酸盐玻璃	1.5～2	1 057～1 062	1.0～3.0	28～35	300～1 000
磷酸盐玻璃	1～1.2	1 053～1 056	2～4.5	19～28	100～500
氟磷玻璃	0.5～0.7	1 050～1 055	2.5～3.0	22～31	300～600
氟铍玻璃	0.3～0.5	1 046～1 050	1.0～4.0	18～24	400～600

选择基质玻璃时,除了需要考虑上面提到的一些因素之外,还应该同时考虑下面几个因素。

① 析晶性能。高的析晶性能将给钕玻璃制造带来困难,甚至影响质量,这在规模生产时必须考虑。在熔化黏滞性为 $10^3\sim10^{10}$ P(泊,黏度单位)时,出现高析晶倾向,使钕玻璃的光学均匀性不好,也会使浇铸过程和产品的退火复杂化。

结晶和偏析同样会引起工作物质光学散射增加,会严重影响输出的激光能量特性和空间发散角特性。

② 可熔性、挥发性及熔化侵蚀性。熔化配料时的选择挥发性、耐火材料的溶解产物及配料熔化的选择过程是玻璃中化学不均匀性(结石)的根源。玻璃的挥发性随着熔化黏度的减小而增加,按玻璃形成剂的性质,挥发性按下面的次序递增:硅酸盐玻璃、硼硅酸盐玻璃、磷酸盐玻璃、氟化物玻璃。挥发性给生产光学均匀和大型的钕玻璃增加了困难。

为了排除陶瓷体的结石,通常采用白金或白金的合金坩埚制造钕玻璃激光工作物质。不管使用何种耐火材料做熔炼坩埚,都应该选择低熔化温度的玻璃基质,以减少耐火材料的破坏(包括白金)及熔化挥发性。

③ 化学稳定性。在选择激光玻璃基质时必须注意到,钕玻璃激光工作物质是在经过适当的机械和化学加工之后,才得到高光学质量的表面。硅酸盐玻璃和硼硅玻璃的化学稳定性最高,硼酸盐玻璃、磷酸盐玻璃、锗酸盐玻璃,特别是氟化物玻璃的化学稳定性较差。

④ 热物理特性。当激光器的散热条件不好时,钕玻璃激光工作物质的热物理特性就会显现出来,并反映为工作物质的热损坏,导致共振腔出现光学畸变。

实验结果显示,硅酸盐钕玻璃激光器对于泵浦能量的抗热性大约为1 000 W,表面比较平滑的无碱硼硅玻璃的抗热性大约为 400 W。然而,硅酸盐玻璃的热膨胀系数要比硼硅玻璃及磷酸盐玻璃大 1.5 倍。因此,热膨胀系数不一定可以用作钕玻璃激光工作物质抗热性的判据。

⑤ 光辐射稳定性和光化学稳定性。激光工作物质在没有采取防辐射附加手段时,由于泵浦灯发射的紫外辐射的作用会产生附加吸收带,会引起激光振荡阈值的增加,甚至会停止激光振荡。磷酸盐玻璃,特别是氟化物玻璃的光照特性趋向比较大,而硅酸盐玻璃就比较小。

提高光化学稳定性和辐射稳定性的有效方法是添加补充物质:氧化锑和铈,效果与添加物浓度和玻璃基质有关。

⑥ 激光破坏强度。在激光振荡产生的光辐射作用下,钕玻璃工作物质会不会受到损伤破坏,与玻璃基质内部的缺陷及玻璃基质本身性质有关。在单脉冲工作时,含有铂粒的钕玻璃棒的损坏阈值为 $0.2 \sim 0.5 \, \text{J/cm}^2$,而自由振荡工作时大约为$200 \, \text{J/cm}^2$,硼硅玻璃在自由振荡时的激光破坏阈值是 $15 \, \text{J/cm}^2$,一般的硅酸盐钕玻璃是 $6 \sim 8 \, \text{J/cm}^2$,硼酸镧玻璃和石英玻璃为 $0.2 \sim 3 \, \text{J/cm}^2$。

⑦ 光学透明范围。目前,光泵的光功率光谱分布大部分在可见光及近紫外和红外波段,必须选择在相应光学波段透明的玻璃基质,如氟化物及氧化物玻璃

（硅酸盐玻璃、硼酸盐玻璃、磷酸盐）。

（3）吸收光谱　钕玻璃中的钕离子 Nd^{3+} 吸收带比较宽,波数可达几万米$^{-1}$,在不同的玻璃基质中的吸收光谱基本相同,这一特点对提高钕玻璃激光工作物质的能量转换效率是有利的。吸收光谱带宽比较宽的主要原因是玻璃结构网络的远程无序,各个离子的配位场情况不完全等价,使各个离子的能级相对有一些差异,以致谱线展宽（属非均匀展宽）。

吸收光谱带峰值位置分别处于 $0.35\ \mu m$、$0.53\ \mu m$、$0.57\sim0.58\ \mu m$、$0.74\ \mu m$、$0.81\ \mu m$、$0.88\ \mu m$ 附近。在不同基质成分的钕玻璃中,主吸收峰位置变化不大,但吸收带分裂数目、吸收带宽和吸收跃迁截面的数值将有所变化。从氟化物钕玻璃至硼酸盐钕玻璃,吸收峰的位置逐渐向长波方向移动,吸收带宽 Δv 和吸收截面 σ_0 也逐渐增大。

（4）荧光光谱　在室温条件下,钕玻璃的荧光光谱通常由 4 条强弱不等的谱带组成,中心波长位置及相应的能级跃迁是 $0.88\ \mu m(^4F_{3/2}\rightarrow^4I_{9/2})$、$1.06\ \mu m$ $(^4F_{3/2}\rightarrow^4I_{11/2})$、$1.35\ \mu m(^4F_{3/2}\rightarrow^4I_{13/2})$、$1.9\ \mu m(^4F_{3/2}\rightarrow^4I_{15/2})$,其中以 $1.06\ \mu m$ 的荧光谱带最强,$0.88\ \mu m$ 次之,最弱的是 $1.9\ \mu m$ 这个谱带。

与晶体激光工作物质相比,钕玻璃的荧光谱最显著的特点是荧光谱带比较宽（约几十纳米）,并且带宽随温度的变化不显著。钕离子在不同的玻璃基质中的荧光谱基本类似,但从氟化物基质到硼酸盐玻璃基质,整个荧光谱朝长波方向移动。

（5）钕玻璃棒质量评价　评价标准主要有如下几方面:

① 静态光学质量好。静态光学质量是指,钕玻璃激光棒在没有受到光泵浦作用时的光学质量,其基本要求是:

a. 杂质含量低。质量好的钕玻璃棒,杂质含量应该很低。杂质离子会吸收泵浦光能量或激光辐射能量,降低激光器的能量转换效率。杂质还会提高激光振荡泵浦阈值能量,降低钕玻璃棒的激光损伤阈值能量。对于 $1.06\ \mu m$ 波长激光来说,最有害的杂质是铁、铜、镍、钴、钐等金属离子,它们对 $1.06\ \mu m$ 附近的光辐射产生吸收。其含量只要达到 $10^{-3}\%\sim10^{-4}\%$（质量百分比）,就会明显提高激光振荡阈值泵浦能量,降低激光器的能量转换效率。因此,在熔制钕玻璃激光工作物质时,必须提高原料的纯度。实际上,用铂坩埚熔制的硅酸盐钕玻璃要求铁的含量小于十万分之一,用陶瓷坩埚熔制的含铁量要小于十万分之二。

b. 没有杂质颗粒和结构缺陷。钕玻璃激光工作物质内不应含有金属颗粒、结石、气泡和条纹等缺陷。直径 1 mm 以下的结石每升不得超过两个,肉眼可见到的气泡每升不得超过两个,在强光照明下在工作方向上没有可见条纹。

c. 折射率分布均匀。折射率均匀性好坏直接影响激光器输出光束的发散角大小,优质钕玻璃激光棒的折射率分布必须是均匀的。用干涉法检验,在激光棒截面范围内的折射率偏差 Δn 应小于 1×10^{-6};高质量大尺寸铂坩埚制造的激光钕玻璃棒可达到 $\Delta n = 1 \times 10^{-7}$,干涉条纹畸变小于或等于1/3光圈;优质陶瓷坩埚制造的激光钕玻璃棒,$\Delta n = (0.5 \sim 1) \times 10^{-6}$。如果用星点测量法检验,由激光钕玻璃棒产生的星点像基本不变动;在用投影法检验时,不出现肉眼可见的条纹。

d. 应力分布中心对称。当用正交偏振光检查时,只出现正交等倾条纹,应力双折射率应小于 200 nm/m。

e. 光学损耗小。在 1.06 μm 附近的光学损耗系数应小于$(10^{-5} \pm 5 \times 10^{-6})$/m。

② 动态光学质量好。动态光学质量是指激光器运转时钕玻璃激光棒的光学质量。在激光器运转期间,激光棒的光学性能或多或少要发生一些变化,主要是由于光泵浦光辐射加热和激光束强度空间分布不均匀引起的。由光泵浦作用引起的热畸变大小主要由 3 个参数决定:热光系数 W、应力热光系数 P 和应力双折射热光系数 Q,这 3 个参数的量值越小越好。

为了降低动态折射率分布不均匀性,要求钕玻璃激光棒的二阶非线性系数很小,需使激光玻璃的折射率尽可能小,阿贝数尽可能高。磷酸盐钕玻璃中加入的碱土金属氧化物离子半径越小,阳离子场强越大,得到的钕玻璃的非线性系数越小,因此含 MgO 和 K_2O 的偏磷酸盐钕玻璃可获得较低的二阶非线性折射率。

(6) 钕磷酸盐激光玻璃类型和品种　比较 Nd^{3+} 在各种玻璃基质中的性能可以看出,磷酸盐系统激光玻璃具有较窄的荧光线宽、较大的受激发截面、较低非线性折射率 n_2、较长的荧光寿命等优点。因此,从 20 世纪 80 年代中期起,围绕实际应用开发的玻璃激光工作物质基本上都是磷酸盐钕玻璃。

根据应用不同目的,激光钕玻璃可以分成两类,一类是应用于大能量、高峰值功率的,它们多数具有较高的受激发射截面和较小的热光系数;另一类是用于高脉冲重复率、高平均功率的,它们多为磷铝酸盐钕玻璃,具有较低的膨胀系数、较高热导率、中等或较小的受激发射截面。

大能量、高功率的激光钕玻璃品质主要由激光性质决定,其品质因子为

$$FOM_{laser} = \frac{\Delta\lambda_{abs}(\tau_0 Q)\sigma_{em}\eta_{ex}}{\chi_2}, \qquad (1-2-10)$$

式中,$\Delta\lambda_{abs}$ 是钕离子吸收谱的平均吸收宽度,χ_2 为二阶非线性系数,σ_{em} 为受激发

射截面,τ_0 为钕离子荧光寿命,Q 为浓度淬灭因子,η_{ex} 为激光能量提取效率。

用于高脉冲重复率激光器的钕玻璃,主要考虑热机械性质,品质因子由下式表述:

$$FOM_{tm} = \frac{K_{1c}K(1-v)}{\alpha E}, \qquad (1-2-11)$$

式中,K_{1c} 为玻璃的断裂韧性,K 为热导率,v 为泊松比,α 为膨胀系数,E 为杨氏模量。其成分设计主要考虑热导率高、膨胀系数低,必须加入场强大的阳离子,受激发射截面不可能高。

上述两种激光钕玻璃的品质因子都可以用下式衡量:

$$FOM_{prod} = K_{1c}\left(\frac{K(1-v)}{\alpha E}\right)^2 \frac{1}{T_g} F_{pt} F_{dur} F_{dvit}, \qquad (1-2-12)$$

式中,F_{pt},F_{dur},F_{dvit} 分别表示玻璃对铂金颗粒的溶解性、化学稳定性和析晶性。由上式可见,激光钕玻璃的生产和加工对热机械性能要求较高。

4. 氦、氖混合气体

激光由氖原子发射。氦气体原子协助提高氖原子能级粒子数布居反转密度,提高激光器输出功率,称为辅助气体。与前面的固体激光工作物质相比,气体激光工作物质有以下几方面优点。首先,可以直接将电能转变为气体原子的泵浦能量,而不像固体工作物质那样先将电能转换成光能,再转为掺杂固体的离子的泵浦能,减少了能量转换环节。其次,能够建立能级粒子数布居反转的能级数量多,容易配备各种混合气体,能够在更广阔的光学波段获得激光。第三,基本上不受温度限制,能够在室温条件下甚至更高温度条件下工作;除了可以脉冲运转外,还能够连续运转输出激光。第四,气体光学均匀性好,激光性能好。

图 1-2-7 所示是氦-氖激光工作

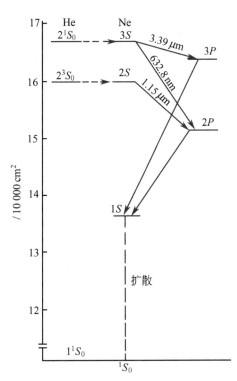

图 1-2-7 氦、氖混合气体发射激光有关能级

物质发射激光有关能级。氦原子的能级 $3S$ 的平均寿命比较长,属于亚稳态,而能级 $2P$ 的寿命比较短,通常状态下在这个能级的粒子数很少。从能级寿命这个关系来看,这对能级建立能级粒子数布居反转状态是有可能的。其次,氦原子 2^1S 能级也是亚稳态,而且其 2^3S_0 能级与氖原子 $2S$ 态间的能量差很小,仅为原子热运动能量的数量级。因此,当通过气体放电将氦原子激发到 2^3S_0 能级上,和处于基态的氖原子相碰撞时,就有比较大几率将激发态能量转移给氖原子,并将后者激发到 $2S$ 能级。因此,在氦、氖混合气体中,通过气体放电容易使氖原子建立粒子数布居反转状态。

根据氦、氖原子能级图和光谱资料,在波长 $1.15~\mu m$ 附近以及在 $632.8~nm$ 都有可能获得激光振荡,波长为 $1.15~\mu m$ 的激光增益系数比较大,波长为 $632.8~nm$ 的增益系数比较小,相应地前者产生激光振荡的条件比后者的要求低一些。

5. CO_2 分子混合气体

通常使用的是 CO_2 分子气体、N_2 分子气体、He 原子气体和 H_2 分子气体的混合气体,其中发射激光的是 CO_2 分子,其他气体是辅助气体。图 $1-2-8$ 所示是 CO_2 分子的几个与发射激光相关的能级,作为激光跃迁的上能级 00^01 振动-转动能级,其平均辐射寿命比下面的振动-转动能级 10^00 短。从这两个能级寿命关系来看,CO_2 分子不适宜用做激光器工作物质,起码不适宜做连续输出的激光器工作物质,因为这两个能级的寿命关系刚好与激光工作物质基本要求相违背。不过那只是对独立的 CO_2 分子来说的,实际情况是,用做激光工作物质的混合气体中总是包含大量的 CO_2 分子和其他气体分子或者原子,它们彼此之间总是不断地相互碰撞,导致 CO_2 分子离开原来的能级(碰撞弛豫)。在一定气压条件下,CO_2 分子能级的真实平均寿命主要还是由分子碰撞过程决定,而不是决定于其辐射寿命。理论和实验表明,由于碰撞导致 CO_2 分子离开 10^00 能级的速率,比离开 00^01 能级高许多,10^00 能级的碰撞弛豫速率比 00^01 能级

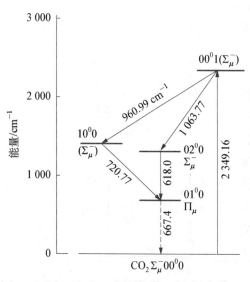

图 1-2-8 CO_2 分子与激光发射有关振动能级

高许多。考虑到分子碰撞弛豫的影响，实际上 10^00 能级的平均寿命比 00^01 能级短得多，所以，在这两个能级之间能够建立粒子数布居反转状态，即利用 CO_2 分子气体可以产生激光发射，将在振动能级 00^01 上的各个转动能级与振动能级 02^10 上的各个转动能级之间跃迁发射激光，也可以从振动能级 00^01 上的各个转动能级向振动能级 10^00 上的各个转动能级之间跃迁产生，发射的激光波长在 $9\sim18~\mu m$ 范围，相邻两条激光谱线的波数间隔在 $1\sim2~cm^{-1}$。

CO_2 分子气体工作物质只有在选取适当气压的条件下才可以获得激光。根据激光基本理论，因为 00^01 能级的辐射寿命比较短，一旦建立了能级粒子数布居反转状态，能够得到比较高的激光增益系数，这对产生激光振荡是有利的，即可以放宽获得激光振荡的条件，容易获得激光。

6. 准分子气体

准分子是在气体放电中生成的一类分子，它们与通常的稳定分子不同，只在激发态时才以分子形式存在，能级平均寿命比较长，在光学上称这样的激发态为束缚态；而在基态的平均寿命很短，一般为 10^{-12} s 量级，光学上称这种能态为排斥态。当分子从激发态跃迁回到基态时，很快便离解成原先的原子或者分子。因此，利用这种工作物质可以产生高功率紫外和真空紫外波段的激光。

主要气体准分子有氟化氙（XeF*）准分子、氯化氙（XeCl*）准分子、氟化氪（KrF*）准分子和三原子准分子。

（1）氟化氙（XeF*）准分子气体　在惰性气体氙、氩和氟化物（一般是 NF_3）混合气体中，采用快放电电路激发混合气体放电，形成激发态氙原子，然后它与氟化物分子 NF_3 反应形成氟化氙准分子 XeF*。在准分子的电子能级产生粒子数布居反转，并发射紫外波段的激光。图 1-2-9 所示是氟化氙准分子 XeF*

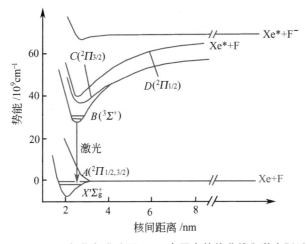

图 1-2-9　氟化氙准分子 XeF* 电子态势能曲线和激光跃迁

的几个电子态势能曲线。基态 $X^1\Sigma_{1/2}^+$ 是弱束缚态，激发态 $B^3\Sigma_{1/2}^+$、$C^3\Pi_{3/2}$、$D^2\Pi_{1/2}$ 是强束缚态。激发态 $B^3\Sigma_{1/2}^+(v=0)$ 与基态 $X^1\Sigma_{1/2}^+(v''=0)$ 之间的能量间隔为 $2\,840.9~\text{cm}^{-1}$。从激发态 $B^3\Sigma_{1/2}^+$ 态往基态 $X^1\Sigma_{1/2}^+$ 上的振动能级跃迁,发射波长为 348.70 nm、351.10 nm、351.21 nm、351.36 nm、351.49 nm、353.15 nm、353.26 nm、353.37 nm、353.49 nm、353.62 nm 的激光。

(2) 氯化氙($XeCl^*$)准分子气体　氯化氙气体准分子 $XeCl^*$ 是在 Xe、HCl、He(或氖或氩气体)混合气体放电,由产生的激发态氙原子与氯化氢分子反应生成的,氦气体或者氖气体和氩气体等是辅助气体。发射的激光波长主要是 282 nm 和 308 nm。

(3) 氟化氪(KrF^*)准分子气体　在氪、氖气体和氟化物分子(主要是 NF_3 或 F_2)的混合气体中发生气体放电,生成氪准分子 Kr_2^*,然后它与氟化物分子反应生成氟化氪准分子 KrF^*。激光波长主要是 248 nm。

(4) 三原子准分子气体　三原子准分子是在惰性气体和卤化物混合气体中,采用电子束放电激发或者光辐射激发形成的,主要的三原子气体准分子有 Ne_2F^*、Ar_2F^*、Ar_2Cl^*、Kr_2F^*、Kr_2Cl^*、Kr_2Br^*、Xe_2Cl^*、Xe_2F^*、Xe_2Br^*等,输出的激光波长在可见光和近紫外波段。与双原子准分子相比,三原子准分子的荧光谱带宽度比较宽,大约为 100 nm 量级,所以,三原子气体准分子激光器可调谐范围比双原子气体准分子激光器宽。

7. 双异质结半导体

双异质结半导体是在 p-n 结两侧均设立异质结的半导体激光工作物质,采用不同半导体材料制造的 p-n 结称为异质结。与荧光晶体激光工作物质相比,半导体激光工作物质具有下列一些特点:

① 可利用多种激发方式和激发机构来注入能量,如光注入、电注入和高速电子注入激发等。利用电注入激发时,将电能直接变为光能,能够提高激光器的能量转换效率并简化激光器的结构。

② 由于半导体能带结构的多样性,利用能带间跃迁所产生的受激光发射的波长范围可能相当宽广,利用同一能带内的能级跃迁有可能实现远红外波段的受激发射,可能成为开拓远红外激光领域途径之一。

③ 许多半导体材料的能带结构及有关物理性质均已积累较丰富的资料和数据,工艺上已有可能制成纯度高、结构完整和光学均匀性良好的半导体单晶,并已掌握掺杂工艺和器件制备技术。

④ 控制注入电流密度可以改变输出受激发射的频率,直接实现调频。由于半导体的载流子有效质量小,利用外加磁场也可能改变发射频率。半导体材料具有高

的折射率,因而具有高的反射系数,利用此特性,半导体晶体本身即可构造共振腔。

不过,能级结构的多样性和复杂性给半导体产生受激光发射也带来某些困难,如自由载流子对激发能量及输出辐射的吸收以及其他杂质中心的非辐射复合,均不同程度损耗能量或降低电子-空穴对的寿命,因而提高激光振荡阈值、降低输出激光功率,甚至无法实现受激光发射。

使用双异质结的半导体作为工作物质的激光器,激光振荡阈值电流密度比较低,在 $10^3 A/cm^2$ 以下,能够在室温条件下脉冲工作和连续工作,而且受温度变化的影响很小。典型的双异质结半导体激光工作物质是 $Al_xGa_{1-x}As/GaAs/Al_xGa_{1-x}As$,由两层 GaAs 和两层 $Al_xGa_{1-x}As$ 组成,图 1-2-10 是这种激光工作物质的横剖面显微照片,输出的激光波长在 $770\sim800$ nm。

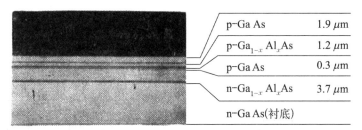

p-Ga As	1.9 μm
p-Ga$_{1-x}$Al$_x$As	1.2 μm
p-Ga As	0.3 μm
n-Ga$_{1-x}$Al$_x$As	3.7 μm
n-Ga As(衬底)	

图 1-2-10 $Al_xGa_{1-x}As/GaAs/Al_xGa_{1-x}As$ 的横剖面显微照片

8. 分别限制异质结半导体(SCH)

SCH 是在双异质结的原三层结构基础上,在有源区两边各增加一层波导层,构成 5 层结构(再加欧姆接触层实际是 6 层结构)的半导体激光工作物质。图 1-2-11 是 $Ga_{1-x}Al_xAs-GaAs$ 分别限制异质结半导体激光工作物质结构。

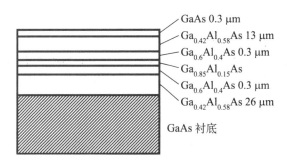

GaAs 0.3 μm
Ga$_{0.42}$Al$_{0.58}$As 13 μm
Ga$_{0.6}$Al$_{0.4}$As 0.3 μm
Ga$_{0.85}$Al$_{0.15}$As
Ga$_{0.6}$Al$_{0.4}$As 0.3 μm
Ga$_{0.42}$Al$_{0.58}$As 26 μm
GaAs 衬底

图 1-2-11 分别限制异质结半导体结构

9. 量子阱半导体

量子阱半导体是由两种或两种以上不同组分或不同导电类型的超薄层晶体

材料交替生长的一维结构半导体。由一个势阱构成的量子阱称为单量子阱,简称为SQW(single quantum well);由多个势阱构成的量子阱结构称为多量子阱。

量子阱半导体的能带结构发生了变化,能带分裂;态密度分布被量子化;势阱的厚度很薄,电子和空穴的平均自由程通常小于量子阱的厚度,因此注入量子阱中的载流子被有效地收集到势阱内。在势阱内的电子和空穴还会通过声子散射的作用,相对集中地位于能量低的量子态上。又由于量子阱很窄,注入效率很高,比双异质结更容易实现粒子数布居反转状态。因此,以量子阱为有源区的半导体激光器性能将获得了很大改善,输出的激光波长出现蓝移;激光振荡阈值电流明显减小,可达亚毫安,甚至只有几微安;激光增益系数可有两个数量级的提高;输出的激光谱线宽度明显变窄,具有更好的单色性;温度特性大为改善,受温度的影响大为降低。

10. 掺稀土元素光纤

掺稀土元素光纤是用光纤芯做基质、掺入某些稀土元素离子做激活粒子的激光工作物质。光纤芯基质可以是玻璃、晶体或者塑料。硅酸盐玻璃光纤基质的光学透明波长范围是 $0.3\sim2.2\ \mu m$,有很高的熔点,近 2 000℃才熔化,比大部分其他玻璃高得多;有很高的激光损伤阈值,表面损伤阈值是对纳秒脉冲激光大约为 $40\ GW/cm^2$,因此,硅玻璃光纤基质很适合做高功率光纤激光器的工作物质;机械性能和热应力性能好,卷曲时不会因为振动而碎裂,适合用于高机械强度、便携式激光器系统。

其他光纤基质玻璃还有磷酸盐玻璃、锗酸盐玻璃、亚碲酸盐玻璃和氟化物玻璃等,具有比硅酸盐玻璃更高的掺杂能力,掺杂浓度比硅酸盐掺杂浓度高大约十倍,所以,用这种基质的光纤工作物质,能够用比较短的光纤获得高功率激光输出。

因为掺入的稀土元素激活离子在晶体基质光纤中的能级宽度比较窄,其荧光谱线宽度窄,大约比在玻璃基质光纤中窄20倍,所以,使用这种光纤工作物质制造的激光器,单位泵浦功率的增益比玻璃基质光纤的高,激光能量转换效率也高。

塑料基质主要用于掺杂激光染料,比如用聚苯烯做光纤芯,用聚苯异丁烯甲脂做包层,芯内充入激光染料做成的光纤。

二 光学共振腔

光学共振腔由放置在工作物质两端的光学反射镜构成,其中一块反射镜的光学反射率很高,接近100％,通常称为全反射镜,另外一块的反射率根据需要选择,称为输出反射镜,激光工作物质产生的激光从这块反射镜输出到腔外面。

(一) 共振腔的作用

当激光器内的工作物质采用某种方式建立了能级粒子数布居反转状态时,其发光性质会发生重大变化。由于受激辐射的频率、位相和偏振状态都与诱发受激发射跃迁的光信号相同,因此,当某一光信号,它可以是外界来的,也可以是工作物质本身产生的自发辐射,通过工作物质时,会发生雪崩式的放大,只要工作物质的能级粒子数布居反转密度足够大,或者工作物质足够长,就可以获得很强的相干辐射。但是效果都不理想,效率不高,激光器体积也大,而且光辐射的相干性和单色性也不会很好,比较好的办法是把激光工作物质放置在共振腔内。

共振腔起负反馈作用,工作物质产生的受激辐射在共振腔内不断来回通过激光工作物质,每通过一次,受激辐射的强度就增强一次,最后发生如同无线电振荡器那种振荡现象,称为激光振荡。

从光的波动观点看,模式是电磁波动的一种类型,实际上是共振腔内可以容许存在的驻波;从光的粒子观点看,模式代表可以相互区分的光子态。不管从哪种观点看,每一种模式对应一种电磁波频率,如果腔内可以容许存在模式数目众多,激光器将发射许多不同频率的光辐射,输出的激光相干性将很差,单色性也不是很好。共振腔能够在众多的模式中,除其中一个或者少数几个模式之外,抑制其余所有不需要的模式,使它们不能形成激光振荡,能得到很好的单色性。

(二) 共振腔结构参数

1. 共振腔腔型的物理量和几何量表征的参数

共振腔腔型相关的物理量中,几何量参数主要有共振腔的腔长,两块反射镜的曲率半径、孔径,腔的菲涅耳数,Q值和能量损耗因子。它们对激光器输出的激光光束方向性、激光光谱、腔内的模半径等起着重要作用。

2. 共振腔腔长及反射镜的曲率半径表征的参数

腔长及反射镜的曲率半径表征的参数主要是共振腔g因子,它是评价共振腔稳定性(腔的衍射损耗大小)的重要参数。假定共振腔长为L,两块反射镜的曲率半径分别为R_1和R_2,那么参数$g_1 = 1 - L/R_1$,$g_2 = 1 - L/R_2$。这两个式中的反射镜是凹面反射镜,如果反射镜是凸面的,则在曲率半径前面的负号改为正号;以上是属于空腔,即在共振腔内没有放置物质的公式。假如激光工作物质完全充满共振腔,那么参数g与空腔的一样;如果工作物质并不完全充满共振腔,那么参数g由下式计算:

$$g_1 = 1 - (L_1 + L_2 + L/n)/R_1, \qquad (1-2-13)$$

$$g_2 = 1 - (L_1 + L_2 + L/n)/R_2,$$

式中，L_1、L_2 分别是工作物质两端与反射镜 R_1 和 R_2 的距离，L 为工作物质的长度，n 为工作物质的折射率。

3. 共振腔的菲涅耳数 N

菲涅耳数 N 是表征共振腔光学衍射损耗的重要参数之一，定义为

$$N = a_1 a_2 / \lambda L, \qquad (1-2-14)$$

式中，a_1，a_2 分别是组成共振腔两反射镜的孔径，L 为共振腔的腔长，λ 是激光振荡波长。共振腔的菲涅耳数 N 越大，其衍射损耗系数就越小。

4. 共振腔的耦合输出

耦合输出是指实施将共振腔内的激光振荡能量部分地引出腔外，有 3 种方法：

(1) 透射耦合输出　共振腔一端的反射镜有适当透过率，激光振荡的部分能量从这里输出腔外。

(2) 孔耦合输出　在共振腔一端反射镜的中心开小孔，或在全反射镜中央留一小区域不镀反射膜，激光振荡的能量从这小孔或从这不镀膜的区域输出腔外。高功率红外气体激光器和远红外气体激光器常用这种耦合方式。在反射镜上开的小孔会扰动腔内激光振荡，使光振幅的极大值朝反射镜边缘推移。除共振腔的菲涅耳数很小的情况之外，各阶低次模的能量损耗趋于相同，即用这种耦合方法时共振腔的选模能力较弱。

(3) 衍射耦合　腔内振荡模的能量通过衍射效应从共振腔一端的反射镜边缘输出腔外。非稳定腔通常用这种耦合方法。

5. 稳定腔和非稳定腔

共振腔 g 因子满足条件 $0 < g_1 g_2 < 1$ 的共振腔称为稳定腔，$g_1 g_2 = \pm 1$ 或 $g_1 g_2 = 0$ 的称为介稳腔；而 $g_1 g_2 < 0$ 或 $g_1 g_2 > 1$ 的称为非稳腔。非稳腔通常使用有效菲涅耳数 N_{eff}，共焦非稳腔的 N_{eff} 由下式计算：

$$N_{eff} = (M-1)/2(a_1^2/\lambda L), \qquad (1-2-15)$$

式中，M 是非稳腔的放大率，a_1 是组成共振腔两块反射镜中较小的孔径。

（三）共振腔特性参数

1. 共振腔内光子寿命

共振腔内光子寿命是表征共振腔内光辐射能量损耗大小的参数，共振腔光子寿命长，表示光辐射能量在腔内的损耗小；它也是表征共振腔的共振频谱宽度

的参数,光子寿命长的频谱线宽度窄。光子寿命 τ 定义为腔内光辐射能量从初始值衰减到其 $1/e(e=27\ 321\cdots)$ 时所经历的时间:

$$\tau = nL/c[\alpha L + 1 - (R_1 R_2)^{1/2}] \qquad (1-2-16)$$

式中,R_1、R_2 为共振两反射镜的反射率,n 为腔内工作物质折射率,L 为共振腔的腔长,α 为腔内平均光学损耗,c 为真空中光速。沿与共振腔轴线成 β 角传播的光波 $(\beta < 1\ \text{rad})$,其光子寿命 $\tau = D/(2\beta c)$,式中 D 为共振腔孔径。

2. 共振腔光学损耗

光场在共振腔内传播过程中的能量损耗主要有反射镜引起的损耗,包括反射镜透射损耗和表面光学缺陷引起的散射损耗和吸收损耗;激光工作物质引起的光学吸收、散射损耗;共振腔的孔径衍射损耗,这部分损耗与共振腔结构和振荡模阶数有关,如非稳的衍射损耗比稳定腔的大,高阶模的衍射损耗比低阶模的大。

3. 共振腔的 Q 值

Q 值也称共振腔品质因子,表征共振腔能量损耗,由下式定义:

$$Q = 2\pi\upsilon \times 腔内存贮的能量 / 每秒损失的能量, \qquad (1-2-17)$$

也可以近似地表示为:

$$Q = 2\pi L/\lambda\alpha, \qquad (1-2-18)$$

式中,L 是共振腔的长度,α 是共振内的光学损耗系数。

4. 共振腔模

不同阶次的模,其光场振幅、位相、空间分布、传播方向、偏振状态和频谱都不相同。一般用符号 TEMmnq 来标记各种振荡模,"TEM"是英"transverse electromagnetic mode"的缩写,下角的 q 代表纵模序数,其值很大(数量级为 $2L/\lambda$,这里的 L 是共振腔腔长,λ 是波长),书写时常省略;下角 m、n 代表横模序数。

(1)横模 在与光波传播方向垂直的截面上的稳态光场分布,用符号 TEM$_{mn}$ 标记不同阶的横模,其中 m、n 同时为零的模,即 TEM$_{00}$ 称为基模。

按光电场分布的对称性,横模又可分为轴对称横模、旋转对称模,前者的光电场振幅以 x 轴(或 y 轴)对称(笛卡儿坐标);旋转对称模是其光电场以中心轴旋转对称,绕该轴转过一定角度之后光电场分布又重合,这种横模用符号 TEM$_{\mu}$ 标记(极坐标)。

(2)纵模 在共振腔内光辐射沿纵向(传播方向)的稳定场分布。光波在共振腔中沿轴线方向来回传播,即腔内存在两列沿相反方向传播、频率相同的光波。这两列光波叠加形成驻波。在平行平面镜组成的共振腔内,只有当光波波

长 λ 满足条件 $q\lambda = 2L$(式中 q 是正整数,L 为腔长)的受激辐射,形成的驻波场才是稳定的,这些稳定的驻波场便是共振腔的纵模。波长为 λ 的光波其纵模数目 q 相应于腔内驻波场中波腹的个数:$q = L/(\lambda/2)$。光波波长很短,所以纵模数目 q 很大。当共振腔内均匀充满折射率为 n 的介质时,纵模数目 $q = 2nL/\lambda$。

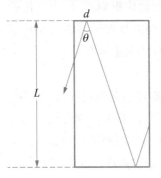

图 1-2-12 平行平面反射镜组成的共振腔

(四)平行平面共振腔

由平行平面反射镜组成的共振腔如图 1-2-12 所示,若长为 L,直径为 d,则光线和平面反射镜法线夹角为 θ 者,在腔内行经长度 L 后,必将走出反射镜所限的空间,所经时间为 t_1,则有

$$L = \frac{d}{2\theta}, \quad t_1 = \frac{L}{c} = \frac{d}{2\theta c}。 \quad (1-2-19)$$

当 $d = 0.6\,\text{cm}$ 时,光线方向 θ 和在腔内的停留时间 t 的关系见表 1-2-2。经时间 $(e-1)t_1/e$,光辐射衰减剩 $\frac{1}{e}$。

表 1-2-2 θ 与 t 的关系

θ	0	0.001	0.01	0.02	0.05	0.1
t_1/s	10	10^{-8}	10^{-9}	5×10^{-10}	2×10^{-10}	10^{-10}

当 $\theta = 0$ 时,光辐射在腔内也并不能经时间 $t = \infty$ 而不衰减,在每次反射时均将因部分透过、散射和吸收而减弱,并因工作物质的散射、吸收而减弱,后者因激光工作物质不完善可能很大。设经过一次传播剩下能量为 $1-\alpha$,则衰减为 e^{-1} 经历的时间为

$$1/t_2 = c\alpha/L。 \quad (1-2-20)$$

生存期间 t_2 和 α 与腔长 L 的关系见表 1-2-3。

表 1-2-3 不同腔长 L 和光学损耗 α 的生存期间 t_2

t_2/s \ α \ l/cm	0.003	0.01	0.03	0.1	0.3
1	10^{-8}	3×10^{-9}	10^{-9}	3×10^{-10}	-10^{-10}
3	3×10^{-6}	10^{-8}	3×10^{-9}	10^{-9}	3×10^{-10}

续　表

t_2/s ＼ α ＼ l/cm	0.003	0.01	0.03	0.1	0.3
10	10^{-7}	3×10^{-8}	10^{-8}	3×10^{-9}	10^{-9}
30	3×10^{-7}	10^{-8}	3×10^{-8}	10^{-9}	3×10^{-9}

可以认为由 $t_2 = t_1$，或者 $10t_2 = t_1$ 所决定的立体角范围内各波型具有同一衰减率，这个立体角由角 θ^2 决定，由 $(1-2-19)$ 式和 $(1-2-20)$ 式可以得到角度 θ 为

$$\theta = \frac{\alpha d}{2L}, \text{或} \theta = \frac{\alpha d}{20L}, \qquad (1-2-21)$$

立体角是 θ^2。当然，在 $(2-1-13)$ 式决定的角度 θ 小于衍射角 $\theta^* = \lambda/d$ 时，角度 θ 应由 θ^* 代替，这时候衍射损失也同样重要，上述的波形考虑需作修正。当 $\alpha = 0.1$ 和 $d/L = 0.1$ 时，$\theta \approx 0.01$ 或更小。

实际上，两个平面反射面当然不会完全平行，当它们的夹角为 Δ 时，n 次反射后将使原来与一表面垂直的光束成为和表面夹角 $2^n\Delta$ 的光束，并且还使光束入射位置偏移到距原处 $2^{n+2}L\Delta$ 处。为使平行度不影响到光束强度衰减，应使光束在所定次数内不离开反射面，应满足下面条件：

$$\Delta < d/2^{n+2}L。 \qquad (1-2-22)$$

而按 $(1-2-22)$ 式，强度衰减为 $1/e$ 所需要的反射次数为

$$n = 1/\alpha（准确为 -\ln(1-\alpha))， \qquad (1-2-23)$$

即共振腔内吸收、散射等损耗率愈小，腔体愈细长，则面平行度亦应愈好；表面的不平度，可看作反射面局部的不平行。

（五）球面共振腔

由反射球面组成的共振腔称为球面共振腔，它们的球心相互重合时，可用球面波代替平行平面中的平面波作为基本波型。显而易见，在二者之间存在一一对应关系，将平行平面腔所有结果转译即成球面腔的结果，且当腔长度和腔体积相同时，波型数亦相同。

当工作物质尺寸不够大时，用球面和平面组成等价长度倍增的共振腔，通过球心的光束对应于平行面时，垂直入射的光束为此时的主波型，如图 $1-2-13$ 所示；当这两个球面的球心不重合，而是一个球面的球心处在另一面上时（二球

面半径需相等），这种共振腔称为共焦共振腔。由图（1-2-14）所示的物像关系可见，大量波形具有与同心球面时的主波形相同衰减率。这是由于光束经过一次反射仍然成像为其本身之故。

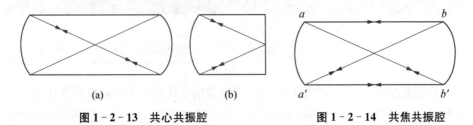

图 1-2-13 共心共振腔　　　　图 1-2-14 共焦共振腔

当共振腔线度远大于波长，以致衍射损失不重要时，光束内部各波型具有完全相同的衰减率。此时决定波形数的立体角不由（1-2-21）式决定，而直接是由 $\theta = d/L$ 决定，亦即波形数大大增加。

这种共焦共振腔几乎没有几何精度要求，在达到自振状态后——光束内部的波形一经产生，即可在腔内无限地长久存在。平面反射面可以用全反射棱镜代替，反射损耗可减少。

（六）共振腔的等价性

如果一个球面腔满足稳定腔的条件，则可以找到一个，且只有一个相应的共焦腔与它有相同的振荡模。所以，任何一个球面共振腔的模参数都可由它的等价共焦腔求得。同样地，一个多镜腔（如折叠腔）也可以等价于一个由两块反射镜组成，使分析更简捷。等价对称共焦腔的两反射镜的曲率半径 R 由下式求出：

$$(R/2)^2 = L(R_1 - L)(R_2 - L)(R_1 + R_2 - L)/[(L - R_1) + (L - R_2)]^2, \tag{1-2-24}$$

式中，R_1，R_2 分别是实际共振腔两射镜的曲率半径，L 是腔长。

三 泵浦装置

泵浦装置是用来向激光工作物质输入能量，激发工作物质的原子或者分子到高能态，使其特定能级间形成粒子数布居反转和相应的受激发射。泵浦装置主要有光辐射泵浦、气体放电泵浦、电子束泵浦和注入电流泵浦等。

（一）光辐射泵浦

电光源发射的光辐射、激光器输出的激光、太阳光辐射、惰性气体中的击波发光、电子激发发光等都可以用来泵浦激光器，前面两种应用最广，技术也最为成熟。

1. 电光源泵浦

常用的泵浦电光源是脉冲氙灯和连续氪灯，前者用于脉冲运转的激光器，后者用于连续输出的激光器。

（1）脉冲氙灯　脉冲氙灯又叫闪光灯，能在极短的时间内发出强光。采用脉冲氙灯做泵浦光源，主要是基于以下几方面的考虑：

a. 脉冲氙灯辐射的光谱分布很广，能够覆盖固体激光工作物质的整个吸收光谱带。

b. 脉冲氙灯是高亮度光源，可以为固体激光器提供足够的泵浦能量密度。

c. 在适当的运转条件下，脉冲氙灯是很耐用的光源，适合作为固体激光系统的泵浦光源。

当然，用脉冲氙灯泵浦光源也存在一些问题，主要有：

a. 由于固体激光工作物质的吸收光谱基本上由一系列分立的吸收带组成，脉冲氙灯辐射的能量并不能全部被工作物质所吸收。

b. 脉冲氙灯输出的紫外辐射对工作物质有害，如产生色心、漂白等。

c. 由于脉冲氙灯是向 4π（球面度）空间立体角发射的，为了有效利用氙灯的辐射能量，在激光腔内通常使用反射器，但这也使被反射的部分辐射返回氙灯而被 Xe 等离子体吸收，其结果是增加了氙灯的负载。

① 氙灯结构。常用激光器使用的脉冲氙灯的放电管是壁厚为 $1\sim1.5$ mm、内径为 $5\sim10$ mm 的石英管或者玻璃管，灯内充入的氙气气压为 $200\sim400$ mmHg。脉冲氙灯有各种形状，包括螺旋形、环形、U 形、π 形和直管形，在实际应用中多数采用直管形的。图 1-2-15 所示是脉冲氙灯结构。

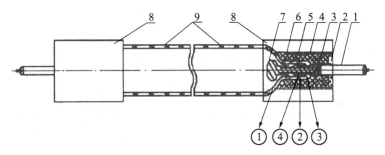

1：耐高压引出线，2：端面密封胶层，3：电极与引出线的连接头，4：金属套筒，5：绝缘密封层，6：电极支撑柱，7：电极，8：灯头，9：石英灯管

图 1-2-15　脉冲氙灯结构

② 脉冲氙灯的极限重复率。每种规格的氙灯都有极限脉冲重复率,超过这个重复率,氙灯就会过渡到连续导通状态。此极限脉冲重复率主要由氙灯的消电离时间决定。消电离时间与许多因素有关,如泵浦能量(或功率)以及电源电路的参数。大多数脉冲氙灯的消电离时间不超过 $15\sim20$ ms。

③ 氙灯使用寿命。氙灯的使用寿命由使用过的脉冲数目来表示,目前氙灯的寿命是 1 千万个脉冲。脉冲氙灯在使用了一定的脉冲次数之后,由于电极溅射引起灯管发黑,降低透光率,或者灯的着火电压升高等原因,不能再正常运转,使用寿命终结。使用寿命跟灯的负载程度(即实际负载与允许的极限负载之比)以及灯管材料、负载能力、充气气压、电极材料等有关。采用钍钨电极(钨中掺 $0.5\%\sim2\%$ 氧化钍),在以一定脉冲重复率工作时,电极溅射发黑情况比较严重,灯的使用寿命限于几万次左右;采用铈钨电极(掺约 2% 的氧化铈),可以明显地提高氙灯使用寿命,达几百万次以上。

④ 光谱特性。光谱由强连续谱和强加宽的线状光谱组成,它们的比例与放电电流密度有密切关系。图 1-2-16 所示是通用脉冲氙灯在不同电流密度时的光谱。

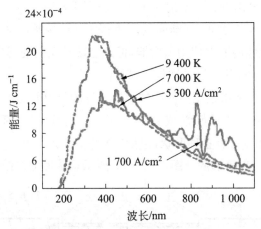

图 1-2-16　典型的脉冲氙灯辐射光谱($\phi13\times165$ mm)

随着电流密度增加,连续谱逐渐占优势,分立线状光谱慢慢被连续谱所掩盖,灯的辐射接近黑体辐射。不同波长光辐射达到黑体辐射值的电流密度是不同的,特征光谱线首先达到黑体辐射的水平,随着电流密度的增加,其余谱线也跟着达到黑体辐射的水平。随着电流密度增加,当电流密度增加时,光谱能量分布向短波段方向移动,而且连续谱增加比线状谱快,在紫外和可见区连续谱占优势,在 800 nm 附近有较强的光谱线。在电流脉冲上升阶段的光谱与下降阶段在相同电流密度处的光谱不相同。线状光谱在脉冲开始阶段很明显,并叠加在连续谱上;随后连续谱逐渐占主要地位。在脉冲下降阶段,等离子体已达到很高的电离程度。

⑤ 光辐射效率。光辐射效率定义为氙灯在整个光谱波段发射的光辐射能量与输入灯内的电能量的比值。通常的氙灯的发光效率可达 50%,与灯的几何尺寸、充气的气压及供电参数(电容量、电压)有关。提高充入氙气的气压,可以提高光辐射效率。起先,氙灯的光辐射效率随充气压的升高而增大,但当充气压达到某个最佳值后继续增大,光辐射效率随充气压的增加便不敏感。此外,脉冲氙灯的光辐射输出和输入功率之间存在一定的时间延迟,当输入功率比较低时,延迟时间增长,这是因为脉冲氙灯的氙等离子体建立辐射需要时间。

脉冲氙灯的光辐射效率很高,在 50%~80%,然而钕玻璃固体激光器的能量转换效率却很低,其原因不在于泵浦光源氙灯的光辐射效率,而是氙灯的辐射光谱中只有一部分处于钕玻璃的光学吸收带内。另外,在高放电电流密度时,氙灯短波紫外部分的辐射增加,而这部分辐射被石英管壁所吸收,氙灯的辐射效率也会因此受到影响。

⑥ 爆炸能量。氙灯放电过程中产生的冲击波及其高温等离子体的热量使灯管内壁受到径向压力和朝向电极的轴向拉力,如果氙灯的放电能量超过一定极限值,冲击波将达到破裂、损伤灯管的强度。

另一方面,即使氙灯工作在低于上述极限条件,氙灯的石英管上存在细小伤痕而引起细微裂纹,会在每次点灯过程中扩大,最终也导致氙灯损坏。

膨胀的高温等离子体碰撞管壁时,会在氙灯管内侧形成陡峭的温度梯度。如果氙灯管壁比较厚,由温度梯度在氙灯管内引起的应力也足以使灯管破裂,损坏氙灯。除此之外,石英因熔化、蒸发和再结晶形成附着在灯管内壁的白色沉积物也会导致氙灯破坏。

一般把脉冲氙灯单次闪光在储能电容器上的储能称为灯的负载能量,把氙灯无损坏的单次闪光最大负载能量称为氙灯的极限负载能量;把使氙灯损坏所需的最小负载能量称为爆炸能量。严格地说,极限负载能量与爆炸能量是不同的,爆炸能量是极限负载能量的上限,但在通常的研究中,往往不加以严格区分。

大量的实验研究得到脉冲氙灯的爆炸能量的经验公式,即 Goncz 公式:

$$E_x = kL d\tau^{1/2}, \tag{1-2-25}$$

式中,k 为常数,依赖于充气种类、充气压以及灯管材料和热力学特性,L 为放电弧长,d 为灯管口径(内径),τ 为放电脉冲强度 1/3 峰值处的脉宽。由 Goncz 公式所确定的爆炸能量表现了氙灯灯管材料的热负载特性。

应该注意，Goncz 公式只是经验公式，仅对实验中特定结构参数范围内的脉冲氙灯有效，即在 $5\,mm \leqslant d \leqslant 15\,mm$、充气压在 $300 \sim 450\,mmHg$、$\tau > 100\,\mu s$ 条件下。对于脉冲氙灯，当 L 和 d 的单位取厘米，τ 的单位为微秒时，一般有

$$E_x = 12Ld\tau^{1/2}。 \tag{1-2-26}$$

氙灯的结构参数（如石英管掺杂、管壁厚度、充气压等）以及灯管制作工艺不同，氙灯实测的爆炸能量有可能低于 Goncz 公式计算值。采用掺铈石英管的高功率脉冲氙灯，由于管壁材料有掺杂，强度下降，氙灯的爆炸能量可能低于 Goncz 公式的计算值。采用过渡玻璃内封接结构、新型灯头结构，全程退火最大限度消除应力，有可能提高高功率脉冲氙灯的负载强度。

应当注意的是，当用高功率脉冲氙灯泵浦钕玻璃时，在激光器聚光腔内氙灯辐射能量的一部分会被反射回到灯上，被氙气体再吸收。若聚光腔内有多支泵浦氙灯，还会吸收其他邻近氙灯的辐射，这将显著增加侵蚀和损耗，等效于增加了脉冲灯的负载。因此，在激光器聚光腔内运转的氙灯，寿命要小于处于自由空间工作的氙灯，其爆炸能量约为自由空间时的 0.7 倍。

（2）氪灯　连续输出固体激光器常用的泵浦光源是氪灯，通常用优质石英管做放电管，里面充氪气体。氪灯放电管的管壁厚度比同尺寸的脉冲氙灯薄一些（减小管壁温度梯度和热应力），一般不超过 1 mm。灯内氪气压一般比较高，小型氪灯在 3～4 atm，大型氪灯在 2.5～3 atm。

① 发射光谱。发射光谱中有线状光谱和连续光谱成分，线状光谱占辐射能量的 40% 左右，连续光谱约占 60%。光波长在 $0.7 \sim 0.9\,\mu m$ 光谱范围的辐射能量占 30%。

氪灯的发射光谱线主要集中在波长 760 nm 和 810 nm 附近，与 YAG：Nd^{3+} 激光晶体的两个强吸收峰（$0.7\,\mu m$ 和 $0.81\,\mu m$）有比较好的光谱匹配。

② 负载功率。连续氪灯的负载功率密度可达 $10^3\,W/cm^2$。影响负载功率的主要因素是灯管壁厚度、充气气压以及制造工艺。管壁厚，热应力大，灯管容易破裂。管壁厚 1 mm 的灯管，负载功率就比用管壁厚 1.3 mm 的氪灯高，炸灯的现象也大大减少。充气气压高，可以得到高的发光功率，但也增大放电管的内应力。充气气压在 2.5～3 atm 的放电管，放电通道比较平直，灯的功率负载也比充气气压 3.5～5 atm 的高。

③ 使用寿命。高功率连续氪灯的使用寿命约 500 h。影响氪灯使用寿命主要因素是电极溅射物或蒸发的沉积物使阴极区发黑，造成灯管严重丧失透明性，发光

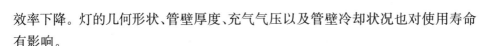

效率下降。灯的几何形状、管壁厚度、充气气压以及管壁冷却状况也对使用寿命有影响。

（3）聚光腔 聚光腔是包在激光工作物质和泵浦闪光灯外面的聚光系统，它能让泵浦灯发射出来的光辐射更有效地集中到激光工作物质上。从本质上讲，电光源泵浦效率是由聚光腔的反射特性决定的。聚光腔的反射系数，对激光工作物质吸收带内的光辐射应当最大，而在其余的光谱波段应该最小，最大限度地利用泵浦光源学发射出来的光辐射能量，并使激光工作物质的受热程度减到最低。

聚光腔的形状有圆筒形、椭圆筒形、旋转椭圆形或由几个椭圆筒形反射镜组合。采用什么形状的聚光腔，主要根据使用条件（泵浦闪光灯形状、激光工作物质的尺寸等）以及对激光器输出性能的要求（比如着重对激光器的能量转换效率还是激光器输出的光束质量）权衡考虑之后选择。激光工作物质的尺寸比较长时，一般用椭圆柱形或者圆柱形聚光腔；激光工作物质比较短时，一般采用球面或者旋转椭球面聚光腔。要求激光器尺寸比较紧凑或者用多只泵浦灯闪光同时泵浦，或者用螺旋形的，或者空心同轴泵浦时，一般用紧包式光滑反射面聚光腔或者漫反射聚光腔。

评价聚光腔性能的主要参数是聚光效率，即从泵浦闪光灯发出的光辐射能量与入射到激光工作物质表面的能量的比值。聚光腔聚光效率的高低直接决定着激光器总体效率的高低。第二个重要参数是聚光照明的均匀性，它关系到激光工作物质的动态光学均匀性，直接影响到激光器输出的光束质量。

聚光腔表面可以镀多层介质膜或镀银反射膜。镀银膜不能使工作物质吸收带的光辐射的反射率达到最高，而且反射率不超过 95%，在激光器工作过程中反射系数还会降低。镀介质膜（比如二氧化钛及二氧化硅膜）可以有选择性地提高对某个波段光辐射的反射率，还能够获得很高的反射率。

2. 激光器泵浦

用做泵浦光源的激光器最常用的是半导体激光器（LD）。

（1）优越性 半导体激光器替代氙灯或者氪灯做泵浦光源有几方面优点：其一是能够提高激光器总体效率（由使用闪光灯泵浦时的 3% 提高到 10% 以上）；其二是激光二极管寿命长，可达 10 000 h 以上，能够提高整个激光器的使用寿命；其三是半导体激光器重量轻，体积小，可以使激光器体积做得很小，重量轻；其四是使用的半导体激光器输出的激光波长与激光工作物质的强光学吸收带匹配，因此，激光器的热负载低，也简化了激光器的冷却系统，需要的冷却元件少，有利于提高激光器输出性能的稳定性。

氙灯、氪灯等发射的光辐射中含有强紫外辐射。有些固体激光工作物质,如YAG 激光晶体,存在杂质离子和晶格缺陷,在强紫外线的照射下很容易形成色心,这时晶体部分地或者全部着色成棕色,并在波长 330 nm 处出现吸收带,吸收泵浦光辐射后以热能的方式向晶格释放能量,使晶体温度升高,导致激光器输出性能变坏,比如降低激光器输出的激光能量(功率)等。色心会吸收激光振荡辐射能量和泵浦光辐射能量;会引起激光脉冲宽度发生变化,当色心浓度增加,激光脉冲宽度发生展宽;色心吸收的光辐射能量释放出来后会引起晶格畸变和热致双折射以及热透镜效应,影响激光束强度的空间横向分布,导致激光束质量下降。

不过,采用激光二极管泵浦的固体工作物质需要满足一些要求:

① 有光学吸收带波长可以与之匹配的。所用的工作物质的光学峰值吸收波长的位置需要与泵浦激光波长相匹配,最好也与激光器的振荡波长接近。在这种情况下,激光器运转时在工作物质中产生的热耗散小,特别是在激光器以高平均功率水平工作时,这有利于保持较高光束质量。

② 光学峰值吸收系数要大。这样的工作物质可以获得比较高的泵浦效率,才有利于激光器小型化。

③ 光学吸收带宽比较宽。可降低对泵浦激光二极管输出波长与工作物质吸收带峰值波长匹配准确性的要求。用于泵浦的大功率激光二极管往往由许多个(有时可达上千个)二极管组合而成,实际泵浦光辐射有一定带宽,如果此带宽比被泵浦的激光工作物质光学吸收带宽还宽,就会降低泵浦效率。

④ 荧光寿命比较长。这样的工作物质能够储存比较高的泵浦光能量,当激光器以中、低脉冲重复率工作时,可以减少用于泵浦的激光二极管数量,降低激光器件的成本。比如,激光器以 1 kHz 的脉冲重复率工作,当采用 YLF:Nd(其荧光寿命是 480 μs)做工作物质时,所用的激光二极管数量就比采用 YAG:Nd(其荧光寿命为 30 μs)做工作物质所需要量减少一半。

(2)泵浦方式　半导体激光器作为固体激光器的泵浦源,从几何结构上看,主要有纵向(端面)泵浦和横向(侧面)泵浦两种方式。

采用纵向(端面)泵浦时,光学系统把 LD 输出的激光汇聚到固体激光工作物质端面,固体激光器的激光振荡在工作物质的纵向上。较为常用的聚光方法是用一种叫做 Lensduct 的特殊的非成像光学元件把泵浦光会聚到激光工作物质端面,如图 1-2-17 所示。Lensduct 是一个平凸透镜与一个棱锥镜的组合体,利用透镜聚焦和棱锥镜 4 个侧面的全内反射实现光会聚。纵向(端面)泵浦的优点是泵浦光束和共振腔模的激发空间能很好地重叠在一起,以达到模式匹配,有利于 TEM_{00} 模式起振。泵浦光在入射方向的穿透深度很大,工作物质对泵浦光吸收充分,泵浦效率高。但是端面泵浦受到两个限制:一是难以把数目很大的激光二极管列阵的光聚焦到较小的激光工作物质端面上;二是在小的泵浦空间产生的无用热量会使工作物质产生畸变,降低了激光束质量。

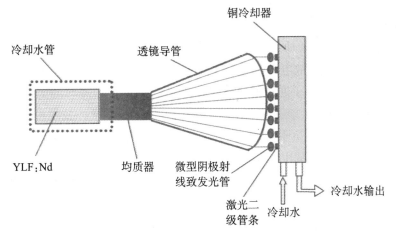

图 1-2-17 LD 纵向(端面)泵浦激光工作物质

横向(侧面)泵浦是利用光学系统,把 LD 输出的激光汇聚到固体激光工作物质的侧面。突出优点是结构相对简单,适合多个、更高功率 LD 的泵浦光耦合。某些需要高泵浦功率的激光器通常采用侧面泵浦方式:LD 列阵围成一圈,环绕在激光工作物质的周围,如图 1-2-18 所示。玻璃管和水冷套具有一定的

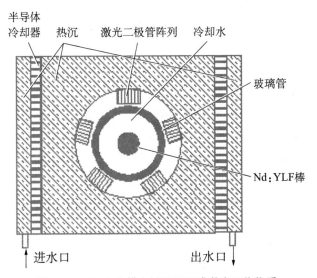

图 1-2-18 LD 横向(侧面)泵浦激光工作物质

会聚光作用,将 LD 输出的激光收集起来照射到激光工作物质上。激光工作物质通过恒温水套冷却,而 LD 则用半导体制冷器和恒温水套冷却。

(二) 气体放电泵浦

利用气体放电过程产生高能电子,与激光工作物质的原子或者分子发生碰撞,电子失去能量,而原子或者分子被激发到高能态,在某对能级之间实现能级粒子数布居反转状态。所采用的气体放电方式有 3 种:

(1) 直流电气体放电 激光器工作在自持气体放电区,电离发生在阴极位降层内,气体原子、分子通过放电区的时间 τ_f 与放电不稳定时间 τ_g 有相同数量级,放电稳定性比较差。采用预电离技术或者快速流动气体技术可以改善放电特性。直流放电存在负阻特性,一般需要使用镇流电阻稳定气体放电。

(2) 交流电气体放电 交流电气体放电的稳定性比直流电气体放电好;由于放电的电极性交替变化,即使放电区存在阴极位降,在两个电极之间的激光增益分布仍然对称,激光振荡强度分布的均匀性将比使用直流电气体放电好。此外,这种放电方式不需要镇流电阻,减少了泵浦能量损耗,可以提高激光能量转换效率。

(3) 射频气体放电 当激发气体放电的电源工作频率大于 10 MHz,小于 300 MHz 时,气体原子、分子通过放电区的时间小于漂移时间,不存在阴极位降,主要是体积放电。所以,泵浦能量转换效率比较高,而且激光器输出的光束质量也更好。

采用射频放电泵浦的气体激光器的放电管内没有电极,避免了由电极溅射带来的种种不利因素。与采用直流电纵向气体放电泵浦比较,还有如下几方面的优点:

① 降低气体放电工作电压,可以降低对激光器和电源的高压绝缘要求,也有利于激光器电源的小型化。

② 不需要镇流电阻,降低了电功率损耗,提高激光器的能量转换效率;对于分子气体激光器,因为气体放电管内没有阴极位降区,因而可以降低分子的分解速率,有利于提高激光器的使用寿命。为了让电源的射频功率高效地馈入气体工作物质,需要使放电室的等离子体阻抗与电源输出阻抗匹配,匹配电路的另外一个作用是在气体放电着火前使回路谐振。射频电源的频率也是影响激光器输出功率的重要参数。

(三) 注入电流泵浦

半导体激光器通常采用这种泵浦,由电源向半导体 pn 结直接注入电流,实现能级粒子数布居反转。注入电流的稳定性对激光器的输出有直接的、明显的影响,因此对电源的要求比较高,需用恒流电源,并且有很高的电流稳定度和很小的纹波系数。半导体激光器是一种结型器件,对电冲击的承受能力很差,因此,电源中需要有特殊的抗电冲击措施和保护电路。

1-3 常用激光器

一 激光器的工作方式

由于激光器的工作物质和泵浦方式以及使用目的不同,激光器有不同的工作方式,大致可分为如下几种。

(一) 单次脉冲式

泵浦以及激光发射均是单次脉冲过程。一般的固体激光器均以此方式工作,可获得大能量激光输出。

(二) 重复脉冲式

采取重复脉冲的泵浦方式,获得重复脉冲激光输出。以重复脉冲泵浦的固体激光器、气体激光器和半导体激光器均以此方式运转。

(三) 连续方式

泵浦和激光器输出均是连续的,如直流放电泵浦的气体激光器和半导体激光器,以及某些连续光泵浦的固体激光器。

(四) Q 突变方式

Q 突变是一种特殊的超短激光脉冲工作方式,将单次脉冲的激光能量压缩在极短的时间内输出共振腔外,可获得极高的脉冲输出功率。通常在共振腔内放置一种特殊的快速光开关——快门,开始泵浦后,快门处于关闭状态,切断共振腔光子的振荡回路。这时,工作物质虽然处于能级粒子数布居反转状态,但不能形成有效的激光振荡。当工作物质的能级粒子数布居反转密度增大到一定程度后,快门迅速打开,接通共振腔内光子振荡的回路,在极短的时间内形成极强的受激发射并输出共振腔外。光开关的作用是控制组成共振腔的反射镜面的光学反馈能力,即控制共振腔的品质因数 Q 值(这里借用了无线电里的概念),所以通常称之为 Q 开关,而这种方法就叫做 Q 突变方法。

1. 技术原理

激光器在稳态工作情况下输出的激光功率总是小于输入的泵浦功率。但是,在非稳定运转情况下,就有可能使输出的激光功率大于输入的泵浦光功率,这是在短时间内突然释放较长时间存贮的能量而得到的。从某种意义来说,激光器也是一种能量存贮器,工作物质在较长时间内存贮足量的泵浦能量,然后通过某种方式,比如快速开关,让激光器在瞬间把存贮的泵浦能量转换成激光能量,激光器就会输出很高的激光功率。

激光阈值振荡能级粒子数布居反转密度 $n_{th} = n_2 - n_1$ 与光学共振的品质因子 Q 值有关:

$$\Delta n = A(\upsilon^3 \Delta \upsilon)/Q, \tag{1-3-1}$$

式中,τ 是激光工作物质上激光能级平均寿命,υ 是发射的光频率,$\Delta \upsilon$ 是光辐射谱线宽度。

起初让共振腔的 Q 值保持在比较低水平,以提高激光振荡阈值,激光工作物质累积激发态粒子数,存贮的泵浦能量增大。当激发态粒子数积累数量到很高的数值时,突然提高共振腔的 Q 值,激光器立即发生激光振荡,而且是在超过通常状态的振荡阈值情况下发生激光振荡,因而振荡剧烈程度更大,在瞬间把全部存储的泵浦能量转换成激光能量,输出一个脉冲时间很短的激光脉冲,获得很高的峰值激光功率,一般可达数兆瓦以上。激光功率由下面式子表示:

$$P = Wh\upsilon N/2Q_W[n_{th}\log(n_f/n_i) - (n_f - n_i)]。 \tag{1-3-2}$$

产生的激光能量为

$$E = (Q_W/2Q)h\upsilon N(n_i - n_f), \tag{1-3-3}$$

式中,n_i 是共振腔在低 Q 值时能级粒子数布居反转值,n_f 是共振腔在高 Q 值激光振荡时的粒子数布居反转值,N 是发射激光的粒子数目,Q_W 是以共振腔输出镜的透过率为主计算共振腔的 Q 值。激光器输出的光脉冲宽度 τ_c 为

$$\tau_c = L/(c\alpha), \tag{1-3-4}$$

式中,L 是共振腔腔长,α 为单程光学损耗系数,c 为光速。

2. 转镜 Q 开关

用一个高速马达带动旋转的全反射镜代替共振腔原来固定的全反射镜。全反射镜通常是直角棱镜,安装在马达的转子上。由于全反射镜绕垂直于共振腔的光轴旋转,构成了一个 Q 值周期性变化的共振腔。当旋转的反射镜正对准固定反射镜时共振腔的 Q 值最高,在其他位置时共振腔的 Q 值则很低。

（1）激光脉冲宽度　根据激光器 Q 突变理论,使用 Q 开关的激光器输出的

激光脉冲宽度一般随开关速度加快而变窄,激光功率提高。在激光器其他工作条件相同的条件下,转镜 Q 开关的开关速度与转镜的旋转速度成正比例,因此,转镜的旋转速度高,输出的激光脉冲宽度变窄,输出激光功率增加。

(2) 最佳工作参数　假定反射镜旋转的角速度是 ω,开关时间 $t = \theta_c/\omega$,式中的 θ_c 是激光器发生激光振荡时转镜法线与共振腔光轴的夹角(称临界角)。存在使激光器输出性能最佳的最佳旋转角速度、最佳临界角以及最佳腔长。

① 最佳旋转角速度。在其他工作条件相同情况下,转镜的旋转速比较低时,开关时间较长,激光器可能输出多个激光脉冲。当转速提高到一定数值,开关时间相应短到一定程度时,激光器便只输出单个激光脉冲。但是,转镜的转速太高,激光器输出功率反而会下降,脉冲宽度反而展宽,这是因为转镜转速很高,激光脉冲功率到峰值时,转镜的法线已过了与共振腔光轴线平行的位置,腔的 Q 值下降。所以,需要根据激光工作物质的有关参数选择合适的旋转速,使输出的峰值功率最高。最佳旋转角速度大约等于刚出单脉冲时的转速的 1.5～2 倍;在最佳转速条件下,巨脉冲的脉宽约等于刚出单脉冲时的脉宽的 1/1.8;峰值光子数密度约等于刚出单脉冲时的峰值光子数密度的 2 倍。小型钕玻璃 Q 开关激光器常用的马达转速为 300～1 000 pps,开关时间为微秒量级。

② 最佳临界角。当共振腔的长度、腔的输出端反射镜的反射率和转镜的旋转速度一定时,存在最佳临界角。泵浦功率水平越高,工作物质质量越好、口径越粗、越长,而共振腔的腔长越短,腔的输出端反射率越高,则临界角越大,越容易输出多激光脉冲,最佳转速也越高。在最佳工作条件下,随着临界角增大(转镜的旋转速度也相应提高),峰值光子数密度线性增加,而激光脉宽和前沿压缩得越来越慢。

(3) 加速装置　要把激光脉冲宽度压缩到很窄,产生激光巨脉冲功率,需要使用转动速率比较高的马达。但制造高转速马达的技术难度比较高,采用适当的光学系统可以等效地提高马达的转速,这些光学装置称为转镜 Q 开关的加速装置,主要有如下几种。

① 折叠腔加速。如图 1-3-1(a)所示,输出反射镜的介质膜分成上、下两片,下半片为全反射介质膜,上半片为部分透射的反射介质膜。光束在共振腔内循环传播一周,两次通过转动棱镜才输出腔外,等效于把带动该转动棱镜的马达转速提高一倍。

② 棱镜加速。共振腔一端由两只棱镜构成,其中一只棱镜 A 由马达带动高速旋转,另一只棱镜 B 固定不动,如图 1-3-1(b)所示,这种结构的效果也等效于马达的速度提高一倍。

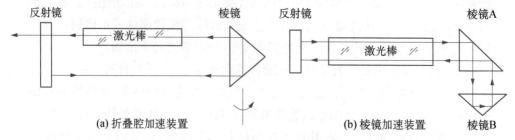

(a) 折叠腔加速装置　　　　　　　　　　　(b) 棱镜加速装置

图 1-3-1　转镜 Q 开关的加速装置

③ 四次加速。把前面的①②两种装置合并使用,光束在共振腔内循环一周
4 次通过旋转棱镜,等效开关时间缩短 4 倍。

3. 电光 Q 开关

电光 Q 开关是利用晶体的线性电光效应实现 Q 值突变的光学元件。在纵
向电场(电场方向与光的传播方向一致)作用下,一些晶体光学折射率会发生改
变,折射率是外加电场 E 的函数,可用 E 的幂级数表示,即

$$n = n_0 + \gamma E + \sigma E^2 + \cdots, \tag{1-3-5}$$

式中,n_0 为未加电场时的折射率。γE 是电场 E 的一次项,由该项引起的折射变
化称为线性电光效应或普克尔斯(Pockels)效应;由二次项 σE^2 引起的折射率变
化,称为二次电光效应或克尔(Kerr)效应。大多数电光晶体材料的一次效应要
比二次效应显著。在共振腔内安放合适的电光晶体,在晶体上外加一阶跃式电
压,改变晶体的折射率,相应地调节了共振腔内光学损耗,控制激光器共振腔的
Q 值。通常把利用这个效应制成的 Q 开关称为普克尔斯 Q 开关;利用二次电光
效应制成的 Q 开关,称为克尔 Q 开关。

图 1-3-2 所示是普克尔盒 Q 开关激光器结构。普克尔盒 Q 开关一般是在
撤去电压时使共振腔的 Q 值升高。如果要让 Q 开关在加上电压时共振腔达到
高 Q 值,则需要采用预偏置技术,例如,在腔内放置起偏器等光学元件。当在电
光晶体上加 $\lambda/4$ 电压时,共振腔的光路关闭,腔的 Q 值低。在泵浦过程中瞬时撤

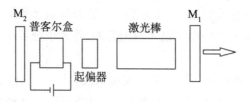

图 1-3-2　普克尔盒 Q 开关红宝石激光器结构

去加在电光晶体上的电压,共振腔光路接通,Q值升高,激光器输出巨脉冲激光。如果沿晶体感应主轴方向转动晶体进行光预偏置,则晶体不加电压时共振腔处于低Q值,加$\lambda/4$电压时共振腔Q值升高。

4. 声光 Q 开关

声光Q开关是利用声光效应实现共振腔Q值变化。当声波在某些介质中传播时,介质会产生与声波信号相应的、随时间和空间周期性变化的弹性形变,导致介质的折射率发生周期性变化,使其中传播的光波发生衍射:拉曼-奈斯衍射或布拉格衍射。当超声波频率较低、声光相互作用长度较短、光波垂直于声波传播方向时产生的衍射称为拉曼-奈斯(Raman-Nath)衍射,形成与入射方向互相对称分布的多级衍射光,如图1-3-3(a)所示;当声光作用长度较长、超声波频率较高、入射光与声波传播方向倾斜一个角度入射时产生的衍射称为布拉格(Bragg)衍射,此时当夹角满足一定条件时,介质内各级衍射光会互相干涉,只出现0级和$+1$或-1级衍射光,如图1-3-3(b)所示。合理选择参数,并且超声功率足够大,入射光的能量几乎全部转移到$+1$级或-1级衍射上。所以,利用布拉格衍射效应制成的声光器件可以获得较高的衍射效率。由于声光作用导致光束衍射偏折离开共振腔,光学损耗增大,即腔的Q值变低;撤去超声波场时声光介质恢复光学均匀性,光束不发生衍射偏折,共振腔Q值也随之升高。

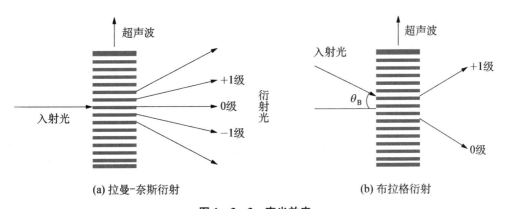

(a) 拉曼-奈斯衍射　　　　(b) 布拉格衍射

图 1-3-3　声光效应

声光Q开关由电源、电-声换能器、声光介质和吸声材料组成。常用的声光介质有熔融石英、钼酸铅和重火石玻璃等。吸声材料常用玻璃棉和铅橡胶等。换能器将高频振荡电信号转换为超声波,常采用铌酸锂、石英等晶体制成。

5. 可饱和吸收体 Q 开关

有些材料的光学吸收能力随着光束强度而变化,可利用其可饱和吸收性做

成 Q 开关。

（1）工作原理　强度弱的光通过时介质对光能量的吸收能力很强,而光强度比较高时对光能量的吸收能力变弱,当光束强度达到一定数值时变成光学透明体,几乎不吸收光束能量,即出现饱和吸收现象。在激光器共振腔内插入这种可饱和吸收元件,在泵浦开始阶段,共振腔内的自发辐射光强度很弱,该元件光学吸收系数很大,光辐射的透过率很低,共振腔处于低 Q 值（高损耗）状态;随着泵浦的继续,腔内的工作物质能级粒子数反转不断积累,腔内的光辐射逐渐变强,元件的光学吸收系数不断减小。当光强与吸收体的饱和吸收光强可相比拟时,可饱和吸收元件变成完全光学透明体,共振腔 Q 值猛增到最大,激光器也随即产生强烈激光振荡,输出高功率激光脉冲。

使用这种 Q 开关的激光器输出的激光脉冲宽度一般很窄,大约为 10^{-8} s 量级,激光谱线宽度也比较窄。

（2）优缺点　对 Q 开关的要求是,在能级粒子数布居反转值达到极大值时,能够迅速、准确地接通共振腔的光路。前面几种 Q 开关通过外来信号控制开关状态,较难达到这个要求。而可饱和吸收体 Q 开关,只要事先选择好吸收体的参数,比如染料浓度,就可以实现。主要缺点是开关效率较低,主要原因是它处于接通状态时的最大透光率不等于1,相当于在腔内附加了光学损耗;其次是吸收体本身的性能不能保持长久稳定,比如新研制成的染料溶液,即使不使用,存放一段时间之后性能也会变差,导致激光器输出性能下降;第三是激光器输出能量稳定性也比较差,常有小脉冲伴随。

（3）可用的可饱和吸收体　常用的可饱和吸收体主要有染料、色心晶体、半导体材料和含有 Cr^{4+} 的晶体（如 YAG：Cr^{4+} 晶体）。常用的染料有十一甲川蓝色素染料、五甲川蓝色素染料、隐花菁、钒钛菁、叶绿素 d 和 BDN（全名为双-（4-二甲基氨基二硫代二苯乙二酮）-镍）等。染料做饱和吸收体 Q 开关有两种,一种是将染料溶于某种溶剂中,配成一定浓度溶液,然后将这种溶液放置于密封的玻璃器皿中,称为染料盒;另一种是将染料溶合在有机玻璃里制成如电影胶卷那样的薄胶片,片厚仅零点几毫米,称为染料片,使用比较方便。

散布在晶体中的色心相当于溶解在溶剂中的染料分子,在强光作用下也会发生饱和吸收。用色心晶体做成的 Q 开关,插入光学损耗、动静比等参数与电光晶体 Q 开关、染料 Q 开关相当,但稳定性比染料 Q 开关好。色心晶体 Q 开关主要缺点是不完全漂白吸收,残余吸收系数比较大,因而影响了激光器的能量转换效率。

YAG：Cr^{4+} 晶体在 $0.9\sim1.2~\mu m$ 波段具有可饱和吸收特性,吸收截面也比较宽,是近红外波段使用较好的 Q 开关。YAG：Cr^{4+} 晶体起先是用作激光器工作物质,可输出波长 $1.35\sim1.55\ \mu m$ 波段的激光脉冲。

（五）锁模方式

锁模是一种特殊的超短激光脉工作方式,单次脉冲工作的众多激光振荡模间距保持相等,并且有确定的位相关系,叠加后将形成脉冲宽度极窄、激光峰值功率非常高的激光脉冲。如果共振腔内的激光振荡模数是 m,激光强度将等于平均激光强度的 m^2 倍。

1. 损耗调制锁模

在共振腔内放置能够改变腔内光学损耗的元件,外加信号调制该元件可以实现锁模,这种做法一般在连续泵浦的激光器中使用。

把调制器放置于激光器共振腔的任一端面处或腔的中心,以 $c/(2nL)$ 频率驱动调制晶体,腔内光学损耗将以该频率变动,损耗大小由入射时间在调制周期中所处的位置确定。与损耗调制器同相的那些模,只通过几次以后就在增益竞争中取得优势,最后满足激光振荡条件。

当以共振腔两个纵模频率间隔 $\Delta\upsilon=c/(2nL)$ 的频率调制共振腔内的调制器时,中心频率为 υ_0 的振荡模辐射场除了含有频率 υ_0 之外,还含有两个具有相同初位相的边带频率 $\upsilon_0+\Delta\upsilon$ 和 $\upsilon_0-\Delta\upsilon$,因为 $\Delta\upsilon$ 是两个振荡纵模的频率间隔,显然它们将与相邻两个振荡模耦合,被这两个边带频率带动起来的那两个振荡纵模与中心频率 υ_0 的振荡模有了确定的振幅和位相;而当频率 $\upsilon_0+\Delta\upsilon$ 和 $\upsilon_0-\Delta\upsilon$ 振荡模经过调制器时将再次受到调制,形成频率为 $\upsilon_0\pm2\Delta\upsilon$ 的边带,它们又与其相邻的振荡纵模耦合。如此持续下去,直至所有的纵模全都耦合,都有确定的振幅和位相,激光器进入了锁模工作状态。用这种办法获得的激光脉冲半功率点的全宽度 Δt 与驱动调制器信号功率 P_m 的 4 次方根 $P_m^{1/4}$ 成反比关系,即 $\Delta t\propto P_m^{-1/4}$,所以增大驱动调制器信号的功率可以使脉冲宽度变得更窄。

2. 相位调制锁模

相位调制锁模是在腔内放置能够改变腔内光程的元件,外加信号调制使其介电常数变化,导致振荡模的频率向上或向下移动,移动量正比于 $d\varphi/dt$（φ 是位相）,光辐射反复通过相位调制器,反复频移,最后将移出激光增益带宽,或者频移到与调制器同相为止。只有在调制器 $d\varphi/dt=0$（即 $\varphi(t)$ 固定不变）的时刻通过的振荡模不会产生频移,从而获得增益并产生激光振荡。在这两种情况中,都只有较少的振荡模能够保存下来。这些模已是同相的,即实现了锁模状态。相位调制锁模得到的激光脉冲宽度与驱动调制器的信号功率 P_m 的关系是 $\Delta t\propto P_m^{-1/2}$。

3. 可饱和吸收体锁模

可饱和吸收体锁模又称为被动锁模,前面两种方法也称为主动锁模。在共振腔内放置可饱和吸收介质,利用其非线性吸收效应实现锁模。可饱和吸收体对光辐射的吸收系数随腔内的光强增加而减小,最后变成完全透明介质。满足锁模条件的振荡模的光强度高,可饱和吸收体对它们的吸收很弱。在共振腔内的工作物质中来回传播,光强不断增大,最后形成激光振荡。那些不满足锁模条件的振荡模的光强度比较弱,被可饱和吸收体强烈吸收,不能发生激光振荡。

实现锁模的机制通常利用"起伏模型"解释。该模型把激光脉冲形成过程分成 4 个阶段:

(1) 第一阶段:自发辐射 激光器在激光振荡阈值以下时,腔内辐射主要是自发辐射。在这个阶段的终点,激光器的增益将增大到阈值振荡条件。

(2) 第二阶段:线性放大 激光增益超过腔内光学损耗,光辐射强度获得线性增大,直到强度足以使腔内可饱和吸收体漂白,变成透明介质。在线性放大期间,光辐射强度分布出现以共振腔周期 T 为周期的结构。

由于激光工作物质荧光带宽 $\Delta\omega_a$ 比较宽,起始时会激励大量的纵模,这些纵模的振幅和相位是时间的无规函数,由自发辐射的统计性质所确定。这些相位无规的纵模之间产生干涉,使得辐射强度发生起伏,起伏峰的平均持续时间 τ_a 由荧光谱带宽度确定,即

$$\tau_a = 1/\Delta\omega_a = T/m, \qquad (1-3-6)$$

式中,m 是纵模数目,T 是共振腔周期。在线性放大期间,工作物质的增益带宽变窄,起伏脉冲持续时间延长。

(3) 第三阶段:非线性脉冲选择放大 最初起伏的脉冲数目很大,但到后来就只有少数几个的强度明显超出平均强 $\langle I \rangle$。由于饱和吸收作用,强度最大的起伏脉冲峰被可饱和吸收体吸收衰减最小,与较弱的峰相比较,强度增长最迅速,超过可饱和吸收体的饱和吸收强度;而强度较弱的则被强烈吸收。最后在众多起伏脉冲中只留下一个或少数几个起伏峰达到增益饱和。由于脉冲前沿的吸收比其他部分更多,脉冲宽度被压缩。

(4) 第四阶段:饱和阶段 能级粒子数布居反转完全消失,全体脉冲在第 n 次通过共振腔时的增益系数都相同,脉冲形成过程结束,输出由许多间隔距离等于共振腔周期、参数可变化的脉冲组成的脉冲序列。

采用这种锁模技术的激光器一般输出激光脉冲序列,两个脉冲之间的时间间隔等于光波在共振腔内往返一次的时间,即

$$\Delta t = 2L/c, \quad (1-3-7)$$

式中，L 是腔长度，c 是光速。

这种锁模技术不需要任何外加调制信号，激光器结构比较简单，在激光器共振腔内放一块合适的可饱和吸收物质，比如染料盒即可。但只有那些弛豫时间比腔内往返时间短的工作物质适合这种方法。在可见和近红外波段区最常用的可饱和吸收体是有机染料。

（六）脉冲压缩方式

脉冲压缩方式工作输出的也是脉冲宽度很窄的激光，有 3 种工作方式：共振腔外脉冲压缩方式、腔内压缩方式和饱和吸收压缩方式。

1. 共振腔外脉冲压缩方式

共振腔外脉冲压缩是对激光器输出的短激光脉冲再压缩，产生脉冲宽度更窄的激光脉冲。加一个光学频率调制，激光短脉冲将受到自相位调制，引起光谱加宽，不同的频率成分处在脉冲的不同部位，例如，蓝色光成分在脉冲的前沿，黄色光成分居中，而红色光成分在后沿。光谱不同成分在介质中传播速度不同，形成光脉冲的复杂的"啁啾"现象。在正常色散情况下，低频成分（红光）传播快于高频成分（蓝光），脉冲展宽，且整个脉冲宽度有正的线性频率扫描（啁啾），称为正啁啾或上啁啾（红光先于蓝光）。这样的啁啾光脉冲进入色散延迟线。其群速度是频率的线性函数，它对脉冲的不同光谱成分产生不同的延迟，使落后的长波部分赶上前沿的短波部分，实现脉冲宽度压缩，得到比输入脉冲在时间上更短的压缩脉冲。构成色散延迟线的办法同样是多种多样的，比如光栅对、棱镜对、法布里·珀罗（Fabry-Perot）标准具等。利用碱金属蒸气的共振谱线也可以构成色散延迟线，例如，Rb 蒸气和 $LiNbO_3$ 调制器配合，可大幅度压缩染料激光脉冲。

2. 共振腔内脉冲压缩方式

输出扫频脉冲的激光器，比如锁模激光器，共振腔内的激光脉冲变窄，峰值功率增高，使得激光器共振腔内以自相位调制效应为主要特征的光与物质相互作用的非线性效应增强，并在工作物质的色散作用下形成了光脉冲的啁啾现象。将色散延迟线放置在激光器共振腔内，不同波长光辐射在共振腔内具有相同的光程运行时间，激光器将直接输出一个经过压缩的激光脉冲。

3. 饱和吸收压缩方式

在共振腔内放置可饱和吸收体，控制饱和吸收体的物质浓度或光学小信号透过率，当光脉冲通过它时，光脉冲前沿的能量将被强烈吸收掉。饱和吸收体吸收了足够的能量后,产生饱和吸收,光脉冲后沿那部分将无损耗地通过吸收体,光脉冲便被压缩了。为了保证激光脉冲被压缩后不损失峰值功率或能量,将饱和吸收体与放大器组合在一起使用,控制整个系统在阈值振荡以下将会得到更好的压缩效果。

二 连续输出 YAG：Nd^{3+} 晶体激光器

掺钕钇铝石榴石（YAG：Nd^{3+}）晶体激光器输出的主要激光波长是 $1.06~\mu m$,可以单脉冲输出、高重复率脉冲输出和连续输出。

问世时间比红宝石激光器和钕玻璃激光器晚,但它的性能比它们都好,比如激光阈值振荡泵浦能量低,激光能量转换效率高;晶体具有优良的热学性能,能够在室温下连续输出或者以高脉冲重复率工作。

(一) 工作特性

1. 激光阈值振荡泵浦功率和能量

YAG：Nd^{3+} 激光晶体是四能级工作系统,激光阈值振荡功率低。连续波运转时,激光阈值振荡泵浦功率为

$$P_{th} = N_{2i} h\upsilon / t_1 , \qquad (1-3-8)$$

式中,N_{2i} 是达到激光振荡时的粒子数反转密度:

$$N_{2i} = 8\pi n^2 \tau_f \Delta \upsilon / (c\tau_c \lambda^2) , \qquad (1-3-9)$$

式中,υ 是激光辐射频率,$\Delta \upsilon$ 是荧光谱带宽度,τ_f 是激光跃迁能级的自发辐射寿命,τ_c 是腔内光子寿命,n 是工作物质的折射率。假定共振腔内单程光学损耗 $a = 4\%$,对于 $1.064~\mu m$ 激光波长,阈值振荡的粒子数反转密度 N_{2i} 约为 $1.3 \times 10^{21}/m^3$,阈值泵浦功率密度为 $35 \times 10^4~W/m^3$ 左右。进一步假定 YAG：Nd^{3+} 激光棒长 $3~cm$,直径为 $0.25~cm$,那么,激光器达到阈值振荡需要的泵浦功率为 $0.052~W$。再假定泵浦光源发射的光辐射分布在 YAG：Nd^{3+} 晶体吸收带内的能量占泵浦光源总辐射能量的 5%,即吸收泵浦光源辐射能量中的 5%,计及这些因素之后,使激光器达到阈值振荡,要求泵浦光源提供的光功率大约为 $41~W$。要是泵浦光源的发光效率（即泵浦光源发射的光功率与输入功率的比值）为 0.5,那么,泵浦光源需要的输入功率是 $82~W$。

2. 激光器的总效率和斜率效率

总效率 η 定义为

$$\eta = P_L / P_E , \qquad (1-3-10)$$

式中，P_E 是泵浦光源的输入电功率，P_L 是激光器输出激光功率。泵浦光源输入的电功率经过几个转换环节之后才能转换成激光功率，每个转换环节也有一定的转换效率，分别用 η_{E0} 表示泵浦光源的光辐射能量被聚光腔聚集于 YAG：Nd^{3+} 激光棒的比率；用 η_{sp} 表示泵浦光源发射的光辐射落在激光晶体棒吸收带内的光能量比率；用 η_{ab} 表示激光晶体棒吸收的光能量转换成发射波长 $1.06~\mu m$ 能级跃迁的光能量比率（即量子效率）；用 η_{0n} 表示在共振腔内形成 $1.06~\mu m$ 的激光辐射能量中耦合出共振腔外的比率；用 η_f 表示泵浦光源的发光效率。于是，激光器的总效率为

$$\eta = \eta_{E0}\,\eta_f\,\eta_{sp}\,\eta_{ab}\,\eta_{0n}\,。 \tag{1-3-11}$$

常用的 YAG：Nd^{3+} 激光器总效率 η 大约为 3%。

斜率效率 η_i 定义为

$$\eta_i = P_{out}/(P_{in} - P'_{th})， \tag{1-3-12}$$

式中，P'_{th} 是激光器达到阈值振荡时泵浦光源的输入电功率，P_{out} 是激光器输出的激光功率，P_{in} 是输入泵浦光源的电功率。显然，$\eta_i > \eta$。

3. 输出功率和稳定性

根据 YAG：Nd^{3+} 棒尺寸，连续波输出 YAG：Nd^{3+} 激光器可划分为 3 种类型的器件，相应的输出功率水平大致如下。

（1）小型器件　晶体棒尺寸典型值是直径小于 4 mm，长度 30～40 mm，输出激光功率10 W 左右。

（2）中型器件　晶体棒典型尺寸为直径 4～5 mm，长度 50～70 mm，输出功率水平为几十瓦。

（3）大型器件　晶体棒典型尺寸为直径 5～7 mm，长度 70～130 mm，输出功率水平高于 100 W。

在工作过程中，激光器往往出现尖峰状的波动。解决这个问题的措施之一是采用内调制器（比如声光调制器），它能随着激光器输出功率的波动增加或者减小共振腔的光学损耗数值。采用调制器后，激光器的输出功率波动便比较小（小于±10%）。

4. 输出激光能量饱和现象

泵浦激光工作物质的能量从小变大，起初输出的激光能量随泵浦能量线性增加；泵浦能量达到一定数值之后，输出能量随泵浦能量变化便开始不明显，称为饱和效应。不加任何选模装置的通用 YAG：Nd^{3+} 激光器，泵浦能量大于

120~150 J时便出现饱和现象。

改变共振腔输出反射镜的光学透过率,饱和时的泵浦能量也发生变化。输出反射镜的光学透过率增大,饱和时的泵浦能量也相应增大。输出反射镜的光学透过率 $T = 50\%$ 时,出现饱和效应的泵浦能量大约为 140 J;$T = 68\%$ 时,便升高到 150 J;$T = 70\%$ 时,升高到 190 J。改进激光棒的光学质量,提高 Nd^{3+} 的浓度,或在共振腔内加选模元件,都可以提高饱和泵浦能量。

5. 输出激光波长稳定性

激光器的输出波长在运转过程中会漂移。引起激光波长在平均波长 λ_0 附近漂移的主要原因有:

(1) YAG:Nd^{3+} 的荧光谱线轮廓温度漂移 漂移量(nm)为

$$\delta\lambda = (\lambda/T)\lambda\delta T = 5 \times 10^{-5}\delta T. \tag{1-3-13}$$

如果在共振腔内放入 F-P 标准具进行选频,那么,由于标准具的共振波长随温度发生变化,也会引起振荡波长发生漂移,漂移量 $\delta\lambda_T$ 为

$$\delta\lambda_T = \lambda_0\omega\delta T/n, \tag{1-3-14}$$

式中,ω 是标准具材料的热光常数,n 是折射率。

(2) 共振腔腔长变化 由于周围介质和其冷却剂温度变化,以及环境振动和空气对流等引起激光器共振腔的腔长变化,引起激光振荡波长的漂移量为

$$\delta\lambda_p = (\lambda_0/L_p)\delta L_p, \tag{1-3-15}$$

式中,L_p 为共振腔的腔长,δL_p 是腔长变化量。

(二) LD 泵浦 YAG:Nd^{3+} 激光器

1. 用普通电光源泵浦遇到的障碍

YAG:Nd^{3+} 激光晶体内存在杂质离子和晶格缺陷,在强紫外线的照射下很容易形成色心,晶体将部分地或者全部着色成棕色。在波长 330 nm 处将出现光学吸收带,吸收泵浦光辐射后以热能的方式向晶格释放能量,致使工作物质温度升高,激光器输出性能变坏。色心会吸收共振腔内激光振荡辐射能量和泵浦光辐射能量,引起激光脉冲宽度变化。当色心浓度增加时,激光脉冲宽度展宽。色心吸收的光辐射能量释放出来后也会引起晶格畸变和热致双折射以及热透镜效应,影响激光束强度的空间横向分布,导致激光束质量下降。

为减少紫外辐射产生的色心可设置滤光装置,滤去泵浦光源的紫外辐射。一种做法是在泵浦光源与 YAG:Nd^{3+} 激光晶体棒之间通滤光液,常用的滤光液有重铬酸钾水溶液、亚硝酸钠水溶液、亚硝酸钠与乙二醇混合液、水和乙二醇

的混合液、氟碳氢化合物等。前两种滤光液的透射光谱与 YAG：Nd³⁺ 晶体的吸收光谱匹配,但是在氪灯长期照射下容易分解,产生沉淀物;冰点在 0℃左右,激光器不能在较低的温度下工作。氟碳氢化合物有良好的滤紫外光效果,而且能在较低的环境温度下工作,在氪灯光辐射照射后也不分解。第二种做法是在泵浦光源与 YAG：Nd³⁺ 激光晶体棒之间加滤光玻璃。使用 1 号滤光玻璃能够很好地滤除400 nm以下的紫外光,而对 500～900 nm 范围的辐射有 80% 以上的透过率。第三种做法是在 YAG：Nd³⁺ 激光晶体棒外面的套管上涂紫外滤光涂料,它由 DPU 紫外吸收剂、高分子成膜剂、添加剂及溶剂组成。DPU 有两个吸收峰,一个在波长 290 nm 上,消光系数为 1.4×10^9/克分子·米;另一个在波长 330 nm 上,消光系数为 1.0×10^6/mol·m。当涂层的干厚度在 8 μm 以上时,可以基本上吸收掉氪灯发射波长 360 nm 以下的紫外辐射。

2. LD 泵浦的特点

LD 泵浦可以排除上面提到的问题。此外,LD 泵浦还有如下特点。

(1)激光能量转换效率高 LD 输出的激光波长与 Nd³⁺ 的吸收峰非常吻合,因而泵浦能量能被充分吸收并转化为激光,泵浦效率很高。而在气体放电灯发射的连续谱中,除了波长处于尖锐的 Nd³⁺ 吸收峰位置以外的绝大部分能量均不能被 Nd³⁺ 吸收,只能变成加热激光晶体的能量。气体放电灯发射的是非相干光,分布在 4π 立体角内,尽管采用了聚光器,以提高泵光源的聚光效率,但因泵浦灯和激光晶体棒都不是简单的几何线,加上聚光器内壁引起的光学损失,使总的聚光效率无法达到理想程度。而 LD 输出的是相干光,尽管发散角大一些,但总可以用光学元件把输出光耦合到激光晶体棒上,因而能够获得很高的聚光效率。

(2)激光器能够获得良好工作稳定性 LD 发出的线状谱能量能被 YAG：Nd³⁺ 晶体吸收,未被吸收而变成热能的比例很小,所以,由于热效应引起激光器工作的不稳定性比较小,输出激光的强度在空间和时间上变化小。现在,二极管激光器泵浦的 Nd³⁺：YAG 激光器可以设计成非常理想的基横模输出,聚焦后的光斑达到了衍射极限。

(3)激光器结构紧凑,体积小 LD 列阵的激光能量转换效率很高,重量和体积都可以做得很小。所以 YAG 激光器结构紧凑,体积小,重量轻,使用寿命长,为激光系统小型化创造了条件。

3. 泵浦方式

LD 泵浦有两种方式:端面泵浦和侧面泵浦,选择哪种泵浦方式需根据 LD 输出激光特性、功率大小、YAG 激光晶体的吸收特性以及对激光器输出光束的要求来确定。一般来说,输出功率在瓦级以下的大多采用端面泵浦方式,输出功率在几十瓦级以上的一般采用多个 LD 阵列侧面泵浦方式。这种划分并不是绝对的,目前采用一些设计技术,利用端面泵浦也获得了大功率激光输出。

侧面泵浦的原理近似于电光源泵浦。把 LD 列阵与 YAG：Nd^{3+} 激光晶体棒同向排列安装,泵浦光传播方向垂直于激光辐射的传播方向。增加 LD 阵列可提高激光功率,侧面泵浦方便采用多个 LD 阵列泵浦,而且散热性能比较好,允许使用较强的泵浦光。所以,这种泵浦方式适合用于泵浦大功率 YAG 激光器,输出平均激光功率可达到几百瓦。

端面泵浦(纵向泵浦)是单个 LD 或者小的 LD 锁相阵列输出的空间相干光束,沿着光学共振腔光轴方向泵浦 YAG：Nd^{3+} 激光晶体。选择共振腔的参数,可保证泵浦光束和共振腔模的激发空间很好地重叠在一起,即达到了模式匹配,其重叠程度直接影响光泵浦效率。纵向泵浦在入射方向穿透 YAG：Nd^{3+} 激光晶体的深度大,对泵浦光的吸收比较充分,因而,采用功率较小的泵浦光也能得到强激光输出,泵浦阈值功率也比较低,斜效率较高。

4. 多根 YAG：Nd^{3+} 晶体棒串接激光器

光学质量好的 YAG：Nd^{3+} 激光晶体尺寸受到限制,单根晶体棒很难获得高激光功率,而且大尺寸激光工作物质产生的激光束性能也受到限制。将几根晶体棒串接起来,放在同一个光学共振腔内,可以获得更高激光功率输出,而且激光束性能良好。

(1) 双 YAG：Nd^{3+} 晶体棒串接激光器 如图 1-3-4 所示,两根激光晶体棒分别放置在单椭圆聚光器的焦线上,在聚光器的另一焦线上放置两只氪灯,分别泵浦两根激光棒。一根 YAG：Nd^{3+} 激光棒的直径为 5.3 mm,长度为 100 mm,单程光学耗损为 0.57%/cm,另外一根直径为 4.74 mm,长度为 113 mm,单程光学耗损为 0.79%/cm。激光棒之间的距离以及与共振腔反射镜的距离分别是 $d_1 = 72$ mm, $d_2 = 160$ mm, $d_3 = 60$ mm。获得300 W激光输出,能量转换效率大约为 2%。

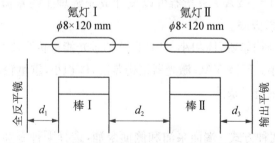

图 1-3-4 两根晶体棒串接连续输出激光器实验装置

（2）3 根 YAG：Nd^{3+} 激光晶体棒串接激光器　两根棒之外再加直径为 4.7 mm、长为 137 mm、单程光学耗损为 0.88%/cm 的第三根激光晶体棒，均采用氪灯泵浦，在泵浦光功率 28.8 kW 的条件下，可获得 544 W 的激光功率输出，能量转换效率为 89%。

3 根棒串接时，共振腔两端的反射镜到 YAG：Nd^{3+} 激光棒端面的距离，对激光器输出特性有明显的影响。如果取 $d_1 = d_2$ 对称型共振腔，激光器将多模激光振荡，输出的激光光束发散角较大；而 3 个距离均不相等，即 $d_1 \neq d_2 \neq d_3$，这是非对称型共振腔，激光振荡模式得到改善，近场光斑直径与激光晶体棒直径一样大，激光发散角较小，激光亮度比对称型共振腔结构成倍提高。

三　钕玻璃激光器

钕玻璃激光器是最常使用的固体激光器之一，输出的激光能量是目前各种激光器中最高的。输出激光波长主要有 1.06 μm、1.37 μm、0.92 μm，其中以输出 1.06 μm 波长的激光器最为常见。

（一）激光增益系数

钕玻璃激光器的增益系数与泵浦能量、钕玻璃的基质成分、Nd^{3+} 的浓度以及制造工艺有关系。

1. 与泵浦能量的关系

小信号增益系数 g 与光泵浦能量的关系是

$$g = \beta \sigma \tau h \nu \varepsilon_p, \tag{1-3-16}$$

式中，σ 为受激辐射截面，τ 为上激光能级自发辐射寿命，β 为光泵浦总效率，ε_p 为泵浦输入能量。小信号增益系数正比于泵浦光能量。在低泵浦能量时，增益系数随泵浦能量线性增长；当泵浦能量增长到一定数值之后，就不再继续增长，达到饱和状态。饱和时的泵浦能量密度大约为 18×10^4 kJ/m³。

2. 与基质成分关系

在不同玻璃基质成分中，钕离子 Nd^{3+} 的自发辐射寿命、受激辐射截面、荧光线宽等有不相同的数值。因此，增益系数也不相同。Nd^{3+} 浓度较低的 N_{0312} 钕玻璃的增益系数最高（33 dB/m），N_{0712} 钕玻璃的增益系数最低（25 dB/m）。

增益系数也与钕离子 Nd^{3+} 的浓度有关，相同玻璃基质，掺 Nd^{3+} 浓度不同得到的增益系数也不同。

3. 制造工艺的影响

熔制钕玻璃的工艺主要有两种：铂坩埚工艺和陶瓷坩埚工艺，两种熔制工艺得到的钕玻璃各有优缺点。用铂坩埚熔制的钕玻璃光学质量比陶瓷坩埚的好,光学吸收系数比较小(约 $10^{-5}/\text{m}$);用陶瓷坩埚生产的则较大一些(约为 $2\times 10^{-5}/\text{m}$)。由这两种熔制工艺生产的钕玻璃得到增益系数是不同,由陶瓷坩埚生产的钕玻璃得到增益系数比由铂坩埚生产的低。

(二) 激光振荡阈值泵浦能量

激光振荡阈值泵浦能量由下式给出:

$$E_\text{p} = \tau\Delta\upsilon/\eta\sum k_\text{i}, \tag{1-3-17}$$

式中, τ 是荧光寿命, η 是荧光量子效率, $\Delta\upsilon$ 是激光振荡频率范围内的荧光带半宽度, $\sum k_\text{i}$ 是钕玻璃在泵浦带中的积分吸收。改变玻璃基质成分,可以成倍地改变荧光寿命 τ、荧光带宽 $\Delta\upsilon$ 和积分吸收 $\sum k_\text{i}$,即选择适当的玻璃基质,能够大大地降低激光振荡阈值泵浦能量。

阈值泵浦能量可以根据阈值粒子数反转密度估计,达到激光振荡阈值时要求的粒子数反转密度为

$$N_{2\text{t}} = 8\pi\tau_\text{t}n^2\Delta\upsilon/c\tau_\text{c}\lambda^2, \tag{1-3-18}$$

式中, τ_t 是钕离子上能级自发辐射寿命, λ 是激光振荡波长, n 是钕玻璃折射率, τ_c 是共振腔内的光子寿命, c 是光速。

根据钕玻璃有关参数 ($\Delta\upsilon = 2\times 10^4\ \text{m}^{-1}$, $n = 1.5$, $\tau_t = 3\times 10^{-4}\text{s}$),假设使用的共振腔光学损耗 $a = 20\%$,腔长 $L = 0.2\ \text{m}$,由上式可求得 $N_{2t} = 9\times 10^{22}/\text{m}^3$。将这个数量的 Nd^{3+} 离子泵浦至激光上能级所需要的最小能量密度为

$$E_\text{min}/V = N_{2\text{t}}h\upsilon = 1.7\times 10^4(\text{J/m}^3)。 \tag{1-3-19}$$

假定钕玻璃棒的体积 $V = 10^{-5}\text{m}^3$,泵浦光源发射的光辐射中有10%的能量处于钕玻璃的吸收带内,实际上被钕玻璃吸收的泵浦量也假定为10%;又设钕玻璃的量子效率为40%,平均泵浦光频率等于激光频率的2倍,则达到激光振荡阈值时需要输入的泵浦光能量为: $E_t = 1.7\times 2\times 10^{-2}\times 10/0.1\times 0.1\times 0.4 = 85(\text{J})$。

(三) 激光能量转换效率

若泵浦光辐射光谱与钕玻璃吸收带完全重合,在激光振荡波长上,钕玻璃内的非激活粒子的光学吸收系数小于 $10^{-5}/\text{m}$,则钕玻璃激光器的最高能量转换效率在6%~8%。实际的激光器系统,让激光器达到这个能量转换效率,一般需要在钕玻璃中掺入荧光敏化剂。敏化剂能够使钕玻璃内的 Nd^{3+} 光学吸收带加宽,提高泵浦光源辐射能量的利用率。最有效的敏化剂是锰、铬等过渡金属离

子,这些元素离子在玻璃中的光学吸收带半宽度为约 $2 \times 10^5 \, m^{-1}$,而一些稀土离子的光学吸收带半宽度只有约 $2 \times 10^4 \, m^{-1}$。在磷酸盐钕玻璃中掺入锰,得到的能量转换效率可达到约为 35%。

钕玻璃棒的折射率均匀性、玻璃基质成分、静态能量损耗系数等,对激光能量转换效率也有影响。长的钕玻璃激光棒内部折射率均匀性对激光能量转换效率的影响更为明显。例如,尺寸为 $30 \, mm \times 1\,520 \, mm$ 的钕玻璃棒,折射率不均匀性可能造成能量转换效率成倍变化。在已定型的几种钕玻璃棒中,N_{03} 型钕玻璃的激光器,得到的激光能量转换效率最高,其次是 N_{08} 型的钕玻璃。

(四) 激光束发散角

钕玻璃激光器输出的激光束发散角一般是 mrad 数量级,与整个激光器的结构、钕玻璃棒内部光学均匀性、应力分布、热光性质、光泵浦水平和激光器输出功率大小有关。

1. 钕玻璃棒内折射率均匀性影响

由于钕玻璃棒内部折射率不均匀,腔内光程发生畸变量 δL,因而使激光束发散角发生增大 $\delta\theta$,

$$\delta\theta = (\delta L/L)^{1/2}, \tag{1-3-20}$$

式中,L 是共振腔的腔长。光学质量差的钕玻璃激光棒,可使激光发散角增加几毫弧度。

2. 泵浦过程发生热畸变的影响

在泵浦过程中,钕玻璃棒发生热畸变将引起激光束发散角增大,发散角增大的量与钕玻璃棒的热光系数有关,基本规律是热光系数高的,发散角增大的数值大,例如 N_{0312} 钕玻璃热光系数为 $6.8 \times 10^{-6} \, W/℃$,热畸变引起激光束发散角增量 $\delta\theta$ 大约为 $1.6 \, mrad$;N_{0812} 钕玻璃热光系数为 $2.5 \times 10^{-6} \, W/℃$,$\delta\theta$ 只有 $0.4 \, mrad$。

3. 共振腔失调的影响

共振腔失调将引起光束发散角增大。共振腔反射镜对准失调,引起激光场空间分布变化,因此,光束发射角发生变化。

4. 泵浦能量的影响

泵浦能量增加,激光束发散角增大,两者接近线性关系。这是因为泵浦能量增加,一方面使激光棒动态热畸变加剧,另一方面使振荡模式增加。

(五) 寄生振荡及抑制办法

1. 寄生振荡

在光泵浦过程中,钕玻璃激光工作物质自发辐射的荧光经其表面反射形成的自发辐射光放大(ASE),将削弱钕离子能级粒子布居反转数积累,限制钕玻璃的储能密度。如果此荧光放大不构成闭合光路,不会导致储能密度出现上限,但如果形成闭合光路,只要其增益大于损耗就会产生寄生振荡,一旦产生寄生振荡,能级粒子布居反转数就不能再继续积累,从光泵输入的能量将转化为寄生振荡模的能量。因此,在激光器(特别是大尺寸片状工作物质激光器)设计中,抑制寄生振荡是必不可少的重要内容。

2. 抑制办法

在垂直于光路方向的激光玻璃侧边配以吸收自发辐射放大的吸收介质层。早期选用的吸收介质是液体,比如 $ZnCl_2$ 和 $SmCl_3$ 的混合溶液。在 20 世纪 70 年代中期,研制了掺杂吸收 ASE 的离子无机玻璃。方法是选择折射率及热膨胀系数与激光玻璃匹配的、含有 ASE 吸收剂的低熔点玻璃,熔制后磨成微细粉,加入与激光玻璃接触面亲和力强的有机黏结剂,调成糊状,以喷涂法涂布在垂直于激光玻璃通光大面的侧边,然后把激光玻璃放入电炉中热处理。期间低熔点玻璃粉完全熔化并与激光玻璃侧边封接。这种吸收层实际上是一种玻璃涂层,称为硬包边。为了适应更大尺寸与更高功率激光器系统的需求,后来又研究了一种称为整体包边的抑制寄生振荡新技术,即将吸收 ASE 的熔融态玻璃液直接浇注于加热状态的激光玻璃周边,待冷却后二者融为一体。液态玻璃基质组成可与激光玻璃相同,是将激光玻璃中的激活离子更换为吸收 ASE 的离子(过渡金属或稀土离子),因此其折射率、膨胀系数等物理化学参数与钕激光玻璃高度匹配,这样制造的钕激光玻璃通常称为包边钕玻璃。最初的整体包边成品率只有30%左右,因此成本很高,后来工艺逐渐改进,成品率显著提高,据称已达到 70%。

还有一种包边方法是将前述吸收 ASE 的包边玻璃熔制、加工成薄片,采用光学匹配的有机黏结剂将之黏贴于激光玻璃的周边,黏结剂的折射率可调至与激光玻璃及吸收 ASE 的包边玻璃几乎一致,该方法称为软包边。该包边技术在保持折射率高匹配度的同时,成品率显然要比整体包边高得多,成本也低,是目前建造更高功率钕玻璃激光系统抑制寄生振荡的通用技术。技术关键在于有机黏结剂的优化选择,目前采用的黏结剂有两类,一是中温热固化型,二是光敏室温固化型。其次,包边玻璃吸收 ASE 和部分泵浦光而产生的热效应会使激光玻璃周边发生不同程度的应力与畸变,影响激光束质量。

(四) 氦-氖气体激光器

激光器的工作物质是氦、氖混合气体,发射激光的是氖原子,氦气体用来改善混合气体的放电特性,提高氖原子的能级粒子数布居反转密度,可以提高激光器输出功率和能量转换效率。

(一) 输出激光波长

氦-氖激光器输出的激光波长主要有 632.8 nm、1.15 μm 和 1.52 μm 等,波长 1..52 μm 在石英光纤和大气传输最低损耗窗口中,而且对人眼是安全的,同时又处于 Ge 和 InGaAs 探测器尖峰响应处,所以,这种激光器在光纤参数测量、光纤通信、激光测距等方面有很广阔的应用前景。

不过,在实际应用中,波长为 632.8 nm 的激光器运用得最多。商用[3]He - [20]Ne激光器([3]He 是氦的同位素,[20]Ne 是氖的同位素)输出的激光波长在 6 329.914 7×10^{-10} ~ 6 329.913 4×10^{-10} m 之间,不准确程度是 ±10^{-7}。

1. 真空中的激光波长

氦、氖同位素混合气体的激光波长在真空中的值 $\lambda_{真空} = 6\,329.914 \times 10^{-10}$ m。激光波长的实际数值在器件运转过程中会略有变动。开始使用后大约 800 h 内,波长相对变动约 2×10^{-8};工作 1 500 h 后相对变动约 6×10^{-8}。

2. 波长大气修正值

在大气中的激光波长为 $\lambda_f = \lambda_{真空}/n$,式中 n 是空气该波长的折射率。在标准状态下(温度 20℃,1 个标准大气压,水蒸汽气压 0.013 大气压,CO_2 气体含量 0.03%)的折射率 n_s 是 1.000 272 84,$\lambda_s = 6\,328.197 \times 10^{-10}$(m)。非标准状态下还需要修正,实际的折射率 n 可由下式计算:

$$(n_s/n - 1) \times 10^{-6} = \{0.931 + 0.06(\sigma^2 - 3) - 0.003(T - 20)\}(T - 20) - \{0.359 + 0.002(\sigma^2 - 3) - 0.001(T - 20)\} \times 10^{-2}/1.3(P - 9.88 \times 10^4) + (0.050/1.3 \times 10^2(f - 1.3 \times 10^3) - 0.015(k - 3),$$

$$(1-3-21)$$

式中,σ 是 1 μm 内的波数,632.8 nm 波长的 $\sigma = 1.58$;T 是气温(℃);P 是大气压强;f 是水蒸汽气压(均以 Pa 为单位);k 是空气中 CO_2 气体含量(以 0.01% 为单位)。

3. 选择激光振荡波长

He - Ne 激光器可以在几个波长上获得激光振荡,采用由棱镜和反射镜构成的共振腔,可以依次获得不同波长的激光振荡。为了减小由于放入棱镜引入的光学损耗,采用布儒斯特角棱镜,选择合适的棱镜顶角,让入射光束与出射光束之间的夹角为布儒斯特角,以及让共振腔反射镜的反射率对要选择的激光振荡波长为最大。

（二）输出激光谱线宽度 Δv

$$\Delta v = 4\pi\Delta v_c^2 N_2 h / 2v_n P(N_2 - N_1), \qquad (1-2-22)$$

式中，P 为激光功率；N_2、N_1 分别为氖原子激光上能级和下能级的粒子数；h 为普朗克常数；v_n 为激光频率；Δv_c 为共振腔带宽，由下式近似给出：

$$\Delta v_c = c(1-R)/L, \qquad (1-3-23)$$

式中，c 为光速，L 为腔长，R 为共振腔反射镜的反射率。通常使用的激光器其 $N_2/(N_2 - N_1)$ 的值在 $10 \sim 100$ 范围。假定共振腔腔长为 $1\,m$，反射镜的反射率 $R = 0.98$，单频氦、氖的激光功率为 $1\,mW$，激光波长 $632.8\,nm$ 的谱线 Δv 约为 $9 \times 10^{-2}\,Hz$。

（三）激光偏振特性

内腔式 He‑Ne 激光器相邻纵模正交偏振，因此，单纵模运转的激光器输出的是线偏振光；双纵模运转的激光器的相邻模之间的耦合作用和对称模间的耦合作用都使纵模保持正交偏振，所以，模的偏振组态比较稳定；3 个纵模同时运转的激光器，相邻模虽然是正交偏振，但往往由于对称模之间的耦合作用和共振腔的各向异性，靠近谱线中心频率的纵模与同侧的纵模偏振平行，而与另一侧纵模的偏振方向正交。获得线偏振激光输出常用的办法有：

（1）采用外腔或半外腔结构　在激光器放电管一端使用了布儒斯特角窗片，输出偏振光。

（2）在激光器放电管上加横向均匀磁场　输出波长 $632.8\,nm$ 的激光器器件，放电毛细管伸入磁场的长度占全长的 $1/2$。磁场强度大于 $0.1T$ 时，能够获得消光比大于 $1\,000\!:\!1$（线偏振度为 99.8%）的线偏振激光输出，并且保持相同的输出功率水平。

（四）激光器使用寿命

激光器的输出功率会随着使用时间的延长而逐步降低，一般将输出功率下降到开始使用时的 90% 累积使用时间定为器件的使用寿命。批量生产的产品使用寿命约 1 万小时，在实验室研制或在实验室条件下使用，寿命会更高一些，可以达几万小时。使用寿命主要跟下列因素有关。

1. 混合气体纯度

He、Ne 气体的纯度要求很高，一般要求达到 99.9%。混入少量的分子气体，如 N_2、O_2、CO_2、CO、CH_4、H_2O、H_2 等，都会明显地影响激光器的输出功率和使用寿命，其中尤以 H_2 最严重，分气压约为 $10^{-1}\,Pa$ 就会使功率下降 40%；

其次是氧气和水蒸汽,分气压为 1 Pa 左右,功率下降 40%。气体纯度不高的主要原因是:制造激光器时排气真空度不够高,有少量空气残存在管内;放电管真空处理不完善,从管壁、电极表面释放出吸附的空气;工作物质气体本身纯度不高以及放电管质量不好,存在慢漏气点等。

放电管内放入消气剂可以消除或降低杂质气体含量。消气剂是专门用来吸收真空器件中的剩余气体、维持真空器件适当真空度的物质。对活性气体一般都能吸收,但对惰性气体几乎都不起作用。所以,在氦、氖激光器中放入消气剂,它不吸收工作物质气体氦气和氖气,只吸收杂质物质气体,维持工作气体纯度。只要放电管的慢漏气速率(包括放电管内部元件放气)不大于 5.2×10^{-7} Pa/s(这是比较容易达到的),放入 20 mg 消气剂就可以保证工作物质气体纯度不随器件运转时间而出现明显变化。

2. 气体清除效应

由于出现气体清除效应,放电管内的工作气压将发生连续下降,He、Ne 的气体压强比例也变化,气体成分和气体压强偏离最佳值,输出功率便也随之明显下降。

发生气体清除效应主要原因有:从阴极溅射出来的溅射物落在放电管壁,吸附了工作气体;通过扩散效应,部分气体潜入放电管壁内部,或者渗透逃逸到放电管外面,其中氦气体的渗透速率比氖气体更大。

3. 共振腔反射镜介质反射膜老化、损伤

激光器工作时由辉光放电产生的离子、亚稳态原子以及远紫外辐射都会损伤介质膜,降低共振腔的 Q 值。介质膜损伤是由吸附在膜层中的杂质分子间接引起的,在超净真空条件下镀的反射膜抗损伤能力比较大,可以减缓共振腔 Q 值下降速度;在设计激光器时,让共振腔反射镜离开工作物质气体放电区适当距离也有益处。

(五)激光束光轴抖动

在刚接上电源、开始输出激光后一段时间内,激光功率和传播方向都随时间抖动,光束投射方向随时间漂动的速率约为每小时 $1'$,运转后大约半小时到 1 小时才达到稳定。在激光器达到稳定工作状态之后,激光器输出的光束轴还会出现每小时约 $10''$ 的角度漂移。

降低光束空间方位漂动的办法有:把放电管电极引出线对称分布,减少电极附近管壳的温度梯度;在光束输出端加扩束望远镜,光束通过望远镜可以减小光束在空间的漂移量;采用外腔结构也能降低光束空间漂移率。

(六)主要工作参数

激光器的增益系数、输出功率等与氦和氖的气压比例以及总气压、气体放电电流等有密切关系,而这些参数又与激光器使用的气体放电管参数(如长度、口径)、共振腔的参数(如共振腔类型、输出耦合系数)有关,所以,为获得最佳工作状态,需要根据放电管的参数,注意选择激光器的工作参数。

1. 最佳工作气体压强 P 和混合气体比例

① 波长为 632.8 nm 的激光器:

$$P = 52/d, \tag{1-3-24}$$

式中,d 是放电毛细管内径(mm),气压 P 以 Pa 为单位。最佳氦、氖气体的混合比例(气压比)为(5~10):1。

② 波长 1.15 μm 的激光器:

$$Pd = 22 \times 10^2 \sim 26 \times 10^2 (\text{Pa} \cdot \text{mm}), \tag{1-3-25}$$

最佳氦、氖气体的混合比例(气压比)为(10~14):1。

③ 波长为 1.52 μm 的激光器

$$Pd = 2.2 \times 10^2 (\text{Pa} \cdot \text{mm}), \tag{1-3-26}$$

最佳氦、氖气体的混合比例(气压比)为(10~11):1。

2. 最佳气体放电电流

① 波长为 632.8 nm 的激光器

$$I = 70d, \tag{1-3-27}$$

式中,d 是放电毛细管内径(cm),电流以 mA 为单位。

② 波长为 1.15 μm 的激光器:一般是 3~4 mA。

③ 波长为 1.52 μm 的激光器:比在相同工作条件下波长为 632.8 nm 的激光器小,放电管内径 2.2 mm 和氦、氖工作气体混合比例为 11:1 时,放电电流为 4~5 mA。

3. 最佳输出反射镜透过率 T_{opt}

波长 632.8 nm 的激光器最佳输出反射镜透过率为

$$T_{\text{opt}} = 0.9dl[1 - (\alpha d/3l)^{1/2} \times 10^2]^2, \tag{1-3-28}$$

式中 l 是放电管长度,α 是腔内单程光学损耗。

五 二氧化碳(CO_2)分子激光器

二氧化碳分子激光器采用 CO_2 分子混合气体为激光工作物质,激光由 CO_2

分子的振-转能级跃迁发射,其他气体用以改善混合气体的放电条件,提高激光能量转换效率和功率水平,可以连续输出和脉冲输出,是目前连续输出激光功率最高的气体激光器,可达 20 多万瓦,也是目前使用最为广泛的激光器之一。

(一) 输出激光波长

输出的激光波长在 $9 \sim 18\ \mu m$ 范围,相邻两条激光谱线的波数间隔在 $100 \sim 200\ m^{-1}$。在共振腔内放置适当的色散元件,可以让激光器在不同的谱线上发生激光振荡,实现波长调谐输出。最常用的色散元件是光栅,选频激光器中用的光栅与普通光谱仪上用的光栅不大相同,它要求光栅有很好的定向衍射能力,因此使用闪耀光栅。为了使光栅的衍射能量集中到光栅的一级衍射或者零级衍射上,光栅常数 d 应该满足 $1.5\lambda_L > d > 0.5\lambda_L$,式中,$\lambda_L$ 是选择的激光波长。常用大约每毫米 200 条线的光栅。

为了使激光器有很好的波长选择性能,应该让其他波长在共振腔内的光学损耗很大,不能形成激光振荡,这就要求光栅的角色散大。光栅角色散方程为

$$d\theta/d\lambda = [(d/m)^2 - (\lambda_L/2)^2]^{-1/2}, \qquad (1-3-29)$$

由此可以看到,当光栅常数 d/m 接近 $\lambda_L/2$ 时角色散最大。

在共振腔内光栅位置应该使光栅刻线与布儒斯特角窗的入射面垂直,即偏振光的电矢量垂直于刻线。如果刻线与入射面平行,会降低光栅的色散率。此外,光栅刻线还必须与光栅的转轴平行,否则会影响光谱调谐范围。

(二) 激光增益系数

1. 增益系数与激光器气体放电管径关系

气体放电泵浦封离式 CO_2 分子激光器的增益系数与工作气体的气体混合比例、气体温度、泵浦条件等参数有关。在最佳放电电流、气体混合比和工作气压的条件下,小信号增益系数 g_0 与放电毛细管内径的函数关系可简化为

$$g_0 = 0.012 - 0.002\,5d, \qquad (1-3-30)$$

式中,d 是激光器放电毛细管的内径,单位用 cm。管径在 $0.4 \sim 3.4\ cm$ 范围内的激光器,由上式计算的结果与实验结果基本上一致。

2. 增益系数波长分布

CO_2 分子不同振-转跃迁发射的激光波长增益系数不同。CO_2 分子的振动能级弛豫时间比较长,一般是 μs 数量级,而转动能级的弛豫时间则比较短,约为 $10^{-7}\ s$ 量级。因此,在振动能级的弛豫时间内,转动能级的粒子数分布基本上达到了热力学平衡状态分布。在气体的温度为 T 时,粒子数最多的转动能级其转动量子数为

$$J_{\max} = (kT/2chB_v)^{1/2} - 1/2, \tag{1-3-31}$$

式中，k 是玻耳兹曼常数，h 是普朗克常数，c 是光速，B_v 是振动能级常数，T 是气体温度。当气体温度 T 为 400 K 时，$J_{\max} = 19$，即对应于 P 支谱线中的 $P(20)$ 谱线的增益系数最高。

（三）饱和参数

气体放电泵浦封离式 CO_2 分子激光器的饱和参数 I_s 也与工作气体的组分、组分的比例、气体放电电流强度有关，经验计算公式是

$$I_s = \left[\sigma c (T_1 - T_2) \right]^{-1}, \tag{1-3-32}$$

式中，σ 是受激辐射截面，c 是光速，T_1 和 T_2 分别是激光上能级和下能级的平均寿命（计量单位是秒）。对于常用的激光跃迁波长，$T_1 = 24\,\mu s$，$T_2 = 0.45\,\mu s$，相应的饱和强度 $I_s = (25 \pm 2)\,\mathrm{W/cm^2}$。在气体成分混合比例和放电电流强度已选取最佳值的条件下，饱和参数 I_s 与放电毛细管内径 d 的关系是

$$I_s = 72/d^2 \, (\mathrm{W/cm^2})。 \tag{1-3-33}$$

当放电管内径 d 在 0.4～2 cm 范围内时，由上式计算的结果与实验结果接近。内径 d 大于 2 cm，饱和参数 I_s 几乎不再随放电管内径变化，随放电电流和工作气体成分的不同，其数值在 22～100 $\mathrm{W/cm^2}$ 之间变化。

（四）输出功率

1. 输出激光功率限定值

气体放电封离式 CO_2 分子激光器在达到稳定工作状态时，泵浦功率必须等于径向传导到管壁的功率，即最大容许输入的泵浦功率为

$$P_{\mathrm{in}} = 4\pi L\kappa \Delta T_{\max}/(1 - \eta_a), \tag{1-3-34}$$

式中，η_a 是 CO_2 分子的量子效率，对 $00^01 \rightarrow 10^00$ 激光跃迁，量子效率约为 41%；κ 是工作物质混合气体的热导系数，在混合气体中有较多的氦气体时，$\kappa = 3 \times 10^{-1}\,\mathrm{W/m \cdot K}$；$L$ 是激光器放电毛细管的放电长度；$\Delta T_{\max}$ 是在获得激光振荡的条件下，工作气体最大容许温度增值。CO_2 分子激光器工作气体温度最大容许温度是 600 K，如果工作气体温度是室温，那么 $\Delta T_{\max} = 300\,\mathrm{K}$。设放电毛细管的放电长度 $L = 1\,\mathrm{m}$，激光器最大容许输入功率 $P_{\mathrm{in}} = 1\,916\,\mathrm{W/m}$。通常的激光器总体能量转换效率为 4% 左右，那么每米放电长度最高可以获得 77 W 的激光功率。

2. 影响输出激光功率因素

影响输出激光功率因素主要有两个，一个是激光器运转时工作气体温度，另外一个是激光器运转过程中 CO_2 分子的离解。

（1）工作气体温度　激光是由振动能级之间的跃迁发射的,激光跃迁的振动能级离基态比较近,能级粒子数分布受温度的影响比较大。当工作气体温度升高时,上激光能级(00^01)弛豫速率增大,加快了激发态粒子的消激发速率;而下激光能级(10^00)的热激发速率增大,能级粒子数布居反转密度值随温度升高而减少。发射波长 $10.6\ \mu m$ 这对能级,当气体温度升高到 $680\ K$ 左右时,粒子数布居反转值 $\Delta N=0$;发射波长 $9.4\ \mu m$ 这对能级,当气体温度上升到 $400\ K$ 时,粒子数布居反转值也降到零。工作气体温度升高,还会加快放电区内 CO_2 分子离解速率和有害杂质气体 NO、N_2O 和 NO_2 的生成速率。

因此,封离式 CO_2 分子激光器工作时,需要使用冷却水冷却,才能保证激光器正常运转。

（2）CO_2 分子离解　在封离式 CO_2 分子激光器中,放电管内的 CO_2 分子不断离解,CO_2 分子气体不断减少,这也是影响激光器输出功率的重要原因。

在激光器工作过程中,在电子碰撞作用下,CO_2 分子发生离解:

$$CO_2 \longrightarrow CO + O$$

这是一个可逆过程,离解生成的 CO 和 O 在放电管壁和电极上相遇,又会复合成 CO_2 分子。但氧原子与 CO 分子作用生成 CO_2 分子的速率小于离解速率,因此,实际上 CO_2 分子被离解的速率大于还原的速率。

为降低 CO_2 分子离解速率,使用催化剂,降低反应活化能,提高 CO 和 O_2 的反应速率。采用适当的材料做放电管的电极,比如用铂金电极或氧化铜电极,或在放电管内放入铂金丝,以及在工作气体中加入少量的 H_2 气体,也有一定的催化作用。在工作气体中,用 CO 代替 N_2,CO 分子和 N_2 分子对 CO 分子激光跃迁上能级(00^01)的泵浦作用相同,所以,用 CO 分子气体替代 N_2 分子气体,对激光器的输出功率和能量转换效率的影响不大,但增加了在放电管内混合气体中 CO 分子气体的浓度,便也就相应地提高了还原反应生成 CO_2 分子的速率。适当降低放电的 E/P 值(E 是放电电场强度,P 是工作气压),也能够降低 CO_2 分子的离解速率,CO_2 分子的离解度随 E/P 值增加而增加。

（五）工作条件

1. 工作气体

CO_2 分子激光器的工作物质是 CO_2 分子气体、氮分子气体、氦原子气体、氙原子气体等混合气体,有时还加入一些氢分子气体。

（1）纯度的要求　总地来说,CO_2 分子激光器对工作气体纯度的要求并不很高,事实上,用 CO_2 分子气体和空气混合做激光工作物质也能够获得激光输出。当然,纯度越高,激光功率越高,使用寿命也更长。使 CO_2 激光器输出性能变坏的主要杂质气体有 O_2、NO 和 N_2O 等。

① O_2 气体分子在 CO_2 分子激光器中起双重作用。它既有加速还原生成 CO_2 分子的作用,也有与电子相结合,形成负离子的过程,即

$$O_2 + e \longrightarrow O + O^- \quad O_2 + e + M \longrightarrow O_2^- + M$$

氧负离子对放电特性影响比较大,往往造成气体放电不均匀,并容易形成弧光放电。

② N_2O 气体分子对 CO_2 分子激光器输出性能影响很大。微量的 N_2O 气体就会使激光器输出性能发生明显下降。它的消极作用是通过多种渠道发生的,一是 N_2O 分子消激发在上激光振动能级(00^01)的 CO_2 分子,而且这种消激发速率还比较大;二是通过下面的过程降低气体放电的电子密度:

$$N_2O + e \longrightarrow N_2 + O^-$$

这个过程的反应截面很大,在电子能量 2.2 eV 时约为 $9.78 \times 10^{-2} \pi a_0^2$,这里 a_0 为氢原子的半径。

③ NO 分子也明显地降低输出功率。含量达到万分之一,便观察到输出性能的影响。它降低输出功率主要是通过下面的反应过程降低电子密度:

$$NO + NO + e \longrightarrow NO^- + NO$$

反应截面约为 $1.27 \times 10^{-2} \pi a_0^2 \pi a$。

(2) 最佳工作气压 使激光器的输出功率最大的工作气压(称最佳工作气压)与放电毛细管内径有关,放电毛细管内径粗的,最佳总气压低。在经验上,总气压 p_Σ 与放电毛细管直径 d 的乘积接近一个常数,这常数与放电电源是直流电源还是交流电源有关,也与工作气体中是否含氢或氙气体有关。

直流放电泵浦,工作气体中没有加氢气体时,$p_\Sigma d = 31 \sim 35 \, \text{Pa} \cdot \text{m}$;加少量氢气体时,$p_\Sigma d = 25 \sim 29 \, \text{Pa} \cdot \text{m}$。交流放电泵浦,工作气体中没有加氢气体时,$p_\Sigma d = 24 \sim 28 \, \text{Pa} \cdot \text{m}$,有少量氢气体时,$p_\Sigma d = 16 \sim 21 \, \text{Pa} \cdot \text{m}$。

2. 放电电流强度

放电电流强度选择是否恰当对激光器输出功率的影响很大。激光器运转工作往往需要知道的是放电电流的数值,而不是放电电压的数值。使激光器输出功率达到最高的放电电流强度(称最佳放电电流)与放电毛细管内径、混合气体成分及总气压有关。封离式器件,在工作气体中没有含氢气体时,最佳放电电流强度 I_{opt} 与放电毛细管内径 d 的关系是 $I_{opt} = (7 \sim 8)d \, \text{mA}$;工作气体中含有氢

气体时，$I_{\text{opt}} = 18d$ mA。

3. 共振腔反射镜

（1）全反射镜　一般是以光学玻璃或金属材料做成光学反射镜基底，然后在表面镀铝膜或者金膜，其中，以镀金膜为最通用。新镀上的金膜在 $10.6\ \mu\text{m}$ 附近的反射率为 95% 以上，在超高真空度（6.5×10^{-7} Pa）条件下蒸镀的金膜，反射率可达 99.4%。

（2）共振腔输出镜

① 基片材料。一般用红外材料做成镜片，然后在表面上镀介质膜。红外材料对 $10.6\ \mu\text{m}$ 的反射率一般都比较高，所以，对于大功率器件，输出端反射镜的表面也可以不用镀介质膜。最先使用的红外材料是半导体 Ge 或 Si，后来扩展到 KCl、NaCl、BaF_2、CaF_2、ZnS 和 GaAs 等材料。

复合型 GaAs（用 B_2O_3 液封直拉法生长）的透过率很高，而且在 $20 \sim 200\,℃$ 的温度范围内，它的透过率基本上保持不变，这一点与 Ge 或 Si 有很明显的差别，后者的透过率随温度的变化很大。GaAs 片能够承受很高的功率密度而不发生损伤，在无冷却措施的工作条件下，阈值损伤功率密度在 10^8 W/m^2 以上。

GaAs 晶体内含有毒的 As，但不会对人体造成危害。GaAs 在常温下不氧化，也不挥发，又不溶于水，是一种稳定的化合物，在 $700\,℃$ 以下都不分解。

② 反射镜厚度。CO_2 分子激光器是连续输出激光功率很高的器件，反射镜会因为吸收了激光辐射能量而发热形变，严重时还会热致碎裂。在放电管内的工作气体气压比一大气压小许多，在大气的压迫下会使反射镜形变。所以，做共振腔反射镜的材料要有比较高的机械强度；另外，对反射镜腔厚度选择也有要求，其厚度 d 应该满足：

$$d \geqslant 0.87D\big[(n-1)(p/E)^2(1-\sigma^2)2D/\lambda\big]^{0.9}, \qquad (1-3-35)$$

式中，E、σ 分别是反射镜材料的杨氏模量和泊松比，D 是反射镜的直径（如果用在布儒斯特窗片上，D 是椭圆面的长轴），p 是共振腔内外的气压差，λ 是激光波长，n 是材料对波长 λ 的折射率。

要使反射镜不因强光辐照或大气压力引起破裂，最小厚度 d 应满足

$$d \geqslant 0.433D(ps/A)^{1/2}, \qquad (1-3-36)$$

式中，s 是安全因子，A 是破碎模量。

反射镜厚，对防止压力形变有利，但是，在用做输出反射镜时会增加对激光束的吸收。所以，需要权衡两方面的得失来选择合适的厚度。

（六）高功率 CO_2 激光器

激光制造领域往往需要输出功率千瓦以上，有几种类型的 CO_2 激光器能够满足这种要求。

1. 折叠式封离式高功率 CO_2 激光器

气体放电激发的 CO_2 分子激光器，每米放电长度可以获得的激光功率大约为 80 W，要获得较大的输出激光功率，必须增加长度。为了减小空间长度，放电管采取折叠方式，每折之间用反射镜耦合光路，如图 1-3-5 所示。

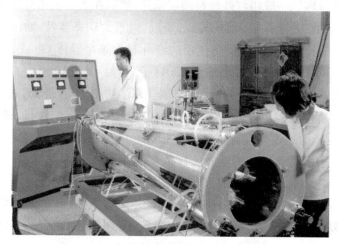

图 1-3-5   多折叠封离式高功率 CO_2 激光器

与制造单根直管的激光器相比，折叠式 CO_2 分子激光器除了注意共振腔的设计（可以采用腔内含多个光学元件的共振腔）之外，对激光电源也提出新的要求，必须保证各段放电管能够同时稳定气体放电，放电电流同时变大或减小。简单地用一台直流电源分别给各段放电管供电，难获得稳定气体放电。这是因为激光管具有负阻抗特性，电源的内阻将使各段放电管之间相互影响，即使各段放电管的几何尺寸相同，直流电阻相等，放电参数仍不可避免有细小涨落。如果某一段放电管的放电电流发生微小增量，那么，通过电源的内阻作用，反馈给另一段放电管的电压将降低。由于激光管放电的负阻抗特性，电流增大，电阻减小，电源供给的电流便越大。如此循环，其中一段放电管的放电电流很大，而另一段则不发生气体放电。为了避免发生这种情况，各段放电管用独立的电流供电，但设备变得很大，而且各个电源设有共同的接地点，给高压绝缘和安全操作带来困难。若各段放电管连接镇流电阻，在一定程度上可以保证它们均匀放电。

2. 流动工作气体型 CO_2 分子激光器

CO_2 分子激光器的能量转换效率大约 4％，输入激光器的能量中大约 94％转化成普通光辐射能量和热能，因此，激光器工作时工作物质的温度会升高。CO_2 分子激光器的输出性能受工作混合气体温度的影响比较大。工作气体温度较低时，输出较强的激光，而温度升高时输出功率明显下降，甚至没有输出。配冷却水套，通冷却水冷却放电管，可维持激光器正常运转。或采用流动 CO_2 分子混合气体，把激光器工作时产生的热量带出共振腔，能够比较有效地维持工作气体在较低温度，将能够获得更高的激光功率输出。

（1）轴向流动式 CO_2 分子激光器　混合气体从放电管的一端连续流入，从放电管的另一端抽走。因为放电管内的工作气体不断地由温度接近室温的气体替换，因此，放电管内的气体温度并不高。这种激光器工作时不需要再通冷却水也能够长时间稳定输出激光。

单位放电长度产生的激光功率水平与封离式激光器基本相同，每米放电长度为 70～80 W。

（2）高速轴流型 CO_2 分子激光器　使用大型鼓风机，使工作气体沿共振腔光轴高速流动。这种激光器输出功率能够达到很高的水平。比如，采用大型涡轮鼓风机，气体流速在 200 m/s 量级，能获得每米放电长度 3 kW 的激光输出，能量转换效率大约为 25％。激光器输出的光功率也比较稳定，光束质量很好。

制造这类激光器的主要技术问题是：

① 在大口径放电管内实现均匀放电的技术。输出功率为 20 kW、放电管内径约为 13 cm 的激光器，需要采取适当的技术才能在放电管内获得均匀放电。采用环状电极结构，可以在不使用预电离放电技术的条件下获得均匀放电。

② 承受高功率激光束的共振腔输出反射镜。用表面镀增透膜的硒化锌做输出反射镜，基本上可以满足要求。

③ 共振腔的设计。激光器工作物质的负透镜效应比较明显，在设计共振腔时必须考虑这种效应。

④ 大容量鼓风机。

3. 横向流动 CO_2 分子激光器　图 1-3-6 所示是连续输出功率 5 kW 横流 CO_2 分子激光器，特点是气体在腔

图 1-3-6　连续输出功率 5 kW 横流 CO_2 分子激光器

内的流动方向与放电通道、共振腔光轴垂直。因为气体流过放电区的路程大大缩短,工作气体渡越放电区的速率大大地提高了。因此,冷却工作气体的效果比较好,激光器输出功率也获得大幅度的提高,每米放电长度可以达到 1 kW。

(1) 激光器组成 这种激光器由封闭的箱体、共振腔、风机、热交换器等几部分组成:

① 封闭箱体。由钢板分段焊接组装而成,共振腔、风机、热交换器等部件安装在这箱体内。箱体要有很好的气体密封性能,能够保持比较高的真空度(约 1 Pa)。

② 共振腔。全反射镜一般用不锈钢基片,表面再镀金,反射率 98%~99%;输出反射镜由砷化镓或硒化锌等材料做基体,表面镀介质膜,透过率约 20%。两反射镜分别装在与箱体固定的光桥上,光桥由受热变化比较小的殷钢制成。

③ 风机。通常采用高速轴流式风机,最低转速为 140 pps,它的作用是使工作气体以速度 40~50 m/s 迅速流过放电区。

④ 热交换器。它的作用是使流过放电区的工作气体迅速冷却,对交换热量能力的要求视激光器的输出功率大小而定。对于输出功率 2~5 kW 的激光器,要求交换热量能力是 $3 \times 10^5 \sim 6 \times 10^6$ J/h。

(2) 共振腔光轴位置确定 在封离式 CO_2 分子激光器中,共振腔的光轴位置也就是放电管的轴线。横向流动 CO_2 分子激光器共振腔的光轴位置不是在一对电极的中线位置,也不是在小信号增益的峰值位置上。

从实验上可以确定最合理的共振腔光轴位置。以使用平-凹共振腔为例,假定初始光轴位置为 AC,当凹面反射镜 R_1(球心为 e)和平面反射镜 R 处于准直位置时,测得输出的激光功率为 P。保持放电电流不变,调整输出反射镜 R 的倾角,设转到角度为 θ_m 时输出的激光功率最大。如果 $\theta_m = 0$,那么,初始光轴 AC 即为合理的光轴;如果 $\theta_m \neq 0$,则可根据反射镜角度偏移的方向移动光轴,移动距离为

$$\Delta = (R_1 - L)\theta_m, \qquad (1-3-37)$$

式中,R_1 是凹面反射镜的曲率半径,L 是共振腔的腔长。

凹面反射镜 凹面反射镜型和凹面反射镜-凸面反射镜型共振腔,也可以利用上面的方法来确定共振腔的光轴位置 x_m,但光轴位置应为两球面反射镜 R_1,R_2 的球心连线。

(3) 影响输出功率稳定性因素 横向流动 CO_2 分子激光器输出激光功率可以达到很高水平,但往往不够稳定,主要因素有两个:

① 激光工作物质特性因素。主要是指其平均小信号增益系数和饱和参数,这两个参数与工作气体的气压、气体混合比例、气体流动速度和放电电流有关。采用高稳定性的电源和使用预放电离技术,以及采用合适的电极形状,能够提高气体放电稳定性。大多数流动工作气体的激光器,都需要连续地补充一部分工作气体(占总工作气体量的 $0.1\%\sim1\%$)。因为补充的混合气体比例有起伏,会引起放电区的工作气体成分变化。解决这个问题的办法是稳定工作气体的供气速度和排气速度。工作气体闭合循环的激光器器件,在放电区和电极表面上的化学反应引起气体成分的变化,导致输出功率不稳定性更为严重,激光增益随时间变动会达百分之几十,甚至中止激光振荡。

② 共振腔特征参数因素。主要是共振腔反射镜的几何参数和空间位置变化。反射镜自身和固定反射镜的元件发生热畸变,气体循环系统和其他工业振动源引起反射镜振动,都导致共振腔失调。非稳定共振腔,凸面反射镜转动角度 α_1,将导致共振腔光轴转动角度 $\beta_1 = (M-1)\alpha_1/2$;凹面反射镜失调角度 α_2,共振腔光轴转动了角度 $\beta_2 = (M-1)\alpha_2/2$。共振腔光轴发生偏离,激光器的输出功率也相应地变动(变动的频率为反射镜的振动频率)。腔长 10 m、光束直径 5 cm、放大率 $M = 1.5$ 的望远镜式非稳定腔,反射镜失谐角 10^{-4} rad,激光器输出功率就发生幅度 10% 的变化;稳定腔的反射镜失调引起激光功率变化的影响要小一些。

消除共振腔特征参数不稳定性,需要改善共振腔光学系统和反射镜支座元件的机械性能,消除它们与振动源的机械耦合。减小特征时间 $1\sim10$ s 的热畸变,要求反射镜支座元件避开激光辐射。

采用冷却反射镜及光学支座的系统时,冷却液压力和温度的脉动也会引起共振腔失调。因此,对冷却剂的压力和温度也需要采取稳定措施。

4. 高气压 CO_2 分子激光器

这是工作气体的气压高于 10^4 Pa 的 CO_2 分子激光器,因为高气压激光器都是采用横向放电抽运(放电电极与激光传播方向垂直),所以这种激光器又称为横向泵浦大气压 CO_2 分子激光器,通常写作 TEA CO_2 分子激器。

从理论上讲,CO_2 分子激光器的输出功率正比于 CO_2 气体气压的平方,泵浦功率也是随气压的平方增长。所以提高 CO_2 混合气体的气压可以获得更高激光功率。事实上,高气压 CO_2 分子激光器是目前脉冲输出激光功率最高的气体激光器。

较之通常的气体放电 CO_2 分子激光器,高气压激光器遇到一些技术问题。一是激光振荡阈值的泵浦功率随气压的平方增长,提高工作气体的气压也就必然大幅度提高泵浦功率,相应地工作气体的温度也正比于泵浦功率上升,而工作气体温度上升会降低激光器的输出功率。其次,工作气压升高,气体放电击穿电压也升高,放电的不稳定性变得严重,容易过渡到弧光放电和发生放电不均匀性,激光器都不能正常运转。为了降低击穿电压,高气压激光器必须采用横向放电方式,以减小放电电极之间的距离。至于维持气体均匀放电,则还需要采用一些技术才能得到保证。在气压高于百帕的气体中获得均匀放电比较困难,这是因为在放电等离子体中会出现火花或者弧光通道,它们源于非均匀的汤生击穿或者流光,也可能来自放电等离子体的不稳定性。

TEACO$_2$ 分子激光器获得均匀气体放电的技术主要有:

(1)针电阻型横向放电技术 采用许多个针做阴极,用这些针与棒状的阳极发生气体放电。为了避免放电集中在某几个针上,每个针电极串接一个电阻。这种放电结构发生气体放电的时间大约为 $1\ \mu s$,小于气体放电不稳定性发展时间;同时,串接的电阻又限制了放电区电流的增长,阻止了辉光放电向弧光放电的转变,可以保证气体放电区能够产生均匀的辉光放电。

(2)预电离技术 从气体放电物理学我们知道,在气体内只要预先有足够初始电子密度,在过电压放电下均匀的一次雪崩可以形成均匀放电等离子体,这个雪崩过程时间在 $0.1\ \mu s$ 左右,远短于放电等离子体不稳定性发展时间。采用的预电离技术有多种,比如利用电子束、紫外光辐射对气体产生电离效应,便可以在气体中预先产生足够数量的电子。图 1-3-7 是电子束预电离 TEACO$_2$ 激光器装置。

图 1-3-7 电子束预电离 TEACO$_2$ 激光器

六　氟化氪（KrF*）准分子激光器

氟化氪（KrF*）准分子激光器是输出激光波长在紫外波段的高功率激光器，在激光同位素分离、微电子学、光化学、医学以及激光核聚变等重大科学研究中获得应用。

（一）输出性能

激光波长在紫外波段，主要有 248 nm 和 282 nm。通常，激光器输出激光脉冲宽度大约为 0.65 ns；激光能量转换效率为 10%～12%；单位工作气体体积产生的激光能量每升激光工作物质气体为 10～20 J，现在的激光器获得的最高输出激光能量为 10 kJ。

（二）工作条件

1. 泵浦源

使用两种泵浦源，一种是气体快放电泵浦，另外一种是电子束泵浦。

（1）气体快放电泵浦　采用这种泵浦源的激光器可以做得比较紧凑，而且可以高重复率脉冲工作。快放电泵浦的电路有 3 种：Blumlein 电路、电感电容反馈电路、电感电容栅栏电路（脉冲整形电路），各有优缺点。最后一种电路能够在比较短的时间内泵浦，泵浦电功率比较高，但电路的制作技术要求比较高，能量利用率却比较低。Blumlein 电路能够产生脉冲宽度很窄的电脉冲，而且脉冲上升时间也很快，但受电容器电容量和充电电压的限制，泵浦功率不会太高。电感电容电路较为理想，充电电压可以达到 2 倍的外加电压，在电容器上的充电电压或电容量都比 Blumlein 电路高。

（2）高能电子束泵浦　采用这种泵浦源的优点是脉冲上升时间陡，单脉冲泵浦能量大，可以进行大体积工作物质气体泵浦，主要缺点是电子束源的结构比较复杂，不易做成脉冲重复率的器件。

① 电子束电流密度。最常用的电子束源是二极管冷阴极电子枪，它能够产生的电流密度（A/m²）为

$$J_{ab} = 2.3 \times 10^7 V^{3/2}/d^2, \tag{1-3-38}$$

式中，V 是外加电压，以 MV 为单位，d 是阳极和阴极的距离，以 m 为单位。从二极管电子枪出射的电子束流并非全部进入工作气体室，有部分散耗在电子枪与激光工作气体之间的隔膜上。由于电子束是先通过电子枪真空室与激光器真空室之间的隔膜（一般是钛箔或不锈钢箔）才进入工作物质气体，箔片引起能量损耗及本身发热，不仅限制了进入工作物质气体的电子束能量，也限制了激光脉

冲重复率。

② 电子束脉冲宽度。由于二极管的封闭效应,发射的电子束脉冲宽度受到限制。脉冲宽度由下式估计:

$$\tau_p \leqslant 1.6 \times 10^{-4} V^{3/4}/J_{ab}, \qquad (1-3-39)$$

式中,脉宽 τ_p 以 μs 为单位,电压 V 以 MV 为单位,电流密度 J_{ab} 以 A/m² 为单位。典型的电子枪的工作电压为 600 kV,电子束流密度为 2×10^6 A/m²,得到的脉冲宽度 τ_p 约为 54 ns。

③ 电子束高度。电子束的高度 h 与电子束流强度及电压有关,对于电子能量 300 keV 的电子束,h 近似地由下式计算:

$$h \leqslant 88(J_{ab})^{1/2}。 \qquad (1-3-40)$$

更精确一点,高度 h 由阳极-阴极之间的距离 d 和它们之间的电压决定:

$$h = a(d/V^{1/2})\sin\theta, \qquad (1-3-41)$$

式中,高度 h 以 cm 为单位,θ 是电子束通过二电极间隙后与阳极表面法线所成的角度,a 是几何构型因子,$a = 2/[\ln(21/h)+1]$。激光器使用的电子束的 a 值在 2(细长构型)至 7(方型构型)之间。

④ 电子束泵浦方式。

有 3 种泵浦方式:

a. 横向泵浦:电子束流的方向和激光束传输方向垂直。

b. 轴向泵浦:电子束流的方向与激光束传输方向平行,需加聚束磁场和偏转磁场。

c. 同轴泵浦:阳极和阴极是两个同心圆筒,由阴极发射的电子束均匀地射向阳极,并穿过阳极筒薄壁进入激光工作物质气体。这种泵浦方式能有效地利用电子束能量,在最好的设计条件下利用率约为 80%,通常的情况是30%~50%。

2. 泵浦功率

达到稳态工作状态时的能级粒子数布居反转密度为

$$\Delta N = fR\tau_u, \qquad (1-3-42)$$

式中,τ_u 是激发态的平均寿命(包括辐射跃迁寿命和碰撞弛豫),R 是 KrF 准分子的产生速率,f 是其中处于受激发射子能态的准分子占的比例。为了获得所要求的产生速率 R,工作气体单位体积内必须聚集的功率为

$$P = E'R(\eta_B - \eta_P)^{-1}, \qquad (1-3-43)$$

式中，E'是工作物质气体原子的能量，比如把惰性气体原子从基态泵浦到亚稳态的能量；η_B是由激发态原子形成准分子的分支比，通常值是 1；η_P是激发态原子的产生效率。获得增益系数 g_0 需要的泵浦功率密度为

$$P_0 = g_0 E' / (\tau_u \eta_P \eta_B f \sigma_s), \tag{1-3-44}$$

式中，σ_s 是受激辐射截面。KrF 激光器的增益系数 g_0 的典型值是 $10\sim15$ m^{-1}，以 10 m^{-1} 的增益系数计算，要求的泵浦功率密度是 $500\sim1\,000$ GW/m^3。

3. 工作物质气体

工作气体主要由氩、氪和氟化物组成的混合气体，氟化物是用 NF$_3$ 或 F$_2$，用 F$_2$ 代替 NF$_3$ 可以使激光器输出能量增加约一倍。氟气体的气压 p_{F2} 和电子束注入工作气体的有效比能 E 有关：

$$p_{F2} = 3.9 \times 10^{-2} E, \tag{1-3-45}$$

式中，有效比能 E 以 J/cm^3 为单位，氟气体的气压 p_{F2} 以 atm 为单位。最佳总气压在 $3\sim4$ atm 之间。在总气压使用 3 atm 时，工作气体 Ar、Kr、F$_2$ 混合比例是 380：30：1。

工作气体纯度对激光器能量转换效率影响很大，氩气体纯度要求 99.99%，如果工作气体中含有 0.15% 左右的氙气体，将使 KrF* 准分子的形成效率下降 20% 以上，激光能量转换效率降低约 1/7。氧对激光能量转换效率的影响也很大，混合气体中有 0.3% 的氧，就会使激光能量下降 5%。如果使用 NF$_3$ 气体，含有少量的 N0$_2$ 及其他气体便观察不到受激辐射，甚至连自发辐射光谱也极其微弱。

七 半导体激光二极管

半导体激光二极管通常简称为半导体激光器。与前面介绍的几种激光器不同，它们发射激光的原子或者离子是独立的，所有的粒子参与跃迁的能级都相同（即具有相同的量子数），而半导体激光器则不同，在半导体内由于电子波函数空间重叠，并且服从泡利不相容原理，每个能级最多只有两个电子。描述能级粒子数布居不再是用通常的玻尔兹曼分布函数，而是用费米-狄拉克分布函数，讨论的是两个能级粒子数布居之间的跃迁，而不是粒子两个能级之间的跃迁。

半导体激光器有几方面优势，首先是能量转换效率很高，可以达到 50%；其次是输出的激光波长覆盖范围广，目前从远红外至紫外；第三是器件的体积小，重量轻；第四是使用寿命长，可达几十万小时。

（一）激光器分类

（1）**按输出波长分类** 可划分为可见光、红外、远红外半导体激光器 3 大类。属于红外半导体激光器主要有 1.3 μm、1.55 μm 和 1.48 μm 的 InGaAsP 激光器，以及 980 nm 的 InGaAs 激光器；属于近红的激光二极管主要有 760～900 nm 的 AlGaAs 激光器；属于可见光波段的有输出红光的 AlGaAs 激光器（720～760 nm）、InGaAlP 激光器（630～680 nm）、蓝绿光的 InGaN 激光器（400～490 nm）。

（2）**按质结方式分类** 可分为同质结激光器、单异质结激光器、双异质结激光器、大光腔激光器、分离限制异质结激光器、量子阱激光器等。

（3）**按共振腔结构分类** 分为法布里-珀罗共振腔激光器、分布反馈激光器、分布布拉格反射器激光器、垂直腔面发射激光器、微腔激光器等。

（4）**按条形结构分类** 分为宽接触激光器、条形结构激光器。在宽接触半导体激光器中，电极接触整个半导体表面，没有任何条型限制，电流流过整个器件，因此工作电流大，发热严重，无法在室温下连续工作。条形结构半导体激光器是在激光二极管的平面上，通过各种方式形成条形，使电流只从条形部分流过，既降低了工作电流，减少激光器发热，在室温下甚至在高温下能够连续工作，又通过各种条形来构成波导结构，具有选模和导波的作用，能够获得稳定的单纵模激光输出。

（二）增益系数和阈值电流密度

通过 p-n 结的载流子注入获得增益，增益系数 g 与注入电流密度 J 之间的关系为

$$g = \beta J^m, \tag{1-3-46}$$

式中，β 为增益因子，m 为指数。由阈值振荡条件可以得到激光器的增益系数为

$$g = \alpha + \frac{1}{2L} \ln \frac{1}{R_1 R_2}, \tag{1-3-47}$$

将上两式合并可得阈值电流密度 J_{th} 为

$$J_{th} = \left[\frac{1}{\beta} \left(\alpha + \frac{1}{2L} \ln \frac{1}{R_1 R_2} \right) \right]^{\frac{1}{m}}, \tag{1-3-48}$$

式中，α 为光学吸收系数。（1-3-48）式表明，增大共振腔的腔长 L 或增大端面发射率 R_1、R_2，都可以降低阈值电流密度 J_{th}。

阈值电流密度 J_{th} 也与器件结构、有源区宽度 w 有关系，从同质结→单异质

结→双异质结,阈值电流密度 J_{th} 大幅度下降,由 10^5 A/cm² 量级降至 10^3 A/cm² 量级。条形激光器的阈值电流密度 J_{th} 高,但其阈值电流和总工作电流都要低许多。折射率波导条形激光器的光学限制作用好,其阈电流密度也较低。而在增益波导条形激光器中,因侧向限制作用差,光场向两侧扩展而造成光学损耗,因而使阈值电流密度 J_{th} 也高许多。

对于折射率波导激光器,在侧向上对载流子和光都进行了限制,减少了它们的侧向扩展。因此这类激光器的 J_{th} 同条宽 w 的关系不大。阈电流 $I_{th} = J_{th}w \cdot L$,式中 w 为条宽,L 为腔长。为了降低阈电流 I_{th},也为了改善模式特性和远场的对称性,w 应当比较窄,掩埋条形激光器的条宽 w 仅为几微米。

增益波导激光器中,由于注入电流的侧向扩展和有源区中载流子的侧向扩散,使得 J_{th} 随着条宽的减少而增大。引起 J_{th} 增加的原因有二:

① 载流子的侧向扩散降低了条宽中心载流子的峰值密度。为了达到必需的增益,必须增加电流密度。

② 光场向条型之外扩展,使条内净增益低于中心处的峰值增益,因此需要增加体电流来达到阈值增益。

如果共振腔的长度无穷大,那么阈值电流密度便变为

$$J_\infty = \left(\frac{\alpha}{\beta} \right)^{\frac{1}{m}} \text{。} \tag{1-3-49}$$

如果增益系数 g 同注入电流密度 J 之间呈线性关系,$m = 1$,可求得吸收损耗系数 α、增益因子 β 的表达式为

$$\alpha = \frac{\ln \dfrac{1}{R_1 R_2}}{2L(J_{th} - J_\infty)} J_\infty, \tag{1-3-50}$$

$$\beta = \frac{\ln \dfrac{1}{R_1 R_2}}{2L(J_{th} - J_\infty)} \text{。} \tag{1-3-51}$$

不同腔长的激光器,利用上面两式可以测量出吸收损耗系数 α 和增益因子 β。减小共振腔的腔长 L 或反射率 R_1、R_2,都会相应增加增益因子。

半导体激光器的增益系数与工作温度关系密切,在低温下即使注入载流子浓度不太高,也容易获得很高的增益。原因是,低温下注入的载流子较为集中地位于导带底和价带顶,材料中的光吸收比较弱,容易实现粒子数布居反转状态,从而获得高的增益。这也解释了半导体激光器的光输出功率为什么随着温度而迅速变化的原因。

（三）激光器的效率

1. 功率效率

功率效率是激光器的注入功率（电能）转换为激光功率（光能）的效率：

$$\eta_p = \frac{输出激光功率}{所消耗的电功率} = \frac{P_{out}}{IV + I^2R} = \frac{P_{out}}{IE_g/e + I^2R}, \quad (1-3-52)$$

式中，P_{out} 为激光器输出功率，I 为工作电流，V 为激光器 p、n 结的正向电压降，R 为串联电阻，包括激光器的体电阻和电极接触电阻。

2. 内量子效率

内量子效率是激光器中注入的电子空穴对在体内复合发出的光子数的效率：

$$\eta_i = \frac{单位时间内发出的光子数}{单位时间内有源区内注入的电子-空穴对数}。 \quad (1-3-53)$$

有源层内由于存在有杂质、缺陷、界面态和俄歇复合等，都会使部分注入的载流子不能复合产生发光，使得 $\eta_i < 1$，通常 η_i 可达 70% 左右。

3. 外量子效率

外量子效率是度量激光器真正向体外的辐射效率：

$$\eta_{out} = \frac{单位时间内向体外辐射的光子数}{单位时间内有源区中注入的电子-空穴对数}。 \quad (1-3-54)$$

上式中的分子等于 $P_{out}/h\nu$，分母等于 I/e，因此有

$$\eta_{out} = (P_{out}/h\nu)/(I/e), \quad (1-3-55)$$

外加电压 V_a 时，由于 $h\nu \approx E_g \approx eV_a$，因此有

$$\eta_{out} = P_{out}/(IV_a)。 \quad (1-3-56)$$

4. 外微分量子效率

实际测量激光器的（激光功率-工作电流）$(P-I)$ 特性时，常常利用工作电流大于 I_{th} 之后的功率同电流的线性关系来描述激光器的效率，因而引进了外微分量子效率：

$$\eta_0 = \frac{(P_{out} - P_{th})/h\nu}{(I - I_{th})/e} = \frac{P_{out}/h\nu}{(I - I_{th})/e} = \frac{P_{out}}{(I - I_{th})V}, \quad (1-3-57)$$

上式已经利用了 I_{th} 处的 P_{th} 很小（$P_{th} \ll P_{out}$）这一条件。

5. 斜率效率

$P-I$ 曲线 I_{th} 以上线性部分的斜率为斜率效率。

有源区内的功率正比于 $\left(\alpha+\dfrac{1}{2L}\ln\dfrac{1}{R_1R_2}\right)$，发射出来的激光功率正比于

$\dfrac{1}{2L}\ln\dfrac{1}{R_1R_2}$，因此科率效率应为

$$\eta_\mathrm{D}=\eta_\mathrm{i}\frac{\dfrac{1}{2L}\ln\dfrac{1}{R_1R_2}}{\alpha+\dfrac{1}{2L}\ln\dfrac{1}{R_1R_2}}。\qquad(1-3-58)$$

如果进一步考虑到内部损耗,包括有源区内的自由载流子吸收损耗 α_fct 和光子逸出有源区被限制层吸收引起的损耗 α_out,则可将上式化为

$$\eta_\mathrm{D}=\eta_\mathrm{i}\frac{\dfrac{1}{2L}\ln\dfrac{1}{R_1R_2}}{\dfrac{1}{2L}\ln\dfrac{1}{R_1R_2}+\varGamma\left[\alpha_\mathrm{fct}+\dfrac{1-\varGamma}{\varGamma}\alpha_\mathrm{out}\right]}。\qquad(1-3-59)$$

式中,$\varGamma$ 是光场限制因子。从上面式可以看出,为了提高激光器的效率,必须设法做到:①提高内量子效率 η_i；②尽量减少自由载流子吸收损耗 α_fct 和有源区外的吸收损耗 α_out；③增大限制因子 $\varGamma$；④减少端面的反射率 R_1、R_2；⑤减小腔长 L。然而,除了头两个因素外,$\varGamma$ 的增大会影响基模稳定性；虽然减小 R_1、R_2 能增大 η_D,然而却增大了 J_th；减小腔长会使 η_D 增大,但也是使 J_th 增大。因此,为了获得性能好的激光器,必须优化选择腔长、端面发射率和限制因子等参数,兼顾其对激射模式、量子效率、阈值电流密度等影响,使器件能符合应用的要求。

（四）激光束发散角

在激光器垂直 p-n 结平面方向（x）上,由于有源区厚度 d 相当薄,因而在这个方向的光束发散角度 $\theta_\perp$ 较大,通常为 $30°\sim40°$；在平行于 p-n 结侧向（y）上,条宽 w 通常为几微米,比有源层厚度 d 大几倍到十几倍,相应地在这个方向的发散角度 $\theta_\parallel$ 就比较小,是 $10°\sim20°$。因此,通常的半导体激光器发出的激光束发散角是一束 $\theta_\perp\times\theta_\parallel=(30°\sim40°)\times(10°\sim20°)$ 的椭圆形扇状光束。

计算表明,在一很宽的范围内,垂直 p-n 结平面方向上激光光束发散角度 $\theta_\perp$ 可近似表达为

$$\theta_\perp=\frac{4.05(n_2^2-n_1^2)d/\lambda_0}{1+\dfrac{4.05}{1.2}(n_2^2-n_1^2)(d/\lambda_0)^2},\qquad(1-3-60)$$

式中,n_1 和 n_2 分别表示限制层和有源区的折射率,λ_0 为激光器在自由空间中的发射波长,d 为有源区的厚度。如果 d 很小,有源区的厚度远远小于自由空间中

的波长,即 $d \ll \lambda_0$,则上式中分母中的第二项远小于 1,$\theta_\perp$ 可简化为

$$\theta_\perp \approx 4.0(n_2^2 - n_1^2)d/\lambda_0 。 \qquad (1-3-61)$$

例如,AlGaAs 激光器中,$\lambda_0 = 0.87\ \mu m$,$d = 0.1\ \mu m$,$n_2^2 = 3.59$,$n_1^2 = 3.38$,计算得发散角 $\theta_\perp$ 为 $38.6°$。这表明,由于半导体激光器的有源层很薄,光波的衍射效应比较强,于是使得发出的光束发散角度比较大,特别是在垂直 p-n 结的方向上,这种发散特性表现得更为明显。

如果有源区厚度 d 较大,$(1-3-60)$ 式中分母的第二项远大于 1,该式可简化为

$$\theta_\perp \approx 1.2\,\frac{\lambda_0}{d} 。 \qquad (1-3-62)$$

这表明 d 较大时 $\theta_\perp$ 随着 d 的增大而减小,这仍可用衍射理论来解释。在平行于 p-n 结的侧向(y)上,条宽 w 远大于发射的光波长 λ_0,于是平行于 p-n 结方向上的光束发散角变为

$$\theta_{/\!/} \approx \frac{\lambda_0}{w} 。 \qquad (1-3-63)$$

例如,当条宽为 $5\ \mu m$ 时,发射波长为 $0.87\ \mu m$ 的双异质结 AlGaAs 激光器的 $\theta_{/\!/}$ 大约为 $10°$。总之,端面发射的半导体激光器发射一束椭圆形状的发散光,垂直 p-n 结方向上的发散角度较大,可达 $30°\sim40°$;平行 p-n 结平面方向上的发散角度较小,为 $10°\sim15°$。垂直面发射是减小光束发散角度的好途径,不但能够将发散角度降至几度,还能够获得圆对称的光束,这在某些应用中是非常有利的。

(五) 热学特性

半导体激光器对温度敏感,主要表现为温度影响阈值电流密度、输出的激光功率、工作稳定性和使用寿命。激光器的阈值电流密度 J_{th} 随着温度的升高而明显增大,呈指数关系:

$$J_{th}(T) = J_0 e^{\left(\frac{T-T_r}{T_0}\right)} , \qquad (1-3-64)$$

式中,J_0 为室温 T_r 时的阈值电流密度 J_{th},T_0 是表征半导体激光器的温度稳定性的物理参数,称为特征温度。显然,T_0 越大,阈值电流密度 J_{th} 随温度 T 的变化越小,激光器输出性能也越稳定。

温度对阈值电流密度 J_{th} 的影响主要通过 4 个方面:增益系数、内量子效率、内部载流子和光子损耗。对于 AlGaAs/GaAs 双异质结激光器来说,如果异

质结势垒足够高、界面态足够少，温度主要影响有源层的增益系数，当温度 T 升高时，必须提高注入载流子浓度来维持所需的粒子数布居反转值。这种激光器的特征 T_0 为 $120\sim180$ K。

在 InGaAsP 激光器中，温度的影响主要起源于：①俄歇复合；②载流子越过 InGaAsP/InP 异质结的泄漏。在温度 300 K 下，因俄歇复合所产生的电流泄漏占总电流的 1/3 左右。泄漏电流是俄歇复合所产生的热载流子泄漏，而且主要是热电子泄漏。在低温下这种泄漏较小，InGaAsP 激光器的特征 T_0 为 80 K 左右；而在温度 $250\sim300$ K 范围内，T_0 值为 65 K。在量子阱激光器中，由于量子阱对注入载流子的限制，大大减小了电流的泄漏，因而其温度稳定性好得多，T_0 可以高达 150 K 以上。

（六）典型半导体激光器

1. 双异质结半导体激光器

双异质结半导体激光器是最有代表性的半导体激光器，简称 DH 半导体激光器。双异质结构同时提供了载流子限制和光限制，阈电流密度由以前的 5 000A/cm² 以上降至 $1\,000\sim3\,000$A/cm² 的范围，而且实现了室温下连续输出激光。

AlGaAs/GaAs 双异质结激光器剖面结构如图 1-3-8 所示，是一种 3 层对称介质波导结构。有源层为窄直接带隙的半导体材料，厚度仅仅为 $0.1\sim0.2$ μm，夹在两层掺杂型号相反的宽带隙半导体限制层之间，构成三明治结构。有源区的带隙比限制层的带隙小、折射率比前者大，由此引起的禁带宽度不连续性 ΔE_g 和折射率不连续性 Δn，分别起着限制载流子和光的作用。将注入的自由载流子限制在很薄的有源层中，它们复合产生的光波又能被限制在波导层中，为受激辐射放大提供了有利的条件。

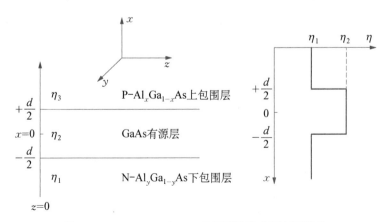

图 1-3-8　AlGaAs/GaAs 双异质结激光器剖面结构

双异质结结构有两个势垒。注入激活区的电子和空穴,因异质结两边界面的势垒壁作用,被限制在有源区内,同时也把激光限制在有源区内,使得注入载流子密度和激光振荡功率密度增高,减少光学损耗,降低激光振荡阈值电流,提高稳定性。因为温度升高,注入的载流子扩散长度也变长,如果没有异质结的势垒壁作用,有源区就变得混乱,难以发生激光振荡。

2. 大光腔(LOC)半导体激光器

双异质结结构几乎能够 100% 限制载流子,但还不能做到百分之百限制光子,有一些渗漏出有源区,也正是这一点渗漏,使得阈值振荡电流密度不能完全随着激活区厚度减少而减少。当有源区的厚度小于激光波长时(对 GaAs 是 0.25 μm),阈值振荡电流随着厚度减少而减少,但厚度减到大约 0.3 μm 时,减少的比率便开始降低。

此外,双异质结激光器的发光面积有限,仅仅数微米乘零点几微米,这就限制了输出激光功率。室温下双异质结激光器的输出光功率通常为毫瓦数量级。如果激光输出为几毫瓦,则发光处的光功率密度可高达 10^5 W/cm^2,相当于太阳表面上的光功率密度水平,如果再进一步增加其输出激光功率,端面处的半导体材料会熔化烧毁,在光亮的镜面熔成一个个小坑,破坏了共振腔,无法继续工作。

发光面积太小,激光输出功率太大会烧坏器件。事实上,激光器的有源区厚度限定为 0.15 μm 左右或者更小才能实现室温下连续工作,也只有如此薄才能保证激光器单模工作,这就是说,增大有源区厚度看来不大可行。为了获得高激光功率输出,在双异质结的原 3 层结构基础上,在有源区的一边再加一层波导层,波导层与有源区一起形成介质光波导,光能够从有源区扩展到波导层中,构成一种 4 层非对称介质波导结构,因为它只在有源区的一边增加一层波导层。使用这种 4 层非对称介质波导结构的半导体激光器称为大光腔半导体激光器(LOC),结构如图 1-3-9 所示。附加的波导层与有源区的总厚度比双异质结

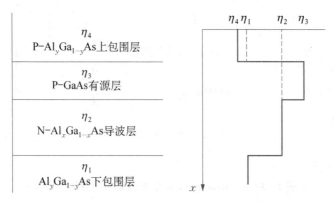

图 1-3-9 AlGaAs/GaAs 大光腔半导体激光器剖面结构

激光器的有源区厚度大得多,在输出相同激光功率的情况下,激光器端面的光强密度会小许多,在承受相同激光功率密度的情况下,允许产生更高的激光功率。

3. 分离限制异质结半导体激光器

分离限制异质结半导体激光器简称 SCH 半导体激光器,是在有源区的两边各增加一层波导层构成的,是一种 5 层对称介质波导结构,如图 1-3-10 所示。所加的两层波导层有两方面的作用:一方面,它们同有源区的禁带宽度差能将载流子限制在有源区很窄的区域内(大约 100 nm);另一方面,它们同有源区的折射率差 Δn 不是很大,有源区中载流子复合发射的光辐射可以扩展到这两层波导层中,它们与有源区一起构成光波导,光场被限制在有源区和波导层(共计 3 层)的光波导中,也就是说,在这种结构中,载流子和光子是分别限制在不同区域中的两层波导层。

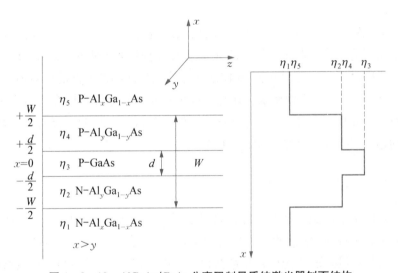

图 1-3-10 AlGaAs/GaAs 分离限制异质结激光器刨面结构

4. 垂直腔面发射半导体激光器

垂直腔面发射半导体激光器简称 VCSEL 半导体激光器,又称为微型半导体激光器,是一种共振腔面平行于 p-n 结平面,激光的发射方向垂直于 p-n 结平面,如图 1-3-11 所示。与前面介绍的半导体激光器不一样,从外观上看,它如同一只微型饮料罐,输出

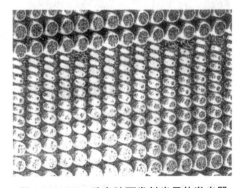

图 1-3-11 垂直腔面发射半导体激光器

的激光束是圆形图样,而普通的半导体激光器在外观上看如同一块砖头,激光从侧面发射出来,沿与 p-n 结平行的方向传播。

这种激光器有 3 种类型:输出波段 800 nm 的 AlGaAs-GaAs 系列,主要用于光信息处理和光学测量;输出波段在 0.9~1 μm 的 InGaAs-GaAs 系列;输出波段在 1.3~1.55 μm 的 InGaAsP-InP 系列,主要做光通信光源。

垂直腔面发射半导体激光器的体积很小,共振腔短,加上构造共振腔反射镜的多层反射膜,总长度一般大约为 5 μm,电泵浦器件的激光作用区的体积小于 0.05 μm³,比小型普通半导体激光器还小一个数量级,而光泵浦的激光有源区体积小到 0.002 μm³。普通半导体激光器输出的激光束有像散,这种垂直腔面发射半导体激光器输出的一般是圆对称高斯光束。激光阈值振荡电流和工作电流都很小,依器件尺寸大小不同,阈值振荡电流在 2~10 mA 之间,最低的达 0.7 mA。

为了减低阈值振荡电流强度,降低激光器消耗的功率,有源区做得非常薄,大约为几十纳米。要在这么短的激光增益长度获得激光振荡,要求构成共振的反射镜的反射率非常高,普通半导体激光器使用晶体解理面做的反射镜,反射率大约只有 30%,远达不到要求。在有源区两侧各交替镀许多层高折射率和低折射率构造的介质反射膜,典型的介质膜层数达几百,所以,激光器有源区虽然很薄,但加上这些膜层,总厚度就有几微米。

八 半导体量子阱激光器

半导体量子阱激光器的有源区是量子阱结构,如 1-3-12 图所示,性能将获得了很大的改善,输出的波长出现蓝移;激光振荡阈值电流明显减小,达亚毫安,甚至只有几微安;激光增益系数获得大的提高,甚至可提高两个数量级;输出的激光谱线宽度明显变窄,显示出更好的单色性;温度特性大为改善,受温度的影响大为降低。量子阱激光器的出现是半导体激光器技术的一次飞跃,在这种激光器问世前,各种半导体激光器输出的激光波长都在红光以外的长波波段,量子阱激光器出现改变了这种状况,可以输出可见光波段的激光,输出红光、黄光、绿光和蓝光的激光器都已经成功,并且能够在室温

图 1-3-12　半导体量子阱激光器

下工作。

（一）量子阱

禁带宽度分别为 E_{g1}、E_{g2} 的两种材料构成多层薄层结构，$E_{g2} > E_{g1}$，禁带宽度为 E_{g2} 的半导体材料 2 将禁带宽度为 E_{g1} 的半导体材料 1 夹在中间，形成势阱。如果限制势阱的势垒层（半导体材料 2）足够厚，大于量子力学中的德布罗意波长，不同势阱中的波函数不再交叠，势阱中的电子能级状态为分立状态，这种结构称为量子阱。由一个势阱构成的量子阱结构为单量子阱，简称为 SQW；由多个势阱构成的量子阱结构为多量子阱，简称 MQW。

量子阱的能带不再是体半导体材料那样的能带结构，载流子受到一维限制。在量子结构中，态密度分布量子化了；其次，势阱的厚度很薄，电子和空穴的平均自由程通常小于量子阱的厚度，因此注入量子阱中的载流子被有效地收集到势阱内。势阱内的电子和空穴还会通过声子散射的作用，集中位于低量子态上。量子阱很窄，注入效率大为提高，比双异质结更容易实现粒子数布居反转状态。量子阱结构使得载流子限制作用大为增强，载流子的注入效率也大为提高，可以获得很高的光学增益。

量子阱结构中，只在一维方向上有势垒限制，另两维是自由的。两个方向上有势垒限制就构成量子线；3 个方向上都有势垒限制就构成量子点。量子线和量子点具有更高级的量子化特性。利用它们将能够制造性能更加优秀的激光器。

（二）激光器工作原理

在量子阱中，导带底不再是 E_c，而是 E_{c1}；价带顶不再是 E_v，而是 E_{hh1}。E_{c1} 与 E_{hh1} 之间的能量差大于其半导体材料的带隙 E_g：

$$E_{c1} - E_{hh1} > E_g, \qquad (1-3-65)$$

式中的下角码 c 表示导带，hh 表示重空穴带。小于（$E_{c1} - E_{hh1}$）的能量范围内，已经不可能有载流子了。因此，量子阱中发光的条件改写为

$$(F_c - F_v) > (E_{c1} - E_{hh1})。 \qquad (1-3-66)$$

进一步推广至各子能带情况，上式可以改写为

$$(F_c - F_v) > (E_{cl} - E_{vi}) = h\nu, \qquad (1-3-67)$$

式中的下角码 cl 和 vi 分别为导带（CB）和价带（VB）中的子能带编码。

受激发射必须满足的条件为 n 型材料和 p 型材料之间的准费米能级差大于导带和价带中的子能级差：

$$(F_n - F_p) > (E_{cl} - E_{vi}) = E_{gli}。 \qquad (1-3-68)$$

式中的 l 和 i 为正整数,分别表示量子阱的导带和价带中能量的级数,E_{gli} 为量子阱的带隙能级差。

图 1-3-13 所示是 GaInAsP/InP 单量子阱激光器中增益系数与注入载流子浓度、量子阱阱宽的关系。随着注入载流子浓度增加,增益系数迅速地增大。量子阱的阱宽为 $L_x = 10$ nm,注入载流子浓度为 $n = 4 \times 10^{18}/\mathrm{cm}^3$ 时,增益系数高达 $1\,200$ cm^{-1},这比双异质结激光器中相同注入浓度时的增益系数提高 1—2 个数量级。量子阱结构能够把增益系数提高 1~2 个数量级,这正是其优势所在。

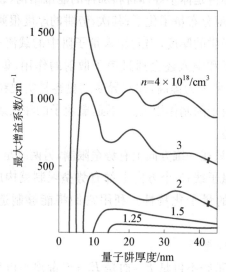

图 1-3-13　InGaAsP/InP 单量子阱激光器中增益系数与注入载流子浓度、阱宽的关系

(三) 激光器特点

量子阱中态密度呈阶梯状分布如图 1-3-14 所示,量子阱中首先是 E_{1c} 和 E_{iv} 之间电子和空穴参与的复合,所产生的光子能量 $h\nu = E_{1c} - E_{1v} > E_g$,即光子能量大于材料的禁带宽度。相应地,其发射的光波长 $\lambda = 1.24/(E_{1c} - E_{1v})$ 小于 E_g 所对应的波长 λ_g,即出现了波长蓝移。

半导体量子阱激光器中辐射复合主要发生在 E_{1c} 和 E_{1v} 之间,不同于导带底附近的电子和价带顶附近的空穴参与的辐射复合,因而量子阱激光器的光谱的线宽明显地变窄了。

由于势阱宽度 L_x 通常小于电子和空穴的扩散长度 L_e 和 L_n,电子和空穴还

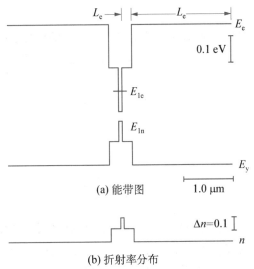

(a) 能带图

(b) 折射率分布

图 1 - 3 - 14　$Al_{0.4}Ga_{0.6}As$ - $Al_{0.2}Ga_{0.8}As$ - GaAs 分离限制异质结-单量子阱激光器

未来得及扩散就被势垒限制在势阱之中,产生很高的注入效率,易实现粒子数反转,其增益大为提高,甚至可高达两个数量级。

半导体量子阱使 GaInAsP 激光器的温度稳定性大为改善,其特征温度 T_0 可达 150 K,甚至更高,这在光纤通信等应用中至关重要。

声子同电子的相互作用,使较高阶能态上的电子转移至低阶能态上,出现声子协助受激辐射作用。声子协助载流子跃迁是量子阱结构的一个重要特征。

(四) 光学限制因子

单量子阱中,由于只有一很窄的势阱,光学限制因子 Γ 很小,为了获得阈值增益 g_{th} 所需的阈值电流密度 J_{th} 较大,阈值电流也较高。将多个量子阱组成在一起构成的多量子阱激光器,使光学限制因子 Γ 增大了许多,因而使阈值电流密度 J_{th} 变小。如果量子阱厚度、势阱和限制层的折射率分别为 L_x、n_a 和 n_c,则其光限制因子为

$$\Gamma_s \approx 2\pi^2(n_a^2 - n_c^2)\left(\frac{L_x}{\lambda_0}\right)^2, \qquad (1 - 3 - 69)$$

式中下角标 s 表示单量子阱。

由多个量子阱一起构成多量子阱,可以等效地看作有源区折射率 n 等于整个量子阱结构的总体平均折射率。显然,适当选择量子阱数目和各层厚度,可以很容易地使多量子阱的限制因子比单量子阱的限制因子提高一个数量级。随着注入电流的增大,多量子阱的增益系数增大多得多,而且量子阱的个数 m 越大

这种效应越明显。

假定势阱和势垒的个数分别为 N_a 和 N_b,它们的厚度、折射率分别为 t_a、n_a 和 t_b、n_b,多量子阱激光器的限制层的折射率为 n_c,则其光学限制因子为

$$\Gamma_m = \gamma \frac{n_a t_a}{n_a t_a + n_b t_b}, \qquad (1-3-70)$$

式中,

$$\gamma = 2\pi^2 (n_a t_a + n_b t_b)^2 \frac{n^2 - n_c^2}{\lambda_0^2}, \qquad (1-3-71)$$

$$n_e = \gamma \frac{N_a n_a t_a + N_b n_b t_b}{N_a t_a + N_b t_b}. \qquad (1-3-72)$$

式中,下角码 m 表示量子阱的数目,n_e 为有源区势垒层和势阱层的平均有效折射率。虽然这里 γ 表示的是折射率为 n_e 的等效层(其厚度为 $N_a t_a + N_b t_b$)的光限制因子,而 Γ_m 则为多个势阱中的总的光限制因子,它正比于势阱的总厚度与势阱、势垒的总厚度和之比值,它显示多量子阱激光器的光限制因子 Γ_m 比单量子阱激光器的 Γ_s 大得多。

九 光纤激光器

光纤激光器是用光纤芯做基质,掺入某些稀土元素离子做激活粒子做工作物质的激光器。

（一）主要特点

从外观看,光纤激光器与前面介绍的各种类型的激光器就有明显不同。前面介绍的各类激光器的激光工作物质是直线、刚性的,并有精密加工的共振腔,两端反射镜需要完全对准。它们的输出性能可能会受到灰尘、振动和其他环境条件的影响。光纤激光器就大不一样,整台激光器柔韧、可弯曲,不需要单独的反射镜构成共振腔,输出激光性能不受灰尘、振动的影响。

激光器工作性能和输出性能具有一系列特点:

① 有高得多的能量转换效率,总电光效率高达 20% 以上。

② 输出的激光可以直接耦合到普通光纤上传输,插入能量损耗很小。

③ 光纤芯径很小,在激光波长上的光学损耗又低,所以,激光功率密度很高。

④ 工作物质可以很长,能够获得很高的总激光增益。在一些晶体材料中,非辐射跃迁几率大,难以获得激光振荡,做成光纤激光工作物质时,便有可能获得该波长的激光。

⑤ 激光阈值振荡泵浦功率比较低。比如,光纤长度 2 m 的掺钕离子 Nd^{3+} 光纤激光器,激光阈值振荡泵浦功率一般为 $100\mu W$ 量级。

在共振腔内没有光学镜片,具有免调节、免维护、高稳定性的优点,这是其他类型激光器无法比拟的。

(二) 激光器结构

光纤激光器也是由激光工作物质、泵浦源和共振腔等 3 部分组成,如图 1-3-15所示。

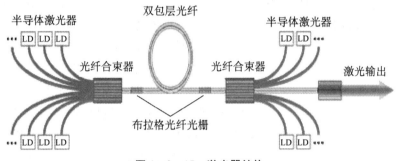

图 1-3-15　激光器结构

1. 激光工作物质

工作物质以光纤芯作基质,掺入某些稀土元素离子做激活粒子,光纤芯基质可以是玻璃、晶体或者塑料。

激活粒子主要有稀土元素离子 Nd^{3+}、Er^{3+}、Yb^{3+}、Ho^{3+}、Tm^{3+} 等,激活离子不同,输出的激光波长不同。如掺钕离子光纤输出波长主要为 $1.06\ \mu m$,掺铒离子输出波长主要为 $1.55\ \mu m$,掺镱离子输出波长主要为 $1.03\ \mu m$,掺钬离子输出波长主要为 $2.0\sim2.1\ \mu m$,掺铥离子输出波长主要为 $1.85\sim1.89\ \mu m$。

光纤激光工作物质有单包层掺杂光纤和双包层掺杂光纤两种。单包层掺杂光纤的中央部分(光纤芯,里面掺稀土元素离子)的折射率 n_1 较大,外面一层(包层)的折射率 n_2 比芯部折射率低。双包层掺杂光纤是在纤芯外面加一层折射率较低的内包层,外面再加一层外包层,内包层起波导作用。这种结构能够获得高功率、高能量转换效率连续输出激光。

2. 泵浦光源和泵浦方式

通常采用半导体激光器(LD)做泵浦光源。高功率光纤激光器的关键技术之一就是如何将泵浦光源输出的光功率有效地耦合到增益光纤中去,相应地有多种泵浦方式。

(1)端面泵浦　泵浦光直接从光纤一端芯面进入,从光纤另一端输出。这是实验室中最为常见的,也是最简单的泵浦方法。最大缺点是光纤的一个端面或两个端面需要用耦合泵浦光的光学系统,很难制作成紧凑的结构。由于一根光纤只有两个端面,利用这种泵浦方式,难以实现更高功率输出。

端面泵浦又可分为单端面和双端面泵浦两种方式。单端泵浦方式仅使用光学耦合系统,从激光光纤工作物质的一端输入泵浦光。光学耦合系统包含两个聚焦透镜和一个双色镜,左边的半导体激光器泵浦光先经第一个聚焦透镜准直,再经第二个聚焦透镜会聚后进入激光工作物质光纤。双端泵浦方式是在激光工作物质光纤的两端都有半导体激光泵浦源和泵浦耦合光学系统,将多模泵浦激光聚焦或直接耦合到激光工作物质光纤端面的内包层。

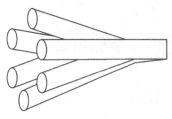

图1-3-16 树杈形光纤耦合器

(2)光纤束泵浦 将若干多模光纤捆绑在一起融合后拉成树杈形光纤,如图1-3-16所示,然后与激光工作物质光纤拼接起来,最后,涂上聚合物保护层制成光纤模块,将多个激光二极管输出的光同时耦合进激光工作物质光纤。值得注意的是,光纤束的尺寸和形状必须和待泵浦的激光工作物质光纤严格匹配。

(3)V型槽侧面泵浦 激光工作物质光纤外包层去掉一小段,在裸露出的内包层上刻蚀出V形槽,并将其作为反射面,如图1-3-17所示。泵浦光经微透镜耦合,然后在V形槽的侧面汇聚,经侧面反射后改变方向,最后进入激光工作物质光纤的内包层。V形槽侧面的面型要求能够对泵浦光全反射,提高耦合效率。在泵浦光入射的内包层一侧增加一层衬底,衬底材料的折射率必须与光纤内包层的折射率相近,并且加镀增透膜。

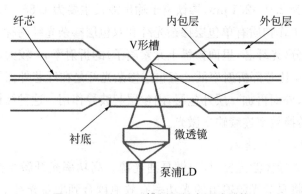

图1-3-17 V形槽侧面耦合泵浦结构

这种泵浦方式具有泵浦效率高、结构紧凑和易于增大泵浦(可沿侧面同时切出多个 V 型槽)等优点。

3. 光学共振腔

光纤激光器更多的是采用光纤耦合器形式的新型共振腔. 其中有两种有代表性的结构：F-P 共振腔、环形共振腔。

(1) F-P 共振腔 以前采用二向色镜作为共振腔的前反射镜,利用光纤后端面 4% 的菲涅耳反射作为腔的后反射镜。但是缺乏有效的选频机制,输出的激光谱线宽度较宽,而且需要繁琐的调节。

目前一般采用双包层光纤光栅做共振腔反射镜,简化了激光器的结构,提高了激光器的信噪比和可靠性,窄化了激光谱线宽度,提高了激光束质量,而且,可调谐激光器输出波长。还可以将泵浦光源的尾纤经锥形光纤与激光工作物质光纤有机地熔接为一体,避免用二色镜和透镜组提供激光反馈方式带来的光学损耗,从而降低光纤激光器的激光振荡阈值,提高输出激光器的斜率效率。

两根中心波长相同的布拉格光纤光栅和一段激光工作物质光纤便可以构成高功率光纤激光器的线形共振腔,如图 1-3-18 所示,$P^+(Z)$ 和 $P^-(Z)$ 分别为沿正反两个方向传播的激光,FBG1 为入射光栅,作为共振腔的高反射镜,对泵浦光有高光学透过率,对激光工作物质发射的光有高反射率,反射率可达 20～30 dB。FBG2 为共振腔的输出端光栅,光学反射率为 1 dB 以下。泵浦光经 FBG1 进入工作物质光纤,在其中形成能级粒子数布居反转,并产生受激发射,此辐射经 FBG1 和 FBG2 共同构成的共振腔选频,获得所需波长的激光输出。

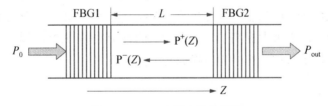

图 1-3-18 光纤光栅共振腔

(2) 光纤环形共振腔 将耦合器的两个臂连接在一起,构成光的循环传输行程,如图 1-3-19 所示。耦合器起到了反馈作用,并构成一环形共振腔。对于一个光纤环来说,耦合器使光可沿顺、逆时针两个方向传播。如果输入光功率为 P_{in},耦合比为 k,在不计及耦合损耗时,光纤的透射光功率 P_t 和与反射光功率 P_r 分别为

$$P_t = (1-2k)^2 P_{in}, \quad P_r = 4k(1-k)P_{in}。 \tag{1-3-73}$$

说明该光纤环是分布型反射器,因此两个这样的环串接起来就成为一种新颖的共振腔,而且可以调节耦合比而改变反射率,来控制激光器的输出特性。

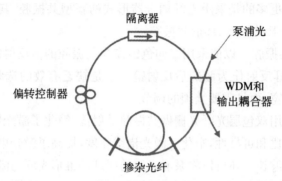

图 1-3-19　采用光纤环形共振腔的光纤激光器结构

（三）典型光纤激光器

已经制造成功的光纤激光器有许多种,其中常用的有双包层型光纤激光器、相移 DFB 光纤激光器两种。

1. 双包层型光纤激光器

双包层型光纤激光器是利用双包层激光工作物质光纤的激光器,激光功率比较高。与单包层光纤激光器用的激光工作物质光纤不一样,泵浦光通过特定的光学装置或直接入射进入光纤内,其中一部分泵浦光耦合到纤芯中,泵浦在里面的激活粒子。大部分泵浦光将耦合到内包层,在内包层的光辐射受外包层限制,在内包层之间来回反射,在不断地穿过纤芯的过程中泵浦激活粒子,如图1-3-20所示。所以,泵浦光在光纤的一端耦合进入后,几乎所有的泵浦光都被激活粒子吸收,因而大大提高了泵浦光功率的利用效率,大幅度提高光纤激光器的输出功率,比单包层光纤激光器提高几个数量级。

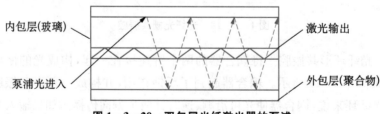

图 1-3-20　双包层光纤激光器的泵浦

对泵浦光的吸收效率与内包层的几何形状有关,典型的内包层结构有方形、矩形、圆形、D 形、梅花形以及偏心结构等。最早提出的是对称圆形内包层,由于其完美的对称性,存在大量的螺旋光,大量的光线在内包层多次反射,却很少经过光纤芯部,因而纤芯内的激活粒子的吸收效率比较低。偏心圆形内包层结构虽然可以提高光泵浦效率,但仍然存在大量的螺旋光,而且制作工艺也较为复杂。长方形内包层的光纤激光器的光-光能量转换效率最高,目前大多数高功率光纤激光器均采用这种内包层结构。泵浦光被光纤芯部掺杂离子的吸收率正比于内包层和外包层的面积比。

2. 相移分布反馈(DFB)光纤激光器

相移 DFB 光纤激光器是一种输出单纵模光纤激光器,如图 1-3-21 所示,由一根光纤光栅组成,这根光纤光栅既是激光工作介质,又是耦合器,优点非常突出。

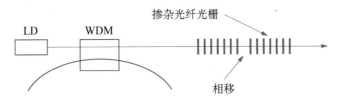

图 1-3-21 相移 DFB 光纤激光器结构

光纤光栅分为 3 部分,如图 1-3-22 所示。L_1 是 AB 段光纤光栅的长度,L_2 是相移区 BC 段的长度,L_3 是 CD 段光纤光栅的长度,L_1 和 L_3 是耦合系数 K 相同的均匀光纤光栅。用遮挡法制作的相移 DFB 光纤激光器,相移区 L_2 是一段未曝光的光纤,光纤耦合系数 $K = 0$,折射率 $n(z) = n_{\text{eff}}$。

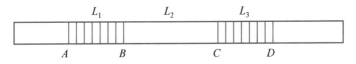

图 1-3-22 刻写在光纤上的相移 DFB 激光器

二次曝光法制作的相移 DFB 光纤激光器,相移区 L_2 是一段折射率 $n(z) = n_{\text{eff}} + \Delta n_1 + \Delta n_2$,耦合系数 $K = \pi(\Delta n_1 + \Delta n_2)/\lambda_B$ 的光纤光栅,Δn_2 为二次曝光引起折射率的改变量。

当光波在相移 DFB 光纤激光器中传播时,在 B 点和 C 点的耦合系数 K 将突变。比如,B 点的耦合系数 K 从 $\pi\Delta n_1/\lambda_B$ 突变为 0。而 C 点存在相反的突变(L_2 段是未曝光光纤),相位发生了跃变,破坏了相位变化的连续性。相移 L_2 区引入的附加相位变化 $\Delta\Phi$,称为相移量。用遮挡法制作的光纤相移 DFB 激光器,其相移量为

$$\Delta\Phi = 2(2\pi L_2 \Delta n_1)/\lambda_B。 \tag{1-3-74}$$

二次曝光法制作的光纤相移 DFB 激光器,其相移量为

$$\Delta\Phi = 2(2\pi L_2 \Delta n_2)/\lambda_B = (2\pi L_2/\Lambda)\Delta n_2/(n_{\text{eff}} + \Delta n_1)。 \quad (1-3-75)$$

相移量 $\Delta\Phi$ 的大小对光纤相移 DFB 激光器的性能影响很大。

(1)模谱特性　相移 DFB 光纤激光器由单模光纤制成,没有传统的共振腔反射镜,而是由布拉格光栅提供光学反馈。共振腔内各振荡的纵模均属同一横模,振荡纵模 ω_m 与基模 ω_0 的频率间隔为

$$\omega_m - \omega_0 \approx \pm \frac{L}{V_g} \sqrt{(2 m\pi)^2 + (\mid K \mid L)^2}, \quad (1-3-76)$$

式中,m 是整数 $(m \geqslant 1)$,L 是光纤光栅的长度,V_g 是光波在光纤中的传播速 $(V_g = c/n)$,$K = 2\pi n_1/\lambda_B$。

(2)阈值特性　理论和实验研究结果显示:

① 当相移区偏离光纤光栅中心(即相移区中心偏离光纤光栅中心)时,激光器的阈值升高。偏离越多,阈值越高。

② 当相移区位于光纤光栅的中央,且相移量为 π 时,振荡阈值最低,振荡波长是布拉格波长;相移量偏离 π 时,阈值升高,振荡波长偏离布拉格波长,相移量偏离 π 越多,振荡阈值越高,振荡波长偏离布拉格波长越远。

③ 当相移量为 0 时,阈值最高,振荡波长对称地分布在布拉格波长的两侧,这就是均匀 DFB 光纤光栅激光器。

④ 当相移区位于光纤光栅的中央、区间变得很小时,相移 DFB 光纤激光器振荡阈值增益 gL 可以用下面的公式计算:

$$(KL)^2 e^{(i\Delta\Phi)} = -\left[\gamma L \coth\left(\frac{\gamma L}{2}\right) - gL + i\Delta_\beta L\right]^2, \quad (1-3-77)$$

式中,L 为光纤光栅的长度,$\Delta\beta$ 为其他频率光波与布拉格频率的光波的传播常数之差;$\gamma^2 = K^2 - (\Delta\beta)^2$,$K = \frac{\pi\Delta n_1}{\lambda_B}$,$\Delta\beta = \beta - \beta_B$,$\beta = \frac{2\pi}{\lambda}n_{\text{eff}}$,$\beta_B = \frac{2\pi}{\lambda_B}n_{\text{eff}}$。

(3)输出特性　理论和试验研究结果显示:

① 激光器的输出功率随光栅反射率的增加而增大,如图 1-3-23 所示(泵浦功率 60 mW,光纤光栅长 $L-10$ cm)。

② 输出特性随相移区的位置不同而有所不同。相移区在中心位置时,正向输出功率等于反向输出功率;当相移区在左边时,则反向输出功率大于正向输出功率;相移区在右边时,正向输出功率大于反向输出功率。耦合常数越大,激光器的输出功率越集中在相移区内。实际激光器一般采用单端输出的形式,所以

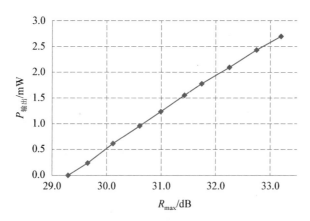

图 1-3-23　输出激光功率与光栅反射率的变化曲线

在制作相移 DFB 激光器时,使相移区稍微偏离中心位置而靠近输出端,可以提高激光器的输出功率。

③ 选择光栅的周期 Λ 可以控制相移 DFB 激光器输出波长 λ_B, $\lambda_B = 2n_{eff}\Lambda$。

综上所述,对于相移量 $\Delta\Phi = \pi$ 的相移 DFB 激光器,不仅激光振荡阈值最低,而且它能非常稳定可靠地实现单纵模运转,因此是选做主振荡器的最佳技术方案之一,这种激光器也称为 $\lambda/4$ 相移的 DFB 光纤激光器。

(4) 相移分布反馈光纤激光器的制作　光纤相移分布反馈激光器的制作方法主要有 3 种:两段曝光法、遮挡法和两次曝光法。

① 两段曝光法。先制作一段光纤光栅,然后移动相位板或者光纤,再制作另外一段光纤光栅,在两段光纤光栅之间空出一段,不受紫外曝光。光在光纤光栅中传输时,相位有一个突变,从而得到相移光纤光栅,如图 1-3-24 所示。这种方法制作起来还是比较麻烦,而且成功率不高。

图 1-3-24　用移动相位板或者光纤制作的相移分布反馈激光器

② 遮挡法。遮挡住照射光纤光栅的紫外光的一部分,光纤受紫外曝光时,有一小部分光纤未受到紫外光致折射率调制。在制作光纤光栅的同时就可得到相移光纤分布反馈激光器,是一次性制作,如图 1-3-25 所示。

把整根光纤分成 3 段,中间一部分为相移区,两边可看作耦合常数相同的两段光栅。L_1 为 AB 段的光纤光栅长度,L_2 为 BC 段的长度,L_3 为 CD 段的长度。

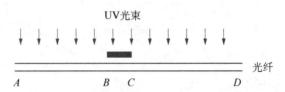

图 1 - 3 - 25　用遮挡法制作光纤相移分布反馈激光器

相移量的大小主要是由相移区两边的光致折射率的变化和相移区的长度决定，相移量是 $\Delta\Phi = 2\dfrac{2\pi}{\lambda_B}\Delta n_1 L_2$。

③ 两次曝光法。先制作均匀光纤光栅，然后在光纤光栅的某一部位集中曝光，这一部位的折射率高于其他部分的折射率。当光在光纤光栅中传输时，相位的变化不再是连续的，如图 1 - 3 - 26 所示。相移量是 $\Delta\Phi = 2\dfrac{2\pi}{\lambda_B}\Delta n_2 L_2$，$\Delta n_2$ 是二次曝光引入的折射率变化量。

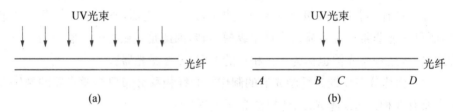

图 1 - 3 - 26　用两次曝光法制作光纤相移分布反馈激光器

➕ 飞秒激光器

飞秒激光器输出脉冲宽度为飞秒量级，具有极高的激光峰值功率和极宽的光谱范围。飞秒激光微加工精度高，热效应小，损伤阈值低，并且能够实现三维微结构加工，可实现三维光存储器和光子晶体结构透明介质的微加工。

（一）关键技术

飞秒激光器的关键技术有 3 点：锁模、色散补偿和波长调谐。目前在飞秒激光器中广泛采用的锁模技术是克尔透镜锁模技术，也称自锁模技术，

1. 克尔透镜锁模

在强光作用下，介质的折射率 n 与光强 $|E|^2$ 的关系由下面式子表示：

$$n = n_0 + n_2 \, |E|^2, \tag{1 - 3 - 78}$$

式中，n_0 为介质固有的折射率；第二项为光克尔项；n_2 为介质的非线性折射率系

数,与介质二阶非线性极化率有关。通常 n_2 为正值,折射率 n 在高光辐射功率密度处大,在低光功率密度处小,此时激光工作物质等效于聚焦作用的正高斯透镜,这种会聚作用称为自聚焦效应。在共振腔激光腰斑附近放置一只光阑,则激光脉冲的中心部分通过光阑,边缘部分被光阑挡住,以致激光脉冲越靠中心光功率越大,越靠边缘的光功率越低;而高功率密度那部分由于多次穿过激光工作物质而不断被放大,使时域中的激光脉冲不断窄化,产生窄脉冲宽度的锁模脉冲。

从另外一个角度看,共振腔内光脉冲的强度分布决定了工作物质折射率的分布,这一现象在空间上表现为自聚焦效应,在频域上表现为自相位调制。自相位调制引入附加频移。激光脉冲各个位置的频率各不相同,就是附加频移对脉冲的作用,即光脉冲在激光工作物质中传输时,自相位调制使其频率受到调制,频谱加宽,脉冲压缩。

有克尔透镜作用的激光工作物质主要有掺钛宝石激光晶体、Cr^{3+}:$LiSrAlF_2$ 激光晶体、YAG:Cr^{4+} 激光晶体、Cr^{4+}:Mg_2SiO_4 激光晶体等。

2. 群速度色散补偿

共振腔内的激光工作物质及光学元件会引入群速延迟色散,导致激光脉冲展宽。在共振腔内插入负群速延迟色散的元件,可补偿正的群速延迟色散和自相位调制。当腔内补偿的负群速延迟色散与正群速延迟色散、自相位调制达到平衡时,就能获得宽度窄而且稳定的激光脉冲。

(1)三棱镜对 三棱镜对结构简单,色散可连续调节,成本低廉。调节两三棱镜顶角之间的距离和两块棱镜不同的插入深度,可以很方便地控制二阶群速度色散的大小和符号,使激光器中所有光学元件的总色散量接近于 0。三棱镜对的群速延迟色散量为

$$GDD \mid_{\lambda_0} \approx -4L\,\frac{\lambda_0^3}{2\pi c^3}\left(\frac{\mathrm{d}n}{\mathrm{d}\lambda}\bigg|_{\lambda_0}\right)^2 + d\,\frac{\lambda_0^3}{2\pi c^3}\cdot\frac{\mathrm{d}^2 n}{\mathrm{d}\lambda^2}\bigg|_{\lambda_0}, \quad (1-3-80)$$

式中,L 是两棱镜顶角距离,d 是棱镜插入深度,c 是光速,n 是棱镜材料折射率,λ 是光波长,λ_0 是光谱中心波长。

(2)GTI 镜 GTI 镜是一种特殊设计的反射式法布里-珀罗(F-P)干涉仪。GTI 镜一面的反射率为 100%,一面的反射率为 10%,整体相当于一面高反镜,如图 1-3-27 所示,由 3 部分构成:高反射膜层、G-T 腔和部分反射膜层。GTI 镜的负色散量为

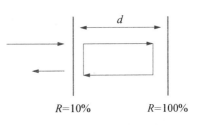

图 1-3-27 GTI 镜结构

$$GDD = \frac{d^2\varphi(\omega)}{d\omega^2} = \frac{2t_0^2\sqrt{R}(1-R)\sin\omega t_0}{(1+R-2\sqrt{R}\cos\omega t_0)^2}, \quad t_0 = \frac{2nd\cos\theta}{c},$$

$$(1-3-80)$$

式中,d 是中间介质层的厚度,R、ω、c、n、θ 分别是部分反射膜层的反射率、入射光脉冲的角频率、真空中的光速、介质折射率、介质的折射角。色散量与中间介质层的厚度 d 平方成反比,而色散补偿带宽与中间介质层的厚度 d 成正比,即 GTI 镜提供的色散量越大,色散补偿带宽越窄。

3. 波长调谐

飞秒脉冲激光器最常用的波长调谐元件是双折射滤光片,与最初的调谐元件(光栅、棱镜、F‑P 标准具)相比,具有插入损耗小、破坏阈值高、调谐范围大、操作方便等特点。双折射滤光片一般由一片或多片石英片制成,两表面相互平行,以布儒斯特角放置在光路中。一束偏振光入射到双折射滤光片上,分解为 o 光和 e 光,产生的相位延迟可以表示为

$$\delta = \frac{2\pi d(n_o - n_e)\sin^2\gamma}{\lambda\sin\theta},$$

$$(1-3-81)$$

式中,$(n_o - n_e)$ 是 o 光与 e 光的光程差,d 是双折射滤光片的厚度,γ 是折射光的波矢与光轴之间的夹角,λ 为入射光的波长,θ 为入射角。如果 θ 角为布儒斯特角,则 o 光与 e 光发生干涉,在光轴与晶体表面平行的前提下,偏振光经过双折射滤光片后的透过率可以表示为

$$T = I/I_0 = 1 - 4\tan^{-2}\gamma\tan^2\theta(1 - \tan^{-2}\gamma\tan^2\theta)\sin^2(\delta/2)。$$

$$(1-3-82)$$

显然,$\sin(\delta/2) = 0$ 时,$T = 1$,该波长光辐射在激光器共振腔内损耗最小,能够顺利产生激光振荡并获得该波长的激光输出。

(二) 钛宝石飞秒激光器

1. 钛宝石激光晶体

(1) 基本特性和能级图 图 1‑3‑28 所示是 Ti^{3+} 离子在 Ti‑Al_2O_3 晶格中的能级图。在立方场中 $3d_1$ 组态的单一谱项 ^2D 被分裂成基态三重态 $^2T_{2g}$ 和激发二重态 ^2E_g;Ti‑Al_2O_3 晶体的晶格场将基态 $^2T_{2g}$ 分裂成两个能级,自旋轨道作用和 Jahn-Taller 效应进一步将其中较低能级分裂成两个子能级。由于很强的声子耦合,利用两个 d 电子能级进行四能级激光运转是可以实现的。图 1‑3‑29 所示是 Ti:Al_2O_3 晶体的吸收光谱和发射光谱,其吸收和发射光谱都

很宽，为 200 nm 和 400 nm 以上，这既有利于光泵浦，又有利于宽范围调谐激光。吸收截面为 $(9.3\pm1.0)\times10^{-20}cm^2$，发射截面为 $3.9\times10^{-19}cm^2$。表 1-3-1 列出了钛宝石激光晶体基本的物理化学和光谱性质。钛宝石激光器可以在室温下以脉冲方式和连续方式输出激光，而且有很宽的调谐范围（660～1 200 nm）。由于其吸收光谱宽，因此，波长范围在 420～620 nm、峰值在 490 nm 附近的短脉冲或连续激光都可以作为这种激光器的泵浦光源。

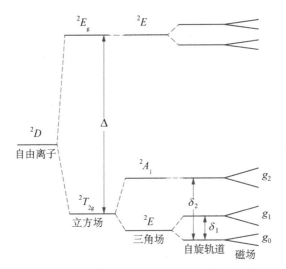

图 1-3-28　Ti^{3+} 离子在 $Ti: Al_2O_3$ 晶体中的能级图

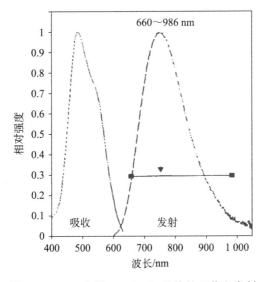

图 1-3-29　室温 $TI: Al_2O_3$ 晶体的吸收和发射光谱（图上也标示了激光调谐范围）

表 1-3-1　Ti^{3+}：Al_2O_3 激光晶体基本特性

分子式	Ti^{3+}：Al_2O_3	比热/(cal/g·℃)	0.18
晶系	菱面体(取六角)	热导率/(W/cm·℃)	0.33~0.35
光性	单轴	折射率	1.76
熔点/℃	2 050	发射截面/($\times 10^{-20}$/cm²)	10×20
硬度/Mohn	9	荧光寿命/μs	3.2
密度/(g/cm³)	3.98	激光波段/nm	660~1 200

(2) 钛离子 Ti^{3+} 浓度选择　Ti^{3+} 离子的浓度越高,激光器能量转换效率越高,也有利于获得窄脉宽的激光脉冲。虽然钛宝石晶体具有宽的增益带宽,足以获得小于 10 fs 的超短激光脉冲,但是,如果 Ti^{3+} 离子浓度较低,则长度需要 20 多毫米,超短激光脉冲通过这样长的晶体将受到很强的正色散和自相位调制,使得超短激光脉冲具有强的正啁啾特性。为了得到傅里叶变换极限的激光脉冲宽度,通常在共振腔内放置由高色散介质制成的棱镜补偿色散。但小于 100 fs 的超短激光脉冲将受到色散元件三阶色散的扰动,而不能获得很窄宽度的激光脉冲。为减少插入腔内棱镜对的三阶色散影响,尽量采用色散量较小的介质制作棱镜对,但同时也减少了二阶色散量。因此,必须减少钛宝石激光晶体的长度以减少腔内正色散和自相位调制,而要缩短晶体长度,就必须采用高掺杂 Ti^{3+} 离子浓度,保证获得相当高的激光增益。

由于结晶时 Ti^{3+} 离子分凝系数远小于 1,不容易从熔体中进入晶体。晶体中 Ti^{3+} 离子浓度很低,一般在 0.03~0.1%,也有报道可达 0.45%。测量晶体内 Ti^{3+} 离子浓度在技术上困难也较大,一般用对绿光吸收峰值的吸收系数来推算 Ti^{3+} 离子的浓度,浓度越高,吸收系数越大。经验计算公式为

$$wt\% \approx (0.032 \pm 0.03)\alpha_{490}^{\pi}, \tag{1-3-83}$$

式中,α_{490}^{π} 是绿光吸收系数,目前一般钛宝石激光晶体的 $\alpha_{490}^{\pi} = 0.5 \sim 2.5\ cm^{-1}$,也有报道用温梯法生长的 Ti：Al_2O_3 的吸收系数可达 $7.0\ cm^{-1}$。

(3) 晶体的品质因素　影响钛宝石激光器性能的另一个更关键的参数是晶体在红外波段的残余吸收。早期的钛宝石激光晶体残余吸收相当大($\alpha_{800} > 0.1\ cm^{-1}$),后降低到很小($\alpha_{800} < 0.01\ cm^{-1}$)。钛宝石激光晶体对波长 490 nm 和 800 nm 的光学吸收系数(α_{490} 和 α_{800})与激光器性能关系最为密切,因此,通常用比值 $\alpha_{490}/\alpha_{800}$ 作为衡量钛宝石激光晶体质量的品质因素 (FOM),其数值大小既反映了晶体内 Ti^{3+} 离子的浓度,也反映了钛宝石激光晶体的光学损耗大小。

FOM 值越大,钛宝石激光晶体质量越高。

钛宝石激光晶体质量的另一个重要标志是光学均匀性。一般用激光泵浦的钛宝石激光器使用的晶体尺寸较小(厘米量级),晶体的光学均匀性对输出的性能影响不大。但用闪光灯泵浦的高功率钛宝石晶体激光器要求使用大尺寸的钛宝石激光晶体棒,此时晶体的光学均匀性就成为重要的质量参数。

2. 偏振特性

钛宝石激光晶体的偏振光谱表明,其 π(平行于光轴)偏振吸收系数大于 σ(垂直于光轴)偏振吸收系数,荧光强度也是 π 偏振的大于 σ 偏振的。相反,红外残余吸收系数是 π 偏振的小于 σ 偏振的。这一结果决定了 π 偏振光泵浦得到的激光输出功率,必然大于 σ 偏振光泵浦得到的激光输出。所以,钛宝石激光器设计时必须注意晶体的光轴方向,采用 π 偏振泵浦布置。

3. 泵浦光功率密度

为提高激光器输出激光功率,往往采用聚焦泵浦光,以便提高泵浦光的功率密度。安全功率密度范围,需满足以下面关系:

$$i_o < I_p < i_d, \tag{1-3-84}$$

式中,I_p、i_o、i_d分别代表泵浦光功率、激光振荡阈值和损伤阈值的功率密度。

钛宝石的激光振荡阈值功率密度与晶体品质因数有关,与泵浦光波长也有关;损伤阈值功率密度则与晶体质量、表面加工情况、镀膜质量等有关。目前加工应力及表面微缺陷可能是光损伤的第一位原因,改进加工工艺有可能提高光损伤阈值。采用倍频 YAG:Nd 激光、脉宽 10 ns 量级的激光做泵浦光源,损伤阈值功率密度为 $0.6\sim1.0 \, J/cm^2$($60\sim100 \, MW/cm^2$)。其他波长激光器连续或短脉冲(如 ps)泵浦,安全泵浦光功率密度需要根据实验重新确定。

4. 激光器结构

图 1-3-30 所示是双 Z 型飞秒钛宝石激光器结构。X 是钛宝石激光晶体,泵浦光(波长 532 nm)由两个透镜 L_1、L_2 聚焦到钛宝石激光晶体上。之所以采用两个透镜,是考虑到聚焦的作用外,也是为了更好地实现激光共振腔内的模式匹配。共振腔由反射镜 M_1 和输出耦合镜 OC 组成。球面反射镜 M_2 和 M_5 将腔内光辐射聚集在钛宝石激光晶体上,第二次聚焦由 M_4 和 M_6 完成,其焦点处放置了一块薄 BK7 玻璃片 P。两个 CaF_2 棱镜提供正二阶色散,棱镜对间的间隔用以微调色散。输出耦合镜 OC 是宽带镜片,由镀 $ZnSe/MgF_2$ 膜制成,其中心透过率为 1%。

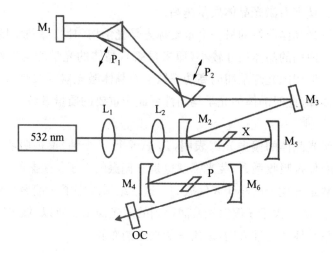

图1-3-30 双Z型钛宝石激光器结构

X：钛宝石激光晶体；P：BK7玻璃片；$M_1 \sim M_6$：双啁啾反射镜；
P_1、P_2：棱镜；L_1、L_2：透镜；OC：输出耦合镜

（三）掺镱钨酸钆钾（Yb：KGW）飞秒激光器

采用掺镱钨酸钆钾（Yb：KGW）晶体做激光工作物质的飞秒激光器，已获得了脉冲宽度小于100 fs的激光输出。与前面的钛宝石飞秒激光器相比，采用半导体激光器做泵浦光源，激光能量转化效率更高，系统更为紧凑。

1. 掺镱钨酸钆钾激光晶体

镱离子 Yb^{3+} 是能级结构最简单的稀土激活离子，如图1-3-31所示，是准四能级系统，终态能级离基态为 $200 \sim 600\ cm^{-1}$。

Yb^{3+} 离子只有一个吸收带，对应于 $^2F_{7/2} \rightarrow {}^2F_{5/2}$ 能级跃迁。在基质晶体晶场作用下，其基态能级 $^2F_{7/2}$ 和上能级 $^2F_{5/2}$ 分别分裂成4个和3个斯塔克斯子能级，光跃迁最有可能发生在上能级 $^2F_{5/2}$ 最低的斯塔克斯能级和下能级 $^2F_{7/2}$ 的子能级之间，形成准四能级激光系统。

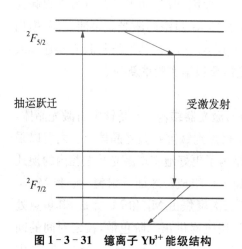

图1-3-31 镱离子 Yb^{3+} 能级结构

2. 吸收光谱和发射光谱

图 1-3-32 所示是 Yb^{3+} : KGW 激光晶体的吸收光谱和发射光谱。Yb^{3+} 离子光学吸收带在 900～1 100 nm 波段,与 InGaAs 半导体激光器的输出波段有效匹配,且吸收带较宽;有较大的吸收截面(大约 1.47×10^{-19} cm^2),有利于对泵浦光的吸收和提高泵浦效率。泵浦光波长与激光输出波长非常接近,即量子效率高,可达 90%。可高浓度掺杂 Yb^{3+} 离子,高达 $30at\%$,并且不会出现浓度淬灭。Yb^{3+} 离子缺少较高能级的激发态,可避免对激光有害的激发态吸收和上转换过程,和弛豫振荡等激光能量损耗,因此此激光能量转换效率高。荧光寿命较长(大约 0.3 ms),发射截面(大约 2,4$\times 10^{-18}$ cm^2)较大。

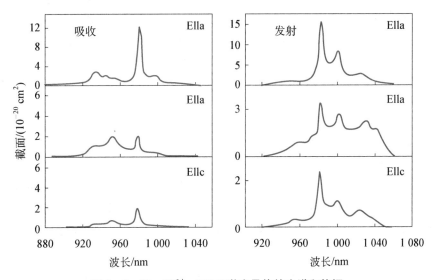

图 1-3-32　Yb^{3+} : KGW 激光晶体的光谱和偏振

Yb^{3+} : KGW 激光晶体主要有 4 个荧光峰,波长分别位于 982 nm、998 nm、1 017 nm 和 1 036 nm,其中 982 nm 的荧光峰最强,但它也是最强的吸收峰,因此该波长不能实现激光输出。有可能实现激光输出的波长是 1 017 nm 和 1 036 nm。

1-4　激光参数测量

激光的波长、功率(能量)、脉冲宽度、发散角、M^2 因子等是激光器的重要参数,每台激光器产品需要标记这些参数。在使用激光器前要知道这些参数。

一 激光波长测量

某些激光器,如可调谐和半导体激光器,事先不能确定其输出波长,这是由于其调谐机构可在很宽的波长范围内调节其输出光的波长。而半导体激光器在改变其工作参数时,输出光的波长会变化。大多数激光器在维修以后,有时也必须重新标定其输出波长。因此,激光波长测量是激光技术应用重要一环。测量激光波长的技术主要有光谱技术、光学干涉技术和衍射技术。

(一) 光谱仪测量激光波长

光谱仪不仅能给出激光的绝对波长值,也能给出激光光谱的形状。摄谱议将待定波长的激光与标准光源的光辐射摄在同一底板上,或在摄谱仪出射后由光电探测器接收,由 XY 记录仪记录,得到待测波长与标准波长的光谱,采用线性插值法推算待定波长。设 λ_1、λ_2 为标准光源的光波长谱线,λ_x 为待测激光波长的谱线,用读数显微镜或阿贝比长仪测得两标准光源波长 λ_1、λ_2 之间的距离为 L,波长 λ_1 和 λ_x 的间距为 L_x,那么待测的激光波长为

$$\lambda_x = \lambda_1 + (\lambda_2 - \lambda_1)L_x/L \text{。} \tag{1-4-1}$$

针对待测的激光波长所在光波段选择波长标准光源,如汞灯、钠灯或铁弧光,做标准光源。决定摄谱谱级及闪耀波长,在允许的条件下尽可能选择高阶谱级。例如,测量 He-Ne 激光波长 632.8 nm 及 N_2 分子激光波长 337.1 nm,可选用闪耀波长 500.0 nm 光栅,工作谱区为 200.0~800.0 nm。波长标准可选用汞灯、钠灯或弧光铁谱。

光栅摄谱仪和光学多道分析技术结合起来的激光波长测试系统,既可用于连续输出激光器,也可用于脉冲激光器的高精度测量。

设光谱仪光栅常数为 d,焦距为 F,参考激光束和待测激光束均以 θ 角入射,参考激光波长 λ_0,待测激光波长 λ_x。一般情况下,被测激光波长的谱线出现于参考激光波长谱线的左侧或右侧,两谱线在谱面上的间距为 S_0。那么,待测激光波长可由下面式子计算:

$$\lambda_x = \frac{n}{m}\lambda_0 + \frac{d\cos\theta}{mF}S_0 \text{。} \tag{1-4-2}$$

式中,n 是参考激光谱线的级次,m 是待测激光谱线级次。只要知道光栅光谱仪的参数便能由该式计算出待测激光波长,而光谱仪的参数可以通过多种已知波长参考光源的标定得出。

有些使用光电子技术的小型光谱仪可以很方便地快速测量激光波长。光纤

将待测波长的光信号耦合进光谱仪，软件就可以显示其光谱数据。因为激光功率一般都很强，所以测量时不直接把激光耦合进光纤，而是将激光打在一个屏上，让光纤接受屏上的散射激光。

（二）光学干涉测量法

1. 基于迈克尔逊(Michelson)干涉测量波长

利用分光波振幅的方法将一束入射光分成两束后，各自被平面镜反射回来，实现激光干涉，如图 $1-4-1$ 所示。R_1、R_2 是反射镜，参考光激光器输出光束 1 经反射镜 R_3 进入分光镜 P，在 A 点分成透射光 I' 和反射光 I''。透射光 I' 平行入射，经反射镜 R_1 进入可动反射镜 C_1，从反射镜 C_1 返回到反射镜 R_1，反射回到分光镜 P 的 B 点处。在这里有一部分激光穿过分光镜，射出光阑。而反射光 I'' 经反射镜 R_2 和反射镜 C_2 反射后也返回到分光镜 P 的 B 处。光束 I' 和 I'' 在 B 点会合并发生光学干涉，由光探测器 D_1 接收，作为参考信号。

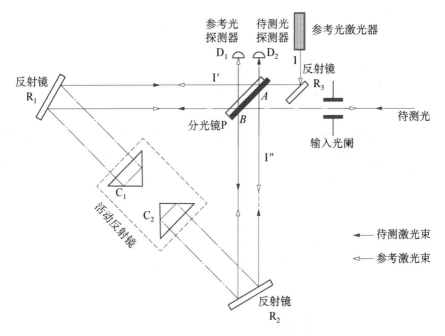

图 $1-4-1$ 迈克尔逊干涉波长测量光路

待测激光形成干涉条纹的过程与参考激光束相同。待测激光的分光点在 B 处，会合光点在 A 处。光学干涉信号由光探测器 D_2 接收，作为待测激光信号。

待测激光由光阑射入，调整至与射出的参考光重合。两个反射器 C_1 和 C_2 安装在同一可移动的平行导轨上。驱动电机拖动导轨沿轴向连续往返平动，使参考激光和待测激光产生光程差,从而干涉并分别由光探测器 D_1 和 D_2 接收,得到它们的干涉条纹信号,经过信号细分和计数电路分别获得参考激光和被测激光干涉条纹数。由于反射器 C_1 和 C_2 安装在同一移动导轨上,参考激光和被测激光的光程差相等。

如果可动反射镜的移动距离为 L,参考激光产生的干涉条纹变化数量为

$$N_r\lambda_r = 4n_rL, \tag{1-4-3}$$

式中,λ_r 为参考激光的波长,n_r 为参考激光的空气折射率,N_r 为参考激光产生干涉条纹的数量。

对于待测激光也可以得到同样的公式:

$$N_x\lambda_x = 4n_xL, \tag{1-4-4}$$

式中,λ_x 为待测量激光的波长,n_x 为其空气折射率,N_x 为干涉条纹的数量。由(1-4-3)和(1-4-4)式可以得到待测激光波长

$$\lambda_x = \left(\frac{N_r}{N_x}\right)\left(\frac{n_x}{n_r}\right)\lambda_r \text{。} \tag{1-4-5}$$

该方法测量精度可达 10^{-6},最高可达 10^{-7}。

2. 基于法布里-珀罗干涉测量波长

法布里-珀罗(Fabry-Perot)干涉是光束通过两块镀以高反射率、间距可调玻璃板时产生的多光束干涉的现象。如果两块反射镜间隔是固定的,通常简称为 F-P 标准具;若间隔可以改变,则称为 F-P 干涉仪,如图 1-4-2 所示。

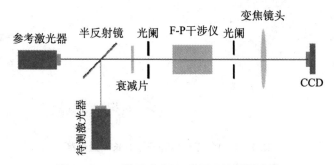

图 1-4-2　基于法布里-珀罗干涉测量波长

波长为 λ_R 的参考激光和波长为 λ_x 的待测激光入射到 F-P 干涉仪,在两反射镜之间多次反射后形成等倾的相干透射光,在透镜的焦平面将出现两组等倾干涉条纹(圆环形)。产生亮条纹的条件为

$$2nd\cos\theta = m\lambda, \qquad (1-4-6)$$

式中,θ 为反射光线与反射面法线的夹角,d 为两反射镜间距,m 为干涉级。调节干涉仪两反射镜间距长度,分别记录干涉条纹数,便可以直接得到待测激光波长值:

$$\lambda_x = \frac{m_x}{m_r} \times \lambda_r, \qquad (1-4-7)$$

式中,m_x 是待测激光条纹数,m_R 是参考激光条纹数。测量精度可达 10^{-7}。

3. 基于斐索干涉测量激光波长

斐索(Fizeau)干涉是双光束等厚干涉,如图 $1-4-3$ 所示。由两块光学玻璃黏合在石英垫圈上构成楔形空腔,光束在空腔上下表面反射,构成双光束干涉。干涉条纹间距 Λ 与波长 λ 的关系是

$$\lambda = \frac{2\alpha}{n_0}\Lambda = k\Lambda, \qquad (1-4-8)$$

式中,n_0 为楔形腔中介质的折射率,α 为楔形腔的楔角。如果测得干涉条纹的周期间距 Λ,并且精确知道 k 的值,就可以由此算出待测光波长。由于楔角 α 和介质折射率 n_0 受温度强烈影响,为了精确测量,可以将装置放入精密控制的恒温箱中,使楔形腔温度变化小于 $\pm 0.05\,^\circ\!C$。F_1 和 F_2 是两块形成干涉的表面,E_{in} 是输入光场,E_1 和 E_2 是分别从表面 F_1 和 F_2 反射的光场。这两束反射光在 CCD 探测器上形成干涉条纹,输出模拟信号,再由取样放大器和模-数转换器(ADC)转换成数字信号,输入计算机中计算,最后便读出待测激光的波长值。

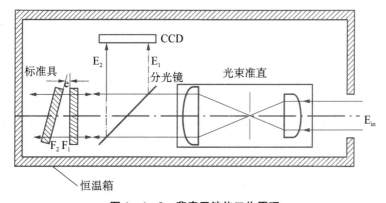

图 $1-4-3$　斐索干涉仪工作原理

但恒温箱结构过于复杂,抽真空容易使楔形腔形变,而且不好操作。采用相对测量方法,即每次测量前用精确知道波长的 He-Ne 激光标定,以便确定 k

值。标定时干涉条纹周期为 Λ_{He-Ne}，于是待测激光波长为

$$\lambda = \frac{\Lambda}{\Lambda_{He-Ne}} \lambda_{He-Ne} = \frac{\lambda_{He-Ne}}{\Lambda_{He-Ne}} \Lambda 。 \qquad (1-4-9)$$

式中，λ_{He-Ne} 是氦-氖激光波长。用这个方法就不用把装置放入恒温箱中，也不用把楔形腔抽成真空。虽然腔中空气对各种波长折射率不同，在不同温度下折射率也有变化，但是影响基本上也可以消除。测量精度达 10^{-9}。

（三）光学衍射测量法

如图 1-4-4 所示，根据光衍射原理，入射光以入射角 α 经过透射光栅，衍射后由柱面透镜会聚于光探测器 CCD 上，形成干涉条纹（直线），其零级衍射条纹位置为 x_0，一级衍射条纹位置为 x_1，分别由下式表示：

$$x_0 = f \tan \alpha, \ x_1 = f \tan \beta, \qquad (1-4-10)$$

式中，f 为柱面镜焦距，α 为入射角，β 为衍射角。光栅衍射方程为

$$d(\sin \beta - \sin \alpha) = k\lambda, \qquad (1-4-11)$$

式中，d 为光栅常数，λ 为待测激光波长，k 是衍射光级数。求出入射角 α 和衍射角 β，取 $k = 1$，便可求出激光波长 λ。

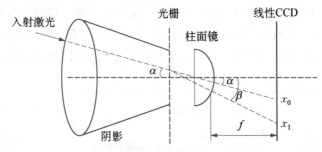

图 1-4-4 光学衍射测量激光波长原理示意图

采用参考激光就可以略去测量系统的固有量 d 和 f。参考激光波长为 λ_0，一般设定为正入射光。光栅衍射条纹间距 $x_1 - x_0$ 为 Δx_0，那么待测激光波长为

$$\lambda = \lambda_0 \frac{\Delta x}{\Delta x_0} 。 \qquad (1-4-12)$$

通常难以保证待测激光正入射到测量光栅。设以 γ 角斜入射，待测激光波长为

$$\lambda = \frac{d \cdot \cos \gamma}{f} \Delta x 。 \qquad (1-4-13)$$

引入参考激光,待测激光波长为

$$\lambda = \lambda_0 \frac{\Delta x \cdot \cos \gamma}{\Delta x_0}。 \qquad (1-4-14)$$

激光斜入射时,中央条纹偏移了 Δ,由这个偏移量可以确定斜入射角

$$\gamma = \arctan \frac{\Delta}{f}。 \qquad (1-4-15)$$

利用光栅实时测量激光波长的过程通常包括探测元件采样、图像处理和数据处理 3 步。采样实际上是把经光栅衍射形成的连续的像抽样成一幅离散的像,其保真度由离散型探测元件的点阵密度决定。采样得到的光栅衍射像称为原始像,由于是实时被动测量,里面会含有大量的噪声,有时噪声甚至会比信号强。在这种情况下,图像处理的第一步就是从原始图像中剔除噪声。先用原始图像减去背景图像,再作二值化,得到的图像比较清晰。但由于各衍射条纹较宽,难以采出条纹位置数据,故图像处理的下一步就是要细化,将每一个衍射条纹压缩成一条线(一个像素宽)。细化后便可以获取衍射条纹的位置,进行数据处理。

二　激光能量测量

通常用脉冲能量或脉冲峰值功率来表征脉冲激光器的技术指标,用(连续)功率来表征连续激光器的技术指标,用平均功率来表征准连续激光器的技术指标。可测量一段时间 t 内的激光能量 E,从而得出连续波激光器输出功率 P,即 $P = E/t$。连续功率的测量原理与能量的测量原理相同。

(一) 量热法

1. 工作原理

被测激光束射入一个适当的吸收体,激光束的能量转化为热量,从而确定出被测激光束的能量。吸收体材料确定以后,其温升与入射激光能量成正比,测量吸收体的温升就可测量激光能量。质量为 M、比热为 C 的吸收体材料,在激光束照射下出现温升为 ΔT,所吸收到的热量为

$$Q = MC\Delta T/\alpha(\lambda), \qquad (1-4-16)$$

式中,$\alpha(\lambda)$ 是吸收体材料的吸收系数。由热功当量可知,1 cal 等于 4.18 J,这样,当质量 M 以 g 计,比热 C 以 cal/g℃计,温差 ΔT 以℃计,便可得到被测激光脉能量为

$$E = 4.18Q = 4.18MC\Delta T/\alpha(\lambda)。 \qquad (1-4-17)$$

2. 主要量热计

（1）积分球量热计　积分球的基本结构是一个内部空心的球壳，如图 1-4-5所示。在球壳内表面均匀地喷涂一定厚度的朗伯漫反射涂层，半径为 R，朗伯漫射层的反射系数为 ρ。射入积分球的光辐射通量为 I，在球壳内表面经过 i 次反射后，在被考察点形成的辐照度为

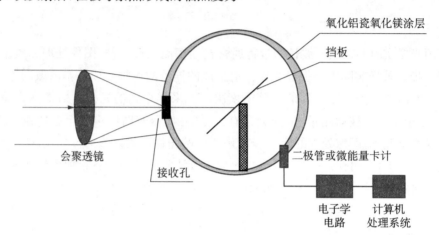

图 1-4-5　积分球高能激光探测器结构

$$E = E_0 + I\rho/[4cR^2(1-\rho)],\qquad (1-4-18a)$$

式中，第一项 E_0 为入射通量直接照射形成的辐照度，随入射辐射的分布情况而变化；第二项只随入射通量 I 的大小变化，与入射辐射通量的分布无关。因此，如果被考察点不受入射光直接照射的影响，上式中的 $E_0 = 0$，那么上式改为

$$E = I\rho/[4cR^2(1-\rho)],\qquad (1-4-18b)$$

E 与球壳上的具体位置无关，而且与入射辐射通量 I 成线性关系。如果球壳上开一个半径为 r 的采样小孔，相对于球壳来说，小孔面积很小，通过小孔的辐射通量 I_r 为球面上任一点的辐照度 E 与小孔面积的乘积：

$$I_r = E\pi r^2 = \pi r^2 I\rho/[4cR^2(1-\rho)]。\qquad (1-4-19)$$

通过小孔的光辐射通量与入射光通量成正比，在开孔处测得的激光能量与积分球的入射激光总能量成线性关系。在开孔处放置能量探测器，测量此处的激光能量便可以得出积分球的总入射激光能量。这种能量计不仅能有效地测量高能激光能量，而且还有响应速度快、恢复时间短等优点。

在测量高激光能量时，注意不能让入射激光束直接照射到积分球的球壁上，否则会损伤涂层乃至壳体。可以在激光束照射到积分球内表面之前，先用凸面

反射扩束镜将光束扩展开来,降低激光束照到球壳的功率密度和能量密度。

为了使激光束照射的能量密度获得足够衰减量,要求积分球有足够大的内表面积,采样孔要足够小。还应根据被测的激光能量水平选择不同尺寸的积分球。

激光射进积分球壳后,全部入射光能最终都要被球壳吸收并转化成热能,导致积分球壳温度上升。为了避免球壳温度上升过高,要求球壳材料有足够大的热容量。在积分球壳内表面涂镀漫反射层,该漫反射层是良好的朗伯漫射体,否则会不满足积分球的理论基础要求。

(2) 液体量热计　这是使用对被测激光有较大的吸收系数且本身化学稳定度高(即不易受热分解)的液体作为光的吸收体,并选取适当的液体厚度,激光入射进其中将吸收的激光能量转换成热量,测出液体的温升和液体的流量,便可计算出激光能量。

(二) 光热法

光热法是目前使用最多的一种激光能量测量方法,仪器对波长没有选择性,可做成全吸收式,而且容易通过等效电校准达到较高的测量精度,是一种绝对型测量仪器。

1. 工作原理

激光作用于物质,被物质吸收之后,光能转换为热能,再用热电元件将吸收体的热能转换为电信号(电流或电压),根据已知的热-电标定值便可以得到激光能量值。常用热电元件有热敏电阻、金属线热电偶和半导体热电偶。热敏电阻灵敏度高($1\ \mathrm{mA}/\mu\mathrm{W}$),但电阻的温度系数受环境温度影响较大,电阻值随温度按指数规律变化,而不是线性关系,所以一般只用于近红外信号的探测。半导体热电偶和金属线热电偶(或由它串连组成的热电堆)可直接将温差转换为电动势,而不需外加电源,使用较为方便。热电偶电阻值随温度变化线性好,动态范围宽,光谱响应平坦,性能稳定,铜-康铜丝、镍铬-康铜丝是常用的金属热电偶材料。半导体热电偶灵敏度较高(大约 $500\ \mu\mathrm{V}/℃$, $50\ \mu\mathrm{V}/\mathrm{W}$),热电转换效率达 6%,为金属热电偶的 6 倍以上,是一种较好的热电转换元件。

2. 主要测量仪器

(1) 炭斗(炭锥能量计)　将质地细腻的纯石墨加工成圆锥体,铜-康铜温差电偶(或其他热电元件)黏贴在锥体的外表面上,激光束射入锥体内被石墨吸收,炭锥温度升高,引起温差电偶的热端温度升高。热端与冷端(通常黏贴在炭斗的金属外壳上)的温差产生一个温差电动势,用检流计或者采用放大器和电表指示,也可以直接用数字电压表显示其数值,经电定标或光定标后即可用来测量激光能量。

为了加强热绝缘性能,往往在炭斗前加一隔热窗口,如石英、云母、玻璃、锗等。

应当注意,由于窗口材料的光谱透射性,使炭斗不再是一个平坦的光谱吸收黑体。

(2) 体吸收激光能量计　吸收激光能量的过程是在整个体积中,入射的激光能量不是沉积在吸收体表面,而是进入吸收体内部,接收器表面不致被强激光损伤,因而能承测更高的激光能量。例如,中性离子着色玻璃吸收体对激光束便是在整个厚度上逐渐吸收的。采用这种材料,或半导体合金材料 Bi - Te - Se - Sb 组成的 p 型($Bi_2Te_3 - Sb_2Te_3$)和 n 型($Bi_2Te_3 - Bi_2Se_3$)元件,作为热电转换元件,具有测量灵敏度高、性能稳定、响应迅速、复原快等优势。单位面积承受的激光能量密度达30 J/cm²,比一般面吸收能量计提高 1～2 个量级,测量灵敏度比金属丝热电转换元件的炭斗能量计灵敏度提高 2 个数量级。采用电脉冲绝对能量,模拟被测激光能量的方式,对能量计灵敏度进行绝对标定,测量的激光能量是绝对量值。不过,这种测量仪器有明显的光谱选择性,使用不便。

(三) 光电法

光电法是利用光电效应测量激光能量。有些物质吸收光能之后,原子或者分子能态发生变化,产生电信号,这个现象统称为光电效应,基于这个效应制造了各种光电元件,利用这些元件可以测量激光能量。

1. 工作原理

原则上任何种类的光电元件,如真空光电管、光电二极管、光电倍增管和光电池等,只要对被测的激光波长有响应,都可以用来测量激光能量。

光电二极管接收到激光束时,把激光能转换为电信号。以充好电的电容作光电二极管的电源,接受激光照时产生光电流,电容放电,电压降低。如果光电二极管工作在线性范围,产生的光电流正比于照射的激光光强,电容上的电压降 Δv_c 正比于照射的激光能量 E,

$$\Delta v_c = (\beta/c)E, \tag{1-4-20}$$

式中,c 是电容量,β 是光电转换系数。只要经过单色标定,便可以由测量得到的 Δv_c 确定所测的激光能量。

2. 主要测量仪器

光电元件具有响应速度快、灵敏度高等优点,特别适于脉冲激光能量测量,并已经研制出了多种用于测量激光能量的光电型仪器,可以综合测量激光波形、功率和能量。

(1) 光电能量计　LEM - 1 型激光能量计采用光电二极管作为光电转换元件,以充好电的精密电容做二极管的偏置电源。激光照射时电容放出光电流,并在光脉冲作用期间将光电流自积分,电容放出光电荷以后,产生的电压降与光能量成正比,用电表指示,经单色标定后即可给出所测激光能量,测量毫秒脉冲(包括重复脉冲)激光能量十分方便。测量范围为几十毫焦耳至几十焦耳,测量误差大约 5%。

(2) 数字式脉冲激光峰值功率计 分别测出脉冲能量和波形,再计算确定峰值功率。数字式脉冲激光峰值功率计能够方便地直接测量单次或重复脉冲激光的峰值功率。采用 GD-4 型强流管作为光电转换元件的 JG-S1 型峰值功率计,由 3 位数字电压表显示测量结果,可测量激光波段为 $0.4\sim1.06\ \mu m$,测量功率范围 $0.1\sim100$ MW,误差小于 $\pm15\%$。

(3) 连续毫瓦级激光功率计 用硅光电池可做成简单实用的激光小功率计。如 JG-1 型功率计(测量功率范围为 $0.02\sim50$ mW,误差为 10%),GG-1、2、3、4 型功率计(GG-1 型用于测量红光波段激光,测量功率范围为 $0.1\sim100$ mW;GG-2 型用于测量蓝光波段激光,测量功率范围 $0.1\sim100$ mW;GG-3 用于测量蓝、绿光波段激光,测量功率范围 0.1 mW~10 W;GG-4 型用于测量红光波段激光,测量功率范围 $0.1\ \mu W\sim30$ mW)。国外用光电二极管制造的激光功率计定型产品也很多,大都具有数字显示测量结果,如 EG&G 公司的 460 型光电功率计,测量光波段 $0.2\sim1.1\ \mu m$,功率测量范围 19.99 nW$\sim$199.9 W,能量范围 19.99 nJ$\sim$19.99 J,动态范围 10^9,还可同时给出激光波形。

(四) 热释电法

某些晶体具有自发极化随温度变化的特性,受到光辐照将产生温度变化,引起电偶极矩变化,在晶体表面产生电荷,形成电场,这就是热释电效应。

1. 工作原理

热释电晶体受到光照之后将产生与温度变化成正比的热释电流:

$$I = A\beta dT/dt, \qquad (1-4-21)$$

式中,A 是晶体受光照射面积,β 是晶体材料的热释系数,dT/dt 是光辐射加热所产生的温度随时间变化率。热释电元件是微分方式工作,只对温度的瞬时变化有响应,而与温度和温度分布无关,不需要达到热平衡,因此热释电效应产生的电信号与瞬时功率成正比。测量产生的电流,也就知道了入射的激光能量。

常用的热释电晶体有硫酸三甘肽(TGS)、铌酸锶钡(SBN)、铌酸锂(LiNbO₃)、钽酸锂(LiTaO₃)、钛酸锶钡(BST)、锆钛酸铅(PZT)等,它们的热释电系数 β 分别是 3×110^{-8}、1.1×10^{-7}、4×10^{-9}、6×10^{-9}、2×10^{-8}、3.5×10^{-8}(cal/cm$^2\cdot$K)。

2. 主要测量仪器

热释电激光能量、功率测量计的光谱响应平坦,测量光波段宽,测量灵敏度高,响应速度快,而且动态范围宽,空间均匀性好,承受光辐射强度高,能够在室温工作,性能稳定,并已经有许多产品。我国在 1975 年便研制成功热释电激光功率计,使用的材料是 TGS,测量功率范围为 10 μW～10 mW,用表头显示测量结果,测量误差大约 10%。

国外的主要产品有:BK - 3230 型热释电辐射计,可见光波段测量能量范围 10^{-12}～10 J,紫外至红外光波段是 10^{-9}～10 J,同时可测量激光波形,显示的激光脉冲宽度范围为 100 ps～50 ms;RL3610 型热释电功率能量计可以测量激光功率和激光能量,可测量光波段从紫外至红外 10 μm,测量的功率范围是 10 μW～10 W,用电表显示测量的激光功率结果。

三 激光脉冲宽度测量

测量激光脉冲宽度基本上有两种方法,毫秒、微秒、纳秒激光脉冲宽度基本上采用直接测量法,如用示波器和光电探测器测量,皮秒及更短的飞秒光脉冲宽度需要采用间接测量方法,如自相关技术测量,测量装置是自相关仪。

(一) 示波器测量

这是一种传统测量方法,可以测量 100 ps 的宽度。测量系统主要由示波器和光电子器件组成。示波器主要有宽带示波器、取样示波器;光电子器件主要有光电管、光电倍增管、硅光电二极管等。光电子探测器接收待测脉冲激光器输出的激光,输出的电信号输入示波器,在示波器屏幕上显示激光脉冲波形,如图 1 - 4 - 6 所示,该波形半高处的宽度定义为激光脉冲半高全宽度(FWHM)。

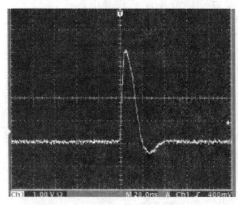 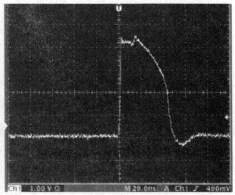

(a) 激光脉冲波形   (b) 失真激光脉冲波形

图 1 - 4 - 6 激光脉冲示波器图形

由于光电探测器探测波长范围、响应度等都有一定范围,必须工作在其线性工作区域。如果工作在饱和区,示波器显示的脉冲波形会失真,准确性受到影响。为避免出现这种情况,可以在光电子探测器前加合适衰减系数的光学衰减器,使其工作在线性区域,确保示波器上显示的激光脉冲波形不失真。

其次,光电子探测器本身的上升时间也影响激光脉冲宽度测量准确性,探测器本身上升时间越大,它对脉宽波形的展宽效应越明显。

（二）光谱法

光谱法也是直接测量法。待测脉冲宽度的激光束经散光板散射,光脉冲信号输入光谱仪(比如光栅光谱仪),获得该激光脉冲的激光光谱,根据谱线的线型函数分布计算得到激光脉冲宽度。

由傅里叶变换可知,脉冲时域半高宽 Δt 和频域半高宽 Δv 的乘积(时间带宽积)必须大于等于一个常数 k,即

$$\Delta t \Delta v \geqslant k, \tag{1-4-22}$$

k 是 1 左右的常数,依激光脉冲波形而异。脉冲的光频待带宽 Δv 和谱带宽度 $\Delta \lambda$ 之间存在如下关系:

$$\Delta v = c\Delta\lambda/\lambda^2 。 \tag{1-4-23}$$

测出激光脉冲光谱宽度以及谱线线型,由(1-4-22)和(1-4-23)式便可以计算出激光脉冲宽度。图 1-4-7 所示是实验得到待测激光中心波长 800 nm 的激光光谱图,对应的谱线半高宽为 11.624 nm。对于高斯线型而言,由(1-4-22)和(1-4-23)式便可以得出激光脉冲宽度 Δt 为 81.05 fs。

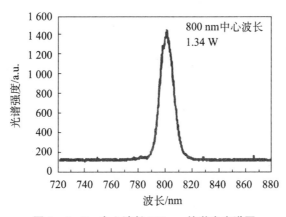

图 1-4-7　中心波长 800 nm 的激光光谱图

（三）双光子荧光法测量激光脉冲宽度

双光子荧光法是一种间接测量方法，对测量仪器要求不高，可测量脉冲宽度的范围宽。利用非线性光学中的双光子吸收现象测量，如图1-4-8所示，半透

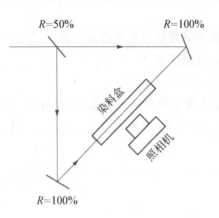

射半反射镜将入射待测量激光束分成光强度相同的两束光，两块全反射镜分别把透射激光束和反射激光束反射进入染料盒，盒里装有可发生荧光的染料（如若丹明6G）。只有透射激光束或者反射激光束激光通过这染料盒时，因为激光强度不够高，未满足双光子吸收条件，染料盒不发射荧光；而当同时通过时，在这两束激光交会的区域发生双光子吸收，并发射出荧光。用照相机或者光电探测器记录荧光，根据荧光光斑尺寸由下面式子便可以计算出激光脉冲宽度：

图1-4-8 双光子荧光测量激光脉冲宽度原理示意图

$$\Delta t = \frac{\Delta L n}{c}, \tag{1-4-24}$$

式中，ΔL是荧光光斑尺寸，n为染料对激光波长的折射率，c为真空中的光速度。测量准确性受测量荧光光斑尺寸ΔL影响比较大。因为激光脉冲波形并不是矩形，在光斑中央位置的荧光强度最高，两端强度逐渐减弱，所以，光斑边缘不清晰，给确定其大小带来一定误差，需作修正：

$$\Delta t = \eta \frac{\Delta L n}{c}, \tag{1-4-25}$$

式中，η称为波形系数，不同激光脉冲型η取不同数值，对劳伦斯型激光脉冲η取1，对高斯型激光脉冲η取$\sqrt{2}$。

（四）光倍频法测量激光脉冲宽度

光倍频法也是一种间接测量法，如图1-4-9所示，入射的激光脉冲经分束镜分为强度相等的两束，分别经直角棱镜反射，再经透镜聚焦，以一定的夹角入射到倍频晶体上，并产生倍频光，然后由光电探测器接收。

光电探测器接收到的倍频信号强度为

$$\bar{I}_{2\omega} = 4b_1 E^2(t) E^2(t-\tau), \tag{1-4-26}$$

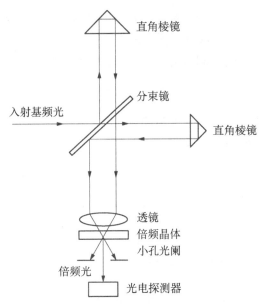

图 1 - 4 - 9 光倍频法测量激光脉冲宽度原理示意图

式中，b_1 是比例系数，E 是激光脉冲的光电场，τ 是由光程差引起的两激光脉冲到达倍频晶体时的时间差。光电探测器输出的信号为

$$S(\tau) = b_2 \int_{-\infty}^{\infty} \bar{I}_{2\omega} \mathrm{d}t = 4b_1 b_2 \int_{-\infty}^{\infty} E^2(t) E^2(t - \tau) \mathrm{d}t, \quad (1 - 4 - 27)$$

式中，b_2 为光电转换系数。(1 - 4 - 26)式归一化为

$$f(\tau) = \frac{S(\tau)}{4b_1 b_2} = \int_{-\infty}^{\infty} E^2(t) E^2(t - \tau) \mathrm{d}t = G^{(2)}(\tau), \quad (1 - 4 - 28)$$

式中，$G^{(2)}(\tau)$ 为归一化二阶相关函数。直角棱镜沿光路方向移动，τ 发生变化。只要通过实验测出 $S(\tau)$ 随 τ 的变化曲线，即可得到二阶相关曲线 $G^{(2)}(\tau)$，如图 1 - 4 - 10 所示，测量出 $G^{(2)}(\tau)$ 的空间长度 Δb，由下式便可以计算出激光脉冲半高全宽度 Δt：

$$\Delta t = k\Delta b/c, \quad (1 - 4 - 29)$$

式中，k 是与激光脉冲形状有关的参数，高斯型激光脉冲为 1.41。由图 1 - 4 - 10 所示的激光脉冲二阶相关曲线，求得其激光脉冲半高全宽度是 34 ps。

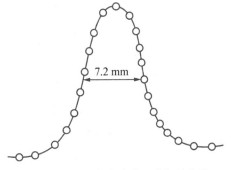

图 1 - 4 - 10 激光脉冲二阶相关曲线

把探测器接入示波器,在屏幕上便显示出自相关曲线的波形,按设定的示波器时间基 a,读出半宽度格数 X。同时考虑定标因子 τ/t(τ 为延迟时间,t 为扫描时间,τ/t 对于不同的示波器是不同的),则待测激光脉冲宽度为

$$\Delta t = kX(\tau/t)a, \tag{1-4-30}$$

对于干涉自相关函数,只需要从测量曲线的半高宽度内数出干涉条纹数,就可以计算出激光脉宽,计算公式为

$$\Delta t = (n-1)\lambda/cK, \tag{1-4-31}$$

式中,n 是干涉条纹数,λ 是激光的中心波长,c 是光速,K 是由脉冲形状决定的比例常数。

（四） 激光脉冲波前畸变测量和诊断

高功率激光器系统的主放大级的波前畸变是非常重要的内容,将为总体集成实验和理论模拟提供重要数据。

（一）激光脉冲波前畸变测量

波前畸变量可采用哈特曼波前检测技术和径向剪切干涉技术测量。前者用Hartmann-Shack 传感器(H-S 传感器),能同时探测出激光束的振幅和相位信息,从而监测激光束的静态和动态质量,为光束的远场特性和自适应波前校正系统提供信息。后者的精度高于哈特曼传感器,目前已发展了多种剪切干涉仪技术,如三平板径向剪切干涉仪、四平板径向剪切干涉仪、横向剪切干涉仪等。图 1-4-11 所示是典型的三平板径向剪切干涉仪结构,在三平板环路干涉仪中加入一台伽利略望远镜,入射激光在分光板 S 处分为两束,其中光束 A 正向通过望远镜,口径扩大 M 倍,是较理想的参考光源。B 光束反向通过望远镜,缩束 m 倍,是被测光束。A、B 两光束在 CCD 相机的接收面叠加,获得径向剪切干涉图。两条闭路完全等光程,不受相干长度和激光脉冲宽度的限制,易于实现干涉且对外界影响不灵敏。

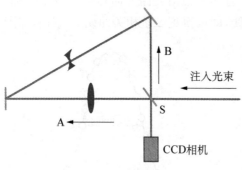

图 1-4-11 三平板径向剪切干涉仪

（二）激光脉冲波前畸变诊断

图 1-4-12 所示是一种激光脉冲波前畸变诊断的光路，由自相关和径向剪切干涉仪产生输出光束，把干涉图看作相干光束的幅度谱。该光束传输到远场，可以把输出光束与其复共轭分开，然后从传输回近场的输出光束的复数表达式中提取近场和相位差图像。缩束望远镜 1 将取样输出的光束缩束到一定的程度（如 ϕ15 mm），并将该光束成像到分束器 2 上。分束器 1 为等效远场摄像机分光取样，其测量结果与由干涉图计算出的结果比较。望远镜 2 产生约为干涉环 10 倍的径向剪切。输出光束由分束器 2 经过望远镜 3 成像到 CCD 摄像机上，CCD 摄像机在激光发射时工作于积分方式。从一张干涉图上便可以获得相位和远近场的信息，通过处理和计算可以得到波前和远近场测量信息。

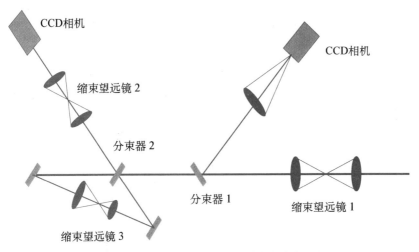

图 1-4-12　激光脉冲波前畸变诊断

五　激光束光强空间分布测量

激光束强度空间分布是指激光光束的远、近场分布，反映激光束的空间特性和可聚焦能力，是衡量光束质量的重要参数。

（一）激光脉冲近场空间分布测量

激光脉冲近场空间分布测量光路如图 1-4-13 所示，包括激光取样系统、缩束系统、光学衰减系统、近场照相机、计算机系统等。

1. 激光取样系统

激光取样使用的元器件包括取样镜、取样光栅、全息分束器（BHS）、光纤等。

图 1-4-13　激光脉冲近场空间分布测量

（1）取样镜　取样镜取样是目前应用最为广泛，也是最成熟的取样方式，常用的方式包括平板取样、劈板取样、全反镜漏光取样、取样镜小角度反射取样等。应根据激光束本身的特性（如能量大小、功率密度、光束口径）、取样空间大小选择合适的取样方式。严格控制取样光强，注意光斑的均匀性及偏振特性，排除杂散光和鬼像的干扰。为达到激光参数测量的精度要求，需要考虑取样方式对激光参数测量精度的影响，取样元件对总体光路的影响，以及各种取样方式的实用化技术等。

（2）衍射光栅与分束光栅　衍射光栅与分束光栅（BSG）是大口径、低成本、适用于整个波长范围的取样器件，不可用以谐波分离和光束聚焦。在大口径的光学元件表面刻上低衍射效率的光栅，取其前向或后向衍射作为取样光，特别是在主光束透射光学元件上的前向取样衍射光栅，可提供稳定的取样光束。图 1-4-14 所示是两种典型的衍射光栅取样光路。

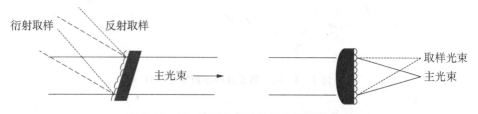

图 1-4-14　两种典型的衍射光栅取样光路

衍射光栅也可用作分束光栅使用，可看成一个离轴的二相位菲涅尔衍射板。通过可变周期光栅的聚焦，可把光束缩小到和探测器匹配的尺寸，在光栅的奇数级发散产生低功率取样光（分束光），偶数级汇聚，且级数越高能量越低。衍射光束相对于原光束偏转的角度可由可变光栅周期（即等效为衍射板的发散性）确定。

要将大口径低衍射效率光栅应用于激光器装置，需要了解其制造工艺、衍射光栅取样对激光参数测量精度的影响、衍射光栅对主光路光束质量的影响等。

（3）激光全息分束器取样　这是一种多光束分束取样器件，如图 1-4-15

所示,可透过大部分光束,且可避免不希望的反射光,零阶衍射光约占 78%,1 阶为 10%,2 阶为 1%。

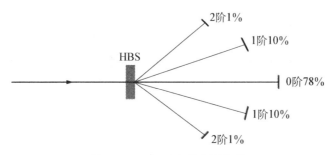

图 1-4-15　全息分束器取样

(4) 光纤取样　突出优点是抗干扰能力强、传输距离远、节省空间、易于集成等。多光束的大型激光器系统大量采用光纤进行光束取样和传输。

2. 缩束系统

大口径激光光束需要缩束系统,保证待测激光束像准确成像于照相机 CCD 接收面上。为此,必须控制高倍率缩束系统的畸变和像差。另外,不同成像面的近场分布不一样,需要注意满足像传递关系。

3. 光学衰减系统

因为 CCD 相机能接收的最佳光强为 100 nJ~1 μJ,所以必须使用衰减系统对光强进行衰减。衰减系统主要包括分光劈板及衰减片。不同种类的衰减片,甚至不同组合、不同放置方式都会影响近场测量结果,因此需研制具有稳定光学畸变量的高倍率衰减器、渐变衰减器以及带劈角的可变衰减器。

4. 近场照相机

为了获得激光空间精细的近场分布,需要使用高分辨率的 CCD 相机,线性动态范围大于 100 倍。另外,CCD 系统性能的标定亦至关重要。

5. 计算机系统

处理数据的计算机系统,主要处理的内容包括近场调制度、近场对比度、填充因子等,其物理意义如下:

(1) 激光近场对比度(0~1)　描述强激光在传输过程中因小尺度自聚焦而引入的中、高频强度调制度,可以准确地考察感兴趣区域的强度统计结果,是描述整个近场强度分布的较实用的方法,表达式为

$$C = \frac{1}{F_{avg}} \sqrt{\frac{1}{N} \sum_i (F_{avg} - F_i)^2}. \tag{1-4-32}$$

（2）光束强度调制度（0～1） 传统的近场描述方法，可以较直观地反映激光近场的宏观分布：

$$M_1 = \frac{I_{max} - I_{min}}{I_{max} + I_{min}}。 \qquad (1-4-33)$$

（3）光束强度调制度（≥1） 可以直观地描述激光器本身的输出能力和最大能力之间的差异：

$$M_2 = \frac{I_{max}}{I_{avg}}。 \qquad (1-4-34)$$

（4）填充因子 光束净口径内平均光强与最大光强之比。

为了获得精确的近场测量结果，必须对不同的 CCD 系统的输出数据和误差分析进行规范化处理。

（二）激光脉冲远场空间测量技术

目前较为直观又通用的激光脉冲远场空间测量方法是用焦斑大小作为衡量光束质量的标准。传统测量焦斑的方法是用穿孔法间接测量光束的远场发散角，或采用弱光反射、透射式尖劈法进行焦斑空间分布测量。

记录焦斑的传统介质是感光胶片，随着 CCD 技术的发展，现在已广泛采用科学级 CCD 系统直接测量焦斑，要求探测器有千倍以上的动态范围。需解决的关键技术问题包括高倍率无畸变衰减系统、测量技术、数据采集及处理等。

1. 高倍率无畸变衰减系统

由于 CCD 系统最佳输入能量为数百纳焦，实用的动态范围不大，需大幅度衰减光强，所需的衰减幅度可达 10^{10} 量级。衰减系统引入的附加像差应尽可能小，根据远场发散角测量的要求，附加像差应在 1～2 倍衍射极限内。

图 1-4-16 所示是衰减系统优化的排布方式，其中每块镜子均为带劈角的组合式结构，以减小畸变和提高光强衰减均匀性。

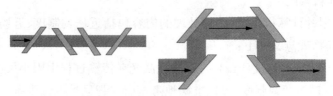

图 1-4-16　多片衰减组合结构

2. 测量系统

为了易于确定焦平面位置和降低焦斑记录介质的动态范围，常采用以下测量系统。

（1）反射式尖劈（列阵相机法）　由长焦距透镜、两对高质量面形的反射镜和 CCD 组成，如图 1-4-17(a)所示。每对反射镜相邻的两个镜的内表面对待测激光分别为半反射和全反射，方向和间隙可任意调节。待测激光束经透镜先入射到第一对反射镜上，由于对镜子之间间隙极小，且形成一个小劈角，入射光束经多次反射分裂成光强逐次衰减的一列子光束。第二对镜间隙较大，将第一对镜子射来的一列光束再分裂成几行子光束，使相邻两列光束具有确定的光程差。将 CCD 放置在焦面位置上，记录光斑列阵，再用特定计算方法确定激光焦斑大小。

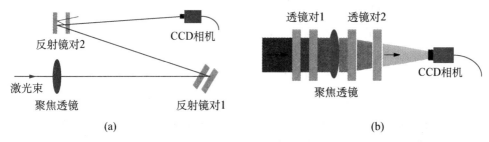

图 1-4-17　反射式和透射式尖劈测量焦斑

（2）透射式尖劈　如图 1-4-17(b)所示，采用两对劈板形成远场阵列光斑，光斑强度和焦面位置皆可改变。利用第一对反射率为 50% 的镜间的劈角可在焦平面上产生一列逐次衰减的光斑，其后的两块反射镜反射率为 90%。这一对镜间距更大，使上述光斑在纵向拉开成行，同一列远场光斑位于几个不同的焦平面上。调节第二对镜之间的距离，就可调整这几个焦面列之间的间距。这些成对的镜本身都带有一定的劈角，以消除由 AR 镀膜透射表面反射的杂光，用 CCD 系统对图像测量。

（3）数据采集及处理系统　由于 CCD 测量得到的是一幅远场列阵图，需要 CCD 远场图像处理系统处理，它主要包括焦面列的选取、焦面列数据的获取、嵌套、焦斑复原等，以及整套算法软件。

六　M^2 因子测量

M^2 因子是评价激光空域质量的重要参数，包括聚焦激光光斑尺寸、远场发散角等参数。一般来说，经过光学系统后，激光光束的光腰尺寸和发散角均可改变，减小腰斑尺寸必然使激光束发散角增加，因此单独用其中之一来评价是不够科学的。经过理想的无像差光学系统后,激光光腰尺寸和远场发散角的乘积不变,激光束腰斑尺寸和发散角乘积具有确定值,并可同时描述光束的近场和远场特性,可以表征实际光束偏离衍射极限的程度,因此又被称为衍射倍率因子。国际上普遍将光束衍射倍率因子 M^2 作为衡量激光束空域质量的参量。光束衍射倍率因子 M^2 定义为实际光束的腰斑半径与远场发散角的乘积除以基模高斯光束的腰斑半径与远场发散角的乘积。

M^2 值越大,光束的衍射发散越大。基模高斯光束具有最小的 M^2 值($M^2 = 1$),其腰斑半径和发散角也最小,达到衍射极限。高阶、多模高斯光束或其他非理想(如波前畸变)的光束的 M^2 值均大于 1。

从另一个角度来说,M^2 因子也是表征激光束空间相干性好坏的本质参量。$K = 1/M^2$ 称作光束传输因子,也是国际上公认的描述光束空域传输特性的量。

测量激光束 M^2 值需要用聚焦透镜制造人造腰斑(焦点处最小光束直径),测量透镜焦点附近不同位置处腰斑宽度,并利用曲线拟合得出远场发散角的大小。为提高拟合精度,可同时在远离焦点的位置增加几个测量值。激光光束直径的测量误差直接影响着 M^2 因子的测量精度。

刀边法是普遍采用的一项技术。收集到的采样点利用最小二乘双曲拟合法,曲线拟合成下面的光束传输方程:

$$w^2(z) = w_1^2 + \theta_1^2(z - z_1)^2, \tag{1-4-35}$$

式中,w_1 人造束腰光束宽度(焦点处最小光斑直径),z_1 人造束腰位置,θ_1 为人造远场发散角。拟合的结果得出 w_1、θ_1 和 z_1,直接按照下面公式计算 M^2 因子:

$$M^2 = w_1 \theta_1 \pi n / 4\lambda 。 \tag{1-4-36}$$

1-5　激光器安全级别

不同波长的激光对人体组织器官损伤程度不同。各类型激光器输出功率或者能量彼此差别也很大,有的输出的激光功率不到 10^{-10} W,有的则高达 10^{12} W,相差 20 多个数量级,对人体产生的损伤程度差别非常大,世界标准化组织根据激光器输出的激光功率、能量或者激光剂量划分几个等级,分别做标记和说明,警示其对人体损伤程度,并规定相应的防护措施,以保证激光器的安全使用。以激光器的发射限度(accessible emission limit，AEL)为依据划分，一个级别的激光器对应一个 AEL。其发射的激光应该小于该级的 AEL，但大于下一级的 AEL。在安全标准中通常将激光器分为 4 级，主要依据是对眼的损伤，其次是对皮肤的损伤，同时考虑眼对光的生理反应参数。

一　激光产品安全分级国际标准

国际标准主要有国际电工委员会(IEC)标准、国际标准化组织(ISO)标准、世界卫生组织(WHO)标准以及美国国家标准学会(ANSI)标准。其中，IEC 和 ANSI 专门针对激光产品辐射安全制定了系列标准，将激光产品分为 4 级。

(一) 第一级激光器

第一级激光器是输出激光功率或者能量最低的激光器，正常情况下其激光束不会引起人体损伤，即使使用直径 $\phi 80$ mm 的光学仪器会聚也不致引起眼损伤，所以，可免予防护控制措施。这级激光器的安全标准是，等于或低于眼睛最大容许照射激光剂量。根据不同波长、不同照射时间的最大容许激光照射剂量及限制孔径，换算而求得总输出能量(功率)值。限制孔径根据不同波长选取，紫外与红外波段损伤角膜为主，取直径 $\phi 1$ mm；可见与近红外激光波段，主要损伤视网膜，取直径 $\phi 7$ mm。照射时间的选取是，连续波最长时间为 3×10^4 s (8 h)，脉冲照射时间为 $0.25 \sim 10^{-9}$ s。

这级激光器输出的激光限度见表 1-5-1，典型的第一级激光器是超市里的条码扫描仪和 CD 唱机里的激光二极管。

这级激光器通常又分出一个亚级别，即 1M 级激光器，在合理预见的工作条件下使用它是安全的。但是如果使用光学仪器进行裸眼束内观察，则可能会超出眼睛承受最大容许激光照射剂量，将产生损伤。其次，裸眼束内观察可见光范围的激光还可能出现炫目现象。

表 1-5-1　第一级激光器的发射激光限度(k_1、k_2 是校正因子)

激光波长 λ/nm	激光持续时间 t/s	发射激光限度/J
$250 < \lambda \leqslant 400$	$t \leqslant 3.0 \times 10^4$	$2.4 \times 10^{-5} k_1 k_2$
$250 < \lambda \leqslant 400$	$t > 3.0 \times 10^4$	$8.0 \times 10^{-10} t k_1 k_2$

激光波长 λ/nm	激光持续时间 t/s	发射激光限度/J
	点光源	
	$1.0 \times 10^{-9} < t \leqslant 2.0 \times 10^{-5}$	$2.0 \times 10^{-7} k_1 k_2$
	$2.0 \times 10^{-5} < t \leqslant 10$	$7.0 \times 10^{-4} k_1 k_2$
	$10 < t \leqslant 10^4$	$3.9 \times 10^{-3} k_1 k_2$
	$t < 10^4$	$3.9 \times 10^{-7} t k_1 k_2$
$400 < \lambda \leqslant 1\,400$	扩展光源	
	$1.0 \times 10^{-9} < t \leqslant 10$	$10 t^{1/3} k_1 k_2$ J/cm^2 sr
	$10 < t \leqslant 10^4$	$20 k_1 k_2$ J/cm^2 sr
	$t < 10^4$	$2.0 \times 10^{-3} k_1 k_2$ J/cm^2 sr
$1\,400 < \lambda \leqslant 13\,000$	$1.0 \times 10^{-9} < t \leqslant 2.0 \times 10^{-7}$	$7.9 \times 10^{-5} k_1 k_2$
	$1.0 \times 10^{-7} < t \leqslant 10$	$4.4 \times 10^{-3} k_1 k_2 t^{1/4}$
	$10 < t$	$7.9 \times 10^{-4} k_1 k_2 t$

(二) 第二级激光器

第二级激光器也属于低功率激光器一类,对人体可造成轻度危害,其激光输出功率(能量)大于第一级激光器,但小于 1 mW。所谓"低功率"或者"低危害"激光,是指观察者克服对强光的自然避害反应,并且盯住激光束看(这几乎不可能)才会对眼睛产生伤害。人们通常都具有避害反应,所以这一级激光器输出的激光一般情况下也不会对人的眼睛产生伤害。但是应该注意,这一级激光器的激光束确实是存在损伤的危险性,因此应该贴上标签,警告人们不要盯着输出的激光束看。人的避害反应只针对可见光,所以第二级激光器被限制在输出激光波长是在 400~700 nm 的可见光光谱段,其输出的激光限度见表 1-5-2,典型的二级激光器是激光笔和激光针。

这级激光器通常也分一个亚级别,即 2M 级激光器,短时间内裸眼观察其输出激光不构成危害,但是如果使用光学仪器裸眼束内观察,则可能会对眼睛造成损伤。

表 1-5-2　第二级激光器的发射激光限度

激光波长/nm	发射持续时间 t/s	发射激光限度/J
$400 < \lambda \leqslant 700$	$t > 2.5 \times 10^{-1}$	$1.0 \times 10^{-3} k_1 k_2$

（三）第三级激光器

这是中等功率激光系统，其输出功率大于第二级，但小于 0.5 W。以激光功率 1 mW 为第二级和第三激光器的分界，这一数值是由眼睛对强光的反应时间、可见光激光的最大容许激光照射剂量、瞳孔面积而求得的激光总输出功率水平。人眼对强光的瞬目反射时间为 150～200 ms，保守一些取 250 ms 作为眼对强光的回避反应时间。可见激光 250 ms 照射时间最大容许激光照射剂量为 2.5 mW/cm^2，阳光下瞳孔直径 $\phi=7$ mm，计算总功率为 0.96 mW，因此确定功率大约 1 mW 为二级和三级激光器的分界水平。

对这级激光器，如直视激光束，在眼的自然回避反应时间（250 ms）内，即可引起眼睛严重损伤，但其漫反射光对眼无明显危害，对皮肤亦不致引起严重损害。

使用这级激光器必须采取防护措施，并设有危险标志，同时需要采用控制措施来保证不直视光束及其镜面反射的光束。

三级激光器输出限度见表 1-5-3。典型的三级激光器是理疗激光系统和一些眼科医疗激光系统。

表 1-5-3 第三级激光器的发射激光限度

激光波长 λ/nm	发射激光持续时间 t/s	发射激光限度/J
$250 < \lambda \leqslant 400$	$t \leqslant 2.5 \times 10^{-1}$	$3.8 \times 10^{-4} k_1 k_2$
$250 < \lambda \leqslant 400$	$2.5 \times 10^{-1} < t$	1.5×10^{-3}
$400 < \lambda \leqslant 1\,400$	$10^{-9} < t \leqslant 2.5 \times 10^{-1}$	$10t^{1/2} k_1 k_2 \sim 10$ J/cm^2
$400 < \lambda \leqslant 1\,400$	$2.5 \times 10^{-1} < t$	$5.0t \times 10^{-1}$
$1\,400 < \lambda \leqslant 13\,000$	$10^{-9} < t \leqslant 2.5 \times 10^{-1}$	10 J/cm^2
$1\,400 < \lambda \leqslant 13\,000$	$2.5 \times 10^{-1} < t$	$5.0t \times 10^{-1}$

这一级激光器通常又分为 3a 和 3b 两个亚级别。3a 级激光器的激光剂量超过了直接照射的最大容许剂量（MPE），但是在绝大多数情况下造成的损伤很小，损伤程度会随着照射时间持续而增加，通过聚光元件后则会产生较大的危害。1～5 mW 范围内的连续波可见光氦-氖激光器属于这一级。3b 级直视可产生危害，由镜面反射和光束内观察都会产生危害。除了高功率 3b 级激光器之外，其他的 3b 级激光器输出的激光漫反射光对人体不会产生损害。输出 5～500 mW 范围内的连续可见光氦-氖激光器属于这一级。

（四）第四级激光器

第四级激光器是大功率激光器和激光系统。所谓高功率激光是指具有最大的潜在危害并且可引起燃烧,其输出的激光限度比表1-5-3列出的第三级激光器高。不但直视和镜面反射的都会产生伤害,其漫反射激光也产生危害。这一级激光器需要更多的限制措施和警告。大多数用于激光手术的激光器系统属于这一级。

这4级激光器的发射激光限度和对人体产生损伤程度见表1-5-4。

表1-5-4 各级激光器的发射激光限度和对人体的损伤程度

一级	原则上使用安全,结构上也安全。无论在什么条件下这级激光器对人体产生的激光照射剂量都不超过最大容许照射剂量 MPE
二级	输出可见光激光(波长 400~700 nm)。脉冲输出以一级激光器为准,连续输出激光功率上限 1 mW,有耀眼感觉,眨眼可获得安全保护
3a 级	激光功率或者能量为一级激光器的(可见光连续输出的为二级激光器)的 5 倍,连续可见光至 5 mW,眨眼可获得安全保护,但是用眼镜等光学器具在光束内观察很危险
3b 级	波长 315 nm 以上、连续输出功率 0.5 W 以下;脉冲激光剂量在 10 J/cm² 以下。激光束内(包括镜面反射)观察很危险,但观察反射的非聚焦脉冲激光危险性不大
四级	发射 3b 级以上的激光剂量,波长在可见光及近红外波段,漫反射激光有损伤;存在皮肤损伤和引起火灾的危险

二 激光产品安全分级中国标准

现在执行的是强制性安全标准 GB7247.1-2001,《激光产品的安全第 1 部分:设备分类、要求和用户指南》。根据这一标准,中国激光产品也分为 4 级,其中第三级激光产品又细分为 3A 类和 3B 类。

(1)第一级激光产品 在正常操作下输出的激光不会对人产生伤害。

(2)第二级激光产品 输出激光波长范围在可见光谱区,其发射激光限度相当于在第一级产品输出的激光中暴露 0.25 s 时的值。需要附加警告标志,进行安全测试。二级激光产品通常可由包括眨眼在内的回避反应提供眼睛保护。

(3)第三级激光产品 分 3A 与 3B 两级。对强光正常躲避的人来说,3A 级别不会对裸眼造成伤害,但是使用透镜仪器观察会对眼睛造成伤害。3B 级产品包括输出激光波长在 200 nm~1 mm 范围,裸眼直视会造成眼睛伤害。

（4）第四级激光产品 发射激光限度值在三级以上，不但在直视时会对眼睛造成伤害，在其他情况下也会造成意外伤害。不但对眼睛会造成伤害，也可能伤及皮肤，甚至引起火灾。对该级产品要严格管理与控制。

第二章
激光加工技术

2-1　激光机械加工

机械制造离不开打孔、切割、焊接、成型等工序。激光技术开发了新型机械加工技术,并分别称为激光打孔、激光切割、激光焊接和激光直接成型等,在航空航天、机械制造、石化、船舶、冶金、电子和信息等领域广泛应用于各种机械零件或装置的加工,发挥着越来越重要的作用,获得了很好的经济效益和社会效益。

● 激光打孔

传统的打孔工艺是利用各种钻头钻孔和电火花打孔。激光打孔新技术与传统的打孔技术相比较具有很大的优势,是改造传统机械加工的有效手段,打孔速度快,微细激光打孔的效率高,适合于自动化连续加工,加工的孔径可小于 $10~\mu m$,深径比可达 $50:1$ 以上,并可以加工异型孔,可在硬、脆、软等各类材料上加工,也可在难加工材料的倾斜面上加工小孔。目前激光打孔已广泛应用于飞机、火箭发动机,柴油机的燃料喷嘴,飞机机翼,涡轮叶片,化纤喷丝板,宝石轴承,印刷电路板,过滤器,金刚石拉丝模,硬质合金,不锈钢等金属和非金属材料的小孔加工。

(一) 工作原理

聚焦的激光束入射到零件表面,零件材料吸收激光能量,很快转化为热量,加热材料表面并使表面熔化。随后熔化的表面开始蒸发,增强了材料表面上方对激光能量的吸收,进一步加速材料蒸发,致使固体表面变成液体,同时蒸发压力冲击表面,液体喷射出来。在一定的条件下,喷出的蒸气加热到一定温度时产生等离子体,通过逆韧致辐射产生额外的激光能量吸收。在蒸发中光子碰撞自由电子,把热量转化为电离蒸发的热能。伴随着蒸发喷射,流体表面产生了很强的蒸气作用压力,迫使流体从激光通道一侧排出,在被加工零件上形成孔洞,这就是激光打孔。

由此可见,物质的蒸发和熔化是促使激光成孔的两个基本过程。其中,增大孔深主要靠蒸发,增大孔径主要靠孔壁熔化和剩余蒸气压力排出液体。在大多数情况下,在激光功率密度为 $10^6 \sim 10^9$ W/cm² 的激光脉冲作用一开始,就可以观察到飞溅物的形成和飞散。以后,随着凹坑的尺寸在直径和深度方面的增加,在飞溅物中材料的熔化物占了大部分,并且被蒸气的剩余压力排挤出来。因为孔的形成是材料在激光照射下产生了一系列热物理现象综合的结果,这与材料的热物理性质有很大关系,因此形成的孔形状以及孔的质量不仅取决于激光束的特性,也与材料特性有关。

除了热作用外,激光与物质相互作用还引起物质分子结构变化,比如分子键断裂。短波长激光与物质相互作用往往就出现这种现象,利用这个现象也能够打孔。准分子激光的波长很短,单个光子的能量比某些材料分子的电子束缚能高很多,特别是塑料和有机物。当短波长激光聚焦到这种材料上时,激光光子能量可以打断分子键而不是加热材料,使材料分子以碎片或者以气态的形式从激光与材料作用区以很高的速度喷出,并形成小孔,这种打孔称为激光冷打孔,打孔过程基本没有热量产生。激光冷打孔主要采用波长在 $157 \sim 351$ nm 的准分子激光器。前面通过激光与物质相互作用的热效应生成小孔的,相应地称为激光热打孔,通常使用 CO_2 分子激光器和 YAG：Nd 激光器。

(二) 优越性

1. 速度快,效率高,经济效益好

在不同材料的工件上,激光打孔与电火花打孔、机械钻孔相比,激光打孔效率提高 10～100 倍。早在 20 世纪 70 年代初期,采用激光打孔,生产机械手表的宝石轴承,生产效率提高 10 倍以上。宝石轴承是机械手表中的关键性元器件,材料的硬度高,可达莫氏 9 级,仅次于金刚石。宝石轴承孔径最小 6 丝,最早是仿效中国传统补碗"拉胡琴"的打孔办法,一个人每天最多能够加工 8 只轴承,少的只有 2 只。而采用激光打孔,每秒可以加工 10～14 只,其效果如图 2 - 1 - 1 所示。

2. 质量好,重复性高

激光打出的小孔能够达到很高质量水

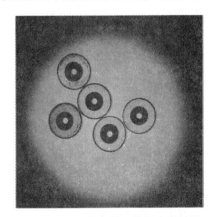

图 2 - 1 - 1　激光加工的红宝石轴承

平,如宝石轴承孔径精度达±(5~7)％,圆孔内壁损伤小于 10 μm,废品率仅为 2％。

激光打孔机可以和自动控制系统及微机配合,实现光、机、电一体化,打孔过程可准确无误地重复成千上万次,重复性很好,能够保证大批量小孔尺寸和形状统一。

3. 方便加工微尺寸小孔

机械加工技术打微型小孔是采用每分钟数万转或者几十万转的高速旋转小钻头加工的,一般也只能加工孔径大于 0.25 mm 的小孔。在电子工业生产中,多层印刷电路板的生产,就要求在板上钻成千上万个直径为 0.1~0.3 mm 的小孔。飞机制造要求在飞机的机翼上打 5 万个直径 0.064 mm 的微孔。激光有很好的相干性,用光学系统可以把激光束聚焦成直径很微小的光点(小于 1 μm),可以打直径很小的孔。只要激光器输出稳定,选择好激光参数,就能够获得高质量微型小孔。

4. 能加工异形小孔

用传统打孔工艺打圆形孔容易,打其他形状的孔就困难了。用激光则很容易打各种形状的孔,能够加工与工件表面呈 6°~90°角的小孔,甚至在难加工材料上打斜孔。

5. 可获得大的深径比

深径比是衡量小孔加工难度的一个重要指标。传统打孔工艺获得的孔深孔径比值一般不超过 10,用激光来做则可以达到 300 以上。

6. 材料适应性好

可在硬、脆、软等各类材料上打孔,不受材料的硬度、刚性、强度和脆性等机械性能限制,既适于金属材料,也适于一般难以加工的非金属材料。激光在硬度非常高的金刚石和普通钢材上面打孔,速度一样快。

(三) 主要技术工艺

1. 激光参数选择

(1) 激光功率(能量) 设法使孔内的液相成分减至最低限度是关键所在。为使孔内液相成分最少,必须使工件材料在最佳气化状态下去除,气化前沿的速度接近于工件材料的热传导平均速度,就可以保证气化物的质量和气化前沿移动量具有最大值。对于金属材料,当激光脉冲尖峰的功率密度 q 达到 $5×10^7$ W/cm² 时,孔内没有液滴堵塞。但功率密度过高,由于等离子体的屏蔽作用,又会引起液相流入孔道底部或覆盖堵孔。根据最佳 q 值就可确定最佳气化状态下的能量密度 Q,其值由下式子计算:

$$Q = \frac{2.8\alpha}{q}(\rho L_0)^2 = 5.6 \times 10^{-8}(\rho L_0)^2, \qquad (2-1-1)$$

式中，α 为材料的热导系数，ρ 为材料的密度，L_0 材料的气化潜热。

孔深和孔径值较大时，需要的激光脉冲能量也应增大。当然，孔径随激光能量的增大速度比孔深随能量的增大速度会缓慢一些，而且这种增大也有限制，过大的脉冲能量会使孔的锥度和直径增大，且孔入口处质量变坏。材料的导热性越好、熔点越高或硬度越高，脉冲能量也应加大。

（2）激光脉冲宽度　同样的激光能量，激光脉冲窄，激光功率大，打孔中产生的气相物质比例大，材料蒸气压力也大。因此，窄脉冲的激光加工可以得到较大的孔径和孔深，如图2-1-2所示。

激光脉冲宽度也存在最佳值，根据最佳使用的激光能量，可以确定相应的最佳脉冲宽度：

$$\tau = \frac{Q}{q} = 2 \times 10^{-8}Q. \qquad (2-1-2)$$

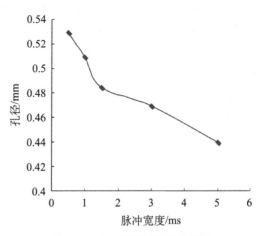

图 2-1-2　脉宽对孔径的影响

对于钢，$\alpha = 015\ \text{cm}^2/\text{s}$，$\rho = 7.9\ \text{g/cm}^3$，$L_0 = 6\,290.7\ \text{J/g}$，计算可得 $Q = 20.75\ \text{J/cm}^2$，$\tau = 0.41 \times 10^{-6}\ \text{s}$。

（3）脉冲激光的重复频率　使用脉冲重复频率的激光打出来的小孔质量比用单个光脉冲打出来的小孔好。使用单个激光脉冲打孔时，融熔材料没有被充分气化，不仅吸收后续的激光能量，阻挡激光向深处加热，而且将附近的材料加热、气化，使小孔的形状和大小不规整，深度也受到限制。如果使用高重复率脉冲激光，每个光脉冲平均的能量并不很高，但由于光脉冲窄，功率不低，每个脉冲产生的融熔体不多，主要是发生气化，小孔形状和大小规整得多，也能够获得大孔深。

选择焦点位置的原则是：对于比较厚的材料，激光束焦点位置应位于工件的内部，如果材料比较薄，激光束焦点需放在工件表面的上方。这样打出来的小孔位置和大小基本合格，不出现桶状的小孔。

2. 工作方式选择

工作方式包括打孔方式、离焦量、辅助气体等，打孔前需要作出合适的选择。

（1）打孔方式　激光打孔方式基本上可分为两大类，复制法又叫冲击打孔法和轮廓迂回法。

① 复制法。包括单脉冲打孔和多脉冲打孔。单脉冲打孔是最先使用的和最熟悉的方法，但是，气化的材料从孔道中喷出，对后来的激光产生屏蔽及散射作用，液态材料未完全被喷射带走，在表面张力作用下再凝固，致使小孔质量受到影响。因而这种打孔方式往往只在薄板零件打盲孔时采用。

用多个低能脉冲激光打深孔，比用单个高能脉冲激光更有效，孔的锥度小，轮廓清晰，所以加工深孔时经常采用多脉冲激光打孔。改变激光脉冲宽度可控制孔的锥度，减小等离子体屏蔽，工件上能量的横向扩散减至最小，并且有助于控制孔的大小和形状。缺点是多余激光脉冲对已形成通孔的孔壁有作用，容易产生微裂纹。

② 轮廓迂回法。包括回转打孔法、套料打孔法和飞行打孔法。回转打孔法是工件绕偏离激光聚焦斑点中心 $D/2$ 距离的轴回转，当回转速度较慢（相对激光脉冲重复频率）时相当于切割，回转一周在工件上切下一个孔径为 D 的孔。在加工较大孔径的孔时需要激光能量较大。激光器一般多模输出，激光强度空间分布并不均匀。如果工件不旋转，打出的孔就不圆整，而采用回转技术可以弥补这一缺陷，使激光能量在孔道中的分布比较均匀。

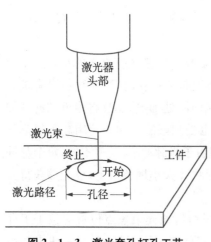

图 2 - 1 - 3　激光套孔打孔工艺

套料打孔法采用锥形聚光透镜，把激光束聚焦成圆环而不是斑点。用一个或几个脉冲切除聚焦环中间部分的工件材料，在材料上形成孔，如图 2 - 1 - 3 所示。激光束有足够大的能量，最适于加工直径为 0.5～3 mm 的小圆孔（深径比为 10：1，最大深度 8 mm），可节约工时 30%。

飞行打孔法是对一个孔位发射一个激光脉冲后，不管被加工的孔是否打通，工件都利用激光脉冲间隙快速移动或转动到下一个孔位，再发射第二个脉冲，加工形成第二孔，再移动加工第三个孔，依次类推。当第一个孔回到激光光束下方原来的位置时，再发射激光脉冲到第一个孔上，此时第一个孔体的等离子体已排除干净。如此多次循环，对同一位置多次冲击,直至完成所有孔的加工。对于有大量相同规格小孔的零件,特别是回转体,采用这种打孔方法,打孔速度很快,每秒可加工 65~100 个孔,而且孔的质量也很高。

(2)离焦量 材料表面与聚焦透镜焦点之间的距离称为离焦量,焦点在工件表面之上的为正离焦量,焦点在工件表面之下的为负离焦量。当聚焦透镜焦点处在工件上方时(即取正离焦量),孔壁吸收光能较少,一般只因热传导产生轻微的熔化,主要是工件材料气化蒸发,打出的孔比较深,而入口处直径较小,锥度较小;当焦点处在工件表面下方某一位置时(即取负离焦量),打出的孔最深。但过分的入焦和过分的离焦时,激光以会聚方式进入工件内部,将导致孔壁强烈的熔化,液相多气相少,气压不太大,锥度便较大。当焦点在工件表面上方时,即 $\Delta f > 0$ 时,一般只因热传导产生轻微的熔化,破坏机理主要是材料的蒸发,此时打出的孔比较深,孔的入口处直径较小,锥度较小。当焦点位于工件内部适当距离位置时,打出的孔质量较好,孔壁壁较直。这个最佳焦点位置与使用的透镜焦距、工件的厚度以及需加工的孔径大小等有关。

聚焦透镜的焦距为 100 mm,在镍高温合金材料上打孔,不同厚度工件,最小孔径时的焦点位置不同。当厚度为 1 mm 以下时,获得最小孔径对应的焦点为正离焦状态,而厚度为 1 mm 以上时,结果正好相反,最小孔径对应的焦点位置为负离焦。以入口最小孔径为标准,得出不同厚度工件打孔时,对应的最佳焦点位置规律,如图 2-1-4 所示。

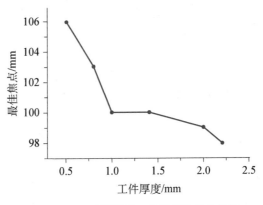

图 2-1-4 不同厚度工件的最佳焦点位置

(3)辅助气体 适当的辅助气体,激光束能够在工件上打出倾斜度小、工件表面干净的小孔。高温合金打孔时,采用氧气、氩气和压缩空气,这是最适合的辅助气体。图 2-1-5 所示是激光在空气中和在 O_2 辅助下高温合金上打出的孔。在吹辅助气体的孔表面较干净,而不吹辅助气体时,工件的表面会有黏滞物附着物,工件的表面不洁净。

(四)应用例举

1. 喷油嘴喷孔打孔

喷油嘴针阀体是柴油发动机的精密配件之一,目前主要采用高速钻孔、电火

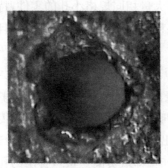
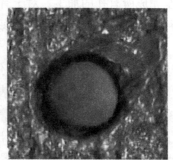

(a) 没有吹辅助气体　　　　　　　　(b) 吹辅助气体

图 2-1-5　激光在空气中和在 O_2 辅助下高温合金打孔情况

花打孔和激光打孔工艺,各有优缺点。钻孔加工质量较好,但钻头易打断,孔易引偏,孔内有毛刺,需后序工序;电火花打孔最大缺点是生产率较低,加工质量也较差;激光打孔生产率很高,加工质量优于一般电火花打孔,而接近钻孔的质量。激光打孔的经济效益最为显著,对年产 20 万件的针阀体喷孔,采用激光打孔代替电火花打孔,生产率可提高 14 倍以上,单件工艺成本可降低 40%。经济分析表明,年产量在 2 万件以上,激光打孔优于钻孔和电火花打孔。

2. 航空发动机打孔

航空燃气涡轮发动机推重比增加的关键是提高热效率。燃烧室火焰筒壁采用复合多冷却结构,即在需要冷却的壁面上开大量密集、离散、小直径的气膜孔阵,利用气膜孔降低发动机热端高温材料的局部温度,使其可在更高温度的工作环境中工作。冷气通过工件上按一定规律排列的小孔,流向温度较高的受热面,形成冷气膜,把部件保护起来。随着冷气入口压力的增加,冷却效果也在增加;而在相同的冷气入口压力条件下,各种形状气膜孔的冷却流量和冷却效果不尽相同,簸箕形和缝形气膜孔的冷却效果最好,锥形孔次之。异型孔冷却效果良好,可以减少孔数量,也就意味着缩短了加工周期,降低了成本,从而提高了发动机的效率,降低了发动机的成本。

在发动机涡轮叶片、燃烧室的 3D 曲面轮廓上,冷却气膜孔达千万个,而且孔径又特别小,空间位置、角度复杂,不便于装卡和加工。飞秒激光冷加工打孔加工微孔、微槽和切割的质量远远优于其他加工方式,突破了传统加工的热效应、材料选择性以及精度低的技术瓶颈,将极大地提高发动机的寿命和无故障运行时间,提高航空发动机的推重比。

3. 拉丝模具打孔

拉丝模是拉制金属线材的模具,主要用于拉拔棒材、线材、丝材、管材等直线型难加工制品。拉丝模的中心模芯有一定形状的孔,有圆形的、方形的、八角形的或其他特殊形状。由于拉丝模模芯材料有高强度、高耐磨性,利用传统机械钻削加工难以打孔。激光打孔机用于金刚石等拉丝模打孔生产,不仅打孔效率高,而且锥形边比较平滑,模具正反面的锥形同心度好,还大大简化了制模工艺,保证了模孔的各种需要的标准形状。

激光切割

激光切割速度快,切缝窄,切割面粗糙度低,热影响区小,热畸变小,加工柔性好,可实现众多复杂零件的切割。大功率 CO_2 激光切割装置最大切割厚度为 45 mm,切割精度达 ±0.05 mm。

(一)激光切割基本原理

聚集的高功率密度激光束照射工件,工件材料吸收激光能量,温度急剧上升,产生熔化、气化,并形成孔洞,随着光束与工件的相对运动,孔洞连成切缝,工件被切割开。所以,激光切割不是靠机械力,而是靠激光能量,因此不管材料的硬度高或者低,对其切割的能力都一样,切割速度都一样。影响切割速度的因素主要是材料对激光的光学吸收性质以及激光功率大小。根据激光功率密度大小和切割过程不同,可以分成 4 种工作模式。

1. 激光熔化切割

产生局部熔化但不产生气化(对于钢材料来说,激光功率密度在 $10^4 \sim 10^5$ W/cm^2 之间),高纯度惰性气流把熔化的材料吹走,分离工件。因为材料是在其液态分割的,所以称为激光熔化切割,对于铁制材料和钛金属可以得到无氧化切口。

最大切割速度随着激光功率的增加而增加,而随着工件厚度和材料熔化温度的增加接近反比例地减小。在激光功率一定的情况下,限制切割速度的主因是割缝处吹的辅助气体气压和材料的热传导率。

这种切割在切口断面会出现周期性波纹,严重影响激光切割表面质量。提高切割质量的主要工作是抑制波纹。至于波纹的成因则有各种不同的解释。根据液体层振动理论,认为切口周期性波纹是熔化液层振动先于熔化层被气流从切缝中吹走所致;有的认为周期性的波纹是由烧蚀前沿熔化层厚度的波动和振荡产生的,熔化层以切割速度运动,其厚度若有变化,便在切口留下波纹,至于熔化层厚度的波动则可能是激光切割过程的自激振荡的结果。由于等离子体对激光的吸收,在连续不变的激光功率辐照下,工件表面所吸收的激光功率呈周期性变化。熔化层厚度的波动也可能是由于外部搅动因素引起的。有研究发现,辅助气体的气流会引起熔化流不稳定,并认为这种不稳定性是切割面条纹形成之源。

切口波纹存在3个不同特征区域,并称第一、二、三类波纹,分析认为第一类波纹直接与热吸收和扩散有关,由于表面薄层厚度小、含热少、质量流微小,因而切割前沿熔流影响不大。而第二类波纹直接与热对流有关,主要因第一类波纹导致的轴向传播波及随后而来的热传递间不一致引起的。

2. 激光火焰切割

与激光熔化切割不同,激光火焰切割使用氧气作为切割辅助气体,氧气和加热后的金属发生化学反应,使材料进一步加热,被切割材料在氧气中燃烧,形成火焰,并在相互作用区形成流动性的液态熔渣,这些熔渣又被高速氧气流连续不断地喷射清除,形成切缝,实现对工件的切割。

这种方法的切割速率比熔化切割要高,但切口质量较差,其切缝较宽,明显粗糙,热影响区也较宽。使用脉冲重复率激光可以限制热效应的影响。激光的功率决定切割速度,在激光功率一定的情况下,限制因素就是氧气的供应和材料的热传导率。

切口断面也出现周期性的波纹,对其成因也有各种解释。一些研究提出了一种基于铁和氧气扩散反应的管材切口条纹形成模型,认为气流与熔化前沿间的摩擦力导致剪切力和切口上气流压力梯度,压力梯度导致熔化材料切除不稳定。计算表明只有这种不稳定相对剪切应力十分小的时候才能抑制。然而,实际工艺中,两者均大,因而熔池流必不稳定,从而导致切口波纹产生。用高脉冲重复率激光切割不锈钢时,发现切口波纹频率与激光脉冲重复率大致相等,因此认为波纹形成由钢的氧化性质决定。通过能量和质量平衡方程,得出了激光切割切口波纹频率公式,与试验获取值相近。基于相似的测试原理,利用光谱分析技术研究切口波纹频率与测量信号间的关系,发现利用脉冲激光切割时,在一定频率范围,切口波纹频率随着激光脉冲重复频率的增加而增加,从而可获得低粗糙度值的高质量切口。而低于这一范围,由于材料的过热和过烧,导致切口宽度增加,波纹频率低,切口粗糙度值高,质量降低;高于这一频率范围,则导致不完全去除,切口底部明显挂渣,甚至可能切不透。

3. 激光气化切割

工件吸收激光束能量,受热后温度迅速上升到气化温度,材料大量气化,形成高压气流以超音速向外喷射,带着切缝中的熔融材料向外逸出,直至将工件完全切断。这种切割方法主要靠材料的大量气化,需要较高的激光功率密度,一般

应达到 10^8 W/cm^2 左右,与切割的材料、切割深度和光束焦点位置等因素有关。在板材厚度一定的情况下,假设有足够高的激光功率,最高切割速度将受气体射流速度限制。为了防止材料蒸气冷凝到切割的割缝壁上,材料的厚度不要超过激光光束直径太多。

某些硬脆材料如木材、炭、陶瓷、玻璃、熔融石英、石棉、水泥等就是由这种机制实现切割。

4. 三维激光切割

与二维切割比较,三维切割的最大特点是"激光束姿态"上的变化。二维切割时,切割始终在水平面上进行,在三维切割中,切割曲线处在不同面内,而且曲线的方向不是固定的,始终都在变化。

一般情况下,大多数空间曲线都是由处在不同平面内的直线、圆弧以及相贯线等组成,其他类型的曲线也都可以用圆弧和直线拟合而成,相贯线也是如此。对空间中直线和圆弧拟合,就可以得到所需要的空间曲线。因此,只需要直线和圆弧指令就可以实现三维曲线的切割。

图 2-1-6 所示是比较典型的三维空间特征的零件,要在零件上切割出异形孔,孔的轮廓由一条闭合的空间曲线构成。加工步骤如下:

(1) 找出构成三维曲线的基本特征 异形孔主要由以下几个部分构成:圆弧 AB、直线 BC、圆弧 CD、直线 DE、直线 EF、直线 FG、圆弧 GH 和直线 HA,共 8 段,分别位于 4 个不同的平面内,$HABC$、$DEFG$ 段处在一个已知的平面内,但是 CD 和 GH 段圆弧所在的平面并不能直接得到,这也是该空间的曲线的主要特征。

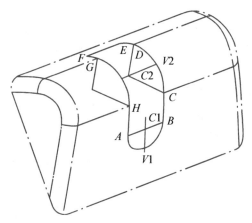

图 2-1-6 三维激光切割

（2）编写切割程序　程序包含一系列语句和指令，语句由操作码和参数组成，下面这个语句表示移动到坐标（X、Y、Z、A、B）：

MOVE_LIN　　　　　　（X,Y,Z,A,B）

操作码　　　　　　　　参数

① 空间直线运动指令 MOVE ＿ LIN。即从当前点移动到目标点，目标点X、Y、Z、A、B 坐标，在指令中只需要给出目标点即可。

② 空间 3 点圆弧运动指令 MOVE ＿ CIR。由给定空间 3 点（起点、终点和圆弧上一点）就可以确定一个完整的圆弧，因此完成该指令只需要给定这 3 个点的坐标即可。该指令结构如下：

MOVE ＿ CIR（终点坐标）/VIA（中间点坐标）

即是以当前点为起点、经过中间点并走向终点的一段圆弧轨迹，主要应用于无法直接得到目标圆弧圆心和圆弧所在平面的情况。

③ 空间指定平面内的圆弧指令 MOVE ＿ ARC。即在空间内以平面上给定圆弧的圆心、起点和圆心角来切割圆弧。其指令结构如下：

MOVE ＿ ARC（圆心 C 坐标）/NORM（normal 点坐标）/ANG（圆心角，＋、－代表方向）

该指令是以当前点 A 为起点，C 点为圆心，以 Z 为圆心角移动一个圆弧轨迹。这里需要特别强调的是点（N 点）的重要性，这也是 MOVE ＿ ARC 与MOVE ＿ CIR 的重要区别。N 点决定了圆弧所处的平面，在指定平面中，给定了圆弧的起点、圆心和圆心角就可以确定一个圆弧，但在空间中则存在无数条这样的圆弧，因此必须确定该圆弧是处在哪一个平面，而 N 点是经过圆弧的圆心并垂直于圆弧所在平面的直线上的一点。当给定了 N 点后，经过圆心点并垂直通过 N 点和圆心点连线的只有一个平面，这样就确定了圆弧所在的平面。该指令主要应用于在空间指定平面上加工圆弧。

零件程序可由 4 种途径产生：示教编程，脱机编程软件 CAD/CAM，使用机床PC 的编辑功能，或上述 3 种方法的结合。生成的程序文件必须是 RML＋格式（RML＋是机床所用的语言，即机器人语言）。程序如果不是由示教方式产生，那么它只包含 RML 的源格式，传送到 PRIMACH 数控系统前，需转换成目标格式。

（3）确定曲线加工方法

① 确定切割的起始点。最好选择某一段特征的端点，而且该特征最好位于

空间某一已知平面内,同时还要方便切割。构成该曲线的各点都可以作为曲线的起点,但 A 点相对比较方便切割,因此选择 A 点作为起始点。还要注意,应加入引入点来防止在 A 点处预穿孔造成 A 点穿透缝隙过大,将引入点放在所要切割的轮廓内部,这里选择圆弧 AB 的圆心 C1 点。将喷嘴中心移动到 C1 点,在程序中加入开启激光指令和预穿孔指令,开始切割。从 C1 点到 A 点是一段直线,必须调用直线指令,并将 A 点坐标输入其中,即 MOVE_LIN(A 点 X、Y、Z、A、B 坐标)。

② 根据构成曲线的各部分特征选择合适的加工指令。为保证激光束在加工过程中始终和曲线保持垂直,必须找出每一个特征点的法向。在被加工的零件中,圆弧 AB 所处的平面为已知平面,并且圆心已经确定,圆心角为 $180°$。使用 MOVE_ARC 指令来完成,需要确定经过其圆心 C1 点且垂直于圆弧所在面的 normal 点坐标。将喷嘴中心移动到 C1 点,自动找正该点法线方向,在确定了法线方向后,Z 轴(即 Z_{top})沿法向移动到法线上任意一点,作为 normal 点,就可以完全确定 AB 圆弧所在的平面。

③ 进入直线 BC 段。直线切割相对比较简单,只需要知道终点 C 的坐标即可,该段可以直接用直线指令完成。

④ CD 段圆弧与 AB 段有很大的区别,主要是无法直接找到该圆弧所在的空间平面,也无法直接找出其圆心 C_2 的坐标,可以直接找到的只有圆弧的起点、终点和圆弧的中间点。采用三点圆弧指令,即根据圆弧的起点 C、终点 D 和中间点 V2 来形成所要的圆弧。

⑤ 后续的 DE、DF、FG、GH、HA 特征也和上述几个特征的加工方法类似。

(4)加入切割参数　确定了三维曲线的加工方法后,需将切割参数输入程序中。切割参数包括焦点、喷嘴到零件表面的安全距离、激光功率、脉冲形式、辅助气体类型及气压等。主要由零件材料的类型和规格决定,即其切割参数可选择相同零件材料的二维切割参数。

(二)激光切割优点

激光切割有如下优点:

1. 切割材料适用性大

激光切割是靠激光能量,任何硬度的材料都可以切割,切割速度都一样;由于没有机械压力,容易破碎的材料或者柔软的材料也能够方便地切割;精密机械加工时,工件不会变形。例如显示屏玻璃,使用传统切割工具切割容易碎裂,成品率不高。采用激光切割一般不出现碎裂,而且切割后切口平整圆滑,成品率也大幅度提高。用剪刀剪裁化纤衣料时,切口边缘容易出现毛头散开,剪裁后需要锁边。用激光裁剪后边沿没有毛刺,不需要锁边。

2. 切割精度高

普通切割精度不高,尺寸很小的工件比较难切割。激光的相干性好,利用光学系统可以聚焦成尺寸很小的光斑,所以激光切割的切缝细窄,一般为 0.1~0.5 mm。比如,切割 6 mm 厚的钢板,切缝只有 0.3 mm,切割 0.8 mm 的钛板,切缝小于 0.2 mm;切割精度高,切缝中心距误差一般为 0.1~0.4 mm,轮廓尺寸误差为 0.1~0.5 mm。能够切割尺寸很小的零件,在切割贵重材料和要求精密度高的工件,比如火箭、航空航天的飞行器,采用激光切割技术能够满足其要求。

图 2-1-7　激光切割断面及切割面热影响区

3. 切割质量高

激光切割的切口平滑,没有毛刺,表面粗糙度 Rz 一般为 12.5~25 μm;切割的热影响区小,金属材料激光切割后其热影响区非常小,基本在 30 μm 左右,引起工件变形极小,如图 2-1-7 所示。所以激光切割后的工件基本上不需要再修整,成品率可以大幅度提高。

4. 切割速度快

激光切割可以达到很高的切割速度。例如,2 kW 激光功率切割 8 mm 厚的碳钢,切割速度为每分钟 1.6 m;切割 2 mm 厚不锈钢的切割速度为每分钟 3.5 m。

5. 方便切割异形工件

普通切割工具只能沿直线切割,要切割有弯曲边缘的零件就比较困难。用反射镜可以方便地控制激光束朝任何方向摆动,因此切割圆形的、椭圆形的、梅花形的或者其他各种复杂曲线边缘的零件,和切割直线边缘零件一样方便。

(三) 影响激光切割质量因素

激光切割质量主要是指切割尺寸精度高低和切割表面质量,一般以如下 4 个指标衡量:切口宽度及切口表面粗糙度,热影响区的宽度,切口断面的波纹,切口断面或下表面挂渣。激光切割加工过程比较复杂,影响切割质量因素有多个,主要有激光束质量、切割速度、辅助气体及其流速、透镜聚焦的离焦量等。

1. 激光束质量

高的功率密度,要求聚焦光斑直径要小。切缝质量也要求激光束能够聚集成尺寸很小的光斑。激光束的聚焦性能与激光的相干性、激光模式和发散角有密切相关。激光束的相干性要好，光束发散角小，能够得到的焦斑尺寸小。平凸形聚焦透镜，焦斑尺寸为

$$d = 2f\theta + 0.03\frac{D^3}{f^2}, \qquad (2-1-3)$$

式中，f 是透镜焦距，θ 是激光束发散角，D 是聚焦前光束的直径。

图 2-1-8 所示是不同阶横模激光束最小光斑尺寸与比值 D/f 的关系。在各阶横模中 TEM_{00} 聚焦的光斑最小，随着横模阶数增加，其光斑相应增大。

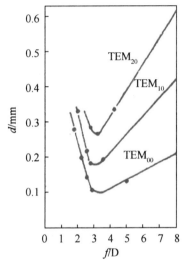

图 2-1-8　不同阶横模激光束最小光斑尺寸 d 与比值 D/f 的关系

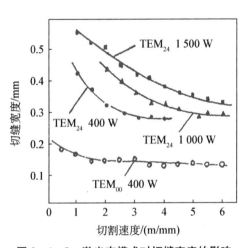

图 2-1-9　激光束模式对切缝宽度的影响

当激光功率一定时，聚焦光斑的大小直接影响切割的切缝宽度和切割速度，这也意味着激光横模会影响激光切割的切缝宽度，如图 2-1-9 所示，采用多模 TEM_{24} 激光光束切割时，其切缝宽比用基模 TEM_{00} 激光束切割增大 2 倍以上，而且其切缝宽度是随着激光功率增加而增宽，随切割速度降低而增宽。

如图 2-1-10 所示，线偏振激光容易造成切缝下部偏斜，且各个方向切缝的宽度不相同。当线偏振激光的偏振面与切割方向一致时，切缝最窄；当与切割方向垂直时，切缝最宽。圆偏振激光在各个方向切割的切缝宽度均相同。使用镀有多层特殊介质的反射镜，将线偏振激光变成圆偏振激光，切口形状平直，大小均匀，能有效地提高了激光切割的质量。

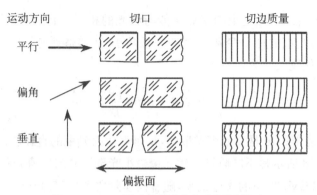

图 2-1-10 激光偏振态与切割质量关系

为保证沿不同方向切割时的质量的一致性,激光束应有良好的绕光轴旋转对称性和圆偏振性,以及高的激光束传播方向稳定性,以保证聚焦光斑位置稳定不变。模拟计算得出,虽然材料对圆偏振光的吸收率小于线偏振光,但由于局部热传导原因,利用圆偏振光切割反而可获得更高的切割速度和更好的切割质量。

2. 聚焦透镜焦距和焦点位置

聚焦透镜的焦距应根据被切材料的厚度选取,同时兼顾聚焦光斑直径和焦深。根据光学衍射理论,聚焦光斑直径 $D(\mu m)$ 可从下式计算:

$$D = 25.4F \tag{2-1-4}$$

式中,光斑 D 为激光功率强度下降到峰值 $1/e^2$ 时的光斑直径;F 为所用光学系统的系数,$F = L/2a$,其中 L 为透镜焦长;$2a$ 为透镜孔径。与光斑尺寸相联系的焦深(焦点上、下沿光轴中心功率强度为峰值强度 $1/2$ 的那段距离)为

$$Z_s = \pm 37.5F^2 \text{。} \tag{2-1-5}$$

L 越短,F 值越小,光斑尺寸 D 和焦深 Z_s 也越小。光斑直径小,切割的切缝窄;但是切割时因为出现飞溅物,短焦长的透镜离工件太近容易被飞溅物损坏。兼顾两方面,大功率 CO_2 激光切割工业应用中使用的透镜焦距一般取 $120\sim 190\ mm$,在焦点处的光斑直径在 $0.1\sim 0.4\ mm$ 之间。对于高质量的切割,有效焦距可根据透镜直径及被切材料选择。

激光切割质量主要看切割断口的粗糙度、浮渣附着高度和切缝宽度。在其他加工条件不变情况下,焦点位置(离焦量)对切割质量有重要影响,它是焦深的函数,F 值高,操作时允许偏差就可以大一些。

(1) 离焦量对浮渣附着高度的影响 当焦点位置在工件上端时,在材料下方单位面积所吸收的激光能量减少,切割能力被削弱,材料不能完全熔化便被辅

助气体吹走,以致未完全熔化的材料附着在切割板材下表面,切口呈前端尖锐且有短小的沾渣,如图 2-1-11(a)所示。当焦点位置超前时,切割材料下端单位面积所吸收的平均激光能量增大,切割下的材料与切割沿附近的材料融化,并呈液体流动状,这时由于辅助气压及切割速度不变,熔化的材料呈球状沾附在材料下表面,如图 2-1-11(b)所示;当焦点位置合适时,切割下的材料熔化,而切割沿附近的材料并未熔化,渣滓即被吹走,形成无沾渣的切缝,如图 2-1-11(c)所示。

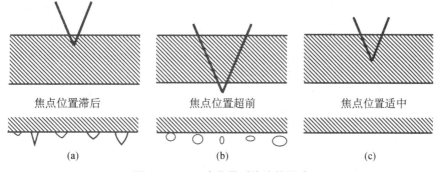

焦点位置滞后　　　　　焦点位置超前　　　　　焦点位置适中
(a)　　　　　　　　　　(b)　　　　　　　　　　(c)

图 2-1-11　离焦量对沾渣的影响

图 2-1-12 是沾渣高度 h 与离焦量 Δz 的关系曲线,离焦量是焦点离开工件上表面的距离。材料厚度增大时,离焦量对浮渣附着高度的影响明显增大。

原则上,切割 6 mm 碳钢,激光焦点位置可选在工件表面之上;切割 6 mm 的不锈钢时焦点在工件表面之下,具体尺寸由实验确定。在工业生产中,确定焦点位置的简便方法有两种:

① 打印法。激光切割头从上往下运动,在塑料板上打印,打印直径最小处为焦点位置。

② 斜板法。用和垂直轴成一角度斜放的塑料板,使其水平拉动,激光束的最小处即为焦点位置。

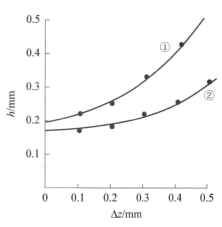

图 2-1-12　沾渣高度 h 与离焦量 Δz 的关系曲线

曲线①的工件厚度 4 mm;曲线②的工件厚度 2 mm

(2) 离焦量对切口粗糙度的影响　图 2-1-13 所示是切口粗糙度 Ra 与离焦量 Δz 的关系曲线。图中曲线⑤⑥和④分别为激光功率为 400 W、切速为

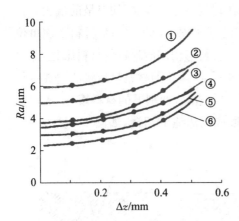

图 2-1-13 切口粗糙度与离焦量的关系曲线

2.5 m/min、辅助气压 $1.4×10^5$ Pa、工件厚度 2 mm,切口上部、中部和下部的粗糙度 R。曲线②③和①为激光功率 720 W、切速 1.4 m/imn、辅助气压 $2×10^5$ Pa、工件厚度 4 mm,切口上部、中部和下部的粗糙度。

很明显,当离焦量为零时,切口表面粗糙度 Ra 最小。切口各层表面粗糙度相差不大,随着板厚增加,切口下部粗糙度明显增大。切口各层表面粗糙度不一是由于辅助气体的流动状态、切割速度和材质等因素,使激光切割受到较大影响。表面粗糙度形成的原因有两个:一是工件吸收激光能量而使材料蒸发;二是辅助气体促进钢板燃烧,并吹掉熔融物,即蒸发和熔化相结合的产物。蒸发占主导时,表面粗糙度好;当离焦量增加时,工件吸收的光能减弱,熔化占主导,切口各层粗糙度明显增加。

(3)离焦量对切缝宽度的影响 图 2-1-14 所示是切缝宽度 W 与离焦量 Δz 的关系曲线。离焦量 Δz 增大,切缝宽度 W 增宽。因为离焦量增大,激光束在工件表面的光斑尺寸增大,相应地作用在工件表面的激光功率(能量)密度减少了。

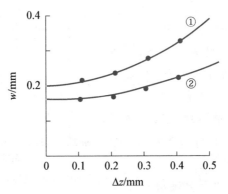

曲线①的工件厚度 4 mm;曲线②的工件厚度2 mm

图 2-1-14 切缝宽度 W 与离焦量 Δz 的关系曲线

工件厚度增大，选择的离焦量的 Δz 需要相应减少，与板厚大致关系是

$$\Delta z \approx -T+1, \tag{2-1-6}$$

式中，T 是被切割的板厚。在实际生产加工中，通过上式初步确定离焦量的值，作为试切割的依据，然后根据所切割出的具体材料调节离焦量，得到最佳的切割质量。

在二维切割中，为了保证一定的离焦量，通常使用电容式非接触传感器和差动变压式接触传感器控制。对于三维切割，由于构成空间曲线的特征处在不同的曲面中，如何使激光焦点和零件表面的距离保持不变是需要考虑的问题。

3. 激光切割速度

从提高生产效率来说，切割速度高显然能够提高生产效率。但是，切割速度过高，切口清渣不尽，甚至切不透。切割速度太低则材料过烧，切口宽度宽和热影响区大。切割速度对切割质量，如切缝宽度、切缝表面粗糙度和割表面形貌也有影响。在其他参数不变的情况下，切缝宽度随着切割速度的增加而逐渐减小。切割速度低或太高，切缝表面粗糙度都不好，出现毛刺；在切割速度适当时切口无毛刺，而且光洁度最好。当切割速度过小时，切割表面形貌出现很多尖峰及挂渣，在速度过大时，则出现分形现象，如图 2-1-15 所示。

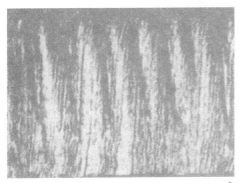
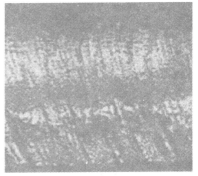

（a）切割速度 2 m/min　　　　　　（b）切割速度 8 m/min

图 2-1-15　不同切割速度对切割表面形貌的影响

在其他参数不变的情况下，切割速度在一定范围内变化，会存在一个无挂渣区域。一般来说，有一个合理的切割速度范围，并且与使用的激光功率密度和被切材料的热物理性质及其厚度等有关。

4. 辅助气体流速和喷嘴位置

以激光熔化方式切割时，需要与激光束同轴吹辅助气。不是单靠材料蒸气

本身将切缝中的熔融物带走,而是主要依靠高速辅助气流的喷射作用,连续不断地将切缝中的熔融物喷射清除,可以大大提高激光切割能力。辅助气体的成分、流量、压力和分布对激光切割质量均有重要影响。常用的辅助气体有 O_2、N_2、Ar、He、CO_2 和压缩空气等,气压一般为 1.5~3 大气压。在切割某些金属材料时,为防止切口氧化,采用惰性气体作为辅助气体,而不能采用氧气。大多数含碳的非金属材料,为防止切口炭化,也不宜采用氧气作为辅助气体,也应选择惰性气体或者氮气体作为辅助气体。

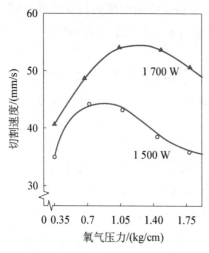

图 2 - 1 - 16　激光切割速度与辅助氧气压的关系

辅助气体流束进入切口的气流量要大,速度要高,以便在工件上通过足够的氧化,使切口材料充分进行放热反应,或者有足够的动量将已经熔化的材料吹走。气流的气压、流量是影响切割质量的重要因素,气流的气压过低,吹不走切口处的熔融材料;气压过高容易在工件表面形成涡流,反而削弱了气流去除熔融材料的作用。存在一个最佳的气压值,能够获得最高切割速度,如图 2 - 1 - 16 所示。

激光功率不同,获得极大切割速度的氧气压也不同,激光功率升高,相应的最佳氧气压也升高。

当采用氧辅助气体流时,氧气流的气体纯度对激光切割质量有影响,对于厚度 10 mm 以内的板材,影响并不严重,但厚度超过 10 mm 以后,则会出现切口宽度和表面粗糙度值增加,切口挂渣甚至切不透等现象。以氩气为辅助气体时切割质量最好,切缝上表面热影响区较窄,下表面较宽,一定条件下,较低的激光功率和较快的切割速度有利于减小切缝宽。

辅助气体流通过喷嘴喷射,喷嘴的形状、大小,喷嘴与工件之间的距离等,均对激光切割的质量有较大的影响。一般喷口直径为 0.5~1.5 mm,喷出高压气流要有一定的线性区;喷嘴与工件表面之间的距离一般为 1~2 mm,如果距离太近,朝聚焦透镜上的反压太高,且容易受到污染,距离太远,则气流高压芯部难以到达工件表面,气吹能力差,严重影响切割质量。喷嘴的设计及气流的控制(如喷嘴压力、工件在气流中的位置等)也是十分重要的因素。常用的喷嘴采用简单的结构,即一锥形孔带端部小圆孔。

5. 激光束切割方向

为了保证切割的精度和切口的质量，无论是平面切割还是在三维切割，激光束的传播方向要始终和被切割的零件表面垂直。在二维切割中，容易做到。在三维切割时，相当于在加工过程中，激光束要处在曲线的法线方向或与曲线所在的面垂直。而曲线处在不同的面内，法线方向是不固定的，在加工过程中其方向始终都在变化，因此，在三维切割时如何使激光束始终和被切割曲面垂直是需要研究解决的问题。较好的做法是，由传感器在加工点附近取若干个点，将这些点的坐标传送到计算机，拟合成曲面。计算出拟合曲面在加工点的法向量，由此加工点和法向量，调整 X、Y、Z 轴的位移和 A、C 轴的角位移。这种办法可以实时调整激光束传播方向，保证激光光轴与加工表面的垂直度，很大程度上提高了切割质量和生产效率。

6. 工件表面状态

工件表面应是洁净面，没有诸如锈蚀层、油漆层或其他污物。为了保证切割质量和切割效率，在切割前需要清洗工件表面，其中激光清洗效果最好。

一般的不锈钢板材用激光切割的工艺比较好。但是特殊用途的不锈钢板材表面覆盖有一层很薄的薄膜，保护板材的特殊表面。薄膜是有机高分子材料，是热的不良导体，和不锈钢板材的表面是一种物理贴合，所以照射到薄膜上的激光能量损耗很大，激光切割的难度相当大，仅靠调整激光切割的工艺参数，情况改观不明显。需要先用激光除膜，再切割，两次都在焦面上运行程序。因为激光清洗的阈值能量很低，去除膜层比较容易；又是同在焦面运行，所以去膜的轨迹宽度和激光切割的缝隙是一个量级。

石油开采用的割缝筛管上有规律地分布着几千条缝，激光切割能够保证切割质量和效率。石油管材的使用环境比较恶劣，为了防止锈蚀，管材在出厂时都在其表面喷涂了油漆层。这油漆层虽薄，但物化性能与基体差距很大，而且又是物理结合，切割的难度很大，发生"爆孔"和"烧切"比例很高，也需要先清洗管材表面的油漆，再切割。经过激光清洗油漆层的管体，切割后可得到高质量的筛管。

一般来说，陈旧钢板表面往往都附着锈蚀层，激光切割前清除这锈蚀层将能够大幅度提高切割的质量和效率。

7. 激光切割轨迹

复杂轮廓或具有拐点的零件的切割，由于在拐点处加速度变化，容易使拐点处过热熔化而形成塌角，采用合理的切割轨迹是避免这一现象的有效办法之一。

(四) 激光切割断面(切面)条纹

激光切割金属或陶瓷材料，断面(切面)上会出现的周期性起伏(通常称为条

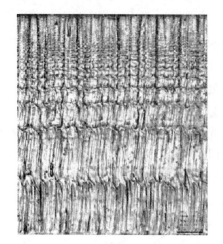

图2-1-17 典型激光切割切面显微形貌

纹),如图2-1-17所示。由于条纹波长尺寸在亚毫米级,介于形状误差与粗糙度之间,既造成表面几何形状的改变,又使粗糙度增加,导致应力集中,大大降低了切割精度与切割质量,消除切面条纹是提高激光切割质量的重点研究内容之一。

1. 条纹种类

条纹分为纵向条纹和横向条纹。根据纵向条纹的形貌特征及分布规律,又将纵向条纹分为两类,如图2-1-18所示。靠近板材上表面、周期性较差、深浅长短不一、一般不贯通整个切面的纵向条纹定义为纵向第一类切面条纹(以下简称第一类条纹);将贯通整个切面,且形貌表现出很强的周期性及规律性的纵向条纹定义为纵向第二类切面条纹(以下简称第二类条纹)。

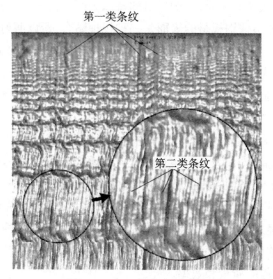

图2-1-18 纵向条纹分类

根据形貌特征及分布规律,横向条纹分为3个区,如图2-1-19所示。横向第一切面条纹区(以下简称第一条纹区)靠近板材上表面,横向条纹密集,宽度深浅稳定,没有明显缺陷;横向第二切面条纹区(以下简称第二条纹区)在整个切面中部,属于过渡区域,横向条纹较密集,宽度深浅相对稳定,已有轻微的缺陷出

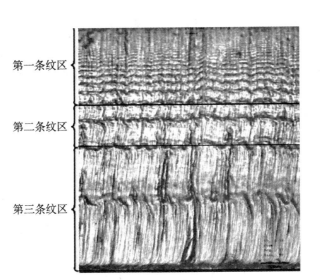

第一条纹区

第二条纹区

第三条纹区

图 2-1-19 横向条纹分区

现;横向第三切面条纹区(以下简称第三条纹区)在整个切面底部,横向条纹较疏散,宽度深浅波动较大,并有明显较大的缺陷。

2. 切割工艺对条纹的影响

(1) 激光功率的影响 激光功率增加,纵向第一类条纹间距随机变化,纵向第二类条纹间距明显减小;横向第一条纹区间隔逐渐增大,第三条纹区间隔逐渐减小,而第二条纹区的间隔基本保持不变,见表 2-1-1。

表 2-1-1 几种切割激光功率的条纹间隔的变化

激光功率/kW	纵向一类条纹间距/μm	纵向二类条纹间距/μm	横向一类条纹间距/μm	横向二类条纹间距/μm	横向三类条纹间距/μm
1.7	137.14	42.86	949.29	553.57	1 285.71
2.0	165.36	39.29	943.57	557.14	1 293.57
2.3	177.86	36.43	1 074.29	549.29	1 210.00
2.5	116.43	34.29	1 034.29	542.86	1 262.86
2.7	122.86	34.29	1 001.43	540.71	1 295.00

(2) 辅助气体流压力的影响 辅助气体流的压力增加,纵向第一类条纹间距随机变化,第二类条纹间距明显减小;横向第一条纹宽度逐渐增大,第三条纹宽度逐渐减小,而第二条纹宽度基本保持不变,见表 2-1-2。

表 2-1-2　几种辅助气体流压力的条纹宽度变化

入口气体压强/MPa	第一类条纹间距平均值/μm	第二类条纹间距/μm	第一条纹区宽度/μm	第二条纹区宽度/μm	第三条纹区宽度/μm
0.8	112.86	50.71	897.14	499.29	1 332.86
1.0	111.43	48.57	865.00	510.00	1 324.29
1.2	157.86	44.29	962.14	503.57	1 296.43
1.4	105.71	38.57	959.29	509.29	1 291.43
1.6	124.29	37.86	963.57	539.29	1 252.86

（3）成因分析　纵向第一类条纹靠近切割材料的上表面。上面的结果显示,辅助气体压力和激光功率变化,这类条纹间距并没有出现规律性变化,说明第一类条纹的间距大小不受辅助气体气压和激光功率的影响,由此可以推测,第一类条纹与材料表面初始凹坑有关,由于切割材料表面的划痕缺陷导致激光能量及气流流向的局部集中,切割方向上被气流拖拉走的熔融质多少不均,形成了非周期性的、大小不规律的切面条纹。材料的表面划痕导致毗邻区域产生条纹,而且条纹不贯穿整个切面,并随着划痕深浅的变化而变化。初始凹坑直径是影响条纹的宽度和长度的重要影响因素之一,在辅助气体压力不变的情况下,条纹的宽度随着初始凹坑直径的增大而增大。不过,当初始凹坑增大到一定程度后,条纹的宽度增大的速度逐渐降低。

纵向第二类条纹贯穿整个切割表面。随辅助气体的气压变化很有规律性,随着气体压力增大条纹间距逐渐减小。这一走势符合熔融金属周期性成滴滴下,导致条纹的形成的假设。该假设认为,熔融金属成滴滴下,增大气体压力会使气流速率及剪切力增大,熔融质被吹除的速率增大,滴下的周期变短。条纹间距随激光功率增大而减小,成近似线性关系。这与熔融质黏度及表面张力随温度的升高而降低相对应。

随着辅助气体压力增大,第一条纹区逐渐增大,第三条纹区逐渐减小,第二条纹区基本保持不变;随着激光功率增大,第一条纹区逐渐增大,第三条纹区逐渐减小,第二条纹区基本保持不变。横向条纹是由于切缝中气流结构不稳定形成的马赫盘对熔融质的拖拉引起的,是纵向条纹的缺陷在相邻位置的横向叠加形成的。

（五）应用例举

1. 汽车车身覆盖件激光切割

汽车的覆盖件具有材料薄、形状复杂、多为空间曲面、结构尺寸大和表面质量高等特点,表面质量、尺寸、刚性以及工艺性等方面都有较高的要求。

（1）切割机床 切割头要有多个自由度,能够不断变换姿态,所以三维激光切割机床采用的是五轴联动,其典型结构形式是龙门式,如图2-1-20所示,光路如图2-1-21所示。

图 2-1-20 三维五轴联动激光切割机床

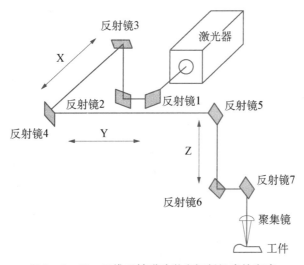

图 2-1-21 三维五轴联动激光切割机床的光路

（2）切割数控编程 常用的编程方法是示教编程和离线自动编程。初期主要采用示教的方法编程。在示教前,必须用数控加工机床在工件的表面上刻线,以确定激光切割的轨迹。形状复杂的三维曲面的刻线工作难度大,时间长,刻线质量严重影响示教的精度。示教时,手持盒控制切割头,沿已经刻好的轨迹线行走,切割头与工件轨迹线上各点的法线方向是否吻合,完全依赖于操作者的技术水平和经验,会产生很大的主观累积误差。在切割头行走过程中,数控系统会自动产生机器代码文件。切割后的完成件摆放于检具上验证,由质检部门提供修正值。经过反复示教,得出最终的修边线与孔位,转换成加工程序。

目前,广泛采用的是离线自动编程,编程软件是 PEPS Pentacut,它是CAMTEK 公司与 MAZAK 公司合作,专为三维五轴激光加工机床开发的离线自动编程软件。

在产品设计时,必须考虑三维激光切割工艺的特殊性。在构建 CAD 数模时,须在模型上创建 3 个定位点。在冲压成型件上也要标记出相应点的位置。把 CAD 数模文件导入 Pentacut 软件,将其中的 3 个定位点坐标值与加工件摆放在机床上后,与实际测量的坐标值相匹配,可以计算出误差,将误差调整至可接受的范围,即完成工件在机床上的定位。

2. 切割石英摆片

石英摆片是一种典型的传感器用石英器件,是现代惯性导航系统、高精度测量系统的关键部件,主要由外环、凸台、摆、梁及金膜等 5 部分组成,如图 2-1-22 所示。元件形状复杂,几何尺寸精度和表面质量要求较高。切割零件的技术指标是:

① 切割的尺寸符合图纸要求,切割精度小于 0.01 mm。

② 切割图形中心对称。

③ 切割后应力小于 53 MPa。

④ 切割毛刺小于 3 μm。

⑤ 切缝处无裂纹、无灼伤。

摆片材料是熔融石英玻璃,属于硬脆性材料。采用超声落料或喷砂等机械方法加工,断面粗糙度大,加工效率低。激光切割是非接触的,无刀具磨损、切割力和刀具颤振等现象,因此,解决了超声加工的刀具严重磨损问题;切割面熔化后再凝固,能提高表面抗冲击强度,且表面光滑,解决了工件崩边、切割边缘颗粒脱落以及"钻蚀"现象,从而解决了传统磨料加工带来的摆片边缘颗粒脱离现象;热影响区小,即加工的残余应力小,解决了加工残余应力释放造成的输出信号漂移问题。

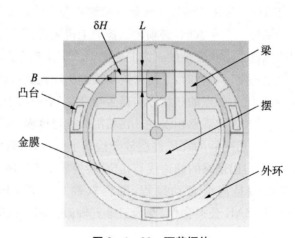

图 2-1-22　石英摆片

3. 切割液晶显示(TFT 方式)超薄玻璃基板

薄膜晶体管液晶显示器(TFT-LCD)玻璃衬底基片的制作和基板的切割成型是整个 TFT-LCD 产业链的上游,是 TFT-LCD 产业有别于 IC 集成电路产业的关键加工技术。TFT-LCD 玻璃基片是一种超薄、大幅面的特种玻璃材料,经光刻形成屏幕像素和驱动电路,是构成 LCD 面板的基础关键元件。

(1) 激光切割优势　传统切割方法首先用金刚石或硬质合金轮在玻璃上产生划痕,随后用其他机械力沿划痕分割(压断)玻璃。这种方法会在刻痕处产生颗粒(碎片),造成刮伤,在切割边缘产生断层浮凸,边缘不平整,需要高昂的后续加工成本,如打磨,清洗等。在刻划时,切割边缘的微裂纹降低了玻璃的机械应力强度,有断裂危险性。

采用经整形后的激光束作为加热源,以一定的速度沿着预定的方向移动,使用压缩空气或冷却水等对玻璃表面进行强制制冷,从而在玻璃内部产生热应力效应,通过玻璃本身的热压力和拉力自然分离,实现对玻璃的切割。没有碎屑产生,得到的基板品质优良。图 2-1-23(a)所示为机械切割的断面宏观图;(b)为激光切割的断面宏观图,切割断面平滑,基本没有边缘碎屑与微裂纹。

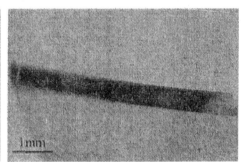

(a) 机械切割　　　　　　　　　　　　(b) 激光切割

图 2-1-23　传统机械切割与激光切割断面

图 2-1-24 所示是机械切割断面和激光切割断面扫描电镜图。机械切割上表面和体内存在大量的裂纹,正是影响液晶玻璃基板品质的原因。微裂纹使裂尖处产生很大的应力,在外力作用下极易开裂破碎。基体内的微裂纹还容易产生剥落的碎屑,影响了液晶玻璃基板的品质,并为其质量埋下了隐患。利用激光切割的切割断面非常光滑平直,无熔融烧损,断面非常美观,优越性明显高于传统机械切割。

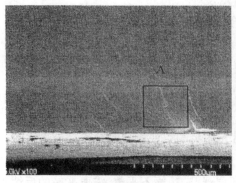

(a) 机械切割断面   (b) A 区的放大图

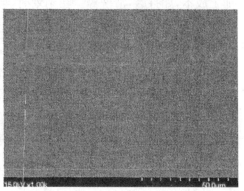

(c) 激光切割断面   (d) B 区的放大图

图 2-1-24　机械切割和激光切割断面扫描电镜图

(2) 激光切割方式　用激光切割玻璃基板有 3 种方式。

① 先用激光在玻璃表面划线,再用机械力断开。先用波长 355 nm 或 266 nm 的紫外激光在玻璃基板上划线,再由机械应力将玻璃裂片,可以降低玻璃表面出现突圆及毛边现象的几率,得到较平整的切面,省略磨边的步骤。用波长为 355 nm 紫外激光划线,最快速度可达400 mm/s,与传统机械式划线相近,但切割质量高许多。使用的机械切割,由于刀轮切割划线会在玻璃表面造成突圆及毛边,必须再经磨边才能获得较平滑的切面。

② 先由激光划线,再由激光断裂。为了控制激光切割玻璃的方向,先用波长为 355 nm 的紫外激光对玻璃划线,再利用 CO_2 激光的热应力作用,沿已划出的裂痕断裂。这种方式不但速度快,而且切面平整,不需再磨区。

③ 不划线,直接由激光裂片。激光直接一次将玻璃切割断开。在切割道的起始与结尾端先形成裂痕,再利用瞬间热胀冷缩所造成的应力作用,将玻璃沿着

切割道断裂开来。能够一次切割，而且不需要再磨边，但是断裂方向较难控制。在不影响切割质量的前提下，预划一定深度和长度的初始裂纹是提高激光切割效率的方法。

使用激光切割超薄玻璃基板，通常是将激光束整形为椭圆形或矩形，改变激光的能量分布，以避免能量过于集中造成玻璃爆裂，或产生熔融，不利于热应力促发裂纹和传导。选用椭圆光斑切割，增大光斑尺寸，可减少断面上的热影响区，提高切割质量；但光斑尺寸过大，会降低激光功率密度，增大需要的激光功率。因此，需要优化选择激光输出功率、光斑尺寸和切割速度等激光参数。

 激光焊接

传统的焊接技术有电弧焊、钎焊、电子束焊、搅拌摩擦焊、超声波焊、等离子体焊等，各有特定的应用领域和缺陷。激光焊接是一种焊接新技术，已广泛用于航天航空工业中的铝合金、钛合金、镍合金和不锈钢的焊接，水下作业服装的缝焊接，汽车工业的焊接，造船工业焊接，在医学上还用于血管焊接。

（一）工作原理

高强度的激光束辐射至材料表面，材料吸收激光能量转化为热能，温度升高并熔化。在激光束离开之后冷却固化，实现材料的焊接。

1. 激光热导焊接

使用的激光功率密度比较低，为 $10^5 \sim 10^6$ W/cm²。工件吸收激光能量后仅表面熔化，依靠热传导向工件内部传递热量，形成熔池，最后将两焊件熔接在一起。这种焊接模式的熔深较浅，深宽也比较小。

2. 激光深熔焊接

使用的激光功率密度比较高，一般是 $10^6 \sim 10^7$ W/cm²，工件吸收激光能量后迅速熔化乃至气化，熔化的金属在蒸气压力作用下形成小孔，激光束可直照至该小孔底部，使小孔不断往深处延伸，直至小孔内的蒸气压力与液态金属的表面张力和重力平衡为止。随着激光束与工件的相对运动，小孔周边金属不断熔化、流动、封闭、凝固而形成连续焊缝。焊缝形状深而窄，具有较大的熔深与熔宽比值。使用高功率激光焊接时，深宽比值可达 5：1，最高可达 10：1。除了薄型零件以外，一般选用深熔焊接。

3. 激光异种材料焊接

异种材料激光焊接机制比较复杂，因为焊接材料热力学性能随温度变化存在差异，激光的吸收率及其随温度变化特性存在差异，以及熔池形成及演化机制、凝固过程焊缝熔化区与热影响区组织演化也不一样,激光焊的化学成分变化、焊接接头缺陷的形成、焊接残余应力与变形等也有差异。

异种材料的热力学差异是影响焊接过程的最主要因素。熔点不同,熔点低的材料达到熔化状态时,熔点高的材料仍呈固态,这时已经熔化的材料容易渗入过热区的晶界,造成低熔点材料的流失、合金元素烧损或蒸发,使焊缝的化学成分发生变化,力学性能难以控制,尤其是焊接异种有色金属时更为显著。异种材料线膨胀系数差异导致熔池结晶时产生较大焊接应力和焊接变形,由于焊缝两侧材料承受的应力不同,容易导致焊缝及热影响区裂纹,甚至焊缝金属与母材剥离。材料的热导率和比热容差异使焊缝金属的结晶条件变坏,晶粒严重粗化,并影响难熔金属的润湿性能。异种材料焊接易产生金属间化合物,同时会发生组织变化,导致接头力学性能下降,尤其是热影响区容易产生裂纹,甚至断裂。材料膨胀系数、热导率和比热容等热物性参数随温度变化而变化,激光焊接过程更加复杂。

激光焊接光学吸收率差异较大的材料,熔池容易出现偏熔现象,匙孔不稳定,给焊接过程建模带来困难。

这些差异归结为材料性能差异对焊缝微观组织与宏观性能的影响,如焊接熔池的形成、演化机制,和熔池凝固过程焊接缺陷及残余应力形成。提高异种材料焊接质量,实现异种材料的激光焊接,关键是准确描述熔池形成过程、熔池凝固过程、焊接缺陷及残余应力形成,以及解决办法。对焊接热源模型、匙孔模型、温度场以及熔池流动等问题,从数值模拟和实验两方面深入研究,特别是考虑热传导焊熔池流动中湍流问题,获得异种合金焊接匙孔发射偏移的条件。在熔池凝固过程中,对接头组织演变、焊缝缺陷以及残余应力形成机制,深入分析了凝固过程中热裂纹、有害相、气孔的产生机制,并从工艺角度控制残余应力。现在已经实现多种异种材料激光焊接,如异种钢激光焊接、铬钢激光焊接、镁铝及镁铝合金焊接、铜与其他金属及合金焊接、高温合金激光焊接。

4. 激光复合焊接

在激光焊接过程中,母材受热熔化、气化,形成深熔小孔,孔中充满材料蒸气,与激光作用形成等离子体云。等离子体云会吸收、反射激光,进而降低材料对激光的吸收率,导致激光能量利用率降低;对焊接母材端面接口要求高,容易产生错位;容易生成气孔疏松和裂纹;焊后母材端面之间的接口部位存在凹陷,焊接过程不稳定等。为减少激光焊接的这些缺陷,在保持激光加热优点的基础上,利用其他热源的加热特性,来改善激光对工件的加热,开发出激光与其他热源一起复合焊接技术,主要有激光与电弧、激光与等离子弧、激光与感应热源以及双激光束焊接等。

(1) 激光-电弧复合焊接 激光与电弧焊接结合起来,综合了激光与电弧焊接的优点,即将激光的高能量密度和电弧的较大加热区组合起来,在合适参数下焊缝质量比单独激光焊接工艺好。激光-电弧复合焊接并不是两种热源的简单叠加,而是将作用于同一加工位置的、物理性质、能量传输机制截然不同的激光与电弧两种热源复合在一起,既充分发挥了各自的优势,又弥补了双方的不足,形成一种全新的高效复合热源。

焊缝上方因激光作用而产生光致等离子体云,等离子云对入射激光的吸收和散射会降低激光能量利用率。外加电弧后,低温、低密度的电弧等离子体将稀释激光致等离子体,提高激光能量传输效率;电弧加热金属材料,温度升高,增加了金属材料对激光的光学吸收率,从而增加焊接熔深。激光熔化金属材料也为电弧提供自由电子,降低了电弧通道的电阻,提高电弧的能量利用率,提高了焊接总能量的利用率,焊接熔深进一步增加。激光束对电弧还有聚焦、引导作用,使焊接过程中的电弧更加稳定。

根据激光、电弧在焊接时的空间位置不同,可将其分为傍轴和同轴两大类,如图 2-1-25 所示。激光-电弧同轴复合方式可以在工件表面提供对称热源,焊接质量不受焊接方向影响,适合三维焊接。

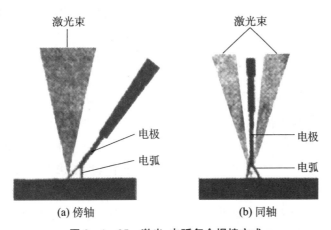

图 2-1-25 激光-电弧复合焊接方式

通常使用的激光器主要有 YAG:Nd 激光器、CO_2 分子激光器,使用的电弧包括钨惰性气体电弧(TIG)、气体金属电弧(GMA)(包括金属电极活性气体保护焊(MAG)和金属电极惰性气体保护焊(MIG)),以及等离子体复合弧等。

① 激光-TIG 复合焊接。TIG 电弧是利用纯钨或活化钨作电极的惰性气体

保护电弧焊。激光与电弧两种热源共同作用于焊接区域,两者能量叠加,可以增大焊接速度,提高焊接生产效率,并可降低对激光器功率的要求。在使用合适焊接参数情况下,焊缝质量比单独激光焊接工艺好,比如能够提高复合焊接的临界咬边速度,最高可达电弧焊接的 5 倍。复合焊接存在两种抑制咬边的机理,一种是改变焊趾处固、液、气三相的表面张力状况,形成指向熔池外部的合力;另一种是提高熔池内温度梯度和热输入,增加熔池内由内向外的流动速度和时间,使熔化金属能够流向并填充焊趾,这种抑制机理作用更为显著。

复合热源的瞬时耦合对焊接的稳定性及焊接结果有很大的影响。工艺参数值的稍微变动,就会强烈影响焊接稳定性。TIG 电流频率值应与激光脉冲重复频率在同一变动范围,以保证焊接工艺稳定。需保证保护气与激光束同轴,焊接时需先开保护气后再开启激光,以免焊接过程产生气蚀,影响焊接质量。

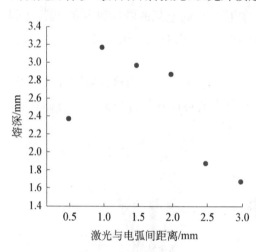

图 2 - 1 - 26 接焊中激光与电弧间距离对焊缝熔深的影响

聚焦透镜的焦距、焊接速度、激光束与电弧间的距离以及气体保护方式等是影响激光-TIG 复合焊熔深的关键参数,图 2 - 1 - 26 所示是 AZ31B 镁合金激光复合搭接焊试验中激光束与电弧间距离 d 和熔深的关系。熔深随距离 d 的减小而逐渐增加。但是,当 $d < 1$ mm 时熔深迅速减小,这是由于激光束距电弧太近时,电弧产生的等离子体云对激光的吸收增强,导致激光束的穿透能力降低所致。气体保护方式对激光等离子体和电弧等离子体相互作用程度的影响是决定能否有效耦合的关键因素,因此只有在合理的气体保护方式下才能取得增强的焊接结果。

这种复合焊接技术主要用于薄板的高速焊接以及不等厚板的焊接,也用于镁、铝合金等轻金属及异种合金的焊接。

② 激光-GMA 复合焊接。工作原理与激光-TIG 焊接基本相同,采用可熔化的焊丝作为电极,在连续送进的焊丝与被焊件之间产生加热电弧。该技术除了具有激光-TIG 焊接的优点外,由于是填丝焊接,消除或减少因焊接间隙过大和金属蒸发而造成的焊缝凹陷、变形等缺陷,比激光-TIG 焊接效果更佳,也更容易改善焊缝的冶金性能和微观组织。与激光-TIG 焊接相比,激光- GMA 焊能够

焊接较厚的板材，焊接的适应性也较高。CO_2 激光-GMA 复合焊 8 mm 厚度 2A12 铝合金板的结果显示，焊缝成型良好，无明显冶金缺陷；随着焊接电弧的降低，焊缝熔宽、堆高面积逐渐减小，而成型系数逐渐增加。且接头抗拉强度达到母材的 69%。5 mm 厚 AISI904L 奥氏体不锈钢焊接的结果显示，焊接接头抗拉强度和抗冲击强度都高于母材，力学性能良好，焊接速度高。图 2-1-27 所示是相同熔深的激光焊、GMA 焊和激光-GMA 复合焊的焊缝形状。激光焊的焊缝表面有凹陷，GMA 焊的焊缝熔宽、余高较大；而激光-GMA 复合焊的余高较小，焊后试件表面相对平整。所以，激光-GMA 复合焊不仅焊接过程更加稳定，而且形成的熔池也比激光焊大，因而搭接能力好，允许有更大的焊接装配间隙。

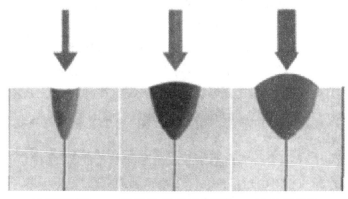

(a) 激光焊接　　(b) 激光-GMA复合焊接　　(c) GMA焊接

图 2-1-27　3 种焊接的焊缝形状

影响焊接性能的主要因素有保护气的成分、聚焦透镜的焦距、激光和电弧间的距离以及电弧焊枪的倾角等。焊接过程中形成的等离子体对激光能量的吸收效应称为等离子体效应，为了减少等离子体效应，采用具有较高电离势能的氦气作为保护气体。然而，电离势能较低的氩气有利于提高电弧稳定性，因此，在选用保护气时要综合考虑以上因素。

与激光-TIG 复合焊类似，激光-GMA 复合焊接过程中激光束和电弧之间的距离也决定两种热源的相互影响程度。激光束和电弧之间的距离在 2～3 mm 时，可达到最佳的配合效果。焊缝熔深 s 和聚焦透镜焦距 f、电弧与激光间距离 d、激光功率 p，以及电弧焊枪与试件间的夹角 α 的关系满足下面公式：

$$s = 0.709\,056 + 0.106\,56d + 0.002\,205p - 0.000\,086dp +$$
$$0.000\,086fp - 0.001\,61d\alpha 。$$

$$(2-1-7)$$

增加激光功率,可使焊缝的熔深增加。

熔池中通入少量的 O_2 可以防止气孔形成。O_2 与溶解的碳反应生成 CO 气体,CO 分压能有效抑制熔池振荡,稳定熔池,从而预防气孔形成,且随着基体金属碳含量的增加,气孔下降更加明显。保护气体种类与配比对工艺和焊缝特征也有明显的影响,He - Ar 保护气体能够得到更大的焊缝熔深和焊缝硬度。

③ 激光-等离子体弧复合焊接。在钨极与喷嘴或工件之间加一高压、经高频振荡使气体电离形成自由电弧,电弧在高速通过水冷喷嘴时受到压缩,增大能量密度和离解度,形成等离子体弧。等离子体弧焊与 TIG 焊很相似,但等离子体弧的热作用区窄,发散角小,弧能量密度大,弧长度长,电弧的稳定性好,焊接过程稳定。等离子体弧焊最重要的优点是引弧电流低,易引燃。电极在焊炬的喷嘴里,可以防止金属蒸气、溅射的金属材料及其他污染物等对电极的侵蚀。

激光-等离子体弧复合焊接在钢对接焊、镀锌板搭接焊、铝及不锈钢薄板焊接等方面应用广泛。对镀锌板搭接焊,可以解决溅射、焊缝表层小坑、焊缝内气孔等问题,并且与激光-TIG 复合焊相比,弧输入能量降低 40%。这种技术对焊接参数变化很敏感,比如电弧倾角的微小变化或喷嘴的轻微磨损都会对焊接结果产生很大的影响。

(2) 双光束激光复合焊 由两束互成角度的激光合成,或者是一束光由分光器分成两束平行的激光进行焊接。在机械工业加工生产中往往需要高功率激光器焊接厚板,但是激光器的输出功率有限,一般只有几千瓦。为了突破激光器输出功率的限制,同时使用多个激光器可以增加总的激光功率。

双光束激光作用于一个熔池中时,可以形成一个较大的熔池与匙孔,保持匙孔的稳定性,改善焊缝成型,而且可以改善熔池的流动性,有利于内部气泡的上浮,降低气孔,提高焊接过程的稳定性,改善焊缝质量(减少溅射、减小焊缝气泡与裂纹)。

① 焊接熔池表面形态。图 2 - 1 - 28 所示是采用单激光束和双激光束焊接铝合金的熔池表面形态。与单光束焊接熔池相比,双光束焊接熔池更大,两束光形成的匙孔已基本连为一体,形成一个拉长的大匙孔;同等能量输入条件下,焊接过程形成的等离子体尺寸要明显小于单光束焊接,而且等离子体的稳定性大大提高,匙孔在剧烈的波动状态下不易坍塌,大大提高了焊接过程的稳定性。

② 焊缝表面截面形貌。两激光束可以取不同形式布置,比如两光束间的角度、焦点位置和激光功率比都可以不同。图 2 - 1 - 29 所示是双光束串行、并行排列与单束激光 3 种焊接方式获得的典型铝合金激光焊焊缝。单激光束时,焊

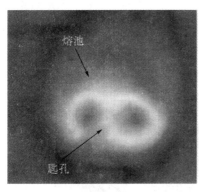 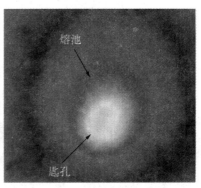

(a) 双光束焊接   (b) 单光束焊接

图 2 - 1 - 28 铝合金激光焊接的熔池表面形态

缝鱼鳞纹间距不均匀,还存在咬边飞溅。采用双光束焊接后,无论是串行排列还是并行排列,焊缝表面成型都有较大改善,鱼鳞纹更加细致均匀,咬边大大减轻,飞溅基本不存在。同等激光功率下,并行排列的双光束焊接焊缝表面成型更好一些,但是焊接熔深会有所降低;双光束串行排列获得的焊接熔深与单光束焊接结果基本相同。

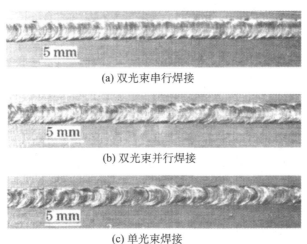

(a) 双光束串行焊接

(b) 双光束并行焊接

(c) 单光束焊接

图 2 - 1 - 29 激光束不同排布方式的铝合金焊缝表面成型与截面形貌

③ 焊接过程稳定性。飞溅是激光深熔焊过程的一个基本现象,是熔池剧烈振动时匙孔周围液态金属甩出或是被金属蒸气的反冲力从匙孔中带出产生的,其特征一定程度上反映焊接过程的稳定性。直观来讲,飞溅量越小,飞溅尺寸越

均匀,无异常大的飞溅的焊接过程稳定性好。熔沸点低、电离能小及液态下黏度小的铝合金,焊接过程的飞溅很严重,这说明焊接过程是不稳定的。双光束、单光束激光焊接过程的飞溅特征不同,图2-1-30所示是高速摄像仪采集的激光焊接过程中的飞溅图像。双光束焊接的飞溅比单光束焊接的飞溅更加细小、均匀,这在一定程度上反映双光束焊接过程较单光束稳定。

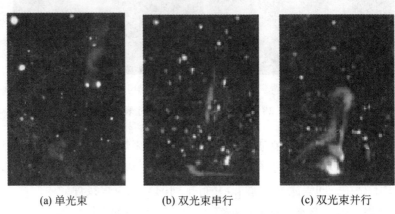

(a) 单光束   (b) 双光束串行   (c) 双光束并行

图2-1-30　激光焊接的飞溅形态

④ 焊缝性能。双光束焊接能得到更深的熔深、较好的焊缝质量、更高的硬度(比母材几乎高出2倍)等;用在镁合金及镀锌钢板等材料的焊接中,还能有效防止气孔的形成;在镀锌板搭接焊中解决了焊接熔池中易出现的锌蒸气残留问题。采用两束激光串联排列,前束激光在镀锌板上切割一条非常细小的凹槽,紧接着后束激光沿着凹槽焊接,更有效地减少气孔的形成。采用双光束焊接,焊缝中气孔含量远远低于单光束焊接,其中,采用串行排布的双光束焊接,焊缝内部几乎没有气孔,且尺寸很小。

双激光束焊接也明显提高焊接力学性能,平均抗拉强度能达到母材的92.7%,平均延伸率为母材的50%,而且,双光束并行焊接接头的拉伸强度与延伸率都高于串行焊接接头;而单光束焊接试样的平均抗拉强度只有母材的86.2%,平均延伸率则为母材的44.5%。

同等激光功率下,并行排列的双光束焊接焊缝表面成型更好一些,但是焊接熔深会有所降低。双光束串行排列,获得的焊接熔深与单光束焊接结果基本相同。

(3) 激光-感应加热复合焊接　这是将激光焊与电磁感应焊结合起来的焊接技术。利用电磁感应,由工件内部产生的涡流电阻加热,与激光一样属非接触性环保型加热,加热速度快,可实现加热区域和深度的精确控制,特别适合于自动化材料加工过程,已在工业上得到了广泛的应用。将电磁感应和激光两种热源结合起来的复合激光焊接技术,一方面实现焊接过程的同步加热或先后热,控制焊接接头的冷却速度,防止焊接裂纹,改善焊接接头的组织和性能;另一方面改善材料对激光的吸收,可在激光功率一定的情况下进一步提高焊接熔深,保证焊缝成型,提高焊接制造质量的可靠性。图 2-1-31 所示是 30CrMnSiA 钢焊接的焊缝宏观形貌图,其中(a)是未加高频感应预热的,其余(b)(c)(d)为激光-高频感应加热焊接的结果。图(a)形成的是非穿透焊缝;(b)是没有完全穿透的焊缝,因为高频感应加热的温度还不够。随着高频感应加热的预热温度进一步提高,焊缝完全熔透,并且熔宽也变大。同步预热使熔深熔宽增大有两方面原因,一方面提供辅助热源,增加了热输入;另一方面同步预热使试样表面温度升高,材料对激光的吸收率有所提高,改善了材料表面对激光的吸收。

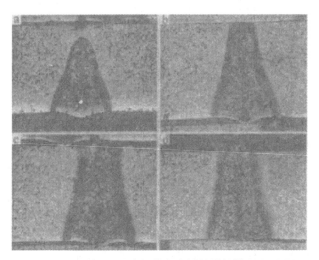

图 2-1-31 激光-感应加热复合焊接的焊缝宏观形貌图

激光-高频感应复合焊接与单纯用激光焊接相比,焊缝组织中马氏体成分减少,上贝氏体、下贝氏体成分增加。组织的不稳定程度和接头的裂纹倾向降低;在相同的激光焊工艺条件下,加入高频感应辅助热源在一定程度上增加了焊缝的熔深熔宽,提高了激光能量的利用率;激光焊接组织冷却速度减低,凝固时间增长,有利于深熔焊熔池中气体的排出,在一定程度上防止气孔的产生。不使用高频感应预热时,焊缝根部存在气孔,在加高频感应预热时焊缝中气孔消失,即便是同样未完全焊透的焊缝中亦未发现气孔,因为高频感应预热减小了焊缝的冷却速度,增加了焊缝凝固过程中的气体排出时间,在一定程度上可避免激光深熔焊中易产生的气孔问题。

(4)激光-搅拌摩擦复合焊接 搅拌摩擦焊是一种新型固相连接技术,主要适用于镁、铝等低熔点合金的焊接，是非熔化焊接，所以不会得到铸造组织。搅拌摩擦焊存在强力挤压、工具磨损快等缺陷。如果在搅拌头前面利用激光能量预热工件，则能够成功焊接熔点较高的材料，减小装夹力及推动力，降低磨损，提高焊接速度，而且焊接过程无烟尘和飞溅，噪声低，环境污染小。

激光与搅拌摩擦焊在镁、铝等合金的焊接及异种合金等的焊接中已经获得良好效果。如 DC04 钢和 AA6016 铝合金对接焊，采用熔焊技术，焊缝组织会出现金属间化合物，导致在拉伸成型中易出现断裂，也不适合采用搅拌摩擦焊。利用激光辅助搅拌摩擦焊搭接焊，接头拉伸强度为 200 MPa，达到母材的 80%；焊件的拉伸比为 1.6，力学性能明显改善，最重要的是，钢铝焊接界面没有出现金属化合物相，而且焊接速度也高，达 2 000 mm/min。

（5）激光-电、磁场复合焊接　外加电、磁场控制激光等离子体，降低等离子体对激光的屏蔽效应，能够提高激光的能量利用率以及提高焊接速度，增加焊接熔深。

根据磁流体动力学原理，外加电、磁场可以改变熔池金属的流动，提高整个焊接过程的稳定性，防止气孔形成，改善焊缝质量，控制焊缝截面形状，也可以影响焊接头的组织结构。

激光焊接厚铝板时，外加垂直于焊接方向的恒定磁场在使用合理参数下，对熔池流动有显著的影响：减缓熔池液体飞溅和熔体喷射以及降低表面热毛细对流速度，得到规则的焊缝和近似平滑的焊接缝表面。焊缝上表面宽度变窄，焊缝横截面呈 V 形，使得焊缝内部应力分布均匀，从而在冷却过程中产生较小变形。在最优激光参数下，气孔数量可降低 80%，表面粗糙度降低达 50%。

5. 激光拼焊

将不同厚度或不同材料，或同时具有不同厚度和不同材料的板材通过激光焊接方式连接成一个整体的板材，采用适当的激光焊接工艺，能够获得焊缝成型优良拼焊板。经不同表面处理、不同钢种、不同厚度的钢板通常采用这种激光焊方法。激光拼焊具有减少零件和模具数量、减少点焊数目、优化材料用量、降低零件重量、降低成本和提高尺寸精度等好处，这种焊接技术不仅在交通运输装备制造业中被使用，而且在建筑业、桥梁、家电板材焊接生产、轧钢线钢板焊接（连续轧制中的钢板连接）等领域中也获得广泛应用。

1998 年 3 月，在日内瓦汽车展览会上展出的超轻型车身，使用了 18 张拼焊板，相当于普通车型使用量的 4 倍，车身重量降低了 25%，抗扭刚度提高了65%，振动特性改善 35%，并且增加了弯曲刚度。激光拼焊板的主要优点是减少制件的零件数量，减轻结构件重量，减轻制件重量，减少工模具数量和工序，简化制件制造过程，降低材料消耗和生产成本。此外，由于没有搭焊处，可减少许多原来需要采取密封措施的地方,腐性和防锈性得到改善,也使制件结构大大简化,增加制件的刚度,缩短设计和开发周期。将不同性能、镀层和厚度的板料裁剪在一起,提高制件设计的灵活性。激光拼焊还能满足移动装置中不同部位的不同力学性能要求,最大限度地发挥了材质的利用效能,使构件得到优化。

（1）拼焊板接头金相组织　图 2 - 1 - 32 所示是扫描电镜观察铝合金 5052 拼焊焊缝横截面的金相组织图。与母材组织相比,激光焊缝组织非常细小,是细小树枝状晶和少量胞状等轴晶,有少量的柱状晶存在。焊缝中心组织均匀、细小,晶粒的平均尺寸为 $2\sim3~\mu m$,远小于母材的晶粒平均尺寸（$20\sim30~\mu m$）。

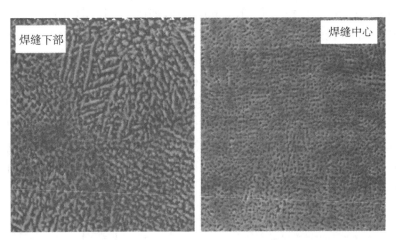

图 2 - 1 - 32　铝合金 5052 拼焊焊缝金相组织

图 2 - 1 - 33 所示是熔合线附近的组织。图（a）中熔合线右边为焊缝组织,左边为薄板热影响区组织。图（b）中熔合线左边为焊缝组织,右边为厚板热影响

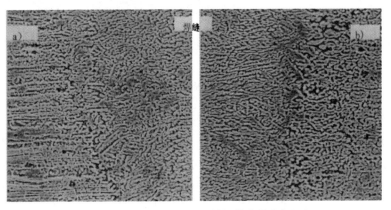

图 2 - 1 - 33　铝合金 5052 拼焊熔合线金相组织

区组织,热影响区不明显,在熔合线附近开始向焊缝中心生长的是柱状晶、树枝状晶,在整个树枝状晶的宽度上,均是一次枝晶,而且从熔合线过渡到焊缝中心的过程中,树枝晶变得越来越细小。在热影响区与焊缝间的过渡区,只有少量的柱状晶组织存在,并且宽度很窄,长大趋势很小,几乎不存在粗大的柱状晶组织。

(2)拼焊板接头力学性能　　纵向拉伸铝合金 5052 拼焊板,如图 2-1-34(a)所示,即拉伸方向与焊缝平行时,薄侧变形量较多,整体变形量降低较少,延伸率较大,板材有较大的拉伸变形能力,抗拉强度和屈服强度都有所降低。

横向拉伸,拉伸方向与焊缝垂直时,试件断裂均发生在薄板母材薄板热影响区,断裂处距焊缝很近,在 0.7~1.7 mm 之间,如图 2-1-34(b)所示。这一范围处于铝合金激光焊接接头的热影响区中。铝合金的热处理温度很低,在 350~400℃之间,焊接过程中这一区域的温度高于铝合金的热处理温度,这相当于对铝合金进行了一次热处理。而薄板母材是半硬状态,经过一次热处理后明显软化,硬度下降,再加上应力集中是断裂的主要原因,抗拉强度都小于母材的抗拉强度,并且拼焊板的断裂延伸率小于母材的断裂延伸率。拼焊板的变形主要由厚板变形引起,且屈服和变形都首先发生在厚板部位,但断裂却是在薄板上,而且断裂时的外力小于厚板能够承受的最大外力值,其等效延伸率不到厚板延伸率的 1/2。

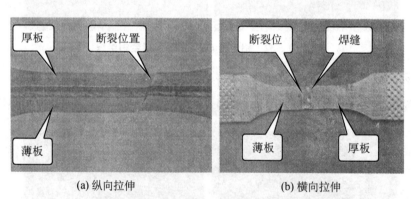

(a) 纵向拉伸　　　　　　　　　　(b) 横向拉伸

图 2-1-34　拼焊板工件拉伸力学试验

当薄板占较大比例时,板材的性能接近于母材。当焊缝处于板材中心或厚板占较大比例时,延伸率降低较大,板材有较小的拉伸变形能力,屈服强度降低。根据拉伸试验的结果,拼焊板发生塑性变形时,应尽量使焊缝平行于拉伸方向。如果条件不允许,也应让薄板尽可能多地分布于变形区,让焊缝远离变形量较大的部分。

(3)断裂模式　　铝合金存在两种宏观断裂模式,即韧窝断裂模式与剪切断裂模式。从微观结构来说,韧窝型断裂由孔洞形核、扩张和汇合造成,剪切断裂的机理则是材料内微观剪切面的开裂和汇合。图2-1-35所示是铝合金5052拼焊板拉伸断口形貌图,断口上有大量韧窝,呈微孔聚集型断裂,在部分韧窝底部可以清晰看到许多细小颗粒,韧窝外侧撕裂棱明显,但韧窝较浅。观测断口宏观形貌可知,断口虽然与正应力垂直,属正拉断口,但在厚度方向上存在剪切面。韧窝具有明显的方向性,说明剪切应力占了很大比例,且剪切断裂形态较好,即在厚度方向仍表现为韧性的剪切断裂。

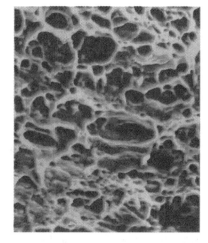

图2-1-35 铝合金5052拼焊板拉伸断口形貌图。

(二)激光焊接优越性

1. 焊接材料不受限制

任何两种不同种类的材料几乎都能够焊接。在生产中会遇到不同种类材料的焊接,比如铜与铝、钨与钼、金属与陶瓷等,用传统焊接工艺很难焊接,用激光则能够获得高质量焊接。有些使用传统焊接工艺难焊的材料,比如铝合金、钛合金、镍合金和不锈钢等的焊接,采用激光都能焊得快,质量好。

2. 焊接质量高

激光焊接的焊缝很细窄,很平整,也很深,热影响区小。图2-1-36所示是激光焊接不锈钢薄板的焊缝宏观形貌。焊缝的机械强度、韧性也很好,至少相当于母材的性能,甚至还会超过母材的性能。脉冲激光焊接时间都是毫秒级的,不造成零件热变形,所以合金体系的基本冶金性质一般不会改变;脉冲激光焊接的组织比电子束焊接的还细,因为后者是连续的焊接,冷却速度较低。激光焊接大多数情况下不需填充材料,靠激光的能量就可以把材料焊接起来,这避

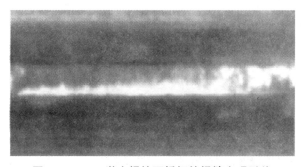

图2-1-36 激光焊接不锈钢的焊缝宏观形貌

免了由焊料可能给焊接件带来的污染。例如,用激光封口焊接食品罐头能保证食品质量。

3. 受焊接条件约束少

激光焊接为非接触焊接,能够将激光束集中于非常狭小的区域,产生高能量密度的热源,随后,该集中热源快速扫过被焊接缝。在这方面,激光焊接可与电子束焊接相比拟,但激光焊接却有着优于电子束焊接的特点,即激光焊接可在大气压下进行,而无需真空室。通过视窗、透镜及光纤,可以实现远程激光焊接。还可以在焊条和电子束无法达到的三维构件内部细微区域中实施激光焊接。与电子束焊接类似,激光焊接可以实现单面焊接双面成型,复层结构也可采取单面激光焊接,所以,那些用其他方法需从双面焊接的接头,如果采用激光焊接工艺,则可从单面施焊。这种灵活性开辟了接头设计的许多新思想,特别是针对某些包含不可接触表面的构件,比如隔着玻璃或者某些透明材料焊接。真空管里面的电子线路断了,激光就可以隔着玻璃壳做焊接。表2-1-3列出了激光焊接与几种传统焊接技术的性能对比。

表 2-1-3 激光焊接与几种传统焊接技术的性能对比

对比项目	激光焊接	电子束焊接	钨极惰性气体保护电弧焊	熔化极气体保护焊	电阻焊
焊接效率	0	0	−	−	+
大深宽比	+	+	−	−	−
小热影响区	+	+	−	−	0
高焊接速率	+	+	−	+	−
焊缝断面形貌	+	+	0	0	0
大气压下施焊	+	−	+	+	+
焊接高反射率材料	−	+	+	+	+
使用填充材料	0	−	+	+	−
自动加工	+	−	+	0	+
成本	−	−	+	+	+
操作成本	0	0	+	+	+
可靠性	+	−	+	+	+
组装	+	−	+	−	−

注:"+"表示优势;"−"表示劣势;"0"表示适中。

（三）影响激光焊接质量因素

激光焊接时，如果工艺参数匹配不合理或者焊接操作方法不正确，会导致焊接质量下降。

1. 焊接质量不佳的主要表现

焊接质量不佳的宏观表现是缺陷，如焊缝气孔、焊接裂纹、咬边、坍塌以及熔深不够大等。

（1）气孔 熔池结晶时某些气体来不及上浮逸出，在焊缝中形成了空穴，叫做气孔。空气、保护气体及材料表面氧化膜中吸附的水分等是焊接气孔的主要来源。气孔分为3种类型。材料中多余的氢气体会在熔池凝固时析出，此时如果氢气体上浮逸出不够顺畅，就会聚集成气泡，残留在固态材料中形成气孔，此种气孔称为氢气孔；溶池底部小孔前沿材料发生强烈的蒸发，将保护气体卷入熔池中并形成气泡，如果气泡来不及上浮逸出，就会残留在固态材料中形成气孔，称为保护气体气孔；当金属蒸气的压力小于材料表面的张力时，由于不能维持稳定状态，小孔将塌陷，此时如果熔化的材料没有及时填入其中，就会形成气孔，称为小孔塌陷气孔。

气孔使得焊缝的有效工作截面减小、机械性能下降，还使得焊缝的致密性降低，气密性降低。气孔边缘有可能发生应力集中现象，使得焊缝的塑性降低。所以，气孔对焊缝的性能影响极大，应当采取有效措施，减少产生气孔，如减少氢的来源和减少熔池的吸氢时间，可以有效抑制氢气孔的生成。清除材料表面的油污和氧化膜、采用适当的保护气体保护熔池，便可以有效减少氢的来源；采用高速焊接可以减少熔池的存在时间，以减少熔池的吸氢时间。

（2）焊接裂纹 在实际的焊接生产中出现的焊接裂纹主要有热裂纹和冷裂纹等。焊缝和热影响区金属冷却到固相线附近的高温区时产生的裂纹，叫做焊接热裂纹，如结晶裂纹、高温液化裂纹和多边化裂纹等。焊接接头冷却到较低的温度时产生的裂纹，叫做焊接冷裂纹，主要包括延迟裂纹、淬硬脆化裂纹和低塑性脆化裂纹等。

铝合金激光焊接过程中产生的裂纹主要为结晶裂纹，属于焊缝热裂纹，如图2-1-37所示。由于铝合金激光焊接熔池的凝固时间相当短暂，而且铝合金是共晶合金，所以焊

图 2-1-37 结晶裂纹

接时极易产生热裂纹。焊缝金属结晶时在柱状晶边界形成 Al‑Si 或 Mg‑Si 等低熔点共晶,导致结晶裂纹。

焊接裂纹将明显降低焊接接头的强度,严重影响焊接结构件的使用性能,对焊接结构件的安全可靠性产生巨大危害,很多焊接结构件的损坏事故都是由焊接裂纹导致的,因此,焊接裂纹是最危险的焊接缺陷之一。另外,焊接裂纹的末端有一个尖锐的缺口,将导致严重的应力集中,会造成焊接裂纹继续发展和损坏焊接结构件。

连续激光焊接产生结晶裂纹的倾向相对较小,而脉冲激光焊接时产生结晶裂纹的倾向相对较大。可以优化脉冲波形来控制热输入,以减少结晶裂纹的产生。另外,激光填丝焊接或者激光填粉焊接等激光焊接工艺也可以有效地减少结晶裂纹。

(3)咬边 由于操作不当或者采用不相匹配的工艺参数焊接,沿焊址的母材部位产生的沟槽或凹陷称为咬边,如图 2‑1‑38 所示。咬边产生后母材的有效截面积将会明显地减少,而且接头的强度也会明显降低。在咬边处容易产生应力集中,使得焊接结构件承载之后在咬边处容易产生焊接裂纹,甚至有可能导致焊接结构件报废。选择合适的焊接工艺,采用正确的焊接操作方法,可以有效地减少咬边。

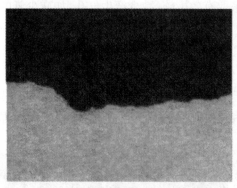 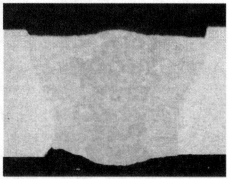

图 2‑1‑38 咬边　　　　　　　　　　图 2‑1‑39 坍塌

(4)焊缝坍塌 焊缝材料透过背面数量过量,以至于焊缝正面发生坍塌,而焊缝背面发生凸起,如图 2‑1‑39 所示。坍塌将使焊缝的有效截面积减小,还容易造成应力集中,并使焊接接头的强度明显降低。

2. 优化工艺参数

优化工艺参数可以避免或者减少焊接过程中出现的各种缺陷,获得需要的焊接机械强度和焊接质量。选择优化的工艺参数主要有激光参数、聚焦镜焦距、离焦量(或称焦点位置)、焊接速度和工作方式等。

(1)激光参数优选 激光参数主要包括激光功率、激光脉冲宽度、激光脉冲重复频率和激光模式等,它们是激光焊接中最关键的参数之一,将直接影响焊缝形貌、焊接深度、焊缝宽度和其力学性能。图 2-1-40 所示是不同激光参数对接焊接 1Cr18Ni9Ti 奥氏体不锈钢薄板的焊缝形貌,其中图(a)是激光参数选择适当的情况,此时焊缝表面光滑平整(图中的弯曲是由于在取样时剪切造成的),并且焊缝与母材交界处过渡也较为圆滑,应力集中较小,在焊缝区可以很清晰地看出由于激光能量的由上而下输入,熔池金属按顺序接收激光能量,并按顺序凝固而形成晕圈,所以其焊缝的抗拉强度大。图(b)是激光参数选择不适当的情况,比如使用的激光功率过高,以致在焊缝处出现热量积累,造成焊缝组织出现不同程度的过烧现象(图中蝶状发黑处),焊缝金属烧损严重。

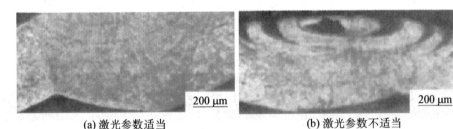

(a) 激光参数适当   (b) 激光参数不适当

图 2-1-40 不同激光参数对接焊接 1Cr18Ni9Ti 奥氏体不锈钢薄板的焊缝形貌图

采用金相显微镜观察其焊接头的显微组织发现,焊缝中心区基本由等轴晶组成,如图 2-1-41 的(a)所示。由于等轴晶细小均匀,因而焊缝金属具有良好的力学性能。焊缝边缘和母材交界处组织由细小的柱状晶组成,在焊缝和母材的交界处几乎看不到热影响区,如图 2-1-41 的(b)所示

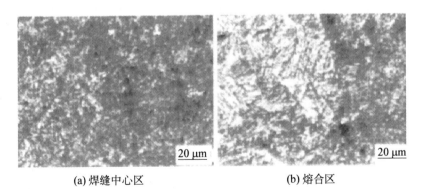

(a) 焊缝中心区   (b) 熔合区

图 2-1-41 接头微观组织

对铝合金的激光焊接实验结果也显示,使用的激光功率较低时,焊缝正面不平度较大,焊缝正面及背面成型不良;当使用的激光功率逐渐增大时,焊缝正面不平度明显减小,焊缝正面及背面成型趋于良好;而当激光功率过大时,焊缝正面出现明显的咬边和塌陷等缺陷,焊缝背面成型不良,而且部分区域发灰发暗。使用恰当的激光功率时焊缝质量很好。

激光深熔焊接的熔深与激光参数有关系,经验公式为

$$h = \beta P^{\frac{1}{2}} v^{-\gamma}, \qquad (2-1-8)$$

式中,h 是激光焊接的熔深,P 是激光的功率密度(W),v 是焊接速度(mm/s),β、γ 是取决于激光器、聚焦系统和焊接材料的常数。实际的焊接过程中,熔深也受到脉宽、脉冲重复频率、激光束扫描速度等影响,表 2-1-4 列出了激光焊接 2 mm 厚 304 不锈钢的焊缝参数(熔宽、熔深和深宽比)与激光功率的关系,为了更直观显示它们之间的关系,把相应的数据绘成图 2-1-42,激光焊缝的熔宽和

表 2-1-4　激光焊接参数与激光功率的关系

功率/W	脉宽/ms	频率/Hz	焊接速度/(mm/min)	熔宽/mm	熔深/mm	深宽比
150	8	10	200	0.889	1.312	1.476
200	8	10	200	1.069	1.599	1.496
300	8	10	200	1.117	1.736	1.554
400	8	10	200	1.203	1.854	1.624
450	8	10	200	1.312	2.092	1.596

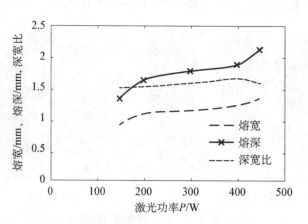

图 2-1-42　焊缝参数与激光功率的关系

熔深都随激光功率增加呈递增趋势,而深宽比先增后降,峰值位置在激光功率 350 W~450 W 之间。2 mm厚 304 不锈钢焊接,选取功率在 380~420 W 之间。

图 2‐1‐43 所示是激光焊接铝合金的焊缝宽度与激光功率的关系。焊缝宽度也随着激光功率增加而加宽。

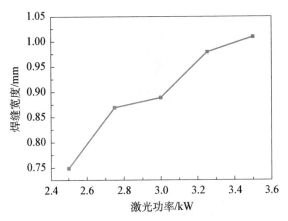

图 2‐1‐43　焊缝宽度与激光功率的关系

激光功率增加时,焊接头的抗拉强度逐步增强。从对焊缝的显微组织观察了解到,随着激光功率的增大,焊缝晶粒变得更为细小,组织更为致密,特别是热影响区。由于断裂均发生在热影响区,所以这个区域的晶粒变小,抗拉强度能力增强。当激光功率超过一定数值后,随着激光功率的增大,焊缝晶粒变得更为粗大,组织更为疏松,特别是热影响区,相应地抗拉强度能力逐渐减小。存在使抗拉强达到最大的最佳激光功率,热影响区的晶粒最为细化,组织最为致密。焊接铝合金的最佳激光功率大约为 3 kW。

(2)透镜聚焦的离焦量　离焦方式有两种:正离焦与负离焦。焦平面位于工件上方的为正离焦,反之为负离焦。激光焊接通常需要一定的离焦量,因为在激光焦点处光斑中心的功率密度最高,材料容易蒸发成孔。

离焦量对焊缝正面、背面和横截面的形貌、焊缝宽度以及力学性能也有影响。在激光功率和焊接速度不变的条件下,改变离焦量的大小,研究离焦量对不锈钢激光焊接的焊缝的变化情况,结果显示,当离焦量为正且越来越大时,飞溅情况越严重,焊缝正面宽度越大,焊缝越不均匀,背面熔宽越小,坍塌越明显;当离焦量为负或者正离焦量较小时,焊接过程中几乎无飞溅或少有飞溅,焊缝正面均匀,宽度适中,背面熔宽也较为理想,塌陷在合理范围以内;而当负离焦量过大时,焊接过程中又出现飞溅,熔宽较窄,焊缝背面坍塌过大。采用正离焦可以改善焊缝表面成型,而负离焦时焊缝连续性很差,这是由于过大的负离焦量使等离子体下压,在熔透的情况下,等离子体从工件背面冲出,导致焊接过程不稳定,因而焊缝连续性变差。图2-1-44所示是厚6 mm的304不锈钢在不同离焦量下的焊缝正反面形貌图,离焦量的范围在－1～1 mm得到的焊缝平整光滑,焊缝质量较高。

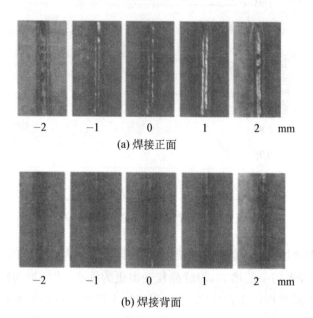

(a) 焊接正面

(b) 焊接背面

图2-1-44　不同离焦量下的焊缝正反面形貌图

离焦量也影响焊接接头抗拉强度,其变化规律与焊接速度有关,如厚度6 mm的304不锈钢板的激光焊接,焊接速度为0.8 m/min时,离焦量取－1 mm焊接接头抗拉强度为556 Mpa;离焦量为1 mm时,焊接接头的抗拉强度为544 Mpa,低于负离焦量的值;而焊接速度提高到1.2 m/min时则反过来,取正离焦量时焊接接头的抗拉强度高于离焦量的值。表2-1-5列出几个不同焊接速度下焊接接头抗拉强度与离焦量的关系。

按几何光学理论,当正负离焦平面与焊接平面距离相等时,所对应平面上激光功率密度近似相同,但实际上所获得的熔池形状却不同,在负离焦时,可获得更大的熔深,这与熔池的形成过程有关。材料受激光加热$50\sim200\ \mu s$时开始熔化,形成液相金属并气化,形成高压金属蒸气,并以极高的速度向外喷射,发出耀眼的白光。高浓度金属蒸气使液相金属运动至熔池边缘,在熔池中心形成凹陷。当负离焦时,材料内部功率密度比表面还高,易形成更强的熔化、气化,激光的能

表 2 - 1 - 5　几个不同焊接速度下焊接接头抗拉强度与离焦量的关系。

抗拉强度/MPa		离焦量/mm		
		−1	0	1
焊接速度 /(m/min)	0.8	556	573	544
	1.2	598	604	623
	1.6	582	617	650
	2	562	575	571

量能够向材料更深处传递。所以,在实际应用中,当要求熔深较大时,采用负离焦工作方式,当焊接薄材料时宜用正离焦工作方式。

离焦量对焊缝宽度产生影响,铝合金实验结果显示,当从负离焦量向 0 变化时,焊缝宽度逐渐增大,不平度明显减小,接头的抗拉强度逐渐增大,焊缝正面的咬边和塌陷等缺陷明显减少,焊缝正面及背面成型明显趋于良好;而当离焦量从 0 向正离焦量变化时,焊缝宽度逐渐减小,接头的抗拉强度逐渐减小,焊缝正面不平度增大,焊缝正面及背面成型趋于不良。图 2 - 1 - 45 所示是激光焊接铝合金的焊缝宽度与离焦量的关系。

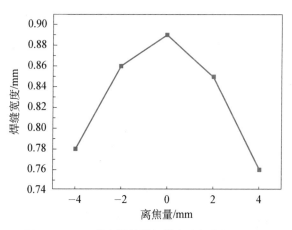

图 2 - 1 - 45　激光焊接的焊缝宽度与离焦量关系

（3）焊接速度　焊接速度的快慢会影响单位时间内输入材料单位体积的激光能量,焊接速度过慢,激光输入能量过大,有可能导致工件烧穿;而焊接速度过快,则输入的激光能量过少,会造成焊接不透。图 2 - 1 - 46 所示是厚为 6 mm 的 304 不锈钢板在不同焊接速度下的焊缝截面形貌图,焊接速度为 1~10 m/min。

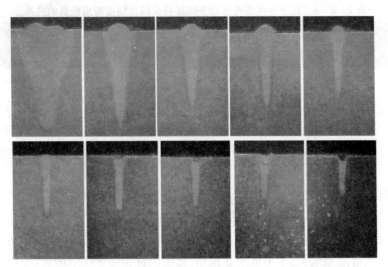

图 2 - 1 - 46　不同焊接速度的不锈钢板激光焊接截面形貌图

　　焊接速度对焊缝质量也有影响,当焊接速度较低时,焊缝正面不平度较大,咬边和塌陷缺陷突出,焊缝正面及背面成型不良,而且部分区域发灰发暗。当焊接速度逐渐增大时,焊缝正面不平度明显减小,焊缝正面及背面成型趋于良好。当焊接速度过大时,焊缝正面不平度较大,咬边和塌陷等缺陷突出,焊缝背面成型不良。图 2 - 1 - 47 所示是厚 6 mm 的 304 不锈钢板在不同速度下的焊缝正面和背面形貌图。

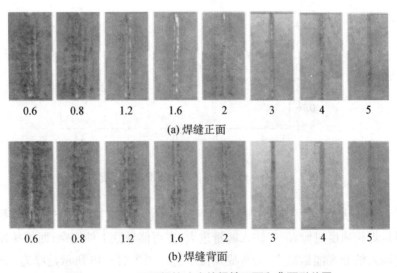

| 0.6 | 0.8 | 1.2 | 1.6 | 2 | 3 | 4 | 5 |

(a) 焊缝正面

| 0.6 | 0.8 | 1.2 | 1.6 | 2 | 3 | 4 | 5 |

(b) 焊缝背面

图 2 - 1 - 47　不同焊接速度的焊缝正面和背面形貌图

焊接速度为 0.6 m/min 时,焊缝缺口大,焊缝正面塌陷严重,反面凸起明显;当焊接速度大于 2 m/min 时,焊接速度快,导致焊接连续性差,焊缝质量也差。合适的焊接速度范围是 0.8~2 m/min,焊缝正反面较为平整光滑,焊接质量高。

图 2-1-48 是焊接速度对焊缝参数(熔深、熔宽和深宽比)的影响。熔深和熔宽都随着焊接速度的增大而减小,速度过低,焊缝宽度增大幅度大,而熔深基本不增大,这导致热影响区增大,使得焊缝质量下降。给定焊接零件,在其他条件相同的情况下,激光焊接铝合金存在最佳焊接速度,在这个焊接速度下能够获得最好的焊接质量。

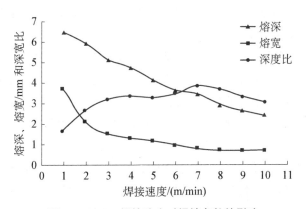

图 2-1-48 焊接速度对焊缝参数的影响

(4) 激光脉冲重复率 激光脉冲重复率也是一个重要参数,尤其对于薄片工件的焊接更为重要。当高强度激光束照射到金属工件表面时,将会有 60%~98% 的激光能量被工件表面反射而损失掉,而且反射率随表面温度变化而变化,在一个激光脉冲作用期间内,金属表面的光学反射率变化很大。

(5) 激光束旋转焊接 使激光束旋转可以大幅度地降低焊件装配精度要求以及对激光束质量的要求。例如 2 mm 厚高强合金钢板作对接焊接时,容许焊接件之间的间隙可以从 0.14 mm 增大到 0.25 mm;4 mm 厚的板材焊接,容许焊接件之间的间隙从 0.23 mm 增大到 0.30 mm,激光束中心与焊缝中心的对准允许误差从 0.25 mm 增加至 0.5 mm。

(6) 吹气去除或削弱等离子体 深熔焊过程产生的金属蒸气在激光作用下电离。在小孔内部和上方形成等离子体,此等离子体对激光能量产生吸收、折射和散射作用,熔池上方的等离子体会削弱往小孔下方传输的激光能量,并影响光束的聚焦效果。辅加侧吹气可以去除或削弱等离子体带来的影响。小孔的形成和等离子体效应,使焊接过程中伴随产生的声、光和电荷,研究它们与焊接规范及焊缝质量之间的关系,以及利用这些特征信号对监控激光焊接过程及质量,具有十分重要的意义。

(7) 激光回火 采用大功率激光光束焊接时,因其能量密度极高,被焊工件经受快速加热和冷却的热循环作用,使得焊接区硬度远远高于母材,而该区域的塑性相对较低。为了降低焊接区域的硬度,可采取焊接前预热和焊后回火等处理工艺。激光回火是在激光焊后随即采用非聚焦的低能量密度激光束对焊道进行多道扫描,这是降低焊接区硬度的新工艺。

3. 焊接质量在线监测

为了得到高质量焊缝,需要采用可靠的监测系统在线监测激光焊接质量,检测焊缝表面和内部缺陷。

(1) 在线监测激光焊接过程 在激光焊接过程中存在很多与物理现象有关的信息,如等离子体发射的光辐射、熔池压力变化产生的声音、机械应力引起的超声波、金属蒸气等离子介电常数的变化、反射的激光束功率等以及产生的熔池及小孔,对它们的检测、观测,可以了解焊接过程中发生的变化,判断焊接质量。

① 监测等离子体信号。等离子体的光辐射强度和等离子体辐射的声压信号与焊接工艺参数及焊缝质量有良好的对应关系。比如,等离子体的特征光信号强度、声压信号的强度分别稳定在一定范围内,可知为全焊透的合格焊缝;如果工艺参数选择不当,焊缝或是烧穿,或是未焊透,则特征光信号、声强度分别高于或低于上述稳定范围的上、下限。图 2-1-49 所示是监测原理方框图。

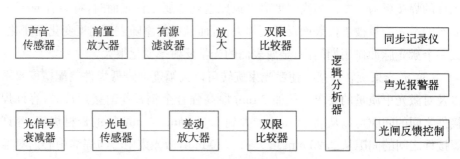

图 2-1-49 监测等离子体信号原理

② 熔池及小孔监测。利用某些观察仪器设备,如 CCD 摄像机、视觉传感器等观测激光焊接产生的熔池与小孔行为,可以判断激光焊接熔透程度、对接间隙,了解分析焊缝质量,如图 2-1-50 所示。

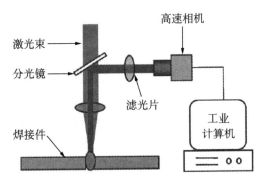

图 2-1-50　侧轴监测熔池

（2）焊缝表面缺陷视觉检测　在激光焊接完成后，对焊缝的外形尺寸如错配、扭曲等，对焊缝的宏观尺寸如熔宽、凸起和凹度，以及焊缝的表面缺陷如气孔、咬边、未熔透等，进行外观检测，发现其内部缺陷，例如，焊缝表面咬边，在其内部可能出现未熔透；焊缝表面有气孔时，则内部组织不致密。焊缝外观检测不但可以确定焊接质量是否合格，还可以判断焊接工艺是否合理。

视觉检测系统主要由激光器和摄像机构成，激光器发射的激光照射在焊缝表面，形成激光变形条纹，摄像机捕捉的焊缝表面的变形条纹，图像处理后可获取焊缝表面三维信息，如图 2-1-51 所示。

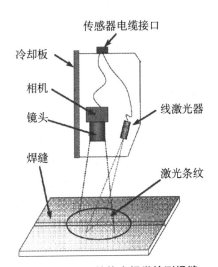

图 2-1-51　结构光视觉检测焊缝

（3）焊缝内部缺陷无损检测　检测或预测焊缝在使用过程中出现的内部缺陷，或对焊缝离线检测。在不破坏焊缝的前提下检测这些缺陷，属于无损检测范畴。焊缝内部缺陷主要表现为气孔和应力集中。传统的检测方法有磁粉检测、超声检测、射线检测、电磁涡流检测，较新的有金属磁记忆检测技术，可以快速、准确地确定铁磁性金属结构上的应力变形集中区，诊断结构强度和寿命。金属磁记忆效应是指铁磁性金属（常见的钢铁等）零件在加工过程中，由于受载荷和地磁场共同作用，在应力和变形集中区域会发生具有磁致伸缩性质的磁畴定向和不可逆的重新取向，这种磁状态的不可逆变化在工作载荷消除后仍然保存下来，记录该处的微观缺陷或应力集中的情况。检测被测件的磁场强度和磁场梯度分布情况即可确定应力集中或缺陷的位置。

(四) 应用例举

1. 船用大型对接焊

焊接的船板尺寸大,加工精度要求高。在造船中焊接加工最多的材料是3~12 mm厚的板材,传统焊接技术,由于焊接过程中热输入较大,易发生翘曲和变形,焊接后形状和位置的公差必须用手工方式消除。在建造船体时,约有25%的工作量是对船板整形和锤平,以达到要求的平整度和曲率。激光焊接船板,船体构件配合得非常好,能够迅速形成型材,12 m船板的长度公差在0.5 mm以内,几乎不需要后序加工,节省了大量的人工。激光焊接船板不起皱折,焊接质量无可挑剔,还能集切割与焊接操作为一体,在构件加工、储运和装备等方面节约大量费用。

2. 激光焊接轻质瓦棱板

为了提高钢板结构效率,一直采用弧焊骨架加强板,作为甲板和舱室隔板。这些隔板厚度相对较薄,为6~8 mm,除非严格的建造质量控制,二次矫形加工浪费约25%的建造工时。大型构件的扭曲和安装误差虽可以借助先进计算机辅助设计、制造技术和精确的切割技术弥补,但即使这样,采用弧焊工艺将各个部件焊在一起时,要使用大量的焊缝金属,焊缝金属凝固收缩时产生很大的残余应力,会导致变形。采用激光焊接工艺,焊缝窄,焊接速度较快,可少量填充或不填充焊缝金属,残余应力小,变形也小。

舰船高刚度轻质瓦棱夹层板取代弧焊骨架加强板,能够大幅度降低结构重量,提高甲板或舱室隔板的耐火性能、绝缘性能和平整度,易于施涂油漆和涂层。这种高刚度轻质瓦棱夹层板采用激光焊接而成。

3. 激光焊接汽车车身

在汽车车身制造方面,激光焊接成为了一种固定的成型方法。它大大减少了结构件和零配件的数量,减轻了汽车质量;提高了车身的尺寸精度和耐腐蚀能力,增加了汽车结构的可靠性、稳定性和安全性;在改善车身质量的前提下,不仅减少了装配工作量,而且还减少了成型工具、冲压机的工装投资以及运输、储存金属材料的费用,节约了制造成本。最重要的是,能够获得优良的焊缝质量,焊缝转接也较为平稳,车身零部件的抗冲击性和抗疲劳性显著改善。因此一些著名汽车公司广泛采用了激光焊接工艺,特别是激光拼焊技术,即根据车身不同的设计和性能要求,选择不同规格的钢板,通过激光截剪和拼接,完成车身某一部位的制造,可以减少零件和模具数量;缩短设计和开发周期;减少材料浪费;合理使用不同级别、厚度和性能的钢板,减少车身重量;降低制造成本。

4. 激光焊接汽车零部件

在家用轿车制造中,近 60% 的零部件采用激光焊接技术。激光焊接广泛应用到变速齿轮、半轴、传动轴、散热器、离合器、发动机排气管、增压器轮轴、底盘等部件的制造,已成为汽车零部件制造的标准工艺。激光焊接工艺从根本上改变了传统的设计和制造理念,为齿轮箱体类部件的加工提供了更具经济性和更为紧凑的结构。与传统焊接技术相比,激光焊接后的齿轮几乎没有焊接变形,不需要焊后热处理,而且焊接速度大大提高。这不但减少了工序,节约了昂贵的原材料,大幅度提高了效率,还使得齿轮箱结构更为紧凑。激光深熔焊接的齿轮与传动轴熔化为一体,与原来的齿轮和传动轴相比,无论在使用精度还是在传递扭矩要求上,都有明显的提高。图 2-1-52 所示是激光在焊接汽车齿轮。

图 2-1-52 激光焊接汽车齿轮

2-2 激光成型

激光成型技术在无需任何硬质工模具的情况下,可直接由计算机三维设计、制造出实体零件或原型。

一 激光熔化烧结快速成型

在工业生产中,零件原型的快速制作是改变传统生产技术的关键。快速制作出的三维实体模型可以给设计人员快速提供反馈,以便评估设计思路,大大缩短新产品研究周期,保证新产品以最快速度投入市场。

(一) 快速成型

快速成型技术是基于离散/堆积成型原理的新型数字化成型技术,是由计算机控制的三维几何模型的生产方法,不需要对零件切削加工,也无须人为干涉,一次成型。成型零件其实是一个空间物体,由若干非几何意义的点或面叠加而成,从 CAD 模型中获取这些点和面的几何信息(特征),把它与成型参数信息结合起来,转换成控制成型的 NC 代码,从而控制材料有规律地、精确地叠加起来而构成零件,如图 2 - 2 - 1 所示。

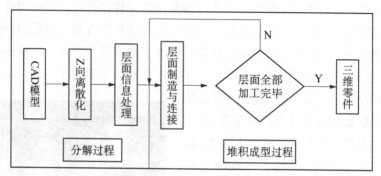

图 2 - 2 - 1　快速成型过程

利用 CAD 软件设计出零件的三维实体模型,然后根据具体的工艺要求,按照一定厚度对模型进行分层切片处理,将其离散化为一系列二维层面,再对二维层面信息进行数据处理并加入加工参数,生成数控代码输入成型机。控制成型机的运作顺序完成各层面的成型制造,直至加工出与 CAD 模型相一致的原型或零件。

激光快速成型最突出的优点在于所使用的成型材料十分广泛,从理论上说,任何加热后能够形成原子间黏结的粉末材料都可以作为成型材料,目前使用较多的材料主要有金属、石蜡、高分子、陶瓷粉末及其复合粉末材料。

(二) 成型原理

采用中、大功率激光器熔化同步供给的金属粉末,逐层沉积、堆积而形成金属零件,其实质是计算机控制下的三维激光熔敷。实体模型(由 CAD 产生)经切片分层处理后形成的二维平面信息,控制激光束或沉积基板的运动。技术关键是精确连续地供应粉末,并控制金属粉末的熔化及随后的凝固过程,保证一定的熔池形状(熔池尺寸小且稳定)和连续的固/液界面,使得成型过程保持连续和一致。

(三) 优越性

激光能够快速制作零件原型,同传统的制造方法相比较,显示出诸多的优点。

1. 制造速度快

从总体上看,快速成型技术的加工速度较传统任何成型方法都要快得多,因为它摆脱了传统的毛坯制造、刀具准备、粗加工和精加工等工艺,从电子模型直接制造零件。这种加工方法可以成型任意复杂的零件,取消了所有加工工具,因而具有极大柔性。当零件形状、批量改变时,无需重新设计、制造工艺设备和专用工具,只要准备相应的CAD模型即可。运用激光快速成型技术能够快速、直接、精确地将设计思想转化为具有一定功能的实物模型(样件),从CAD设计到完成原型制作,通常只需几个小时到几十个小时,加工周期短,可节约70%时间以上。这不仅缩短了开发周期,而且降低了开发费用,也使企业在激烈的市场竞争中占有先机。

2. 制造的自由性大

可实现自由制造,制造工艺与零件的复杂程度无关,不受工具的限制,制作原型所用的材料不受限制,各种金属和非金属材料均可使用,如树脂类、塑料类、纸类、石蜡类、复合材料以及金属材料和陶瓷材料等。

3. 技术高度集成

集成了计算机、控制、材料、光学和机加工等科学技术。CAD技术实现零件曲面和实体造型,数控技术保证二维扫描的高速度和高精确性,先进的激光器件和控制技术使得材料的精确固化、烧结和切割成为可能。设计制造高度集成化,整个生产过程实现自动化、数字化,与CAD模型直接关联,所见即所得,零件可随时制造与修改,实现设计制造一体化。

4. 应用领域宽阔

可用于产品的部分性能测试、分析,如运动性能测试、风洞实验、有限元分析结果的实体表达、零件装配性能判断等。在医学领域以医学影像数据为基础,利用激光快速成型技术制作人体器官模型,对外科手术有极大的应用价值。在航空航天技术领域,空气动力学地面模拟实验(即风洞实验)是设计性能先进的天地往返系统(即航天飞机)所必不可少的重要环节。该实验中所用的模型形状复杂、精度要求高,又具有流线型特性,采用激光快速成型技术,根据CAD模型,由激光快速成型设备自动完成实体模型,能够很好地保证模型质量。

此外,制造成本低,一般制作费用降低50%,特别适合新产品的开发和单件小批量零件的生产。

(四) 工作系统

成型工作系统主要由软件系统、激光器、数控系统及工作台、粉末输送系统及保护气氛装置组成,如图2-2-2所示。

软件系统主要包括造型、数据处理及工艺监控3部分。造型软件负责完成零件的三维CAD造型设计,并转换成表面三角形模型(即STL格式的文件);利用分层软件,将STL文件格式生成连续的平面层信息。利用平面信息驱动平面扫描工作台及工艺参数,利用三维信息驱动高度方向的工艺参数;数据处理软件完成对模型的STL文件数据诊断检验及修复、插补、显示、分层切片,轮廓的偏

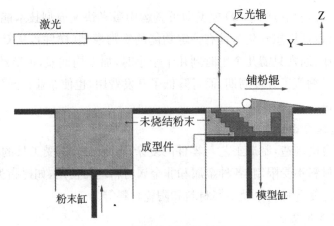

图 2-2-2　激光金属快速成型工作系统

置、扫描路径生成、填充线的优化及加入加工参数等；工艺监控软件负责数据处理所生成的数控信息对成型系统运动的控制，完成成型制造过程。

激光器提供成型时熔化金属粉末所需的能量，通常使用的激光器主要有 CO_2 分子激光器和 YAG：Nb 固体激光器。铜和铝对这两种激光器输出的激光反射率都比较高，需利用表面黑化、吸光涂层及粗糙化的方法来提高材料对激光的光学吸收率。在采用金属粉末激光直接成型时，由于粉末具有高的表面积，可使反射率大大降低，这一步可以省去。

数控系统及工作台实现成型时的运动扫描，完成对激光器、扫描运动、粉末输送及保护气等的控制和调节，为保证成型零件质量，最好能实现对成型过程的闭环控制。

稳定可靠的粉末输送系统是金属零件精确成型的重要保证。粉末输送的波动将使成型过程失去平衡，并最终可能导致零件制备失败。送粉方式有侧向送粉和同轴送粉两种，同轴送粉能克服因激光束和材料引入的不对称而带来的扫描方向的限制，而在金属粉末激光快速成型系统中得到较多采用。一般将同轴送粉装置与激光头固定在一起，完成 Z 轴运动。

保护气体系统是为防止金属粉末在激光成型过程中氧化，降低沉积层的表面张力，提高层与层之间的浸润性，同时有利于提高工作安全。

（五）成型工作过程

成型工作过程是，先在计算机上建立零件的三维 CAD 模型，并利用切片软件将模型按一定厚度分层"切片"，即将零件的三维数据信息离散成一系列二维轮廓信息，然后将分层后的数据经过处理，传给数控系统，形成数控代码。工作时粉末缸活塞（送粉活塞）上升，由铺粉辊将粉末在成型缸活塞（工作活塞）上均匀铺上一层,计算机根据原型的切片模型控制激光束的二维扫描轨迹,有选择地烧结固体粉末材料以形成零件的一个层面。完成一层后,工作活塞下降一个层厚,铺粉系统铺上新粉后控制激光束再扫描烧结新层。如此循环往复,层层叠加,直到三维零件成型。最后,将未烧结的粉末回收到粉末缸中,并取出成型件。对于金属粉末激光烧结,在烧结之前,整个工作台被加热至一定温度,可减少成型中的热变形,并利于层与层之间的结合。最后在计算机的控制下,用激光烧结的方法将粉末材料按照二维轮廓信息逐层堆积,最终获得三维实体零件或仅需少量后续加工的近形件。其整个工艺过程包括 CAD 模型的建立及数据处理、铺粉、烧结以及后处理等。

(六) 成型物理过程

成型是一个复杂的物理过程,实际上它基本沿用了传统液相烧结机理。但高能激光束与金属粉末作用的时间很短,一般为 $0.5\sim2.5$ ms,液相的生成与凝固过程相当快,传统液相烧结中的某些阶段不充分,属于典型的瞬时液相烧结。液相烧结一般可分为以下 3 个阶段,第一阶段为颗粒重排阶段。在足够高的烧结温度下,粉末熔化成液相,填充孔洞,随着液相的流动,颗粒发生滑动、旋转、重排。第二阶段是溶解-析出阶段,大颗粒的棱角、微凸及微细的颗粒溶解在液相,当固相在液相中的浓度饱和后,在大颗粒表面重新析出。第三阶段是固相骨架形成阶段,晶粒生长的同时出现孔洞的粗化。从某种程度上说,成型的金属零件机械强度将取决于液相金属存在时间的长短。激光金属粉末烧结成型金属件也将经历 3 个过程,即金属粉末熔化、熔化的金属流动和润湿并成型。

1. 金属粉末熔化

金属粉末对激光能量的实际吸收率很低,比如 Cu、Ni 粉末对 CO_2 激光的吸收率分别是 26% 和 42%,入射的激光能量只有部分能够被粉末颗粒吸收,另一部分被颗粒间大量存在的孔隙所吸收,而孔隙的吸收率接近于黑体,因此,实际上粉末材料对激光能量表现的吸收率比相应的实体材料还高。金属粉末吸收了激光能量后温度升高,并熔化。

2. 液态金属流动

驱动液态金属流动的作用力主要有:

① 过剩表面能驱动力。致密的晶体如果以细分的大量颗粒形态存在,这个颗粒系统就处于高能状态,与同质量的未细分的晶体相比具有过剩的表面能。而烧结的主要目的是把颗粒系统烧结成为致密的晶体,是向低能状态过渡。驱动力大小近似表示为 $F = \beta sM$,式中 β 是固-气表面能,s 是粉末比表面,M 是晶体材料的摩尔质量。

② 毛细管力。它使液体金属沿毛细管路径流动。

3. 润湿并成型

好的润湿性将有利于液相在孔洞中的运动,使颗粒间有更强的相互吸引力,增加成型件的强度;而差的润湿性会造成颗粒间排斥,使液相从烧结体中流出。固相表面被液相湿润的好与差,可由两者的接触角 H 来判断,一般说来,接触角越小,润湿性越好。

(七) 工作方式

激光成型有 3 种方式,分别是:

1. 金属粉末和黏结剂混合物烧结

首先将金属粉末和某种黏结剂按一定比例均匀混合,用激光束对混合粉末选择性扫描,使混合粉末中的黏结剂熔化并与金属粉末黏结在一起,形成金属零件的坯体。再将金属零件坯体进行适当的后处理,比如烧失黏结剂、高温焙烧、金属熔渗(如渗铜)等工序进行二次烧结,进一步提高金属零件的机械强度和其他力学性能。这种工作方式较为成熟,已经能够制造出金属零件,并在实际中得到使用。

2. 激光直接烧结金属粉末

用激光直接烧结金属粉末制造零件,研究较多的是两种金属粉末混合烧结,其中一种金属的熔点较低,另一种的较高。激光能量将低熔点的粉末熔化,被熔化的金属粉末将高熔点的金属粉末黏结在一起。由于烧结好的零件机械强度较低,需要经过后处理才能达到较高的机械强度。目前也有对单一种金属粉末如 $CuSn$、$NiSn$、青铜镍粉复合粉末等激光烧结成型的工作方式。

3. 金属粉末压坯烧结

这是将高低熔点两种金属粉末预压成薄片坯料,再用适当的工艺参数进行激光烧结。低熔点的金属粉末吸收激光能量后熔化,流入到高熔点金属粉末的颗粒孔隙之间,使得高熔点的金属粉末颗粒重新排列,得到致密度很高的试样。

(八) 工艺参数

涉及的参数主要有金属粉末材料特性、激光参数和烧结工艺参数等,这些参数影响着激光烧结过程、成型精度和质量。

1. 金属粉末材料特性

粉末材料的物理特性,如粉末粒度、密度、热膨胀系数以及流动性等对零件中缺陷的形成具有重要影响。粉末粒度和密度不仅影响成型件中缺陷的形成,还对成型件的精度和粗糙度有着显著的影响。粉末的膨胀和凝固机制对烧结过程的影响可导致成型件孔隙增加和抗拉强度降低。

2. 激光功率密度和扫描速度

激光功率和扫描速度决定了金属粉末的温度和升温时间。如果激光功率低而扫描速度又快,金属粉末熔化,烧结不好,制造的零件机械强度低或根本不能成型;如果激光功率太高而扫描速度又慢,则会引起金属粉末气化,熔化烧结密度会增加,会使成型的零件表面凹凸不平,影响层与层之间的黏结性能,使零件内部组织和性能不均匀,也影响零件质量。过高的激光功率密度将使金属粉末完全熔化,形成连续液柱,工艺过程类似于传统熔敷工艺。因表面能降低所引起的液柱不稳定性使其断裂,形成非连续烧结线,将导致烧结件普遍球化严重,孔隙率高,微观裂纹明显,氧化夹杂严重等。适宜的激光功率密度使金属粉末发生部分熔化生成适量液相,通过液相的桥接作用黏结未熔固相颗粒,实现烧结致密化。

图 2-2-3 所示是不同激光功率和扫描速率下烧结试样的显微组织。未熔固相颗粒间通过液相凝固后生成的烧结颈而形成有效连接。这是因为激光能量使黏结剂熔化而形成液相,液相包覆并润湿金属颗粒,使其充满凹陷部位,并发生快速颗粒重排。带有棱角的颗粒通过液相的桥接作用而形成烧结颈,实现颗粒间的黏结。在激光功率密度较低时液相凝固组织成断续的窄条状分布,液相生成量明显不足,未熔的金属颗粒难以被液相完全包覆和黏结,烧结组织中存在较多孔隙,如图 2-2-3(a)所示。保持扫描速率不变,将激光功率提高,有利液相铺展和流动,使液相均匀弥散在固相颗粒周围,改善润湿性;有利于生成足够的液相,降低液相黏度,加速颗粒重排,提高固相颗粒间的黏结性,烧结组织均匀性显著提高。液相将金属颗粒完全包覆,凝固组织成连续、致密的网络状分布,如 2-2-3(b)所示。保持激光功率不变,提高扫描速率,会导致烧结组织整体表现出较明显的球化,其中存在大量微观裂纹,如图 2-2-3(c)所示。可见,扫描速率对球化影响显著。在其他工艺参数一定时,扫描速率越高,越易引起球化。因在较高的扫描速率下,易形成连续的圆柱形金属熔化轨迹,随着液相表面能的

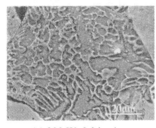
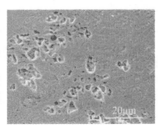

(a) 300 W, 0.04 m/s   (b) 350 W, 0.04 m/s   (c) 350 W, 0.06 m/s

图 2-2-3 不同激光功率和扫描速率下烧结试样的显微组织

降低,液柱分裂成直径近似于光斑直径的球状,导致大量孔隙存于烧结件中。

3. 铺粉厚度

快速成型要获得良好的层间结合,不仅要激光能量穿透当前粉层,还应对相邻的已烧结层进行二次烧结,使层间结合部分重熔而黏结为一体。因此激光烧结深度要大于铺粉厚度。激光能量在粉层内部传递的过程中具有快速衰减效应,若铺粉厚度过大,激光能量未传至粉层底部即已衰减至零,难使底层粉末有效烧结,因此需合理控制铺粉厚度。烧结组织中孔隙的形状、大小和分布方向,以及由此导致的层间结合性,随铺粉厚度的变化而有显著差异。图 2-2-4 所示是铜基金属粉末激光烧结的实验中,不同铺粉厚度下烧结试样层间的结合情况,铺粉厚度自左向右减少。当铺粉厚度较厚时,烧结层之间有细长且连通的孔隙,表现出较差的层间结合性;当铺粉厚度减少时,形成沿水平方向分布的致密烧结层,层间已无横向贯通的孔隙,而是非连续地分布有少量不规则形状的大尺寸孔隙;当铺粉厚度进一步减少时,烧结层之间已形成有效的黏结,其间无明显的孔隙分布,烧结致密度及组织均匀性显著提高。但当铺粉厚度继续减至 0.2 mm 时,层间结合性并未继续改善,烧结层之间反而出现了非连续分布的较大孔隙。对于铜基金属粉末体系,适宜的铺粉厚度为 0.3 mm 左右。

(a) 0.4 mm   (b) 0.3 mm   (c) 0.2 mm

图 2-2-4　不同铺粉厚度下的烧结层间结合情况

铺粉厚度越小,显微硬度值越高。对于某一固定铺粉厚度,显微硬度值在试样高度方向上呈波动分布,且在试样底部测得的显微硬度显著高于在顶部的测量值。铺粉厚度越小,这种显微硬度差异越明显。但铺粉厚度过小,层间结合性并未继续改善,烧结层之间反而出现了非连续分布的较大孔隙。因为铺粉厚度过小时,铺粉滚筒装置往往使得已烧结层在其预先确定的位置上扰动,降低铺粉均匀性。这样不仅影响烧结致密度,还降低烧结件整体的几何尺寸精度。

4. 扫描间距

扫描间距是指相邻两条激光扫描线之间的距离,激光扫描间距的大小影响输入给金属粉末的总的能量分布。图 2-2-5 所示是不同激光扫描间距的总能量分布示意图。照射金属粉末表面的激光束能量 E 呈高斯分布。当扫描间距 b 大于光束直径 d 时,扫描线彼此分离或小部分重叠,其相邻区域总的激光能量小于金属粉末的烧结能量,不能使相邻区域的粉末烧结,如图 2-2-5(a)所示。当 $b < d$,但 $b > \omega$(ω 是激光光束半径)时,扫描线大部分重叠。此时,相邻区域的激光能量可以使该区域的金属粉末熔化烧结,但此时激光总能量的分布呈现波峰波谷,如见图 2-2-5(b)所示。能量分布不均匀使得粉末的烧结深度不一致,形成的零件密度也不均匀。当 $b < \omega$ 时,扫描线的激光能量叠加后的分布基本上是均匀的,此时金属粉末熔化烧结深度一致,形成的零件密度均匀。但是,如果扫描间距 b 太小,$b \ll \omega$,则总的激光能量太大,反而会引起熔化烧结深度减小,还会引起零件翘曲变形。

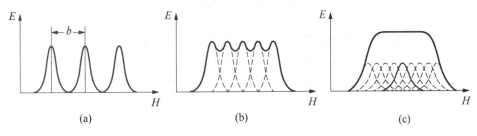

图 2-2-5 不同激光扫描间距的总能量分布

显微组织特征(如相邻烧结线的黏结性,孔隙形状及大小、孔隙率等)受扫描间距影响显著。当相邻扫描线之间未有交叠时,形成平行于扫描方向的烧结线,且单条烧结线中的凝固组织成断续的窄条状分布,相邻烧结线之间几乎未有黏结,其间充满大量连续分布的孔隙;当相邻扫描线交叠达到 25% 时,烧结组织中不再出现单条线扫描轨迹,而是成光滑的平面状分布,组织均匀性显著提高,且其中仅分布有少量不规则孔隙,几乎接近全致密。减小扫描间距使烧结组织从非连续分布转变为较为平整的状态,组织连续性和均匀性显著提高的原因是,激光烧结快速成型是基于激光束逐行扫描而烧结粉末成型。减小扫描间距,一方面使后续粉末熔化生成的液相顺利铺展到已烧结线;另一方面,已烧结线得以二次激光辐照而发生重熔,使得液相足以填充相邻烧结线之间的空隙,烧结线间的搭接量增加,形成较为平整和连续的烧结组织,并使致密度显著提高。

两条相邻扫描线断面如图 2-2-6 所示,两个相邻断面边界分别用圆 O_1 和 O_2 表示,半径为 R,断面高度为 h,扫描间距为 L。衡量扫描间距一般采用重叠系数 X,即重叠部分宽度 b_w 占扫描线宽度 b 的百分比来衡量:

$$X = b_\mathrm{w}/b \times 100\% = (b-L)/b \times 100\%。 \qquad (2-2-1)$$

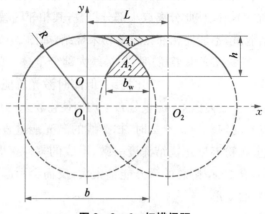

图 2-2-6 扫描间距

面积 A_1 代表扫描线断面间的凹沟,面积 A_2 代表扫描线断面重叠部分,当面积 $A_1 = A_2$ 时,重叠部分面积 A_2 正好填补到凹沟面积 A_1 上,此时烧结表面平整光滑,扫描间距正好合适。根据图 2-2-6 可以得到如下方程:

$$x^2 + [y - (h - R)]^2 = R^2, \tag{2-2-2}$$

$$R = \frac{b^2 + 4h^2}{8h}。 \tag{2-2-3}$$

当 $y \geqslant 0$ 时,由(2-2-2)式得

$$y = (R^2 - x^2)^{1/2} + h - R。 \tag{2-2-4}$$

面积 A_1 和面积 A_2 分别由下面积分方程获得:

$$A_1 = Lh - 2\int_0^{\frac{L}{2}} (\sqrt{R^2 - x^2} + h - R)\mathrm{d}x, \tag{2-2-5}$$

$$A_2 = 2\int_{\frac{L}{2}}^{\frac{b}{2}} (\sqrt{R^2 - x^2} + h - R)\mathrm{d}x。 \tag{2-2-6}$$

只要从实验中确定出描线宽度 b 和高度 h,根据 $A_1 = A_2$ 就可以得到最优的扫描间距 L。

5. 扫描方式和扫描方向

在激光直接成型技术中,金属零件在工作台做大量扫描运动,金属粉末在激光作用下,由点到线、由线到面、由二维到三维逐层熔化累积,因此,合理选择扫描方式可提高金属零件精度和强度,提高成型效率。

(1) 环形扫描 图 2-2-7 所示是环形扫描示意图,其中(a)是方形环形扫描,扫描线沿平行边界的方向行进,即走每个边的等距线;(b)是圆环形扫描,对于圆柱形零件,可直接采用环形扫描方式,扫描路很是一条封闭曲线。成型零件的表面比较光滑,各向同性。在连续不断的扫描中,扫描线不断地改变方向,使得由于收缩而引起的内应力分散,减少了翘曲的可能性,成型零件具有较好的机械性能;环形扫描方式遵循成型时热传递变化规律,减弱零件在温度降低过程中产生的内部残余应力。

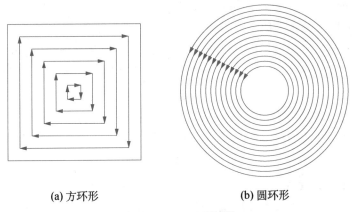

(a) 方环形 　　　　　　　　　　　　(b) 圆环形

图 2-2-7　环形扫描

(2) 多边形三角剖分扫描　零件的切层数据由多条直线组成,每一层中其他轮廓由一个或者多边形环组成,即零件的每层轮廓都是一个任意多边形,如图 2-2-8(a)所示。任意多边形可以进行三角剖分,即将该多边形分成一个个无孔洞的三角形,如图 2-2-8(b)所示,扫描过程为:

① 将对整层的扫描转化为分别对每个三角形的扫描。

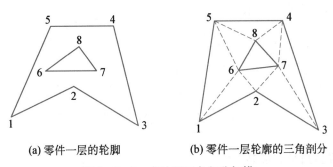

(a) 零件一层的轮脚 　　　　　(b) 零件一层轮廓的三角剖分

图 2-2-8　多边形三角剖分扫描

② 在每个三角形的内部采用环形扫描。

③ 每个三角形的边不扫描。

④ 多边形的边界要扫描。

这种扫描方式比环形扫描在避免零件翘曲和提高零件精度方面又前进了一步,并且数据处理简单得多,它有以下优点:

① 具有环形扫描所具有的优点。

② 由于将多边形剖分为一个个的三角形,扫描线更短,收缩变形更小。

③ 由于在扫描时三角形的边界不扫描,因此在同一层内应力减小,变形减小。

④ 扫描线的生成算法简单,易实现。

扫描方向也会影响成型零件的性能。矩形环形平面可采用两种方式扫描,即沿长边扫描和沿短边扫描。沿长边扫描,扫描次数少,但相邻扫描的时间间隔较长;沿短边扫描的情况则相反。沿短边扫描成型的零件性能较好,粉末熔化烧结密度和深度增加。这主要是因为相邻扫描时间间隔短,前一次扫描的金属粉末还没有完全冷却下来,相邻的扫描又开始,输给金属粉末的总激光能量增加。前一次扫描对相邻的金属粉末相当于预热,减小了相邻金属粉末在激光熔化烧结时形成的温度梯度,从而减小了成型零件的内应力。

6. 粉末喷出速度

该参数决定了粉末载气流量。流速选择过小,不能保证金属粉末在管路中流动畅通,甚至可能造成粉末拥塞。流速选择过大,在粉末喷嘴处粉末迸飞现象十分严重,降低金属粉末的利用率。显然存在合适的粉末喷出流速,根据这个合适流速和喷嘴的粉末喷射口尺寸,便可以确定粉末载气喷出的速度。

7. 粉末喷嘴距数控平台初始高度

金属粉末在粉末载气与重力的作用下,在同轴送粉器粉末管路中的运动可近似看成金属粉末从喷嘴喷出后以水平抛射角 θ 做直线运动,直至喷入激光熔池中。于是,粉末喷射汇聚点到喷嘴底面的距离为

$$d = r \times \tan\theta, \qquad\qquad (2-2-7)$$

式中,r 为粉末喷嘴的半径,θ 为粉末喷嘴的加工角度。

上述各种参数在成型过程中往往是相互影响的,因此,在进行最优化设计时,要从总体上考虑各参数的优化,以得到对成型件质量改善最为有效的参数组。

(九) 成型质量和控制

目前成型制造出来的零件普遍存在着密度、强度及精度较低,机械性能和热学性能不能满足使用要求等一些问题,最重要的质量问题是翘曲变形和开裂、球化效应以及残余应力和变形等,这些质量问题与工艺有关。

1. 翘曲变形和开裂

翘曲变形和开裂对成型零件精度影响很大,会造成尺寸、形位出现很大误差。出现这个现象最根本的原因是扫描激光束对粉末的加热不均匀,形成大的温度梯度,导致材料体系收缩不一致。收缩主要发生在成型过程中的两个阶段,第一阶段发生在烧结过程中,由于致密、相变、熔解、结晶等原因造成收缩,并称为熔固收缩;第二阶段是凝固后,从工作温度降到室温的过程,并称为温致收缩。激光扫描开始,在成型第一层时由于材料密度增大,必然发生收缩,接着在冷却的过程中同一层的上部与下部的温度存在梯度,发生层内的收缩不均衡,导致翘曲。当成型第二层时,由于第一层与第二层的密度不同,以及温度梯度,将发生层间收缩的不均衡,加剧翘曲,甚至出现裂纹。顺利完成烧结成型多层以后,由于已凝固层的刚性增大以及每次铺粉的补偿,翘曲会缓解。

收缩和温度梯度还会导致成型件出现微裂纹。粉末材料发生瞬间的固-液-固相的转变,导致体积收缩,产生拉应力,后续材料不能充分供应而使残余液相液膜分离,产生微裂纹。

烧结件的翘曲和开裂与材料体系本身的特性、工艺参数、工艺状况以及烧结件结构及定位等因素有关,解决翘曲和开裂应从这几方面着手。为了减小烧结件收缩,应选择热膨胀系数小的粉末材料。在多组元金属粉末中使用低熔点材料不仅能够有效地利用激光能量,同时也减小了热应力的影响。粉末体系的粒度通常是不均匀的,在粒度及堆垛方式的选择上要尽可能地增大粉末的密度,减小熔固收缩。液相表面张力对烧结过程有着重要的影响,减小熔池液相的表面张力的影响不仅可以减小球化效应,同时也能减小水平方向的收缩,使熔固收缩发生在垂直方向,减小翘曲和开裂。在材料体系中添加某种或某几种合金元素,可以在满足使用性能的基础上增加其韧性相,提高韧性,对抑制裂纹也是一种有效的方法。烧结过程中的某些相变可引起烧结体的体积膨胀、补偿收缩,在设计粉末体系时应考虑利用这些相变,减小烧结体的变形。

激光功率、激光模式、扫描速度、扫描间距、扫描路径等也影响烧结件翘曲和开裂,为方便讨论,激光束选为基模高斯光束。这种模式的激光光斑中心的能量最高,由此点向外逐渐减弱,相应地在光斑范围内不同位置的粉末接受的激光能量将不同。同时由于粉层中有很大的空隙率,大大降低热传导率,这便使粉层的下部分获得的能量比上部少得多,上、下部分获取的激光能量不均等将造成粉层上、下部分温升不均匀,上部分粉层获得的激光能量多,其温度升得高,散热快,体积收缩大,而下部分获得的激光能量少,温度升得较低,散热也慢,体积收缩小。

适宜的激光束扫描路径可以减少温度梯度,分散烧结件热应力的方向,减少热应力的不利影响。激光扫描矢径越短,相邻两次扫描间隔时间越短,温度衰减慢,形成的温度梯度小,可以有效减小烧结的热应力。另外,由于扫描线不断改变方向,不仅减少了收缩,而且使得由于收缩而引起的内应力方向分散,降低了翘曲和出现裂纹的可能性。短边扫描中相邻两次扫描的间隔时间相对较短,相邻扫描线间的温差较小,而且前一次扫描的粉末对后一次扫描的粉末进行了预热,降低了温度梯度。而长边扫描中,激光扫描后,烧结线立即冷却凝固引起收缩,在收缩率相同时,长线段的收缩量比短线段大,所以长边扫描将会比短边扫描更容易产生翘曲。

预热可以减少温度梯度,减少热应力的影响,减少翘曲和开裂。一般来说,热温度在材料熔融温度以下 $2\sim3℃$,精度在 $±1℃$,而且要求在新的一层粉末铺好后,尽快将温度升到设定温度,并且要尽量使粉末预热温度均匀。

2. 球化效应

如果熔化的金属材料不能润湿下层的基础,液体上的表面张力使液面收缩为球形,出现所谓球化现象,其结果是,烧结线由一串圆球组成。球化过程需要一定的时间,如果金属的冷却速度大于球化速度,则会大大消除球化现象,因此,改变使用的激光功率和激光扫描速度,可以降低球化现象出现的概率。增大使用的激光功率,熔池和凝固区的温差加大,随着激光束的移动,一部分熔体将回流,在熔池后沿不断凝固,可以避免形球。不过,随着激光功率的加大,熔池流动将加剧,黏结周围的粉末会增多,形成的圆球直径又会加大,因此,激光功率对球化效应有双重性。

图 2-2-9 所示是使用几种扫描速度烧结 Cu-P 合金粉末单层成型的球化状况。随着扫描速度的提高,球化现象大大减少。当扫描速度增幅不大时,球化程度的降低主要是由熔化量的减少引起的;当扫描速度增加到较大值时,冷却速度渐赶上球化速度,熔池来不及完成球化过程就凝固了下来,使球化现象进一步减少。当扫描速度达到 $1\,m/s$ 时,球化对成型表面质量的影响就变得很微弱了。

图 2-2-9(a)表明,沿激光扫描方向发生的球化最为明显,试样表面形成了很多凹坑,而在水平方向几乎看不出球化。这是由于激光扫过粉末时,铺粉厚度相当于无穷大,扫描速度又低,使激光束在某点粉末上停留的时间过久,金属粉末吸收的能量过大,将该点周边的粉末相继吸进熔池,熔液受表面张力作用收缩成椭圆状。当激光束移动到下一个位置时,该处粉末量不足,就形成凹坑。在水平方向,由于相邻两扫描线间会部分重熔,因此在该方向几乎看不到球化现象。但如果重熔量过多,会有部分熔液填补到凹坑中,形成网状凝固区域,如图

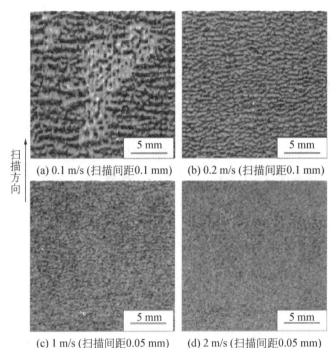

图2‑2‑9 扫描速度对激光功率烧结 Cu‑P 合金粉末成型球化的影响

2‑2‑9(a)中间部分。不过,提高扫描速度可以有效克服球化现象,但扫描速度太快会降低熔化深度,而小的扫描间距有利于提高熔化深度。因此,需要合理配置扫描速度和扫描间距。

粉末颗粒的尺寸及分布也将影响到熔池的球化。对双组元粉末,使其颗粒成双峰分布可实现烧结致密化,所以,金属粉末颗粒尺寸需按一定规则匹配。当细粉比例超过 15％时,球化现象开始发生,随着细粉量的增加,球化越严重,只有当细粉量控制在 10％左右时球化能明显抑制。烧结辅助材料也能改善烧结性,比如在预合金 SCuP 粉末烧结中加入少量 P、Ag 这两种辅助材料。Ag 元素有效地增加了烧结的延展性;P 元素使表面氧气优先与 P 反应生成磷渣,能在液相烧结阶段形成金属-金属界面,改善湿润性,抑制球化效应。

3. 残余应力和变形

激光快速成型属于材料热加工过程,它以高能激光束作为移动热源,局部的热输入将产生局部热效应,造成温度分布不均匀,熔池及周围材料将产生热应力,在冷却和凝固时相互制约而引起局部热塑性变形,进而产生热残余应力。同时,由于熔凝区存在温度梯度且冷却速率不一致,熔池材料在凝固时因相变体积变化不均及相变的不等时,也产生相变应力,进而引起不均匀塑性变形而形成相变残余应力(组织应力)。应力大小和分布与粉材(种类、状态)、成型路径、成型尺寸及工艺参数的选取等密切相关。

残余应力是一种不稳定的应力状态,受外界因素作用或时效作用会发生变化,比如松弛或衰减,其平衡状态受到破坏,导致二次变形和残余应力重新分布,降低了成型件的刚性和尺寸稳定性以及成型精度,严重时会直接引发裂纹缺陷。

残余应力影响成型件的服役寿命。一方面,成型件在服役期间承受载荷所引起的应力和残余应力的共同作用,若两种应力叠加使零件工作应力增大,势必降低成型件的承载能力,造成受载失稳而过早断裂;另一方面,残余应力引发破坏的周期往往较长,受服役过程工作温度、工作介质和残余应力的共同作用易引起结构失效。如在高温下,由于热应力和残余应力综合作用而引起热裂;在腐蚀介质中使用,残余拉应力会引起应力腐蚀开裂,最终导致结构破坏,降低成型件的使用寿命。

在一定条件下残余应力会引起相转变,使材料微观组织发生变化,改变材料在某些特定条件下的使用要求。

消除或降低残余应力不利影响的主要办法有:

(1) 优化工艺参数(包括预热和缓冷) 可以调节和控制残余应力的分布和大小。

(2) 去应力退火 加热零件到一定温度后长时间保温,然后缓慢冷却至室温,在热作用下引起局部塑性变形或蠕变而使残余应力松弛,达到调整与去除的目的。因为材料的屈服极限通常随着温度的升高而下降,使得残余应力超过屈服极限,引起材料局部塑性变形而消除残余应力。不同的材料有不同的处理温度和时间。为了防止退火处理后冷却过程中又产生新的残余应力,应依据相图合理制定热处理工艺,控制冷却速度。一般成型件的截面越大,形状越复杂,材料的导热性越差,则需要保温的时间应加长,加热和冷却速度应更慢。由于激光快速成型过程中得到的都是超细化的组织,退火处理将使组织发生变化,会影响材料的性能,因此在退火过程中必须仔细控制退火温度和退火时间,在保证去除应力的同时防止组织过于粗大而严重降低材料性能。

此外,施加静载或动载也可以调整和消除残余应力。

(十) 成型零件精度和控制

影响精度的因素主要有工艺参数(包括激光光斑尺寸、铺粉厚度/铺粉设备的精度等)、STL模型文件和原理误差。

1. 工艺参数

(1) 激光光斑尺寸 因为快速成型系统中采用的加工路径是线扫描路径,

即把加工面看成是线的集合,如果光斑是一个点,则加工实际轮廓和理论轮廓重合。但光斑具有一定的大小,因此,加工如图 2-2-10 所示的零件,则外环轮廓和内环轮廓会比理论轮廓大或者小一个光斑半径,实际加工轮廓如图中虚线所示。因此,如果使用的激光功率能够熔化足够金属粉末量,不产生球化现象,那么激光光斑越大,引起的尺寸误差越大,反之则误差减小。

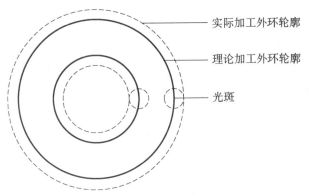

图 2-2-10 光斑影响制造尺寸误差

（2）铺粉层厚和扫描间距 铺粉层厚增加,制造尺寸误差增大。在制造倾斜面时,当倾斜角度 α 一定时,如果层厚 H 增加,相邻两层的错切量 ΔL 相应增大,影响斜面的形状精度,图 2-2-11 所示是铺粉层厚度对斜面成型形状精度影响示意图。

图 2-2-11 铺粉层厚度对斜面成型形状精度影响

扫描间距的大小直接影响成型件的轮廓精度,在激光光斑直径一定时,扫描间距越大,轮廓成型精度越低。

（3）铺粉设备的精度 在铺粉设备的误差中,特别重要的是铺粉过程中的刮板与基板之间的间隙误差,因为这个误差最终影响铺粉厚度的均匀性。间隙误差是一种累积误差,影响的因素较多,也较复杂。主要包括:

① 刮板刃口的直线度。

② 刮板直线往复运动的跳动。

③ 成型缸活塞上下运动时的摆动与转动。

④ 基板平面与推动丝杠轴线的垂直度。

其中,成型缸的转动误差对刮板与基板之间的间隙不产生影响,只对成型件的形状精度有影响;而刮板刃口的直线度误差则直接影响刮板与基板之间的间隙大小。

激光功率、扫描速度对成型件的精度也有影响,通过对金属粉末加热程度起作用的。在成型过程中,保持加热能量稳定,会提高制造的零件轮廓精度。激光功率和扫描速度都影响加热能量的大小,所以,两者需要合适的匹配以使加热能量值基本保持恒定。所以,在成型设备中需要设置能量补偿系统,让激光功率一定时,加热能量会随扫描速度的降低而提高,或者反过来,扫描速度一定时会增加激光功率。有了这个能量补偿系统,也可以消除由于激光功率波动或者扫描速度波动影响成型的轮廓精度。

2. STL 模型文件

STL 模型文件是软件系统的重要组成部分,是激光快速成型系统中标准的数据输入文件。不过,它是实体模型经三角化处理后的近似模型。将实体模型转换成 STL 模型后,原实体中的所有曲面都将被三角形面片取代,所以相对实体模型而言,STL 模型的尺寸精度较低。从 CAD 软件中导出 STL 文件时,一般需要设置参数来控制模型的整体转换精度,控制参数一旦设定,则整个 STL 模型表面三角形面片的疏密情况也就随之确定。转换精度越低,三角形面片个数越少,但模型失真越严重;转换精度越高,三角形面片个数就越多,STL 模型表面的三角形面片就越密集。

用许多小三角形逼近三维模型表面的方法将直接影响成型件的精度。虽然采用较高的转换精度可以提高成型件的精度,但会明显地增大 STL 模型文件,这对于局部精度要求较低的成型件来说不经济。STL 模型文件过大不仅会降低数据处理的速度,还可能无法处理。为了兼顾转换精度与数据量这两种不同的要求,需要根据零件不同部位的精度要求单独处理 STL 模型的关键部位。具体措施是在精度要求较高处的表面三角形面片上建立一个四面体,并将四面体的顶点置于该三角表面上,然后用四面体外部新生成的 3 个表面代替原来的三角形面片,生成新的 STL 模型文件就能够满足成型件局部的精度要求。对 STL 模型作局部精度补偿后,关键部位的精度得到了明显提高,三角形的个数明显减少,STL 文件的大小也明显变小,因此计算机的运算量也明显减少。在减少数据量的同时保证了 STL 模型局部的精度要求,较好地解决了精度和数据量之间的矛盾。

3. 原理误差

快速成型采用分层叠加制造原理,模型的切片由上下水平面及中间曲面组成,上下水平面的轮廓并不相同。而在成型制造中,却是由上层的层面信息构成的柱体完成一个厚度一定的层面制作,用柱面替代任意曲面,如图2-2-12所示,加工过程中必然会产生阶梯效应。因此,层层堆积产生的阶梯效应是一种原理误差,特别是相对成型方向倾斜的表面。

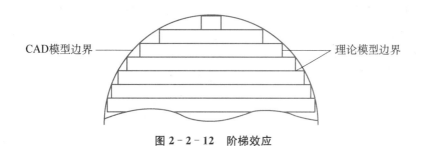

图2-2-12　阶梯效应

原理误差使得零件的精度,尤其是垂直于叠层方向的曲面精度明显降低。每一层分层板与造型曲面之间存在一个台阶,要获得正确的曲面形状必须通过后处理将此台阶去除,称为残留光整加工量。第一层分层板的台阶与造型曲面的最大距离即为此层分层板的原理加工误差。

控制原理误差、提高快速成型件精度的方法主要有优选分层法、变层厚分层法、后处理法和直接切片。减小分层厚度或分区变层厚,是减小原理误差的有效办法之一。切片厚度是指按设定厚度对零件分层后得到的每一层的轮廓形状。从理论上讲,STL模型切片时厚度不受限制,但在SLS成型系统中最大、最小烧结层厚度有限制。在SLS过程中,成型件的加工按设定的切片厚度进行,而实际成型件的高度不一定正好是切片厚度的整数倍,于是不足一层切片厚度的高度不能加工,因此加工方向Z向产生误差,所以切片厚度也将直接影响成型件的精度。

由传统的STL文件格式转化为新的PIC文件格式,可以消除STL文件带来的原理误差。直接采用RP数控系统的曲线插补功能,从而提高工件的表面质量,使制件精度明显提高。直接切片工作流程为

$$\text{CAD系统} \xrightarrow[\text{软件}]{\text{Auto Section}} \text{PIC文件} \xrightarrow[\text{RP系统}]{\text{PDSlice软件}} \text{3D模型}$$

二 激光固化快速成型

激光固化快速成型是以激光为能源,以光固化树脂为材料的快速成型制造技术,是快速成型中应用最早、最广泛、精度最高的一种,在各个领域获得了广泛的应用,如各类注型、模具的设计与制造(特别是塑料模具),医疗、手术研究用骨骼模型,代用血管,人造骨骼模型,分子和遗传因子的立体模型,利用生物显微镜切片制作立体模型等。特别是在产品的样机制造、功能性试验,这种技术能够缩短研制周期,增加市场竞争能力。

(一) 原理和特点

计算机按照零件设计的计算指令,控制激光束逐点扫描光敏树脂表面。这种光敏树脂在通常状态下呈液态,激光照射后产生光聚合反应而固化,形成零件的一个薄层(厚度约十分之几毫米)。工作台往下移一个层厚的距离,在已固化的层面上铺上新的一层树脂,再进行第二层激光扫描,形成一个新的固化层并与已固化层黏结在一起。如此重复直到整个原型制造完毕。当所有的层都完成后,原型的固化程度大约是 95%,最后用很强的紫外光源固化处理,以达到性能指标的全部要求。图 $2-2-13$ 所示为激光固化快速成型技术原理示意图。

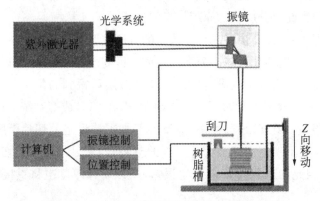

图 $2-2-13$ 激光固化快速成型技术原理示意图

成型系统由计算机系统(包括数控系统、控制软件)、激光系统(包括激光器、光学系统)、树脂容器以及后固化装置等部分组成。控制软件主要由 CAD 接口软件和控制软件组成。数据处理计算机主要用于离散化处理 CAD 模型,使之变成适合于光固化立体成型的文件格式,然后对模型定向切片。控制计算机主要用于 $X-Y$ 扫描系统、Z 向工作平台上下运动和重涂层系统的控制。CAD 接口软件包括对 CAD 数据模型的通信格式、接受 CAD 文件的曲面表示、设定过程参数等。控制软件包括激光器光束反射镜扫描驱动器、X-Y扫描系统、升降台和重涂层装置等的控制。

因为大部分光引发剂在紫外区的光吸收系数很大，仅需很低的激光能量密度就可以使树脂固化，所以多数采用输出紫外波段的激光器，常用的有 He-Cd 激光器（激光波长 325 nm）、氩离子激光器（激光波长 351～364 nm）、氮分子激光器（波长 337 nm）、二极管泵浦 Nd∶YOV₄ 三倍频激光器（波长 355 nm）以及准分子激光器（波长 308 nm、222 nm，172 nm）。

激光束扫描装置有两种形式：一种是电流计驱动的扫描镜方式，其最高扫描速度可达 15 m/s，适合于制造尺寸较小的高精度的原型件；另一种是 X-Y 绘图仪方式，激光束在整个扫描的过程中与树脂表面垂直，适合于制造大尺寸、高精度的原型件。盛装液态树脂的容器由不锈钢制成，其尺寸大小决定了光固化立体成型系统所能制造原型或零件的最大尺寸。固化装置包括重涂层装置和后固化装置。重涂层装置主要是使液态光敏树脂能迅速、均匀地覆盖在已固化层表面，保持每一层片厚度的一致性，提高原型的制造精度。后固化装置用很强的紫外光源使原型充分固化。固化时间依据制件的几何形状、尺寸和树脂特性而定，大多数原型件的固化时间不少于 30 min。

由于光聚合反应是基于光的作用而不是基于热的作用，因为没有热扩散，加上链式反应能够很好地控制，能保证聚合反应不发生在激光点之外，因而加工精度高可以控制在 0.01 mm，表面质量好，能制造形状复杂、精细的零件，效率高。对于尺寸较大的零件，则可采用先分块成型然后黏接的方法制作。

（二）工艺过程

工艺过程一般包括前期数据准备、创建模型、模型的面化处理、设计支撑、模型切片分层、成型加工和后处理。

1. 前期数据准备

主要包括以下几个方面工作：

（1）造型与数据模型转换　CAD 系统的数据模型通过 STL 接口转换到光固化快速成型系统。STL 文件用大量的小三角形平面来表示 CAD 三维模型，这就是模型的面化处理。小三角平面数量越多，分辨率越高，STL 表示的模型越精确。

（2）设计支撑　通过数据准备软件自动设计支撑。可选择的形式有点支撑、线支撑、网状支撑等。支撑的设计与施加应考虑容易去除，并能保证支撑面的光洁度。

（3）模型切片分层　CAD 模型转化成面模型后，将数据模型切成一系列横截面薄片,切片层的轮廓线表示形式和切片层的厚度直接影响零件的制造精度。规定了两个参数来控制精度,即切片分辨率和切片单位。切片单位是 CAD 软件用于单位空间的简单值,切片分辨率定义为 CAD 每单位的切片单位数,它决定了 STL 文件从 CAD 空间转换到切片空间的精度。

切片层的厚度直接影响成型零件的表面光洁度、切片轴方向的精度和制作时间,它是光固化快速成型中最广泛使用的变量之一,当零件的精度要求较高时,应考虑更小的切片厚度。

2. 工艺参数设计

数据处理软件完成数据处理后,控制软件设定制作工艺参数。主要工艺参数有扫描速度、扫描间距、支撑扫描速度、跳跨速度、层间等待时间、涂铺控制及光斑补偿参数等。设置完成后,便可以在工艺控制系统控制下固化成型。

3. 后处理

整个零件成型完成后进行辅助处理工艺,包括零件的清洗、支撑去除、打磨、表面涂覆以及后固化等。为了获得良好的机械性能,可以在后固化箱内二次固化。

光固化成型件作为装配件使用时,一般需要钻孔和铰孔等后续加工。光固化成型件基本满足机械加工的要求,如厚板钻孔,孔内光滑、无裂纹;圆柱体钻孔,加工内孔,孔内光滑,无裂纹,但是随着圆柱体内外孔径比值增大,加工难度增加,会出现裂纹现象。

(三) 光固化树脂

固化树脂通常由光引发剂、预聚物、单体及少量助剂组成。

1. 光引发剂

目前所用光引发剂大多是紫外光引发剂,要求光学吸收峰与激光波长匹配良好,对光的敏感度高。合适的光引发剂能提高光引发效率,有利于光聚合,提高成型速率。紫外光引发剂一般可分为自由基型和阳离子型等。自由基型光引发剂有苯偶姻类、苯偶酰缩酮类、苯乙酮类、二苯甲酮类、硫杂蒽酮类、酰基膦氧化物等。其中酰基膦氧化物光引发剂分解速率快,产生两种自由基,都引发单体聚合,光固化速度快。阳离子型引发剂芳基重氮盐是最早商业化的阳离子引发剂,典型的是苯基重氮氟硼盐。为了提高固化灵敏度可加增感剂,常用的增感剂有蒽、硫杂蒽酮等。可见光引发剂目前还处于研究中。阳离子菁染料与有机硼的复合物作引发剂在可见光范围(波长 556 nm 附近)感光。阳离子菁染料化学结构中的不饱和共轭链长度增长可以使最大吸收波长红移至 780 nm。有机染料曙红和紫外光引发剂组成协同引发体系,可应用于波长 514 nm 可见激光快速成型。

在光固化材料中光引发剂的含量也是一个重要参量,含量太低感光树脂不能固化;太高则由于吸光严重而不利于深层固化,得不到三维结构。固化深度与光引发剂的浓度有一定的关系,一般随着光引发剂浓度的升高,固化深度最初随之增大。但达到临界或是最佳光引发剂浓度后,却随浓度的增加,固化深度反而降低。

2. 预聚物和单体

聚合物和单体可以分为自由基型、阳离子型、混杂型3类。

(1)自由基型预聚物 自由基型预聚物主要有环氧丙烯酸酯、聚酯丙烯酸酯、聚氨酯丙烯酸酯。环氧丙烯酸酯聚合速率较快,价格便宜,终产品硬度高,但脆性较大,产品易泛黄;聚酯丙烯酸酯的特点是流平性好,固化速率快;聚氨酯丙烯酸酯具有聚合慢、价格昂贵等缺陷,但终产品柔韧性好,具有耐磨性等优点。单体主要有单官能度和多官能度丙烯酸酯类。一般来说,官能度的密度越高,固化速率越快。近年来,非丙烯酸酯无毒性的单体已部分代替有毒的丙烯酸酯单体。

这类预聚物的最大缺点是固化后体积收缩较大。由于树脂固化时液态单体分子之间的范德华距离转化为共价键距离,同时,聚合后分子的有序性提高而引起的体积收缩大,会使成型零件精度降低,而且成型零件容易翘曲变形,特别是悬臂和大平面零件,更容易因层间开裂和刮平障碍而使制作过程中断。因此,许多研究者致力于各种方法来降低体积收缩率,未来主要发展方向在低黏度和特殊功能这两方面。低黏度可以减少单体用量,降低刺激性,固化膜机械性能优异,光固化速度快。特殊功能的开发主要是改善其物理、化学性能等,如黏附力、耐磨性、耐候性、柔韧性、耐化学性等。新的预聚体有胺基、脂肪酸、酸酐等改性的环氧丙烯酸酯、聚丙烯酸酯的丙烯酸酯、聚烯烃丙烯酸酯、棕榈油改性以及聚酰胺改性的聚氨酯丙烯酸酯、(甲基)丙烯酸化超支化聚合物。

(2)阳离子预聚物 这是第二代激光固化树脂,最早使用的为环氧化合物,固化前后体积变化很小,收缩和翘曲性小,力学性能优异;对氧气不敏感,与金属、塑料的黏附力强,可加热固化,对三维形状和厚层可以在激光照后通过加热发生后固化,使光线不易达到的部位固化充分。主要缺点是固化速度慢,容易受碱和湿气的影响。新开发的此类预聚体有3,4-环乙烷环己基的衍生物,包括单、双官能团环氧树脂;带有一个或两个环氧丙烷的脂肪型预聚体;改性的羟基为末端基的超支化齐聚物;硅氧烷环氧树脂,其造型速度与多官能团丙烯酸酯和甲基丙烯酸酯相当,甚至更快。乙烯基醚、烯丙基醚类是阳离子固化较好的单体。催化型环氧树脂有望成为一类新型的光功能材料和新的造型体系。

（3）混杂型预聚物　鉴于自由基型和阳离子型树脂各自的优缺点，近几年又开发了自由基-阳离子混杂预聚物，充分发挥了自由基和阳离子预聚物各自的特点，以达到功能互补、协同提高的效果，可以控制固化时的体积变化，减小体积收缩率，从而减小内应力和增强附着性能。这类预聚物可分两大类，一类是由丙烯酸酯与环氧化合物组成的混杂体系，另一类是由丙烯酸酯与乙烯基醚类化合物组成的混杂体。

（四）成型精度

成型件的精度包括形状精度、尺寸精度和表面精度，即光固化成型件在形状、尺寸和表面相互位置 3 个方面与设计要求的符合程度。形状误差主要有翘曲、扭曲变形、椭圆度误差及局部缺陷等。尺寸误差是指成型件与 CAD 模型相比，在 X、Y、Z 3 个方向上尺寸相差值。表面精度主要包括由叠层累加产生的台阶误差及表面粗糙度。影响原型精度的因素有很多，主要分为 3 类：数据处理产生的误差、成型过程产生的误差和后处理过程引起的误差。

1. 数据处理产生的误差

数据处理产生的误差包括 CAD 模型表面离散化的误差、切片分层误差。一般的成型件都有曲面，CAD 模型表面离散化处理后，所有的平面和曲面都用三角形小片来表示，原来的曲面模型就变成了多面体模型，形状和尺寸都产生了一定的理论误差。为了提高模型的制作精度，必须采用更细小的三角形面片。但当三角形的一边或多边太小时，分层软件就会把它当作一条直线来处理，这就是所谓的三角形消失现象。也就是说，无限地细化三角形面片并不能提高模型的精度。只有将 CAD 模型数据用于快速原型制造，才能从根本上解决模型表面离散化带来的误差。CAD 系统中的 IGES 数据转换标准以线段、圆、圆弧及 B 样条曲线等来描述几何数据，直接用这样的数据生成数控代码，既可省去表面离散化的过程，又可以提高控制精度。

快速原型制造的分层信息由平面与多面体模型的交线组成，即每层的轮廓线都由很多小线段组成。CAD 模型表面越复杂，离散化处理时所需的三角形面片数就越多，则组成轮廓线的小线段也越多。每一层的轮廓线加工都由一段段直线组成，造成制件表面有突棱和毛刺，影响制件的尺寸精度和表面质量。对分层的轮廓信息重新拟合，用拟合曲线来代替分层中的直线段，在一定程度上可以恢复模型原来的精度。拟合方式多种多样，如参数样条拟合、圆弧样条拟合和带有给定切线多边形的 B 样条拟合等。

用柱体单元近似表达光滑曲面是分层制造的基本特点，由此产生的台阶效应是影响原型精度的另一个重要因素。可以选取最优分层方向和变厚度分层等方法来减少台阶效应对成型精度的影响。

2. 成型过程产生的误差

成型过程产生的误差包括升降工作台 Z 方向运动误差、扫描误差、涂层误差、工件的收缩变形等。升降工作台在垂直方向上的运动直线度误差会产生原型的形状、位置误差,导致原型在逐层堆积时错位,微观上导致表面粗糙度增大。升降工作台的位移精度影响层厚的精度,将导致原型在 4 方向上的尺寸误差。选用精密导轨、滚珠丝杠、伺服控制系统,可提高升降工作台 Z 方向运动的定位精度、层厚方向步进精度和垂直方向的运动直线度。

(1) 激光束扫描产生的误差　激光束会出现定位误差和扫描路径误差,使原型产生 $Z-Y$ 方向每一层片形状、尺寸误差。扫描系统采用二维运动,由步进电机驱动同步齿形带并带动扫描镜头运动。同步齿形带的变形会影响定位的精度,采用位置补偿系数来减小其影响。

对于采用步进电机的开环驱动系统而言,步进电机本身和机械结构都影响扫描系统的动态性能。扫描系统在扫描换向阶段,存在一定的惯性,扫描头在零件边缘部分超出设计尺寸的范围,导致零件的尺寸增加。扫描头在扫描时,始终处于反复加速、减速的过程中,因此,在工件边缘,扫描速度低于中间部分,光束对边缘的照射时间要长一些。并且存在扫描方向的变换,扫描系统惯性力大,加减速过程慢,致使边缘处树脂固化程度较高。

成型过程中,扫描机构往复填充扫描零件分层截面。扫描头在步进电机的驱动下本身具有固有频率,由于可能存在各种长度的扫描线,所以在一定范围内,各种频率都有,当发生谐振时,振动增大,成型零件将产生较大的误差。

(2) 涂层均匀性和厚度产生的误差　激光光固化快速成型是一种逐层累加的加工方法,一层液态树脂固化后,需要在已固化层表面涂上另一层均匀厚度的液态树脂。但由于使用的树脂材料黏性大、流动性差和固化后表面张力大的原因,难以实现均匀涂层。解决这个问题的一种办法是使用能让树脂快速流平的涂敷机构,常用的涂敷机构主要有吸附式涂敷、浸没式涂敷和吸附浸没式涂敷。

提高 Z 向运动精度、采用激光扫描约束液面工艺,可实现小涂层厚度和提高各层厚度一致性,提高成型精度。层厚本身对精度也有影响。当聚合深度小于层厚时,层与层之间将黏合不好,甚至会分层;聚合深度大于层厚时,引起过固化,而产生较大的残余应力,引起翘曲变形,影响成型精度。在扫描面积相等的条件下,固化层越厚,则固化的体积越大,层间产生的应力就越大,使原型产生翘曲变形越严重。

（3）固化树脂收缩、变形、翘曲引起的误差 固化树脂从液态到固态聚合反应过程中产生线性收缩和体积收缩。线性收缩将引起逐层堆积时的层间应力，使工件变形、翘曲；体积收缩将引起整个原型尺寸的变化，导致原型精度误差。

① 成因。树脂在光固化过程中的体收缩率约为 10%，线收缩率约为 3%。从分子学角度讲，光敏树脂的固化过程是从短的小分子体向长链大分子聚合体转变的过程，其分子结构发生很大变化，因此，收缩是必然的。激光扫描到的固化树脂发生聚合反应，从液态转化为固态，分子间距缩小，必然收缩。这种收缩有时是非常明显的，由树脂的固有特性决定。激光束按照某一给定长度扫描一条线，最终固化长度必然小于给定的扫描长度，在收缩率不变的情况下，扫描线越长，绝对收缩量越大。当扫描至某一层时，该层固化收缩，于是这一层与其下已固化层之间的连接便导致前一固化层受到一向上的拉力矩作用，容易发生高出该层所在平面的翘曲变形，典型的是悬臂梁翘曲。零件的悬臂端最初生于液体树脂之上，因其底部没有支撑，故在固化过程中不受约束力作用，不出现翘曲，但当扫描速度比较高时，这一层有轻微下弯趋势。后累加层累加于其上，开始受到前面固化层的约束作用，在收缩时对前一固化层产生一向上的拉应力作用，从而表现为翘曲变形。一般情况下，不管成型件中有无悬臂梁，导致翘曲变形的翘曲力都会存在，最终表现为翘曲行为。零件的几何形状不同，树脂固化时的绝对收缩量和零件内部各部分的应力分布不同，由此引起的变形也各不相同。此外，还有可能出现与辅助动作（如刮平）和树脂性能有关的表面不平（凸出或凹陷）现象，影响零件表面精度。

树脂发生的收缩还有激光扫描到液体树脂表面时由于温度变化引起的热胀冷缩。不过，常用的光固化树脂的热膨胀系数比较小，大约为 10^{-4}。同时，温度升高的区域面积很小，因此温度变化引起的收缩量极小，可以忽略不计。

② 影响因素。这种变形机理比较复杂，不仅与材料本身的特性，如材料组分、光敏性、聚合反应速率等有关，也与激光光强及其分布、扫描参数（如扫描速度、扫描方式、扫描间距）等有关。原型的几何形状、尺寸对变形也有一定的影响。优化扫描路径是减少原型收缩、变形、翘曲和提高原型精度的有效手段。采用合适的扫描方式可减少零件的收缩量，避免翘曲和扭曲变形。连续扫描、分片区域扫描、环形扫描和三角剖分扫描等多种扫描方式中，后两种方式制成的原型精度最高。制作过程的工艺参数必须经过优化试验才能达到较高的原型精度。

改变配料性能，如开发低黏度、低收缩率、高强度的树脂，是提高原型精度的根本途径。对于同一性能的树脂，优化工艺参数来提高原型精度也是一条有效的途径。对于翘曲变形，可以选择低树脂收缩率，以及改进材料的配方，来降低收缩率,如在收缩性树脂中加入适量的膨胀型单体,控制光固化过程中产生的体积收缩。阳离子型光固化树脂(目前常用的阳离子型齐聚物是环氧化合物和乙烯基醚)与自由基型光固化树脂(主要以环氧丙稀酸酯、聚氨酯丙稀酸酯和乙氧化-双酚 A 丙稀酸酯作为齐聚物)相比,固化收缩率小,可以提高成型精度。更基本的方法是,在设计时考虑收缩量进行尺寸补偿。在数据处理软件中,在 X、Y、Z 3 个方向应用收缩补偿因子,零件成型时的尺寸略大于 CAD 模型的尺寸,当冷却凝固时,按照预定的收缩量,收缩到 CAD 模型的尺寸。

为了减少层间应力,应该尽可能地减小单层固化深度以减小固化体积。为此采用二次曝光法:先以临界扫描速度 u_c 作第一次扫描固化层,完成后会在液面上形成一个厚度略小于分层厚度的固化的薄层,这个薄层并不与下面的实体部分黏接,可以自由收缩,不会受到下面已固化的实体的约束,因而也就不会产生层间应力;接着以扫描速度 u_p 第二次扫描固化层与实体间少量的液态树脂。因为第二次固化的液态树脂厚度很小,其固化时产生的层间应力也较小,在很大程度上可以减小翘曲变形。

不同的扫描间距,相邻线之间的嵌入程度不同。扫描间距的大小决定了同一层之内相邻固化线之间的相互嵌入程度和扫描线的数目。扫描间距较大时,同一层内固化线的数目较少,而且相邻固化线彼此之间的嵌入程度较小,将会有较大的锯齿效应,严重影响成型件的表面质量。随着扫描间距的增大,一层内的固化线数减少,当扫描间距大于固化线宽时,线条之间将会出现液态树脂填充的空隙,使整个成型件破坏。扫描间距较小时,固化同样大小的面积要求的扫描次数增加,固化线的数目较多,光能量过高,后面扫描线的收缩变形将对已固化部分产生影响,容易使成型件产生收缩和翘曲变形,甚至开裂。

3. 后处理过程引起的误差

从成型机上取出已成型的工件后,需要剥离支撑结构,有的还需要后固化、修补、打磨、抛光和表面处理等,这些后处理过程也会引入精度误差。这类误差可分为以下 4 种:

(1)后固化处理引入误差 尽管树脂在激光扫描过程中已经发生聚合反应,但只是完成部分聚合反应,零件中还有部分处于液态,成型零件的部分机械强度在后固化过程中获得。后固化处理对完成零件内部树脂的聚合,提高零件最终力学强度是必不可少的。后固化零件收缩量占总收缩量的 25%~40% 左右,为保持零件最终尺寸稳定性,后固化也是非常必要的。

后固化时,零件内未固化树脂发生聚合反应,体积收缩产生均匀或不均匀形变。与在成型过程中出现的变形不同,线与线之间、面与面之间既有未固化的树脂,相互之间又存在收缩应力和约束,以及从加工温度(一般高于室温)冷却到室温引起的温度应力,这些因素都使固化部分对未固化树脂的后固化产生约束,因此,零件在后固化过程中也要产生翘曲变形。

后固化的翘曲变形量与树脂本身的收缩特性、制件的形状特征、扫描路径和扫描参数的组合有关。后固化收缩随扫描路径的不同而有极大差异,主要取决于未固化树脂在零件中存在的数量和方式。所以零件成型时扫描路径的选择也是非常重要的。还与后固化方式有关,包括后固化所用紫外光灯的能量、照射时间等。

(2) 去除支撑时引入误差 去除支撑时,可能对表面质量产生影响,所以支撑设计要合理。当工件支撑面积较大时,为提高支撑牢固度,应加密支撑。支撑的设计与成型方向的选取有关,在选取成型方向时,要综合考虑添加支撑少、便于去除等。

(3) 环境变化引入误差 由于温度、湿度等环境状况变化,工件可能会继续变形并导致误差,并且由于成型工艺或工件本身结构工艺性等方面的原因,成型后的工件内总或多或少地存在残余应力。这种残余应力会由于时效的作用而全部或部分地消失,这也会导致误差。设法减小成型过程中的残余应力有利于提高零件的成型精度。

(4) 后处理工艺不当引入误差 制件的表面状况和机械强度等方面还不能完全满足最终产品的要求。例如,制件表面不光滑,其曲面上存在因分层制造引起的小台阶、小缺陷、薄壁和某些小特征结构可能强度不足、尺寸不够精确、表面硬度或色彩不够满意,采用修补、打磨、抛光是为了提高表面质量,表面涂覆是为了改变制品表面颜色,提高其强度和其他性能,若处理工艺不当,会影响原型件的尺寸及形状精度,产生后处理误差。

(五) 应用举例

1. 汽车零件快速制造

汽车制造中的典型零件采用激光快速成型技术,对于提高汽车制造的快速反应能力,提高设计水平,缩短研制周期,降低生产成本和提高制造柔性,具有十分重要的意义。

汽车车灯的结构非常复杂,采用激光快速成型技术几天时间内便可制造出零件原件,如果采用传统制样件工艺,该产品开发周期则要达2个月,费用则要多5~6倍。图2-2-14所示是采用激光快速成型技术制作的车灯模型。

进气管是发动机十分重要的一部分,由形状十分复杂的自由曲面构成。用传统方法,一般是用手工或者数控加工出木模或者树脂模,再用这些模型,用砂模铸造出铝进气管。加工中由于各种因素导致零件与设计意图出现偏差,有时这种

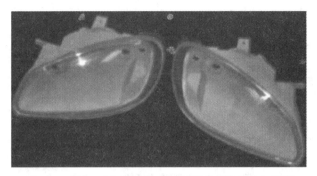

图 2 - 2 - 14 采用激光快速成型技术制作的车灯模型

偏差产生的影响很明显;使用数控加工虽然能较好地反映出设计意图,但准备时间长,特别是几何形状复杂时更是如此。采用快速成型技术就可以一次成型多个不同的气管模型,而且形状和 CAD 模型完全一致,不仅可以提高模型精度,而且能够降低制作成本,缩短设计周期。图 2 - 2 - 15 所示是采用激光快速成型技术制作的发动机进气歧管。

图 2 - 2 - 15 采用激光快速成型技术制作的发动机进气歧管

2. 滴管制造

滴灌技术是节水滴灌新技术,这种新技术的关键是滴管的快速设计与制造。要根据作物、气候的不同,设计不同的沟道,以控制流量,并应使流体无死区,以免微生物滋长。滴管的结构精细复杂,模具的制造过程为:模具设计→模具加工→注塑→试验→模具设计修改→修模或重新制造模具,制造周期占滴管总的开发时间的 4/5 还多。按传统产品的设计和定型必将耗时费财,限制了产品研制速度。利用激光快速成型技术能自动、快速、精确地将滴管的设计思想由CAD 模型转换成滴头原型,大大缩短新型滴管的开发研制周期,降低成本。图2 - 2 - 16 所示是滴管模具快速制造过程。

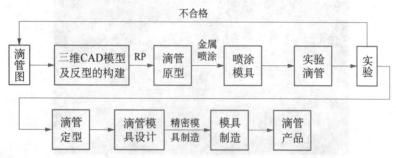

图 2-2-16　滴管模具快速制造过程

图 2-2-17　滴管原型 CAD

　　根据滴管设计思想,并考虑滴管模具的分型与开模,构建滴管 CAD 模型。将滴管流道的长、宽、高和圆角设计参数化,形成滴管参数化结构设计方案。经过数据转换送入激光固化快速成型系统,成型出滴管原型 CAD,如图 2-2-17 所示。

　　也可以利用滴管反型 CAD,如图 2-2-18 所示,由激光快速成型系统直接造出模具供生产使用。这种方法不需要原型样件,也不依赖传统的模具制造工艺,对金属模具的制造尤其快捷。由于制造出的模具具有一定的耐高温和较好的机械强度和稳定性,经表面处理后可直接用于生产。

图 2-2-18　滴管反型 CAD

3. 制造胎体 PDC 钻头

　　胎体式金刚石复合片(PDC)钻头是将金刚石复合片以钎焊方式焊接在钻头胎体上,如图 2-2-19 所示。胎体钻头用碳化钨粉末烧结而成,用人造聚晶金刚石复合片钎焊在碳化钨胎体上,用天然金刚石保径,主要用于地质勘察钻探、煤矿上煤层钻探采挖和油气田的钻采。PDC 钻头主要由钻头体、切削齿、喷嘴、保径面和接头等组成。传统的加工工艺精度低,制造周期长,复杂形状钻头难以实现。激光快速成型技术可以提高钻头加工精度,缩短钻头制造周期,还解决了结构复杂 PDC 钻头难以制造的难题。表 2-2-1列出了激光成型、压模成型和铣模成型工艺制造的钻头误差对比。激光成型工艺制造钻头的精

图 2-2-19　PDC 钻头

度得到大幅度提高。

表 2-2-1 3种加工技术制造的钻头精度对比

工艺	切削齿角度/	切削齿高度/mm	水槽位置/mm
激光成型	0~0.1	0~0.15	0~0.1
压模成型	0.5~1.0	0.2~0.8	0.1~0.8
铣模成型	0.5~1.0	0.2~1.0	0.2~1.0

PRO/E 绘图软件绘制出 PDC 钻头阴模三维实体模型，将文件格式转换成 STL 文件，再由 SLA 分层软件将模型分割成一层一层的截面轮廓信息，并编制扫描所需的 NC 指令，由 NC 指令控制一定波长的紫外激光束，按照每个切层的二维截面形状扫描液态光敏树脂，一层制作完毕后，升降台下降 0.2 mm 的分层厚度，新的一层叠加在上一层。激光束照射一层，固化一层，黏接一层，直至完成 PDC 钻头的阴模。然后用硅橡胶在阴模中制作出钻头的橡胶模，再用橡胶模制作出制造钻头的陶瓷模，用陶瓷模就可生产出比传统工艺精度更高的钻头。

三 激光冲击成型

脉冲激光诱发等离子体爆炸，利用冲击波进行塑性成型的技术，称为激光冲击成型技术。

(一) 原理

高功率密度(大于 1 GW/cm^2)、短脉宽(小于 100 ns)的脉冲激光和材料相互作用，诱导高强度冲击波，通过逐点冲击和有序的击点分布，获得大面积板料的复杂形状，实现零件原形激光成型。

1. 激光凸面成型和凹面成型

在不同的工艺条件下，材料在激光冲击下会表现不同的变形模式。板材接受单点激光冲击时的变形模式与机械喷丸变形类似。板材变形的方向和幅度主要由激光冲击所致的纵向载荷、横向压应力、板材的弯曲力矩、惯量等因素共同决定，如图 2-2-20 所示。

整体变形量 α_f 由两部分构成，其一是在冲击面形成的局部塑性区内部横向压应力引起的反向弯曲变形 α_p(属凸面成型，α_p 取负值)；其二是激光冲击时纵向冲击力形成的宏观正向弯曲变形 α_m(属凹面成型，α_m 取正值)，显然 $\alpha_f = \alpha_p + \alpha_m$。即使板材下方没有刚性支撑，但由于冲击力的加载区域比较小，而加载速度又非常高，距离光斑较远处的板材处于弹性变形或刚性移动,或相对静止状态,因此 α_m 的形成类似于机械力造成的 3 点折弯过程。如果这个变形是纯弹性的,其变形量以 0 计。当 $\alpha_p \leqslant \alpha_m$ 时,α_f 为正值,板材最终表现为凹面成型,如图2-2-20(a)所示;当 $\alpha_p \geqslant \alpha_m$ 时,α_f 为负值,板材最终表现为凸面成型,如图2-2-20(b)所示。

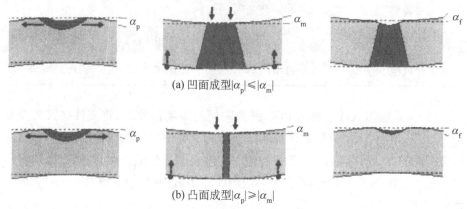

(a) 凹面成型$|\alpha_p| \leqslant |\alpha_m|$

(b) 凸面成型$|\alpha_p| \geqslant |\alpha_m|$

图 2-2-20　凸面成型与凹面成型

从物理特性来说,冲击面上的材料流动大于板材背面的材料流动时,塑性区主要集中在冲击面附近,愈靠近板材背面,塑性区愈小,冲击区域的塑性变形使该区域的表面积增大,并导致压应力,使板材面向激光束拱曲,称为凸面成型。较薄的板材,激光冲击时的塑性区域易贯穿整个厚度方向,板材背面的材料流动大于冲击面的材料流动,或二者近似,产生背离激光束的凹面成型。

2. 激光弯曲及复合弯曲成型

板材很窄的情况下,可以由单个激光斑冲击成型。当板材宽度较大时,一个光斑不能覆盖板材的宽度范围,按一定路径逐点冲击的方式成型。按复杂的路径逐点冲击,可以获得复杂形状的曲面。图 2-2-21 所示是激光冲击弯曲及复合弯曲成型零件。

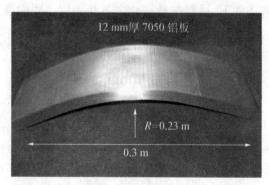

图 2-2-21　激光冲击弯曲及复合弯曲成型零件

3. 激光冲压成型

选择适当的工艺参数,借助凹模的作用,纵向冲击力所形成的凹面变形量可以远远大于横向压应力引起的凸面变形量,激光冲击可以用来进行板材的拉深和胀形。如果板材的毛坯足够大,或通过压边圈施加的压边力足够大,在等离子体爆炸过程中,只有凹模孔内的材料发生塑性流动,并通过板材的减薄实现凹面成型,此为胀形过程;如果板材的塑性流动也发生在凹模孔外的突缘区,并随着变形过程流向凹模孔内,这是拉深成型;如果凹模孔的下端是完全开放的,其拉深件或胀形件的形状通常为筒形或近似球形;如果凹模孔下端封闭(可带透气孔),则可得到与封闭面轮廓吻合的形状。图 2-2-22 所示为激光冲击成型的拉深件和胀形件。

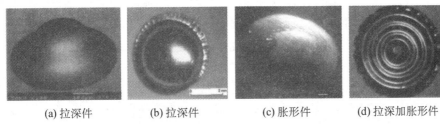

(a) 拉深件   (b) 拉深件   (c) 胀形件   (d) 拉深加胀形件

图 2-2-22 激光冲击成型的拉深件和胀形件

4. 渐进式冲压成型

由于激光器输出的脉冲能量有限,冲击成型使用的激光光斑直径不大,一般取 2~10 mm。当板材成型区域或成型深度较大时,采用多点、多次冲击成型,这就是所谓渐进式冲压成型,如图 2-2-23。三维零件按等高线分为一系列的二维形状,然后采用单点步进的激光冲击方式,冲击点按等高线运动,逐层成型。各冲击点搭接处形成的局部凸起,再补冲整形,最后得到所要求的形状和尺寸。

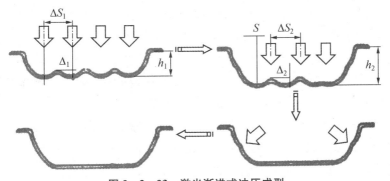

图 2-2-23 激光渐进式冲压成型

针对特别复杂的零件,可在板材底部施加活动支撑作为移动凹模,并通过移动凹模的仿形来提高成型精度。

除激光参数、边界条件外,冲击轨迹、冲击点的分布对工件的变形量及其轮廓产生较大的影响。后续激光冲击受到先前已变形板料的影响,在前后冲击的搭接区会出现凸峰,影响工件成型的轮廓形状和表面光整度。为了控制并减小这些搭接区的凸峰值,根据板材成型件的精度分别采用粗冲成型和精冲成型。

(1)粗冲击成型 粗冲击成型是利用脉冲激光垂直于工件表面方向冲击,类似于快速原型成型技术,采用等高线分层制造成型思想,根据被冲击材料的塑性变形量,将复杂的三维形面分解成一系列二维等高线断面层,选用适当的激光参数(光斑尺寸、脉冲宽度、激光能量、光束模式)沿一定的冲击轨迹实施冲击工件,在工件产生变形量 h_1,再以优化的参数和轨迹实施第二轮冲击,产生的变形量增加到 h_2,如此重复冲击直到满足成型件的尺寸要求。

粗冲击成型有两种冲击轨迹,即无间隔连续冲击和间隔冲击,最终成型的精度和残余应力大小不同。

① 无间隔连续冲击。沿某一方向,相邻的两个冲击点的中心距离是一个光斑边长(或直径)。冲击路径有 3 种,一种是沿中间向两边冲击,即先在成型区中间冲击,然后交替向两边移动激光束进行冲击。在 X 方向上,同一纵坐标下的冲击点变形量相同;在 Y 轴方向,变形量中间大,两边小。这是因为随着冲击区域的增加,硬化效应的影响增大,同时工件发生翘曲,变形量呈减小的趋势。第二种是沿两边向中间冲击,即先冲击成型区两边,然后交替向中间移动激光束进行冲击。第三种是沿着一边向另一边,即激光束在工件成型区的一边开始冲击,紧接着上一次的冲击区继续进行冲击,直至冲完整个成型区域。这 3 种冲击路线的模拟结果显示,总体变形不太理想,比较而言,沿两边向中间冲击的方法较好,而沿着一边向另一边冲击的方法较差。

② 间隔冲击。沿某一方向相邻的两个冲击点的中心距离是两个光斑边长(或直径),数控系统控制激光束移动,激光光斑每次移动距离为两个光斑直径。第一轮,在 X、Y 方向逐点冲击,第二轮在 X 或 Y 方向冲击未被冲击的区域。然后,在另一方向冲击未被冲击的区域,最后,按一定的顺序冲击所有未被冲击的区域。

间隔冲击比无间隔连续冲击的效果要好。当然,间隔冲击在第一轮冲击后也存在硬化现象,导致板料的塑性变形减小。但是,与无间隔连续冲击相比,在每一轮冲击中,每一个冲击点四周的材料状况是相同的,因而,在同一轮中每一个冲击点产生的塑性变形相同,所以最终成型精度高。

（2）精冲击成型　由于在各次冲击后的搭接处存在局部凸起 Δ，冲击点与两个冲击点之间的搭接处位移不同，整个成型区显得凸凹不平，即粗冲完成以后一般成型表面的粗糙度较大，这就要求精冲击。精冲击成型是利用小平面逼近曲面形状的原理调整激光冲击的角度，使之沿搭接面的法向冲击搭接面。对于超过规定尺寸的变形区域，可利用数控夹具使工件旋转 180°，调整激光冲击方向，使之沿变形相反的方向冲击，使工件的总体变形达到的精度要求。这一过程需要精确测量成型区，算出所需的修正量，调整激光参数和冲击角度。为使冲击对已经达到精度的表面的影响降至最低，可以对需要冲击的面采用多次分步加载的方式。

（二）主要特点

激光冲击成型技术有许多特点，主要是：

① 激光冲击成型技术克服了板材成型过程中的回弹问题，提高了工件的抗疲劳和抗腐蚀性，有高成型精度和对异形凹模的高复现性，并且对板材表面质量要求不高，是一种极具发展潜力的高效无模或半模冷成型技术。

② 成型速率快（大于 $10^5/s$）。由于惯性效应和相关的材料本身结构的变化，与准静态成型相比，材料的成型极限明显提高。

③ 利用等离子体爆炸诱发的力学效应而非热效应成型，避免了激光热应力成型时因剧烈温度梯度导致的不良组织和性能。由于应力波前沿所引起的大量位错和严重塑性变形，反而能使组织结构均匀。

④ 继承了激光冲击强化和塑性成型技术的优点，在材料表面形成残余压应力，显著提高零件的硬度、耐磨性、耐蚀性和疲劳寿命。

⑤ 适用的材料类型多，可以加工硅等非金属材料，也可加工铝、铜、钛、铁等金属基材料。

⑥ 工艺范围广，加工柔性大。采用不同形状凹模或按不同路径渐进成型，能制造简单弯曲件、复杂曲面的异形件、轴对称或非轴对称的拉深及胀形件等。

⑦ 能够进入常规工具无法进入，或无操作空间的区域。在微零件的精细成型、微装配，或装配后微零件的整形上具有其独特性。

（三）组织形态和性能

激光冲击成型零件的组织形态、材料晶粒度、微观硬度、残余应力等发生变化，同时也出现某些缺陷。图 2-2-

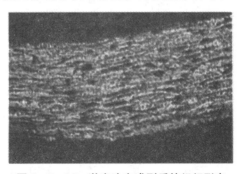

图 2-2-24　激光冲击成型后的组织形态

24 所示是用波长为 1.06 μm 的脉冲 YAG：Nd 激光冲击厚度为 0.075 mm 的钢板成型后的组织形态。激光冲击成型属冷成型范畴，材料的晶粒明显细化，并且微观硬度得到提高。在凸面成型时，板材冲击面及其背面均保持残余压应力；而在凹面成型时，冲击面受残余拉应力，背面受残余压应力。激光冲击成型能够提高材料的抗疲劳性能。在激光拉深成型时，零件在上下表面均呈现残余拉应力。

激光冲击成型的零件也会出现某些缺陷，主要有冲偏、顶部裂纹、边缘撕裂、起皱、表面烧蚀、表面冲击痕迹、因光束与板材不垂直造成的冲击歪斜等，如图 2-2-25 所示。由于多次冲击时变形量过大，特别是能量吸收层烧蚀而失去保护作用，造成顶部裂纹；常因凹模圆角太小，或冲击波压力与凹模孔形成剪切，或压边力太大，导致材料不能流入凹模孔而形成边缘撕裂；起皱源于材料往凹模孔流入过程中，由于周向压应力所造成的材料厚向失稳，可通过增加压边力克服。

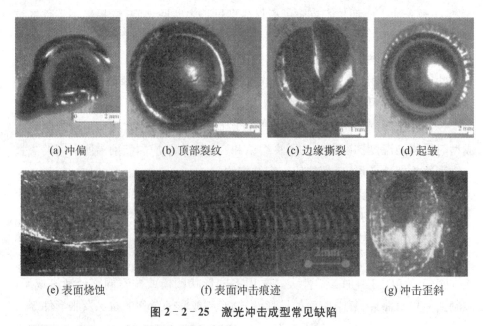

(a) 冲偏　　　　(b) 顶部裂纹　　　　(c) 边缘撕裂　　　　(d) 起皱

(e) 表面烧蚀　　　　(f) 表面冲击痕迹　　　　(g) 冲击歪斜

图 2-2-25　激光冲击成型常见缺陷

(四) 工艺参数

1. 激光参数

激光参数主要包括激光功率密度、激光波长、激光能量空间分布模式等。

(1) 激光功率密度　击波压力大于材料的动态屈服强度才能使材料产生屈服和冷塑性变形，激光功率密度需要高于某一个数值。激光束穿过约束层和吸收层，施加于工件表面的冲击波峰值压力为

$$P_{\max} = 0.01[\beta Z I_0/(2\beta + 3)]^{1/2}, \qquad (2-2-8)$$

式中,P_{max} 的单位为 GPa;I_0 为入射激光功率密度,单位为 GW/cm^2;β 为相关系数,一般取 $(0.1\sim0.2)GW/cm^2$;Z 为工件材料与水约束层合成声阻抗,单位为 $g/(cm^2 \cdot s)$,定义为

$$2Z = 1/Z_1 + 1/Z_2,$$

Z_1 是工件材料的声阻抗,Z_2 是约束层材料的声阻抗,约束层水和靶材铝合金的声阻抗分别为

$$Z_1 = 0.165 \times 10^6, \ Z_2 = \rho D = 1.365 \times 10^6。$$

激光诱导的冲击波的作用时间大约为激光脉宽的 $2\sim3$ 倍。根据 $(2-2-8)$ 式,成型所需要最小激光功率密度为

$$I_{0min} = 100(2\beta+3)(2t\sigma_{ys}/d_{max})^2/(z\beta), \tag{2-2-9}$$

式中,σ_{ys} 为工件材料的动态屈服强度,t 为材料的厚度,d_{max} 为单次激光冲击成型时的最大尺寸。

激光功率密度小于工件变形所需的最小值时,力学效应不足以在厚度方向产生足够的冲击力,激光冲击区产生的主要是弹性变形,形成的弯曲角非常小;随激光功率的加大,冲击波力学效应加大,工件的变形量随激光功率密度的增加而明显增大;当冲击波作用力大于材料屈服强度时,冲击区发生塑性变形的金属增多,弯曲角随激光功率几乎呈线性增长。当激光功率密度继续增加时,受到工件变形能力的限制,变形量的增大趋于缓慢。激光功率密度再增大,诱导的冲击波压力超过材料的抗拉强度时,工件发生冲裂破坏。因此,要根据具体情况选择适当的激光功率密度。

虽然 $(2-2-8)$ 式并没有体现冲击波压力峰值与激光波长及脉冲宽度的相关性,但采用长波长的激光束,利于增加变形量。图 $2-2-26$ 所示是不同激光波长产生的弯曲角度随冲击次数变化,在 3 种激光波长中,波长 1 064 nm 产生的变形量最高。

（2）激光空间能量分布模型　有 3 种激光能量空间分布模型:光强均匀分布、高斯分布、环形分布。在激光功率密度相同的条件下,利用高斯分布的光斑模型,激光冲击成型件的底部轮廓呈 V 形,很不均匀;把光斑模型调整为光强均匀分布时,冲击成型深度有所增加,但底部轮廓形状几乎没有改观;使用光强空间环形分布的光斑模型时,底部轮廓形状发生了显著的变化,更加平整了。在相同激光功率密度下,改变环形光斑的内外径大小,也可以提高板料底部轮廓的平

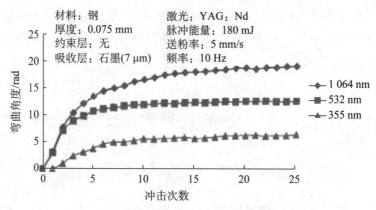

图 2-2-26 不同激光波长产生的弯曲角度随冲击次数变化

整度,这表示利用环形光斑模型可以改善激光冲击成型的性能。

2. 工艺参数

(1)激光冲击次数 由于一次激光冲击所获得的弯曲角度较小,工件最终的变形由数次激光冲击累积而成。图 2-2-27 所示是 Ti6Al4V 合金在不同激光功率密度下冲击次数和成型弯曲角的关系。随激光冲击次数的增加,弯曲角基本上呈线性增长。最初的几次冲击产生的弯曲角增量较大,此后随冲击次数的增多,弯曲增量逐渐减小。这是由于经过多次激光冲击材料发生了应变强化,增加了弯曲阻力,这也表明,采用激光冲击成型可以较容易地控制板料的成型精度,而且是小变形下的累积变形,不容易起皱。

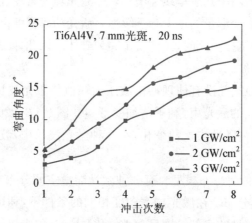

图 2-2-27 冲击次数和成型弯曲角的关系

(2)吸收层和约束层 激光冲击成型是利用脉冲激光照射材料表面会产生等离子体,等离子体进一步吸收激光能量而爆炸,并在材料表面形成冲击波压力实现的。为了提高材料对激光能量的吸收率,防止材料表面烧蚀,并且更易形成等离子体,常在材料表面涂覆能量吸收层(如镀膜或黑漆)。在能量吸收层外常覆盖约束层(如水或玻璃),以阻碍等离子体的膨胀,提高冲击波的峰值压力并延长其作用时间,强化等离子体爆炸时对材料的冲击作用,使冲击波压力更多地朝向材料表面,如图 2-2-28 所示。

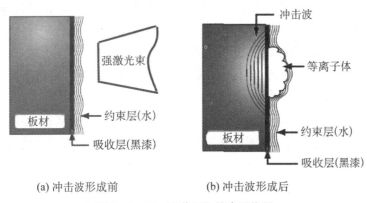

(a) 冲击波形成前　　　　　(b) 冲击波形成后

图 2-2-28　吸收层和约束层作用

高能短脉冲激光束穿过透明约束层(比如水),照射到能量吸收层(比如黑漆)上。它吸收激光能量后,温度升高并气化,蒸气吸收激光能量形成等离子体,继续吸收能量迅速膨胀,形成动量脉冲,在约束层的作用下产生向板料内部传播的强冲击波,成为板料塑性成型的变形力。当冲击波峰值超过板材动态屈服极限时,金属板发生宏观塑性。

① 约束层。约束层限制着等离子体的膨胀,提高激光诱导冲击波的峰压值,增加冲击波的脉宽。约束层必须有一定的强度和厚度,材料应对激光波长透明,即要有很高的透光率,以及大的声阻抗和高电离雪崩阈值。

a. 约束层厚度。传入约束层中的冲击波强度足够时,如果约束层较薄会过早击穿破坏,高压等离子体向外喷射而泄压。增加约束层厚度可有限地延缓层裂时间,延长冲击波峰值压力的持续时间。当约束层厚度达到一定值后,冲击工件的变形量逐渐趋于稳定,说明冲击波峰值压力达到饱和。如果继续增加约束层厚度,则由于约束层对激光能量的吸收和损耗,反而降低约束层提高冲击波峰值压力的效果。所以,采用适当厚度的约束层,可有效地利用激光能量,同时又能获得较好的冲击效果。

b. 约束层材料。约束层有流体约束层和非流体约束层两类。流体约束层材料有纯净蒸馏水等,非流体约束层材料有 K9 玻璃、有机玻璃薄膜、有机硅胶等。丙烯酸合成树脂与PVC胶制成的柔性贴膜可限制等离子体的横向膨胀,具有远优于硅胶的约束效果,残角易清除,可以替代硅胶成为理想的柔性贴膜材料,但其连续冲击能力有待提高。

② 吸收层。它取代工件表面吸收激光能量而气化形成等离子体。有两方面作用,一是提高对激光能量的吸收率,二是防止工件材料表面烧蚀。影响吸收层对激光能量吸收的因素主要有吸收层的材料特性、厚度及其均匀性。吸收层材料应对激光波长有强的吸收率、低的传导系数、低的相变热和升化能,既可充分起到保护工件表面的作用,又可产生密度和温度更高的等离子体,诱发更高压力的冲击波。常用的吸收层材料有聚合物塑料、黑漆、石墨、铅、锌、锡和磷化混合物等。

吸收层太薄,激光能量很可能透过它而直接烧蚀工件表面;太厚则会衰减激光冲击波,传到工件的冲击波能量损失,降低了冲击效果。假定涂层材料在高能激光冲击下瞬间气化,忽略液相存在,可以估算最小吸收层厚度为

$$\xi = \frac{AI_0\tau}{\rho[L + c(T_b - T_0)]}, \tag{2-2-10}$$

式中,L 是材料的气化热(J/kg),c 为材料的比热容(J/kg·℃),I_0 为激光入射到材料表面的功率密度(W/m²),A 为材料的光学吸收系数,ρ 为材料的密度(kg/m³),T_0 为材料的沸点温度(℃),τ 为激光冲击时间(s)。

最佳吸收层厚度应等于气化层的厚度。在实际应用时,吸收层厚度一般取10~20 μm。

3. 材料特征

材料特征包括材料的几何参数、力学性能等,如板材的厚度等几何尺寸、板材的形状、材料密度、泊松比、弹性模量、硬化指数、屈服强度等。在相同工艺参数下,厚度小的板材变形量大。不同性质的材料,在相同的工艺参数下产生的变形量也不同。不锈钢、铜、铝箔在相同工艺参数下,变形量依次增大,说明不锈钢比铜和铝更难冲击成型,但抗破裂的能力也更强。

(五) 应用举例

1. 航空航天工业应用

金属板料冲击成型后形成很深的高幅值残余压应力,显著提高寿命,特别适合制造有抗疲劳要求的钣金件。飞机的机翼整体壁板结构较大,型面复杂,而且壁板内部有加强筋,是飞机制造的重大课题。与通常使用的喷丸成型技术相比,激光冲击成型的成型曲率更大,残余压应力更深,更容易控制成型参数。用于大

型板件的精密成型能减少焊接件和连接件的数量,从而实现飞机零部件等的轻量化设计,承载更多的燃料等有效荷载。导弹、火箭及核反应金属罐容器等零部件,由于应用场合特殊,除了要有精确的外形外,其表面要求很高的机械力学性能和质量。激光冲击成型能实现难以加工材料的精密成型加工,减少了零件的加工工序,因而在国防产品的加工中具有潜在的优势。

整体叶盘广泛应用于先进航空发动机,但在加工过程中,存在少量叶片超差(尺寸误差和变形),导致整体叶盘的报废。利用激光冲击成型技术实现了叶片高精度局部矫形,提高了整体叶盘的成品率。整体叶盘受到外来物打伤,降低了疲劳力学性能,利用激光冲击强化的组合修复技术,能够实现损伤叶片的高精度局部增材制造,并提高抗疲劳性能。图 2 - 2 - 29 所示是激光冲击处理航空发动机的整体叶盘。

图 2 - 2 - 29　激光冲击处理航空发动机的整体叶盘

2. 汽车和模具制造业应用

一辆汽车上 80% 的零部件是用模具加工制造的,模具的制造成本极为昂贵,由于汽车覆盖件大都属于浅拉延件,很适合于激光冲击成型加工,这样可省去或减少汽车覆盖件模具数量,节省大量的费用,大大缩短汽车开发的周期,产生巨大的经济效益和社会效益。

3. 微电子制造业应用

理论上,激光束直径可达波长级,能量聚焦效果好、强度高,适合微零件精细成型。微冲击成型是微尺度下基于激光诱导冲击波效应的微构件柔性成型方法。现有的面向 MEMS 的微加工工艺和技术是在集成电路的基础上发展起来的,主要依赖于深反应离子蚀刻、光刻、LIGA 等微细加工技术;而采用硅基材料制作的微器件工艺复杂,设备投资大,可重复性差,无法满足三维复杂形状微器件的加工需要,也限制了加工材料的多样性,不适合微型器件的批量生产。其他利用微细电火花、微切削和超声波微加工等方法成型微构件也都具有各自的加工适用范围和限制。微细电火花加工的前期准备工序复杂、加工材料和效率受限,微切削能加工的构件精度和尺寸受限,超声波微加工方法在加工复杂型面时声极难以安置。

2-3　激光表面处理

激光表面处理包括激光表面强化、表面清洗和修复。前者是增强工件表面的硬度、耐磨性、耐腐蚀性等;后者主要是清除工件表面各种污染物以及修复工件出现的各种损伤,恢复工件表面的清洁、平整、光滑。

一　激光表面强化

要发动机"长寿",要传动器"长寿",就要提高活塞表面和汽缸壁的耐磨性能,提高齿轮表面的耐磨性。各种高性能合金钢做成的机械元件性能很好,但是,这些金属材料价格昂贵。普通钢材料需表面强化处理,如淬火技术、退火技术、热喷砂技术等。1972 年,在生产上开始采用激光表面强化技术。根据激光功率密度大小和效果,可以划分为 3 种模式:

① 激光作用在金属表面,材料不熔化,只是组织发生相变,例如刚好激光表面淬火。

② 激光作用在金属表面,引起表面熔化,冷却后金属组织发生变化。或者引入其他元素,改善金属材料表面性能。这种处理模式主要有激光熔凝、激光熔敷、激光合金化、激光非晶化和激光微晶化。

③ 激光作用在金属表面,引起表面气化并引起金属组织变化,如激光冲击硬化。

二　激光表面淬火

也称激光相变硬化,它是激光表面强化处理工艺中研究最早且最先应用于工业生产的工艺,始于 21 世纪 70 年代初。试验是从可锻铸铁开始,以后相继对低碳钢、中碳钢、工具钢、合金结构钢、高强度及超高强度钢、不锈钢、耐热钢以及铝合金等材料进行了试验,涉及的金属材料已达几十种。对凸轮、轴承、齿轮等零件用激光表面淬火已逐步取代渗碳或渗氮工艺。一般来说,具有细小弥散碳化物显微组织的金属材料比较适宜采用激光淬火硬化处理。从材料看,低碳钢、合金钢等适合淬火硬化处理。从零件形状看,异型无须后续加工的工件适宜激光淬火硬化处理,如凸轮轴齿轮、铸铁阀座等都是较成功的应用实例。

（一）基本原理

1. 单用激光淬火

是将金属材料表面加热到相变点以上，移开激光束后，由于自身的热传导作用而冷却，金属材料组织的奥氏体将转变成马氏体，使表面硬化，并且硬化层内残留有相当大的压应力，增加了表面的疲劳强度。当温度升高时，材料膨胀，当温度降低时，材料收缩，内部温度分布不均匀，变形也不均匀，导致内部热应力。由于马氏体密度小于奥氏体的密度，当奥氏体发生马氏体相变时，体积膨胀。由于相变过程中存在厚向温度梯度，冷却时组织转变不可能同时进行，马氏体膨胀量的不同会导致相变应力。因此，残余应力是由热应力和相变应力共同作用的结果。如果在工件承受压力的情况下实施激光相变硬化处理，在处理过后撤去外加的压力，还可以进一步增大残留的压应力，能够大幅度提高工件的抗压和抗疲劳强度。

2. 复合激光淬火

激光淬火与其他表面强化处理工艺结合，能进一步提高金属件表面性能。主要的复合技术有激光淬火-氮化复合技术、激光淬火-冲击复合技术。

（1）激光淬火-氮化复合技术　方法一，先激光淬火后氮化处理，简称激光-氮化复合处理。方法二，先氮化处理后激光淬火，简称氮化-激光复合处理。激光-氮化复合处理与氮化处理相比，硬化层深度可成倍地增加；氮化-激光复合处理与氮化处理相比，硬化层深度从不足 0.2 mm 增加到 0.9 mm。与激光淬火相比，硬化层深度也有明显增加。氮化-激光复合处理后需进行 200℃ 以下的低温回火，以消除应力，降低脆性。

（2）激光淬火-冲击复合技术　激光冲击强化处理（见后面的介绍）是指强脉冲激光产生的冲击波与材料表面相互作用使材料表面强化的技术。将激光淬火处理后的 45 钢强化区域再进行激光冲击强化处理，比单纯激光淬火后的硬度增加了15％；耐磨性分别比经渗氮和激光淬火处理区域提高了约 3 倍和 0.9 倍。

（二）显微组织和性能

经激光淬火后，硬化带分为 3 层：第一层为完全淬火硬化层，第二层为过渡层，第三层为受热影响的基体。图 2-3-1 是激光淬火 GCr15 钢的金相显微镜（OM）和扫描电子显微（SEM）的显微组织照片。（a）为低倍金相显微镜组织照片，从下到上显示了硬化带的 3 个区域。（b）为相变硬化层的 SEM 显微组织照片，显示由细小针状马氏体和少量球状碳化物组成。（c）为过渡区的 SEM 显微组织照片，主要由马氏体、残留奥氏体、铁素体和碳化物组成。这是由于过渡区的温度梯度相对较小，碳原子的扩散和迁移不明显，铁素体向奥氏体转变和碳化

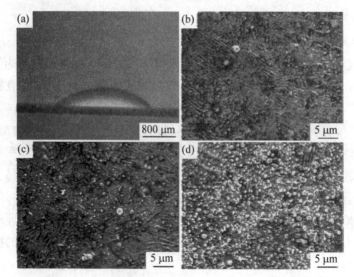

图 2-3-1 激光淬火 GCr15 钢的 OM 和 SEM 显微组织

物的溶解都不充分,晶粒较相变硬化区粗大,是未达到完全奥氏体化的结果。
(d)为基体的 SEM 显微组织照片,其组织为呈球状小颗粒的碳化物,均匀分布在铁素体基体上。

激光淬火硬化带的硬度获得提高,而且硬度值由金属件表面往里面呈阶梯状分布,表层具有最高硬度,往基体方向硬度值则急剧下降,表层(即完全淬火硬层)的硬度最高,达 380~900HK,与基体硬度 170~260HK 相比,表层硬度值提高了 2.2~3.5 倍。

工件的相对耐磨性都比基体提高,这是因为激光加热金属表面温度快速升高,使得大量碳化物溶入奥氏体,于是奥氏体中 Cr、C 含量大幅度提高,生成细小马氏体组织;快速加热后的瞬间奥氏体化,使奥氏体晶粒来不及长大,造成奥氏体晶粒的明显细化,细化的奥氏体晶粒在发生马氏体转变时,必然转变成细小的马氏体组织,因此耐磨性要比基体高。

激光淬火处理后工件的耐蚀性获得显著提高,这是由于腐蚀体系中的金属表面形成了一层极薄的钝化膜,它是一层具有很高电阻值的半导体氧化膜或者是气体等物质的吸附膜。

(三) 主要特点

1. 加热和冷却速度特别快,具有自淬火作用

激光照射到金属件表面,对金属的加热速度很快,达 $10^4 \sim 10^6 \text{℃}/\text{s}$,激光束移开后则迅速冷却,冷却速度达 $10^6 \sim 10^8 \text{℃}/\text{s}$,获得淬火效果,产生自淬火。与

传统的淬火工艺不同,不需要其他冷却介质,所获得的金属组织也比传统淬火工艺得到的组织细得多;金属表面的硬度比常规淬火处理高,提高 15%～20%;铸铁材料激光淬火后,其耐磨性可提高 3～4 倍。

2. 可局部及选择性处理表面

实际上,需要表面淬火处理的往往只是工件的某个部位,并非整个工件,但常规淬火不能单独处理某些表面,不仅浪费能源,而且导致工件较严重的热形变,处理过后需要再加工,纠正形变引起的尺寸变化,才能与其他工件配合。激光淬火处理可以只对需要处理的部位照射激光,避免了传统工艺中的"一锅煮"做法;而且硬化深度和硬化面积精密可控,如果采取特殊图案"黑化"处理,改变金属表面对激光的反射率,能得到图案化的硬化区。

3. 工件变形小

激光表面淬火时,进入材料内部的热量少,热变形小,变形量仅为高频淬火的 1/3～1/10,特别适用于一些变形量要求高的零部件的表面强化处理;能保持零件原有的表面粗糙度。表面处理过后基本上可以直接装配,无需校正或精加工工序。

4. 工艺灵活

激光表面淬火处理是一种无触点工艺,借助可偏转的反射镜,可使激光束指向工件的任何位置。原则上,只要是光束可以达到的地方,特别是内表面的局部,都可以处理,如盲孔的内壁或底部、零件的拐角、复杂的沟槽、深孔或齿轮牙等,这些是传统表面淬火处理比较难做到的。

激光束聚焦后有较大的焦深,不需改变聚光的焦距就能处理不规则表面或直径差一定的不同工件,并且可以得到均匀的硬化层,不像火焰淬火或者感应淬火那样要求加热的喷嘴或感应圈的形状必须与工件外形吻合,简化了工艺操作程序,提高了工艺灵活性。

(四) 主要工艺技术

评价激光表面淬火处理质量的指标有硬化层硬度、硬化深度、硬化宽度。淬火工艺会影响质量指标,选择合适的激光淬火工艺参数是保证激光淬火质量的关键。激光淬火工艺参数主要有激光功率、光斑大小、功率空间分布,激光在金属表面的扫描速度、扫描方式,金属材料表面状态等。

激光功率、激光束在表面扫描速度两者的综合作用直接反映了激光淬火过程的温度及其保温时间,两者可互相补偿,经适当的选择和调整可获得良好的硬化效果。

1. 激光功率

激光淬火改变材料表面强度是由于金属件表面吸收激光能量,引起金属材料温度场变化。激光功率增大,作用在金属件表面的激光能量相应增大,引起金属件的温度场变化也相应增大,马氏体及其亚结构的超细化大幅度增加,导致激光淬火层的硬度增高。图2-3-2所示是不同的激光功率时,GCr15钢金属件激光淬火的显微硬度分布,硬度值由表及里呈阶梯状分布,表层具有最高硬度。

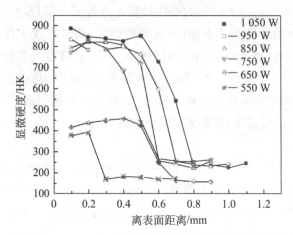

图2-3-2 GCr15钢金属件激光淬火的显微硬度分布

随着激光功率的增加,试样淬硬化层的深度逐渐增大,从0.2 mm增大到0.7 mm,这是因为当激光功率增大时,金属件表面吸收的能量也增大,使得表面温度进一步提高,经过金属基体的快速热传递,金属表层下处于相变温度以上的区域增大,导致硬化层深度增加。当激光功率达到1 050 W时淬火硬化层深度的增大趋于平稳,说明此时激光功率对硬化层深度的影响已经达到或接近平衡状态。

图2-3-3所示是相对耐磨性ε_w随激光功率的变化。ε_w越大,金属件的耐磨性越好。经过激光淬火后,金属件的相对耐磨性都比基体高,而且激光功率越高,金属件的耐磨性越好。这是因为激光加热时温度很高,耐磨性与表面硬度有一定的对应关系,试样的表面硬度越高,耐磨性越好。当激光功率达到1 050 W时,金属件的表面硬度最高,耐磨性也最好,与基体相比,相对耐磨性ε_w提高了3倍多。

2. 激光束扫描速度

扫描速度是工件表面相对于激光束的运动速度。扫描速度主要影响加热时间,从而影响淬火层的深度及宽度。激光光斑直径一定时,扫描速度降低,则加热时间t增加,工件表面吸收热量多,表层最高加热温度区及次表层下在实际临界点以上的温度区增加,从而使激光淬火层的深度及宽度增加;随着扫描速度增

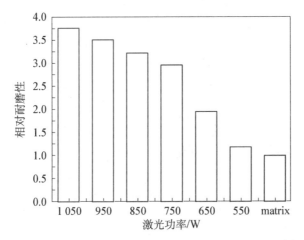

图 2-3-3 不同激光功率的激光淬火金属件的相对耐磨性

加,淬火层深度及宽度均减小。

激光功率和扫描速度有一定对应关系,照射在金属件表面的激光能量为某个数值,可以增加激光功率,同时降低扫描速度协调。改变激光功率或扫描速度均对硬化层深度有明显影响,但是,在输入激光能量相等,硬度和层深随激光功率和扫描速度变化的敏感性有差别,激光率变化对硬化层深所带来的影响更大,而表面硬度对扫描速度的变化略微敏感一些。也就是说,提高激光功率可显著增加硬化的层深,而加快扫描速度则有利于获得较高的表面硬度,还可防止表面烧熔。因此,高激光功率、快速扫描既能获得较大硬化层深,又有利于提高表面硬度。

各参数值的选择范围不能过大或过小,以免冷速过低,不能实现马氏体转变。激光功率过大,容易造成表面熔化,影响表面的几何形状。奥氏体的临界转变温度与材料的熔点之比值越小,允许产生相变的温度范围越大,硬化层越深。除此之外,硬化带的扫描花样(图形)和硬化面积的比例,硬化带的宽窄,在激光作用区吹送气体的状况,光路系统以及光束焦距等,均对激光表面淬火质量有一定的影响。

3. 激光束扫描方式

激光扫描方式有圆形或矩形光斑的窄带扫描和线形光斑的宽带扫描两种,窄带扫描的硬化带宽度与光斑直径相近,一般在 5 mm 以内。要求大面积均匀硬化处理时,一般采用挨次扫描的方法,根据具体情况和具备的工作条件,可直接通过聚焦镜挨次扫描,也可通过较高频率的振动镜或高速旋转的转镜,使光束边横向摆动边纵向前进,达到零件大面积辐照、大面积硬化的目的。但挨次扫描时,在先后两条扫描激光束搭接处或者闭环扫描衔接处会出现回火软化现象,回火软化带的宽度与光斑形状有关。一般均匀矩形光斑产生的回火软化带较小。为了减少回火软化带产生的不良影响,可采用宽带扫描技术。宽带扫描将聚焦的圆光斑变成条形光斑,使一次扫描宽度大为提高。获得条形光斑主要采用柱面镜、二元光学器件和振动聚焦光束等,宽带扫描的宽度可达十几毫米。

不需要表面全部均匀硬化时,可在零件表面需抗磨损的区域内以合适的工艺参数进行激光扫描,布上若干硬化条。这种方法可以节省激光能量,节约处理工时,提高生产效率,而零件的耐磨性仍然优良,不存在先后两条硬化条边沿搭接处的回火软化问题。磨损面上硬化条面积与磨损面积的比例,有资料认为20%最好,也有的认为30%～40%最好,要由具体零件的服役条件和服役数据来决定,不可一概而论。

4. 工件表面状态

材料表面吸收激光辐射能量的能力主要取决于表面状态,一般金属材料表面经过机械加工,表面粗糙度很小,光学反射率很高,可达80%～90%,这会影响金属材料表面吸收激光能量的效率。某个激光器波长是固定的,不能改变。表面固态相变硬化一般要求加热温度低于熔点,因此也不能提高材料表面温度来增加材料表面对光的吸收率。要改善表面对激光能量吸收率,只有从改变材料的表面状态入手,在激光硬化处理前先表面预处理,包括磷化法、提高表面粗糙度法、氧化法、喷涂涂料法、镀膜法等。其中最常用的是磷化法和喷涂涂料法,把磷化锰、炭黑、石墨等涂于金属表面可以大大提高其对激光能量的吸收率。

(1) 表面磷化法 零件磷化,表面获得深灰色的磷化膜,厚度约 $10~\mu m$,对 CO_2 激光吸收率可由机加工表面的 10%～15% 提高到 70%～95%。但这种方法仅适用于低、中碳钢和铸铁,对高合金钢(如不锈钢)效果欠佳。

(2) 黑色涂料法 把碳素墨汁或石墨-黏结剂混合物涂覆于零件表面,形成吸光膜,吸收率可达 90% 左右,对材料有一定的增碳作用。这种方法可用于任何材料,也可局部涂覆,但涂层厚度不易控制,光照射时会产生刺眼的亮光和烟雾,效果也不太稳定。用黑色油漆涂于零件表面,涂层吸收率与碳素涂料相近,可用于各种材料,涂层附着力强,便于涂覆且厚度均匀。但激光照射时,会产生烟雾和气味,不易清除。

(3) 氧化物涂料法 用各种成分的氧化物(如 SiO_2)粉末和黏结剂制成胶体涂料,涂覆于零件表面,形成吸光膜,吸收率可达 95% 左右。可在线或离线喷涂,对环境无污染。胶体涂料喷涂工艺比磷化工艺生产效率高,硬化层质量好,生产成本低。

（五）应用例举

1. 模具激光淬火处理

模具失效的主要形式是表面损伤，表面损伤缩短了模具的使用寿命。激光淬火硬化技术对提高模具的使用寿命起到了很大的作用。通常根据模具的形状特点和使用要求，在指定区域内淬火。激光淬火提高了模具的显微硬度，对模具表面的几何形状影响很小，可以将其作为最后一道加工工艺；模具表面的耐磨性较常规淬火、回火处理有显著提高。

常用的模具有冷作模、热作模及塑料模，制造冷作模具的材料是高碳钢。表2-3-1所列为冷作模具钢激光表面淬火后的显微硬度及相应的处理参数。

表2-3-1　冷作模具钢激光表面淬火后的性能及相应的处理参数

材料牌号	激光功率/kW	扫描速度/(mm/s)	光斑尺寸/mm	显微硬度(HV)
T10	1.2	10.9	5	926
GCr15	1.2	19	1.5	941
Cr12MoV	2.6	6	4	912
W6Mo5Cr4V2	0.6～1.2	20～60	4～5	1 000～1 100
W18Cr4V	1.5	6.5	5	1 000
CrWMn	1.5～1.6	15	3	900～930

制造热作模具的材料都属于中碳钢，表面淬火的目的是提高高温耐磨性、耐热疲劳性、抗氧化性。表2-3-2所列为制造热作模具钢激光表面淬火后的显微硬度及相应的处理参数。

表2-3-2　制造热作模具钢激光表面淬火后的显微硬度及相应的处理参数

材料牌号	激光功率/kW	扫描速度/(mm/s)	光斑尺寸/mm	显微硬度(HV)
5CrMnMo	0.9～1.3	6～16	5	830～850
5CrNiMo	1.3	20～40	5	710～780
3Cr2W8V	3～5	2～18	8～10	750～820
4Cr5W2VSi	2.5	6.5	5	950～1 100
4CrMoSiV1	1.5	15	3	570～770

制造塑料模的材料范围较广，从结构钢到工具钢，从碳素钢到合金钢。表2-3-3所列为制造塑料作模具钢激光表面淬火后的显微硬度及相应的处理参数。

表 2-3-3　制造塑料模具钢激光表面淬火后的显微硬度及相应的处理参数

材料牌号	激光功率/kW	扫描速度/(mm/s)	光斑尺寸/mm	显微硬度(HV)
T8A	0.9	6~16	6	790~1 000
T10	1.2	10.9	5	926
40Cr	0.9~1.3	6~16	1.5	800~810
718	0.5	6.5	3.6	1 100

2. 轧辊激光淬火处理

无论是钢制或球铁轧辊,冷轧或热轧工艺流程,都不同程度地存在轧辊使用寿命短,吨钢辊耗高,影响轧材质量,增加轧材成本。轧辊报废的最主要原因是表面硬度不够,耐磨性较差,淬硬层和过渡硬度选择不当,内应力不均,一旦偏离轧制工艺(操作中难以避免)便产生裂纹、剥落以致断裂。经激光淬火处理的轧辊表面硬度能提高到 HRc62~68,较好地解决了内部过渡层的硬度配置,使轧辊的耐磨性获得提高,表面组织应力差异小,不易产生裂纹、起皮、掉肉以至断裂的现象,与常规热处理相比,使用寿命提高很多。

图 2-3-4　激光淬火处理车轮

3. 车轮激光淬火处理

重载铁路钢轨损伤有多种形式,如钢轨侧磨、波浪形磨损、钢轨压溃、剥落掉块、轨面剥落等。主要原因是轮缘与轨侧之间存在较大相对滑动,钢轨侧面产生严重磨损或轮缘磨耗。激光淬火处理后,如图 2-3-4 所示,车轮表面硬度有明显提高,增强了轮轨的耐磨性,有利于降低轮轨的磨损,车轮磨损量减小一半,轮轨系统总磨损量也明显降低。

三　激光表面熔凝

激光表面熔凝也称激光熔化淬火。金属材料表面吸收了激光能量后迅速升温,并熔化,形成一层很薄的熔化层;当激光移开照射部位后,由于金属的良好热传导特性,仍处于低温的内层金属材料快速导热,受热表层以每秒 $10^6 \sim 10^8\,℃$ 的速度迅速冷却凝固,形成性能得到改善的新表面熔凝层。

熔凝层的相含量与基体中各相含量不同,即激光熔凝改变了熔凝层的相含量。熔凝层组织细小均匀，与基体相比明显细化，显微硬度和耐磨性都明显高于基体。但熔凝层的自腐蚀电位均比基体的低，激光熔凝处理没有提高熔凝层的耐腐蚀性。这可能是因为熔凝层表面出现了细小的肉眼观察不到的裂纹或孔洞，导致熔凝层的耐腐蚀性能变差。

激光熔凝硬化过程既有温升又有熔化。在这个过程中需注意两个温度值，一个是材料的熔点温度，材料表面的最高温度应高于材料本身的熔点温度，只有高于熔点时材料方可产生熔凝硬化的效果。另一个是材料的奥氏体临界转变温度。材料表面的温度及温度梯度是制定激光表面强化工艺方案和确定加工工艺参数的依据。

（一）熔凝层显微组织

图 2-3-5 所示是激光熔凝处理后熔凝层截面形貌，呈月牙状。图 2-3-6 所示是这熔凝区的显微组织照片（H13 模具钢），由表及里可以分为 4 层，与金属表面的温度分布相对应。第一层为熔凝层，其下为相变层（相变硬化区），随后为热影响层（过渡层）和基体。熔化层为精细的胞状结晶奥氏体组织，奥氏体含量比未处理

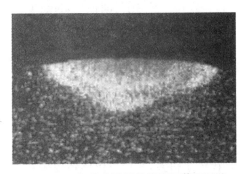

图 2-3-5　激光熔凝的熔凝层截面形貌

区域高，而马氏体含量较未处理区域低。不同的处理工作条件，处理后的熔凝层组织特征基本相同，是一种外延生长的树枝状结晶和胞状结晶组织，其中胞状晶和相变层界面构成熔合线（可称为半熔化层）。树枝状结晶生长方向并不严格地沿着垂直于液固界面的最大散热方向，而是纵横交错生长。这种凝固特点必将导致组织的细化（相对原奥氏体晶粒）和弯曲晶界的产生。在固-液界面处，熔凝区侧存在难以腐蚀的白亮带，经深腐蚀后可显示其胞状晶特征。胞状晶组织的形成和结晶前沿的液相成分以及结晶参数与液固界面的热梯度 G 与凝固速率 R 的比密切相关。刚开始凝固时，熔池中结晶前沿液相成分保持恒定，而比值 G/R 非常大，极易形成胞状晶组织。在胞状晶上部为树枝状结晶区，经深腐蚀后组织为粗大的片状马氏体和残留奥氏体。随扫描速度的增加，激光作用于试样的时间缩短，致使温度梯度和冷却速率增大，比值 G/R 增大，凝固组织特征由纯粹的树枝状晶长大变为胞状树枝晶。在随后冷却过程中发生马氏体相变，沿一次晶轴方向形成粗大的片状马氏体区，由温度超过材料熔点的熔池转化而来，其体积取决于熔池的体积，主要与激光功率和照射时间有关。由于冷却速度较快，熔凝区的组织显著细化。

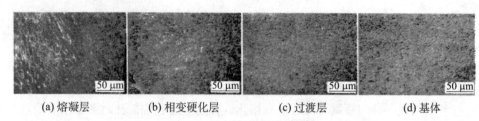

(a) 熔凝层　　　　　(b) 相变硬化层　　　　　(c) 过渡层　　　　　(d) 基体

图 2-3-6　熔凝层显微组织

在熔凝层下面是相变硬化层。该层的加热温度超过奥氏体化温度,激光束移走后,在急剧冷却过程中奥氏体转变为马氏体组织,其硬度较基体有明显提高。因为激光作用时间很短,过热度大,在快速加热的条件下奥氏体晶粒生长受到限制,奥氏体必然转变为细小的马氏体。该层的显微组织又可分为粗相变区和细相变区。在粗相变区,组织为针状马氏体、残留奥氏体和碳化物,而且残留奥氏体量较多。主要是因为在熔凝层以下的温度较高,过热度较大,虽然奥氏体形核率很大,但奥氏体晶粒生长较快,奥氏体晶粒相对较粗大;合金碳化物溶解的量较大,碳元素在高温的条件下扩散较快,奥氏体化后相对含碳量较大,在随后的快速冷却过程中,得到的马氏体较大,残留奥氏体量较多,但是比熔凝层中马氏体小得多,残留奥氏体量也少得多。随层深增加,马氏体明显变细,碳化物量增多,且粒度增大。在细相变区可明显看到有残留碳化物的存在,马氏体更为细小,组织为隐晶马氏体,且这时晶粒较细小。

过渡层与相变硬化层相比,为不完全硬化,加热温度低,作用时间短,碳和合金元素在奥氏体中的扩散不充分,冷却形成贫碳马氏体和高碳马氏体组织,显微组织保持基体组织特征,但与基体组织相比明显细化。该层按作用温度还可分为两个区域。靠近熔凝界面的周围,因经受激光热作用的温度较高(但低于熔点),γ 相可基本固熔,而碳化物相除有少量微溶外,绝大部分仍然存在。由于该区对腐蚀反应不敏感,故腐刻后金相观察呈白亮带。靠近基体一侧,因经受的热作用温度较低,故第二相基本不发生固溶。值得注意的是,在该层内存在大于其屈服强度的热应力,这是因为熔区的凝固收缩和温度梯度变化所引起的变形并受到温度偏低的邻近基体的约束的缘故。又因高温下晶界强度弱于晶内,所以必将导致这一部位的晶界变形,严重时即可造成晶界裂纹。此外,在整个热影响层内的硬度明显低于原始基体,但时效后其硬度又恢复到原始基体的水平。但由于冷却速度较快,该层范围较窄,而且组织特征和基体组织相差不大,难于区分。

基体是工件原始组织状态的区域,显微组织为回火索氏体的调质特征,但由于铸钢碳含量较高,且铸态下有较严重的成分偏析,因此调质后的回火索氏体组织相当不均匀,局部区域可看到较多的二次碳化物呈大块状或条状分布,有些碳化物呈粒状沿原奥氏体晶界分布。

(二) 主要特点

1. 表面硬度提高

AM50A 镁合金表面熔凝处理的结果显示,熔凝层的显微硬度提高 40%～90%,明显高于基体的显微硬度,提高的幅度与使用的工艺参数,如激光功率、扫描速度等有关。图 2－3－7 所示是在相同的扫描速度下,激光表面熔凝处理后工件表面的硬度随激光功率的变化。在相同的扫描速度条件下,激光功率越高,激光熔凝处理后的硬度值越高。这是因为激光功率越高,工件表面被加热的温度越高,最终冷却后得到的硬度也就越高。

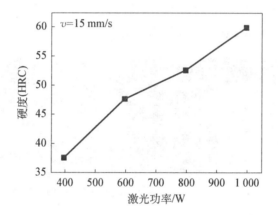

图－3－7　激光表面熔凝处理后的硬度与激光功率关系

图 2－3－8 所示是在激光功率一定的条件下,激光熔凝处理后表面硬度值

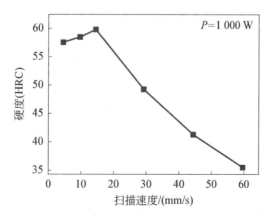

图 2－3－8　表面硬度值随扫描速度的变化

随扫描速度的变化。扫描速度越慢,表面硬度值越高,这是由于激光束与表面作用时间越长,熔池中熔体吸收的激光能量越多,表面强化效果越好,表面硬度也就越高。但在扫描速度低于 15 mm/s 时,降低扫描速度,硬度值非但没有升高,反而有少许下降。这是由于热输入过大,工件冷却速度有所下降造成的。

激光熔凝处理过程中,材料中由表面往里面的温度有一定分布。在显微镜下可以看到熔凝层呈漏斗状,而且产生分层现象。这是因为熔凝过程中形成的熔池的凝固速度不同,接近基体的部分最先凝固,产生了第一层;随后,第一层上方的液体继续凝固产生第二层,依次形成第三、第四层。图 2-3-9 所示是以不同扫描速度获得的单道熔凝层的宏观形貌。熔凝层的显微硬度的最大值不出现在熔凝层的最表层,而是在次表层。这可能是因为在熔凝过程中熔凝层表面出现了一定程度的烧损,导致表层显微硬度下降。而到了次表层出现了极细的片层状组织,所以在次表层硬度值最高,随着到表面距离的增加,显微硬度逐渐降低。图 2-3-10 所示是激光熔凝层沿深度方向显微硬度的分布。

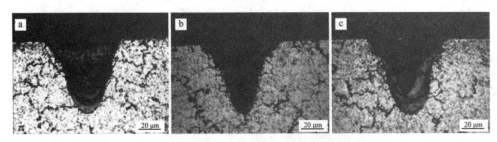

图 2-3-9 不同扫描速度获得的单道熔凝层的宏观形貌

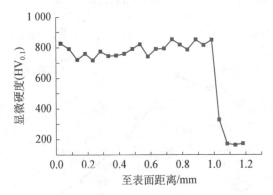

图 2-3-10 激光熔凝层沿深度方向显微硬度的分布

2. 表面耐磨性增强

图 2-3-11 所示是高碳高合金钢经激光熔凝处理前、后的磨面形貌。其

中,图(a)是未经激光熔凝处理的工件磨面形貌,磨面沟槽较深,沟槽两侧可见明显的塑性变形,多个地方出现摩擦凸点黏着以及撕裂脱落的痕迹;图(b)为经过激光熔凝处理后的工件磨面形貌,较平滑,沟槽很浅,几乎看不到黏着点,磨损程度远远小于激光熔凝处理前。激光熔凝处理后工件耐磨性能远远高于没有做激光熔凝处理的工件。

(a) 未经激光熔凝处理   (b) 经激光熔凝处理

图 2-3-11 高碳高合金钢激光熔凝处理前、后的磨面形貌

3. 热变形很小

激光与材料或零件接触时间很短,产生的热变形很小,因此激光熔凝可以作为零件及材料的最后处理工序。

4. 可灵活选择处理部位

可以利用灵活的导光系统随意将激光导向需要做硬化处理的部位,方便地处理工件内壁、内孔、盲孔、深孔和凹槽等局部区域。

5. 容易实现自动化生产

配以微机控制系统,很容易实现自动化生产,易于批量生产,效率高,经济效益显著。

(三) 影响性能的主要因素

1. 激光参数

影响熔凝性能的激光参数主要包括激光模式(基模、高斯模)、激光功率(或者能量)密度、激光模式稳定性、连续波激光或者脉冲激光、激光光斑能量分布状态、激光波长、激光功率的稳定性等。激光功率密度和激光扫描速度是影响熔凝层性能最重要的因素。激光功率密度取决于激光有效功率和作用于材料的光斑直径大小。光斑直径的大小与聚焦透镜的焦距、激光束发散角以及焦点离开被处理工件表面的距离有关。

2. 工件材料性能

材料性能包括材料的种类及其化学成分、工件的几何尺寸、表面状态和原始组织等。金属材料的含碳量及合金元素类型对处理后的效果有着较为明显的影响,合金元素的含量对处理后的硬度变化没有显著影响,但对钢的硬化透深度影响却是很大,并对表层组织及硬度的均匀性起到一定的作用。

3. 工件表面状态

工件表面状态影响对激光能量的吸收率。金属表面的光学反射率一般都比较高,为了增加表面的光学吸收能力,需要在表面预先涂覆一层光学吸收率比较大的涂料。所使用的涂料还应该起到使激光熔池流平的作用,因此,涂料的配方对于熔凝层组织与性能的影响也很重要。

4. 冷却条件

冷却条件对热影响区的显微组织有显著影响。室温下激光熔凝处理在该区容易产生大的热应力,是造成晶界裂纹的主要原因。为了改善热影响区的组织状态和消除某种组织缺陷,以提高塑性和抗疲劳强度,在激光熔凝处理前对工件表面预热,能够不同程度地避免沿晶裂纹。但这个做法降低了冷却速度,粗化了枝晶组织,扩大了热影响区范围,并增加晶界碳化物的溶解。对工件表面预冷,不但能进一步提高冷却速度和细化枝晶组织,而且能防止晶界裂纹。这可能是由于金属材料经充分预冷后所产生的收缩压应力可抵抗一部分拉伸热应力的缘故。预冷还可使热影响区范围缩小和热作用时间缩短,这也是阻止晶界裂纹的一个有利因素。

5. 后续热处理方法

激光熔凝处理后,在热影响区范围内,由于组织状态的改变和某种缺陷,需采取适当的后续热处理,析出强化相,并消除枝晶间偏析及热影响区的残余应力,以求得到性能改善。有 3 种后续热处理做法:

激光熔凝+800℃/16 h,空冷;激光熔凝+1 050℃/2 h,空冷;激光熔凝+1 050℃/4 h,+800℃/16 h,空冷。

第一种做法处理后,熔区及热影响区的 γ 相重新析出,显微硬度基本恢复。但由于热处理温度较低,消除不了枝晶间偏析和残余应力,仍留有脆性断裂的特征,疲劳寿命仍较低。为进一步消除偏析,增加了 1 050℃ 的中间处理,即经1 050℃/4 h+800℃/16 h 的双重处理后,熔区内连续的枝晶形态已消除,组织基本均匀,整个熔区及热影响区的显微硬度完全恢复到了原始材料水平,裂纹的起始扩展已由脆性转为延性,因而疲劳寿命有较大的提高。采用预热或预冷激光熔凝处理+1 050℃/4 h、空冷+800℃/16h、空冷的工艺,既能获得均匀细小的胞状枝晶组织,又可避免熔凝裂纹的产生,而且机械性能也得到了一定的提高。

（四）应用例举

1. 激光熔凝强化凸轮轴表面

凸轮轴在汽车和摩托车发动机中通常与气门摇臂配对,控制发动机气门的开关。延长凸轮轴使用寿命需提高其工作部位的耐磨性和抗疲劳性能,主要方法是表面处理。采用激光表面熔凝处理,可以获得厚度达 1.0 mm 且搭接均匀的硬化层,表面硬度超过 80HRA,在搭接区域硬度没有明显的下降。与铸铁凸轮轴其他强化方法相比,激光表面熔凝处理具有表面硬度高、组织细小均匀、零件畸变小及不影响心部性能等优点。

2. 激光熔凝强化热轧辊表面

激光熔凝表面处理技术能够改善热轧辊表面性能,提高热轧辊的使用寿命。图 2-3-12 所示是激光在进行熔凝处理 Φ340 轧辊。激光熔凝处理,球墨铸铁的硬度可提高大约 2 倍。末经激光熔凝处理轧辊,轧钢量为 6 450 t,而经激光熔凝处理轧辊,轧钢量为 9 480 t,轧钢量提高 50% 以上。白口铸铁热轧辊、铸钢轧辊经激光熔凝处理后,使用寿命分别提高 15.6%～23.4% 和 1.8 倍。

图 2-3-12　激光熔凝处理 Φ340 轧辊

四　激光表面熔敷技术

激光熔敷技术也称激光包敷,主要包含金属材料表面性能强化和部件表面修复。

（一）基本原理

以激光束作为热源,加热预先涂敷在金属材料表面的涂层,使其与基体表面一起熔化后迅速凝固,得到成分与涂层基本一致的熔敷层,显著改善基体材料表面的耐磨、耐蚀、耐热、抗氧化等性能。目前主要进行在不锈钢、模具钢、可锻铸铁、灰口铸铁、铜合金、钛合金、铝合金及特殊合金表面的钴基、镍基、铁基等自熔合金粉末及陶瓷相的激光熔敷。镍基合金粉末适用于要求局部耐磨、耐热腐蚀及抗热疲劳的构件；钴基合金粉末适用于要求耐磨、耐蚀及抗热疲劳的零件。陶瓷涂层在高温下有较高的强度，热稳定性好，化学稳定性高，适用于要求耐磨、耐蚀、耐高温和抗氧化性的零件。可以制备单一或同时兼备多种功能的涂层，如耐磨损、耐腐蚀、耐高温等以及特殊功能性的涂层。从构成涂层的材料体系看，从二元合金体系发展到多元体系。

（二）主要特点

传统的表面强化技术，如渗碳、渗硼和氮化等均不同程度地存在着处理周期长、渗层薄和工件易变形等缺点；利用热喷涂技术制备的涂层，也存在着组织结构疏松、孔隙率高、与基体的结合强度不高等缺点；而传统的喷焊、喷涂、堆焊等表面熔敷强化技术自动化程度低，受人为因素影响较大，致使组织和性能及涂层厚度不均匀，严重影响了表面强化效果。激光熔敷产生的涂层厚度可在几微米到几毫米之间变化，大大提高了零件表面耐磨性。因此，可以在低成本的金属基体制成高性能的表面，代替大量的高级合金，节约贵重、稀有金属材料，而且降低能源消耗对工件的热输入量，引起的热变形较小，不需要后续加工或加工量很小。

（三）工艺方法

激光熔敷技术有两种工艺：预置粉末法和同步置粉法。预置粉末法是将涂层材料预先黏附在基体材料表面，然后激光扫描辐照，使涂层材料与基体材料实现冶金结合。同步置粉法是在激光辐照基体表面形成浅熔池的同时，由一个供粉器连续送入熔敷粉末，同时输送保护气体（N_2 或 Ar）到激光辐照形成的熔池，迅速凝固后得到一新涂层。这两种方法都能够获得高质量的熔敷层。相比之下，同步置粉法的工艺参数易控制，对激光能量吸收率较高，

（四）熔敷层组织

工件经过激光熔敷处理后，涂层的组织有 3 个不同的结构层，分别是熔敷层、结合层和基体。图 2 - 3 - 13 所示是基体材料为 9SiCr 合金钢、合金粉为 Co 基的熔敷层 SEM 扫描照片。其中，图 2 - 3 - 13(a) 为熔敷层的最外层，其组织基本上为树枝晶。在熔敷区的中间区域，由于凝固速率比表面层要小，因此熔敷层中间部分枝晶变得粗大，在靠近交界处，由于凝固速率更小，枝晶较熔敷层内部更加粗大。

图 2 - 3 - 13(b) 是结合层的 SEM 照片，结合层的上部为合金结合层，下部为基体热影响层。在结合层的上部出现粗大的柱状晶，而在结合层的下部出现的热影响层，由于受到熔敷层高温的热影响，这里的基体材料 9SiCr 发生相变，即由原来的球状珠光体转变成马氏体＋碳化物，其组成的物相主要是以 Co 和 Cr、Fe、Ni 构成的奥氏体相，以 Fe - Cr 构成的铁素体及一些碳化物，包括（Cr，

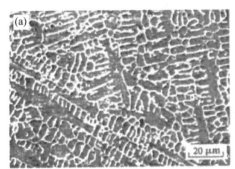
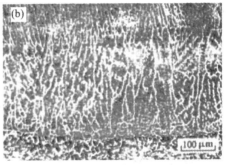

图 2-3-13　9SiCr 合金钢、Co 合金粉的熔敷区组织 SEM 照片

$Fe)_{23}C_6$ 和 Cr_7C_3。

图 2-3-14 所示是用 Ni60 镍基自熔合金,以激光熔敷和传统喷焊这两种表面改性技术得到的表面层组织,组织基本相同,均包括富镍的 γ-固溶体(白色)、碳化物弥散共晶(灰黑色)和沿晶界分布的粒状金属间化合物(黑点),但两者的形态、分布却不尽相同。采用喷焊技术的 γ-固溶体呈粒状,存在大量呈弥散分布的碳化物等硬质相,分布不均匀;采用激光熔敷技术的大部分组织处于非平衡、亚结晶状态,即合金元素含量很高的非平衡 γ-固溶体、碳化物和 γ-固溶体的共晶组织,均匀致密,其上碳化物等硬质相分布比较均匀。这是由于激光熔敷时基材迅速导热,在极高冷却速率($10^6 \sim 10^8 °/s$)下,熔敷层发生快速凝固所形成的,具有强、韧两相微观结构特征。

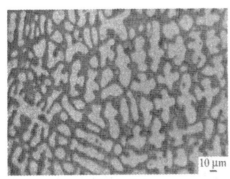

(a) 激光熔敷层　　　　　　　　　　(b) 喷焊层

图 2-3-14　两种表面熔敷技术得到的改性层显微组织

(五) 熔敷材料

1. 选配原则

熔敷材料是影响激光熔敷层成型质量和性能的最主要因素之一,选配熔敷材料的主要原则是：

（1）热膨胀系数的匹配原则　熔敷材料与基体金属二者的热膨胀系数应尽可能接近，若差异太大，则熔敷层易产生裂纹甚至剥落。二者的相关参数应满足下式：

$$\sigma_2(1-\zeta)/(E\Delta T) < \Delta\alpha < \sigma_1(1-\zeta)/(E\Delta T), \qquad (2-3-1)$$

式中，σ_1、σ_2 分别为熔敷层与基材的抗拉强度；$\Delta\alpha$ 为二者的热膨胀系数之差；ΔT 是熔敷温度与室温的差值；E、ζ 分别为熔敷层的弹性模量和泊松比。熔敷层的热膨胀系数相差不宜超出某个范围，如果超出，容易在基体表面形成残余拉应力，造成涂层和基体开裂甚至剥落。

（2）熔点相近原则　熔敷材料与基体金属的熔点不能相差太大，否则难以形成与基体良好冶金结合且稀释度小的熔敷层。一般情况下，如果熔敷材料熔点过高，加热时熔敷材料熔化少，这会使熔敷层表面粗糙，或者由于基体表面过度熔化导致熔敷层稀释度增大，熔敷层被严重污染；如果熔敷材料熔点过低，则会因熔敷材料过度熔化而使熔敷层容易产生空洞和夹杂，或者由于基体金属表面不能很好熔化，使得熔敷层和基体难以形成良好冶金结合。因此，在激光熔敷中一般选择熔点与基体金属相近的熔敷材料。

（3）润湿性原则　熔敷过程中润湿性也是一个重要的因素，特别是对于金属陶瓷熔敷层，必须保证金属相和陶瓷相具有良好的润湿性。有多种办法可以提高润湿性，比如，事先对陶瓷颗粒进行表面处理，提高其表面能。常用的处理方法有机械、物理和化学清洗，电化学抛光和涂敷等。如在 Al 基复合熔敷材料中，用 Ag 浸润于陶瓷表面形成胶状熔体而构成 Ag 涂层，而 Ag 与 Al 有很好的润湿性，从而形成了 Al 与陶瓷间良好的润湿与结合。另外一种办法是在设计熔敷材料时适当加入某些金属元素，比如在 Cu/Al_2O_3 体系中加入 Ti 可以提高相间润湿性，添加活性元素铪（Hf）等也有利于提高基体与颗粒之间的润湿性。此外，选择适宜的激光熔敷工艺参数来提高润湿性，如提高熔敷温度，以降低敷层金属液体的表面能等。

对同步送粉激光熔敷工艺，熔敷合金粉末还应遵循流动性原则，即合金粉末应具有良好的固态流动性。粉末的流动性与粉末的形状、粒度分布、表面状态及粉末的湿度等因素有关。球形粉末流动性最好。粉末粒度最好在 $40\sim200\ \mu m$ 范围内，粉末过细，流动性差；粉末太粗，熔敷工艺性差。粉末受潮后流动性变差，使用时应保证粉末的干燥性。

2. 主要熔敷材料

按初始状态,熔敷材料可分为粉末状、膏状、丝状、棒状和薄板状,其中应用最广泛的是粉末状材料。按照材料成分构成,激光熔敷粉末材料主要分为金属粉末、陶瓷粉末和复合粉末等。

(1) 金属粉末　在金属粉末中,自熔性合金粉末的研究与应用最多。自熔性合金粉末是指合金中加入了具有强烈的脱氧作用和自熔剂作用的 Si、B 等元素的熔敷合金材料。最先选用的是镍基、钴基和铁基自熔性合金粉末。镍基自熔性合金粉末具有良好的润湿性、耐蚀性、高温自润滑作用和适中的价格,适用于局部要求耐磨、耐热腐蚀及抗热疲劳的构件。

钴基自熔性合金粉末的浸润性较好,其熔点较碳化物低,受热后钴元素最先处于熔化状态,而在凝固时,最先与其他元素结合形成新的物相,对熔敷层的强化极为有利。该种合金粉末主要用于钢铁基合金基体上,适用于要求耐磨、耐蚀和抗热疲劳的零件。其品种比较少,所用的合金元素主要是 Cr、Fe、Ni 和 C,此外,添加 B、Si 以形成自熔合金。

铁基自熔性合金粉末最大优点是成本低且抗磨性能好,适用于要求局部耐磨且容易变形的零件,基材多用铸铁和低碳钢。但其熔点高,合金自熔性差,抗氧化性差,流动性不好,熔层内气孔夹渣较多,这些缺点也限制了它的应用。

以上几类自熔性合金粉末对碳钢、不锈钢、合金钢、铸钢等多种基材有较好的适应性,能获得氧化物含量低、气孔率小的熔敷层。但对于含硫钢,由于硫的存在,在交界面处易形成一种低熔点的脆性物相,使得敷层易于剥落,因此应慎重选用。

(2) 陶瓷粉末　陶瓷粉末主要包括硅化物陶瓷粉末和氧化物陶瓷粉末,其中又以氧化物陶瓷粉(Al_2O_3 和 ZrO_2)为主。由于陶瓷粉末具有优异的耐磨、耐蚀、耐高温和抗氧化特性,所以常被用于制备高温耐磨耐蚀涂层和热障涂层。陶瓷粉末的主要缺点是与基体金属的热膨胀系数、弹性模量及导热系数等差别较大,这些性能的不匹配将会造成熔敷层中出现裂纹和空洞等缺陷,在使用中将出现变形开裂、剥落损坏等现象。为解决这些问题,提高与金属基体的高强结合,有学者曾尝试使用中间过渡层并在陶瓷层中加入低熔点高膨胀系数的 CaO、SiO_2、TiO_2 等来降低内部应力,缓解裂纹倾向,但问题并未得到很好解决,还有待于进一步深入研究。

(3) 复合熔敷粉末　在滑动、冲击磨损和磨粒磨损严重的条件下,单纯的镍基、钴基、铁基自熔性合金已不能满足使用要求,此时可在上述自熔性合金粉末中加入各种高熔点的碳化物、氮化物、硼化物和氧化物陶瓷颗粒,制成复合熔敷粉末。目前应用和研究较多的复合粉末体系主要包括碳化物合金粉末(如 WC、SiC、TiC、B_4C、Cr_3C_2 等)、氧化物合金粉末(如 Al_2O_3、Zr_2O_3、TiO_2 等)、氮化物合金粉末(TiN、Si_3N_4 等)、硼化物合金粉末、硅化物合金粉末等。其中,碳化物合金粉末和氧化物合金粉末研究和应用最多,主要应用于制备耐磨涂层。复合粉末中的碳化物颗粒可以直接加入激光熔池或者直接与金属粉末混合成混合粉末,但更有效的是以包敷型粉末(如镍包碳化物、钴包碳化物)的形式加入。在激光熔敷过程中,包敷型粉末的包敷金属对芯核碳化物能起到有效保护、减弱高能激光与碳化物的直接作用,可有效减弱或避免碳化物发生烧损、失碳、挥发等现象。

(4) 其他熔敷粉末　目前已开发研究的熔敷材料体系还有铜基、钛基、铝基、镁基、锆基、铬基以及金属间化合物基等。利用铜合金体系存在液相分离现象等冶金性质,可以设计出激光熔敷铜基复合粉末,其激光熔敷层中存在大量的自生硬质颗粒增强体,具有良好的耐磨性。钛基熔敷材料主要用于改善基体金属材料表面的生物相容性、耐磨性或耐蚀性等,目前研究的钛基激光熔敷粉末材料主要有纯 Ti 粉、Ti_6Al_4V 合金粉末以及 $TiTiO_2$、TiTiC、TiWC、TiSi 等钛基复合粉末,它们的熔敷层具有良好的润湿性,形成良好的冶金结合。镁基熔敷材料主要用于镁合金表面的激光熔敷,以提高镁合金表面的耐磨性能和耐蚀性能。

(六) 熔敷材料操作方式

按熔敷材料的供给方式,激光熔敷工艺大概可分为两大类,即预置式激光熔敷和同步式激光熔敷。预置式激光熔敷是先将熔敷材料与黏结剂混合后涂在部件表面待做熔敷处理的部位,干燥后用激光加热熔化处理。但是,涂层因为热导率低,需要消耗更多的能量用于熔化。此外,还要求的黏接剂容易蒸发,并且不妨碍合金化层形成,也不降低其性能。同步式激光熔敷也称一步法,是采用专门的送料系统在激光熔敷的过程中将熔敷粉末直接送进激光作用区,在激光的作用下,部件的基体表面和熔敷粉末同时熔化,然后冷却结晶形成熔敷层。这种做法的优点是工艺过程简单,熔敷材料利用率高,可控性好,甚至可以直接成型复杂三维形状的部件,容易实现自动化,国内外实际生产中采用较多,是熔敷技术的首选方法。同步法按供给材料的形态不同分为同步送粉法、同步丝材法和同步板材法等。

(七) 影响熔敷质量因素

熔敷层质量包括熔敷层的硬度、耐磨性和耐腐蚀性以及在其中是否出现裂纹、气孔等。质量良好的熔敷层应该具有较高的硬度,比较好的耐磨性和腐蚀性;低的稀释率,无开裂、气孔、夹渣,使用时无脱落,熔敷层与基体呈冶金结合,性能均匀,外观平整。选择合适的工艺参数,能够获得质量良好的熔敷层,满足预定的使用性能要求。

1. 熔敷层的缺陷和防备

(1) 氧化与烧损　激光熔敷时工件表面温度很高,因此很有可能出现氧化与烧损现象。激光熔敷过程中,氧的来源主要有元素本身被氧化、涂层涂敷时混入少量空气、外界大气中的氧。前两种不是主要问题,容易排除。后一种虽可加保护气氛予以防止,但实际操作过程中,如果保护气流的流动轴向与表面法线夹角不当,保护气氛反而会引起引流作用,促进氧化。元素烧损受激光熔敷工艺参数的影响,表面温度越高,激光束作用时间越长烧损量越大。所以,在保证正常熔敷前提下,应合理调整工艺参数,最好选自熔性合金粉末。所谓自熔性合金是自身能起熔剂作用的合金,即在重熔时合金本身有脱氧性和自造渣性能,浮于熔池的薄熔渣能够防止熔池的氧化。

(2) 气孔　涂在工件表面的一层熔敷粉末,如果在激光熔敷以前氧化、受潮,那么在熔敷过程中就会产生气体。由于激光熔敷是在很短时间内即完成的,气体来不及排出就会在熔敷层中形成气孔,气孔会导致在熔敷层裂纹。因此,熔敷前对粉末材料进行烘干,或者选择不易氧化的粉末作为熔敷材料。此外,当采用膏状合金熔敷材料时,由于有些黏结剂本身含结晶水,往往也会在熔敷层形成气孔。比如水玻璃作黏结剂时,熔敷前必须在风干后再对试样烘干脱水,一般烘干温度在 $300\sim400℃$ 之间。采用烘干工艺,不仅减少因结晶水在熔敷层中产生气孔,还可以提高预涂层的强度以及其与基材的结合力。

(3) 表面粗糙　经激光熔敷后工件表面常有凹凸不平,这是在激光熔敷和合金化过程中,在熔池表面存在表面张力梯度,根据扩散热力学理论,导致表面凸凹不平。改变激光工艺参数和采用激光后续处理,可以降低表面的粗糙度。

(4) 裂纹和剥落　激光熔敷过程中,熔敷材料被快速加热、熔化,然后又急剧冷却,属非平衡凝固。当熔敷材料和基体材料性能差异比较大时,在凝固收缩时将产生拉应力。当拉应力大于材料的抗拉极限时,就会在熔敷层内出现热应力和开裂,特别是熔敷层与基体交界处出现的开裂,这将导致熔敷层剥落。

2. 工艺参数

主要工艺参数有激光功率、激光光斑直径、离焦量、熔敷粉末的送粉速度或粉末预置厚度、激光束扫描速度、熔池温度等。

(1) 激光功率密度　激光功率密度过低,将导致稀释率太小,熔敷层和基体结合不牢,容易剥落,熔敷层表面出现局部起球、空洞等现象;而激光功率密度过高,则会导致熔敷材料过热、蒸发,表面呈散裂状,而且还会导致稀释率过高,严重降低熔敷层的耐磨、耐蚀性能。激光功率密度控制在适当范围,能够避免出现气孔和开裂现象,获得高质量的熔敷层。图 2-3-15(a)是基体材料铸铁以铁基熔敷材料进行激光熔敷处理得到的熔敷层裂纹率与激光功率的关系,从图上可以看到,在单道熔敷层长度为 90 mm,扫描速度为 350 mm/min 的情况下,当激光功率小于 1.5 kW 时,熔敷层裂纹率随着激光功率增加而降低;当激光功率大于 1.5 kW 时,随激光功率增加,熔敷层裂纹率上升;当激光为 1.5 kW 时,熔敷层裂纹率有最低值;而当激光功率为 8 kW 时,熔敷层裂纹率最高,达 64.8%。激光功率很小时,裂纹容易起源于最后凝固的熔敷层中心区域。裂纹一旦产生很容易横向贯穿熔敷层,一部分裂纹出现在熔敷层底部,所有裂纹均终止于熔敷层与基体交界区域,未向基体穿透。

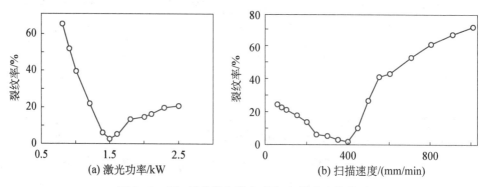

图 2-3-15   裂纹率与激光功率、扫描速度的关系

（2）激光扫描速度   每一对熔敷和基体材料都存在一个极限扫描速度,在这个扫描速度下激光束只能使熔敷材料熔化,而几乎不能使基体材料熔化。要使熔敷层成型完好,激光扫描速度必须小于极限速度。熔敷层材料和基体材材不同,其极限扫描速度不同。在保持其他工艺参数不变的条件下,如果激光束扫描速度较小,熔敷材料容易被激光束加热过渡,导致熔敷层表面的粗糙程度变大;但是如果扫描速度较快,短时间内熔敷材料熔化不透,也难形成完好的熔敷层,所以对扫描速度的控制也是一个很关键的因素。

激光扫描速度也影响熔敷层裂纹产生率,图 2-3-15(b)所示是裂纹率与激光扫描速度的关系,扫描速度为 400 mm/min 时裂纹率最低,当扫描速度小于这个值或者高于这个值,都导致裂纹率增加。

随扫描速度的增大,熔敷层硬度提高,界面硬度梯度增加,这种现象符合激光熔敷处理基体传热和熔化后冷却结晶的普遍规律。硬度具有典型的阶梯形式,熔敷层表面硬度最高,界面结合区硬度次之,热影响区硬度稍高于基体硬度。

图 2-3-16 所示是不同扫描速度下熔敷层显微硬度离表面距离的分布曲线,其中 S1 的扫描速度 1.0 mm/s,S2 的扫描速度 1.5 mm/s,S3 的扫描速度 2.0 mm/s,S4 的扫描速度 2.5 mm/s。

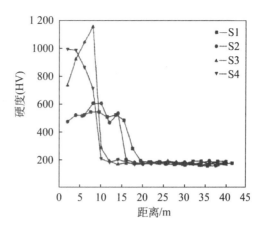

图 2-3-16　不同扫描速度下熔敷层显微硬度的分布曲线

(3) 搭接率　大面积激光熔敷层需要采用搭接的办法,主要是因为激光束光斑尺寸有限,只能通过扫描带间的相互搭接扩大熔敷层面积。搭接率提高,会降低熔敷层表面粗糙度,但很难保证搭接部分的表面均匀性。熔敷道之间相互搭接区域的深度与熔敷道正中的深度有所不同,影响了整个熔敷层深度的均匀性。而且残余拉应力会叠加,使局部总应力值迅速增大,增大了熔敷层的裂纹敏感性。预热和回火能显著降低激光熔敷层的裂纹倾向性。

搭接率也直接影响熔敷层表面的光洁度,搭接率过小会使各熔敷道之间出现凹陷,但是如果搭接率过高就有可能产生气孔和裂纹。因此,选择合适的搭接率也是获得具有平整表面成型件的关键。

(4) 稀释率　稀释率是衡量熔敷层微观质量的主要指标之一。由于基体材料元素混入熔敷层,引起熔敷层元素稀释。基体材料元素在熔敷层中所占的百分比称为稀释率,通常用几何稀释率和熔敷层的成分实测值表示。高的稀释率会提高熔敷层和基体的结合强度,但是同时也会降低熔敷层的机械性能;而低的稀释率熔敷层凝固后呈球形,与基体结合较差。一般认为,稀释率保持在 10% 以下,最好在 5% 左右为宜。激光熔敷过程的稀释率主要取决于激光参数、材料特性、加工工艺和环境条件等。

(5) 熔敷材料性能　不同熔敷材料的物理性质不同,得到的熔敷层质量也不一样。如 Co 基合金粉和 Ni 基合金粉这两种熔敷材料,激光熔敷处理后这两种熔敷材料与基体都为冶金结合,但使用 Ni 基合金粉时,熔敷层组织为奥氏体,结合层为细小枝晶。熔敷层强化机理是微晶组织,热影响层基本上是马氏体＋碳化物,同时熔敷层与基体结合没有未融合现象,在熔敷层内几乎没有出现气孔和裂纹,熔敷层残余拉应力比较弱;而使用 Co 基合金粉时,熔敷层组织为树枝晶,结合层为柱状晶,热影响层为马氏体＋碳化物,在熔敷层内有很多气孔,在结合层沿晶界出现裂纹。此外,采用 Ni 基合金粉得到的熔敷层的层深度比使用 Co 基合金粉深,得到的熔敷层硬度比使用 Co 基合金粉高。所以,从熔敷层质量上来说,Ni 基合金粉比 Co 基合金要好。

(八) 应用例举

1. 激光熔敷强化涡轮叶片锯齿冠

高性能燃气涡轮喷气发动机的涡轮叶冠采用了锯齿冠结构,锯齿型工作面必须进行强化,提高其硬度和耐磨性,采用激光熔敷技术收到良好效果。

涡轮叶冠工作环境恶劣且又苛刻(处于燃气流道中),除了承受较高的温度(800～900℃)负荷外,还要受振动和弯、扭应力的作用。为此,要求熔敷层的硬度 HRC ≥ 42;层厚度 0.2～0.4 mm;良好的耐磨性,150 h 持久试车后,磨损量 ≯ 0.10 mm;具有良好的抗氧化、抗腐蚀性,表面质量好,光洁、细密、完整,不能掉块和脱落。通过一系列的试验,包括熔敷的工艺试验、耐磨性试验、抗氧化试验、腐蚀试验和结合力试验等证实,激光熔敷 CoCrW 熔敷层能够满足上面各项技术要求,排除了困扰多年的锯齿叶冠工作面磨损故障。

2. 激光熔敷强化压射冲头

压射冲头是压铸生产中传递压力的关键部件,冲头在压室内往复运动,圆柱面磨损量过大导致冲头与压室之间间隙变大,金属液极易从间隙中挤出,从而降低压力,影响生产效率。激光熔敷技术处理冲头,提高了表面硬度和耐磨性,收到了良好效果。在低温段(100～350℃),以 45♯钢为基材的冲头,使用寿命较一般 HT200 和 QT600 冲头提高了 5～8 倍;在中温段(350～550℃),在以 40rC 钢为基材的铝合金压铸冲头,使用寿命较一般 H13 钢冲头提高了 1～2 倍;在高温段(550～800℃),以 HHD 钢为基体的铜合金压铸冲头,使用寿命突破了 5 000 模次。大型压铸机用冲头,由于尺寸较大,材料和制造成本较高,冲头报废将造成严重的浪费,而且不利于节能环保。利用激光熔敷技术的特点和优势,选取合适的涂层料,能够再制造出寿命不低于新品的冲头,而且成本仅为新冲头的 50%。

3. 激光熔敷强化驱油井抽油杆

油田环境恶劣,油水介质腐蚀性大,要求金属结构件具有较高的耐磨和耐蚀性。抽油杆是石油开采系统中的重要组成部分,它起着连接抽油机和抽油泵并传递动力的作用。为了提高抽油杆的疲劳强度和疲劳寿命,整体采用高性能的合金钢成本太高,采用普通碳钢进行表面强化处理是一个经济可行的方法。其中,激光熔敷技术是一种有效的表面强化新技术。熔敷层硬度远高于基体 20CrMo,接近 HV500;点蚀电位高于基体 20CrMo 钢,具有优异的点蚀阻力;在不同三元复合驱溶液中,钝化区间都较宽,钝化稳定性高;涂层抗腐蚀磨损性能提高。图2-3-17所示是钻井钻杆在做激光熔敷。

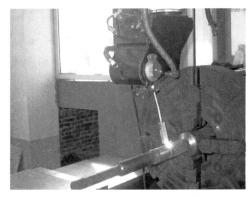

图 2 - 3 - 17 钻井钻杆激光熔敷

五 激光表面合金化

高能量激光束的照射下,使基体材料表面一薄层与合金元素同时快速熔化、混合,在很短时间($50~\mu s\sim$ $2~ms$)内形成了具有要求深度和化学成分的表面合金化层,这合金化层与基体之间为冶金结合,有很强的结合力,而且具有高于基材的某些性能:高耐磨性、耐蚀性和高温抗氧化性,能够使廉价的普通金属材料表面获得优异的耐磨、耐蚀、耐热等性能,可取代昂贵的整体合金,可改善不锈钢、铝合金和钛合金的耐磨性能。

(一)原理和特点

与激光表面熔敷不同,激光表面合金化使添加的合金熔敷材料和基体表面全部熔合,而激光表面熔敷是熔敷材料全部熔化而基体表面仅微熔化,熔敷层的成分基本上不变,只是使基体结合处的元素稀释。或者说,激光表面合金化是一种既改变材料表面的物理状态,又改变其化学成分的激光表面强化技术,而激光表面熔敷只是改变材料表面的物理状态。

激光表面合金化工艺的最大特点是,仅在熔化区和很小的热影响区内发生成分、组织和性能的变化,对基体的热效应可减少到最低限度,引起的变形也极小。它既可满足表面的使用需要,同时又不牺牲结构的整体特性。由于合金元素完全溶解于表层内,因此所获得的薄层成分很均匀,对开裂和剥落等倾向不敏感。熔化深度由激光功率和照射时间来控制,在基体金属表面可形成深度为 $0.01\sim2$ mm 的合金层。可在一些价格便宜、表面性能差的基体金属表面制出耐磨、耐蚀、耐高温的表面合金,取代昂贵的整体合金,节约贵重金属材料和战略材料,大幅度降低机械制造成本。还可用来制造出在性能上与传统冶金方法根本不同的表面合金。

(二)主要工艺

先把合金元素或化合物直接或间接黏合到金属基体材料表面,然后高能激光束加热,和下面的基体材料一起快速熔化后迅速凝固,并形成厚度为 $10\sim$ $1~000~\mu m$ 的合金覆盖层。

1. 选择合金化材料

选择合金化材料时,首先考虑合金化层的性能要求,如硬度、耐磨性、耐蚀性及高温下的抗氧化性等要求;其次是合金化元素与基体金属材料熔体间的相互作用性质,比如可溶解性、形成化合物的可能性、浸润性、线膨胀系数及比容等;第三是合金层与基体金属材料之间呈冶金结合的牢固性,以及合金层的脆性、抗压、抗弯曲等性能。

常用的合金化元素主要有 Cr、Ni、W、Ti、Co、Mo 等金属元素,也有 C、N、B、Si 等非金属元素,以及碳化物、氧化物、氮化物等难熔颗粒。

2. 选择合金粉加入方式

将合金化材料引入到高能激体与共体金属表面相互作用区的方式有多种,主要有:

(1)预置法 把合金化粉末材料用黏合液或喷涂或者蒸镀等的方法预先放置于工件表面,然后用激光束照射加热、熔化。在铁基材料表面合金化时普遍采用这种方法,其中蒸镀和溅射等方法预置的合金材料涂层比较致密,同基体结合好,而且合金层的成分和熔深的控制简单。但在合金元素添加种类比较多的场合,必须多层地涂敷,过程复杂一些。

(2)同时法 在激光束辐照工件表面的同时,将合金化粉末直接送入相互作用区,合金粉末和基体熔化并生成合金化层。这个方法易于控制和调整工艺参数,可以充分利用激光能量,气孔率低,生产效率高。但合金化粉末在粒度、密度不一致时,难以保证送粉过程稳定、送粉率均匀,容易导致合金化层成分和组织不均匀。Al、Ti 及其合金等软质材料也可以在激光束照射基体的同时,向相互作用区吹送气体,气体与熔化的基体组分反应生成具有特殊性能 TiN、TiC、TiCN 等化合物的表面强化层。这种做法的特点是基体表面不需涂覆金属粉末就可以直接形成合金化层。

3. 选择合适工艺方法

工艺方法可归纳为两类:一类称为激光表面合金化。工件表面在受到激光照射并建立起熔池的同时,将合金元素(如 Cr、Ni、Co 等)或难熔硬质的(如碳化物、氮化物、氧化物等)粉末添加到其中,以实现工件表面的合金化。另一种是所谓激光气体合金化,主要是 Al、Ti 及其合金等软质材料,在激光照射下,将反应气体注入表面熔池,并通过反应在表面得到 TiN、TiC、Ti(CN) 等化合物,以达到提高表面层硬度的目的。

(三)合金化层显微组织

激光表面合金化后形成的表面层可分 3 层,即熔化层、热影响层和基体。熔化层是直接受激光辐照的区域,要使工件表面达到合金化的程度,要求激光束加热的合金化元素和基体表面薄层同时达到熔化状态。这时合金化元素能渗入基体,冷却后这个区域的显微组织和结构受激光束功率、激光束扫描速度等的影响最大。

热影响层紧靠上面的熔化层,受表面激光辐照能量的影响极大。一般说来这部分体积较小,传到此处的热能密度较大,足以使这个区域的温度上升到奥氏体转化温度。当激光束移去后,在急剧冷却过程中部分奥氏体转变成马氏体组织,它的硬度和性能与基体相比有较大的提高。图2-3-18所示是合金化层和热影响层交界组织,右边颜色较暗的为热影响层回火马氏体组织,左边颜色较亮的为合金化层板条马氏体组织。合金化层马氏体有两种形核方式,一种是沿已有的基体马氏体位向生长,另一种是马氏体重新形核生长,和基体马氏体位向相交成一定角度。

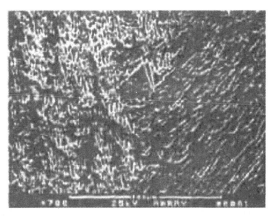

图2-3-18　合金化层和热影响层交界的显微组织

基体在激光辐照处理过程中,只起传导热量的作用。它与激光辐照表面相距较远,而且基体的体积较大,此处的热能量密度较小,基本上不会引起基体组织变化,经激光合金化处理后,仍然保持原有一切特性。热影响层和基体交界组织有明显的分界,如图2-3-19所示,右边白亮色为基体马氏体组织,左边暗黑色为回火马氏体组织。

（四）合金化层化学成分和组织结构

不论是金属的还是非金属,它们在合金层中的成分基本稳定,而且是均匀分布,浓度几乎不随合金化层深度变化,但在基体的合金成分分布随深度逐渐减少。至于合金化层的显微组织结构,一般说来,它依处理条件和合金材料的化学成分不同而各异。

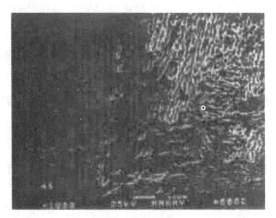

图 2－3－19　热影响区和基体交界的显微组织

1. 非金属元素合金化层

在铁基材料表面激光合金化碳氮硼等非金属材料,激光束以不同的扫描速度处理,得到的合金化层显微组织结构分别出现胞状晶、胞状树枝晶和粗大树枝晶等组织结构。当扫描速度比较大,输入合金层表面的激光能量相应比较少时,基体受到加热程度较小,结晶时液相中出现的温度梯度较大,从而形成胞状晶;随着扫描速度减小,将得到胞状树枝晶组织;继续减小扫描速度,将得到粗大的树枝晶组织。晶粒是沿未熔化表面长大,成长方向与散热最快方向一致,垂直于熔合线,连结成柱状伸向未熔化区内部,即合金化层与基体之间形成了良好的冶金结合。热影响层由针状马氏体和少量的残余奥氏体组成。

2. 钴基合金化层

其组织结构由马氏体、残余奥氏体及不同形态碳化物组成。合金化层马氏体的形核有两种方式,一种是沿基体马氏体位向生长,另一种是新形核生长,和基体位向不同。高速钢激光钴合金化得到的合金层组织形态在表层为等轴状,在中间为树枝状,在合金化层与基体界面为粗大的树枝状。用低倍显微镜观察激光熔化合金层,可看出合金化层与相变区的明显分界线;用电镜扫描可看到呈枝晶胞状组织,提高 G/R(G 为熔池内的温度梯度,R 为凝固速度),则会使组织结构向完全树枝晶、枝晶胞状晶和胞状晶的三维平面生长。枝晶的尺寸取决于 G 与 R 之积。这种胞状晶的网格尺寸随着熔化区的深度加深而变大。在合金化层厚度大于 0.2 mm 的工件中,组织并未出现树枝晶,而完全由胞状晶组成,其胞状晶的尺寸也较之涂层薄的试样大。只有在激光扫描速度比较快(对应薄的涂层和足以能熔化整个涂层厚的激光功率密度)情况,表面显微组织的树枝晶胞状晶才更为明显。在激光处理过程中,由于激光快速加热和快速凝固,使得激光合金化组织具有与一般合金的不同特征。

3. 铬基合金化层

铬单质比铁更易于形成碳化物，X射线衍射分析发现，激光表面铬合金化层形成了许多新的物相。铬的碳化物与铁的碳化物相比，不但化学稳定性高，而且硬度高。铬含量不同，合金化层组织也不尽相同。表层显微结构主要是马氏体组织，组织中还含有均匀分布的微小颗粒。低碳钢表层铬合金化后，表面合金层微观组织基本上由柱状晶和等轴晶组成，形态似条状和网状；在合金层中存在一种互成角度、相互交错的晶内网络状的特殊组织。中、高碳钢铬合金化层组织外侧为极细小的激冷晶区，晶粒尺寸小于 $10\ \mu m$。随着深度增加，晶粒逐渐变为枝晶，而后又过渡为柱状晶，枝状晶主干和柱状晶长度方向均与热流方向一致。一般球墨铸铁经激光重熔后，表面形成细小的莱氏体。球墨铸铁激光铬合金化发现，铬加入后显微组织急剧发生变化，不但尺寸大小不同，而且形态也各不相同，呈花状。这是由于铬的加入改变了相结构，形成了多种铬的碳化物。

4. 镍基合金化层

因为镍是奥氏体形成元素，固溶于基体大大增加了奥氏体的稳定性，可能使单相奥氏体保留到室温。在高碳钢表面，以镍、铬为合金元素，合金层组织是以奥氏体为基的胞状树枝晶，其中碳化物在奥氏体晶间形成连续网。合金层的组织形貌受工艺参数的影响：在一定激光功率下，随扫描速度增加，熔池凝固组织细化，胞状-树枝状定向发展明显，交界区界面白层宽度减小，凝固层的硬度值提高。中碳钢的激光镍合金层组织具有枝晶网（胞）状结构，而且越靠近热影响区，越具有明显的网状特性，且网状逐渐变大。合金层的小片状碳化物在胞状组织的枝晶区以不规则方式沿枝晶组织的弯曲路线分布。在热影响区得到晶粒细小的板条状马氏体组织。在铸铁的合金层则呈现出莱氏体共晶结构，热影响区得到淬火马氏体，并看到有未溶解的石墨残痕。

5. 其他合金基合金化层

不同的合金在不同的基体上合金化，将得到不同的合金层组织特征；另外，工艺参数对组织形貌的影响也不容忽视。例如合金化碳化物，当以硬质碳化物（主要是 WC）为合金化物质时，在合金化层内存在已熔解或部分熔解的硬质相，溶解在内的合金元素将起固溶强化作用或是重新形成细小的硬质相而起弥散强化的作用，使合金层得到细小的凝固组织。具体形貌主要取决于合金成分和冷却条件。

（五）合金化层质量控制

合金化层质量主要包括合金化程度、合金化层成分、合金化层的裂纹，以及合金化表面粗糙度等。

1. 合金化程度

合金化程度主要指合金化层中合金因素含量是否达到设计要求。影响合金化程度的主要工艺参数是激光功率密度、激光束扫描速度和合金粉末预涂层厚度。一般来说，减小激光功率密度和增大扫描速度可导致合金化层中合金元素含量相对减少，即合金化程度降低；激光功率密度高，显微硬度高，但功率密度太高，会造成表面过热，反而使表面熔化后的显微硬度值下降。合金粉末涂敷层厚度增加，合金化层中合金元素浓度增大，即合金化程度提高。但涂层厚度太大，表面合金材料涂层不能充分熔化，而且还会使表面产生凹凸不平，甚至整块涂层与原基体脱落，达不到激光合金化的目的。合适的工艺条件是：合金粉涂层厚度在 $0.1 \sim 0.15$ mm，激光功率密度为 $(3.1 \sim 3.6) \times 10^4$ W/cm^2，扫描速度在 $10 \sim 22$ mm/s 的范围。

2. 合金化层裂纹

工件表面接受激光作用，表层金属的温度急剧增高，然后通过其基体的作用骤冷至室温。由于表面合金化层与基体材料间存在热膨胀系数、弹性模量、导热系数等物理性能的差异，两者之间温度梯度很大，有可能导致裂纹的形核和长大，最终导致合金化层开裂（宏观裂纹）或微观裂纹。防止或者缓解出现裂纹有两种方法：一是通过调整工艺参数、预热、合金化后的缓冷或回火处理等工艺措施；二是选择与基体材料物理性能相近的合金化材料。

将基体材料预热到一定温度，将会有效地降低温度梯度，降低热应力，有利于抑制裂纹产生。优化激光处理工艺参数也可降低裂纹的产生，因为随扫描速度的增加，合金化层开裂敏感性明显上升，选择适当的扫描速度，可以增加熔池的驻留时间，降低温度梯度，减小热应力。提高预涂层合金粉材料的纯度，降低夹杂物含量以及采取低温去应力退火等措施也能够避免裂纹的产生。

3. 合金化表层粗糙度

激光合金化过程是在基体熔化的状态下进行的，由于激光束能量分布不均匀，激光熔池中产生了温度梯度和重力梯度。尤其是由于温度梯度而形成的表面张力梯度引起了熔池的搅拌，激光束移动时熔池前沿熔融金属沿着中心凹陷区向后流动，进行对流传质，造成液态金属的外溢，当熔池迅速凝固后留下了不平整表面。在熔池表面上，存在表面张力梯度，根据扩散热力学理论，必然由此导致表面凸凹不平整。

改善合金化表层粗糙度的一种办法是在合金粉材料中加入某种金属基，将对合金化表面的波纹高度产生影响。比如稀土元素的加入将会使合金化层组织和性能得到进一步的改善。因为稀土元素细化了合金化层的显微组织,强化、净化了晶界,提高了显微组织的均匀致密性,还能让合金化层少出现裂纹。

另外一种方法是改进激光模式,更严格地说,是控制激光束截面的能量分布,使激光熔化区内的中间区域里的温度梯度下降,而且在这一区域内,温度趋于一致。例如,采用矩形光斑,可以降低熔化区中的温度梯度;采用振荡光束,让熔池表面温度最高点来回迅速变化,使液体每个增量的表面温度可趋于一致。此外,采用高功率激光条件下的快速扫描方式也有利于消除波纹,改善合金化表层粗糙度。只要激光扫描速度 v 大于产生波纹状表面的临界扫描速度 v_c 就可以避免波纹产生,

$$v_c = (hg/12)^{1/2}, \qquad\qquad (2-3-2)$$

式中,h 是熔区深度,g 是重力加速度。根据使用要求,熔化深度确定之后很容易确定临界扫描速度 v_c,从而选择有效的激光扫描速度。

合金化层表面粗糙度与基体材质和黏结剂的选择也有很大关系,如灰口铸铁合金化后片状石墨中含的气体剧烈集中析出,且易聚合成孔洞,表面层出现不平整。有的黏结剂剧烈燃烧形成固形物,以烟雾形式逸出,造成熔池深度的波动和熔池的搅拌,也容易使得熔池迅速凝固后留下粗糙不平整的表面。

采用预置法放置合金粉时,黏结剂的选择也直接影响合金化表层的质量。激光辐照时,有的黏结剂剧烈燃烧形成固形物,以烟雾形式从激光作用区逸出,这种燃烧不仅带走一些合金粉末,还造成了熔池深度的波动和熔池的搅拌,当熔池迅速凝固后也留下了不平整的表面。

4. 合金元素氧化

合金元素氧化是合金元素的烧损问题。合金化元素的烧损将导致合金化层内合金元素分布不均匀,只有解决了合金元素的烧损问题,才能更好地进行合金设计,更好地控制合金成分和合金化层的组织结构,获得质量好的合金化层。

合金元素要发生高温氧化,必须有氧。氧的来源主要有:①合金粉末本身已氧化;②合金元素涂层存在一定的孔隙,这些孔隙中含有一定量的氧气;③外界大气中的氧参与了激光与合金粉末的交互作用。第一、二种途径不是主要问题,并且容易克服。激光热处理的最大特点之一是其不必在真空条件下作业。然而在激光合金化中,这一特征却带来一个问题,即使在采用保护气氛的条件下进行激光合金化,也可能产生合金元素的烧损现象。其产生的原因在于提供保护气氛的方法不适当,如保护气流在工件上的"着陆点"不恰当,或者超前,或者超后,实际上未达到保护金属表面不被氧化之目的。另一方面,保护气流的轴向

与待合金化工件表面的法线夹角不恰当时,保护气流反而起引流作用,加速激光作用区周围的空气流动,亦可能强化氧化效应。

(六) 应用例举

1. 割草机刀片激光合金化处理

由于恶劣的使用环境,割草机刀片的使用寿命很短。目前,国产刀片一般工作 40 h 左右需第一次磨刀,以后每次工作 10~20 h 磨刀,严重影响了割草机的工作效率。

利用激光合金化技术,对 65M11 割草机刀片进行表面强化处理,使用的合金粉是颗粒大小为 300~350 目的钨钴硬质合金。图 2-3-20 是处理后金相组织,有 0.29 mm 厚的合金化层,主要为合金碳化物,平均硬度大于 HV700,相变层有 0.12 mm 厚的高碳隐晶马氏体,平均硬度大于 HV600,硬度提高了一倍左右,在工作时具有自锋利特性,不易卷刃;耐磨性提高 2 倍左右,使用寿命大约提高一倍。

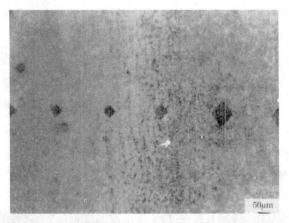

图 2-3-20 割草机刀片激光合金化处理后的金相组织

2. 汽轮机叶片激光合金化处理

汽轮机叶片的作用是将高速气流的动能转换成机械能,其末级叶片工作在潮湿蒸汽区。蒸汽容易凝结成水滴,在高速运转中,小水滴由于离心运动被高速甩向叶片末端并产生爆破,长期受此冲击爆破力作用,在末端将产生疲劳裂纹,发展形成气蚀而失效,引起汽轮机组事故。因此,叶片的抗气蚀能力直接影响到汽轮机组的工作效率和安全运行。采用激光合金化技术能有效地提高叶片的抗气蚀能力。叶片表面硬度提高大约 1.8 倍,抗气蚀能力提高一倍以上。图 2-3-21所示是叶片基体和激光合金化层的气蚀形貌,基体的气蚀面有许多很深的、呈块状的气蚀坑,形成较深的孔洞,在气蚀面和非气蚀面交界处局部存在微裂纹。而经激光合金化处理的叶片,合金化层表面的气蚀坑较浅,而且分布相对均匀,气蚀面和非气蚀面均没有发现裂纹。

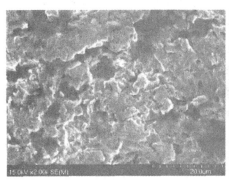

(a) 基体气蚀形貌   (b) 激光合金化层的气蚀形貌

图 2 - 3 - 21 叶片基体和激光合金化层的气蚀形貌

六 激光表面金属非晶化

激光金属非晶化又称金属玻璃化,从广义上讲,凡是以激光为手段在金属表面获得金属玻璃层的方法,均可称为激光非晶化。金属玻璃层性能优异,具有金属的坚硬,机械强度很高,比如铁金属玻璃的机械强度极限可达 $400 \, \text{kg/mm}^2$;又有玻璃的特长,大气中不会生锈,不怕酸、碱的性能,耐腐蚀性比通常的金属高 10 倍左右,在强酸性液体中仍能完好无损;塑性也很好,室温下冷压延可达 30%～50%;还具有高的导磁率,低的矫顽力、磁损耗,良好的韧性、抗疲劳性。不过,这里说的"玻璃"不是我们日常生活中常见的"玻璃",而是指一种玻璃态结构。

激光非晶化是用高能激光束直接在金属表面快速加热,依靠金属本体的快速热传导冷却而得到非晶态层。与普通非晶化技术相比,突出优点是能够高效率、易控制地在形状复杂的工件表面上,大面积地形成非晶态金属层。利用激光非晶化技术,可以在普通廉价的金属材料表面形成非晶态层,既可大大地提高工件表面性能和使用寿命,又可节约大量贵重金属。

(一) 基本原理

金属和玻璃的微观结构特征不同。玻璃的微观结构特征是,内部原子或分子的排列呈现杂乱无章的高度无序分布状态,而金属的微观结构特征刚好相反,是有序分布状态;玻璃的制造是液体材料冷却凝固成固体的过程,没有结晶,因此玻璃属于非晶体材料;而金属则是熔融态材料在冷却凝固成固体过程中结晶,这是因为晶态系统的内能最低,属稳定态,因此熔融态的金属在冷凝过程中一般总是向晶态转变,所以金属是晶态材料。但是,如果液态金属是以超过某一临界值的冷却速度超急致冷,比如液态钢以 10^5℃/s 致冷速度冷却凝固,则会变成另外一类新型材料,其原子三维空间结构呈长程拓扑无序排列,结构上为无晶界和堆垛层错缺陷的非晶体结构,即变成非晶态金属。用能量密度很高的激光束并以很高扫描速度加热金属表面,表面迅速被加热,并迅速熔化,产生厚度 $1\sim10$ μm 的薄熔化层,只有很少一部分热能传入基体,熔化层将以高达 $10^5\sim10^6$℃/s 的速率冷却。原子来不及形成有序排列的晶体结构,阻止金属熔体凝固过程中的晶体相形成,熔体原子无序的混乱排列状态就被冻结下来,从而形成了类似玻璃状的非晶态。

熔体在急冷过程中是否形成非晶态,主要取决于晶相与非晶相在热力学和动力学两方面的综合竞争结果。在急速冷却的过程中,当金属熔体冷却至熔点 T_m 时并不会马上凝固成结晶态,而是先以过冷液的形式存在于熔点之下,新的晶相形成需经过晶核的孕育期以及晶粒的长大期,在通常的冷却速率 $10^5\sim10^{10}$℃/s下,过冷液将逐步结晶形成多晶金属或合金,而当冷却速率超过临界值 R_c 时,过冷液将避免结晶而凝固为非晶态。一般,金属或合金的临界冷却速率 R_c 约为 10^6℃/s,要达到这么高的冷却速率通常是比较困难的,需要使用一些特别的工艺。

(二)非晶化熔层组织

图 2-3-22 所示是用扫描电镜观察两类共晶体在激光照射处理金属前后的显微组织。图(a)是激光处理前铁基共晶体的显微组织形态,有鱼骨状、菊花状及网络状等形态;图(b)是激光处理前铝基共晶体的显微组织形态,是在铝的基体上均匀分布着树枝晶硅;图(c)和图(d)是经激光熔化急冷处理后的显微组织形态,发现原有的共晶特征已完全消失,变成一片无定形的微颗粒。

经激光处理后,铁基样品的电子衍射花样为漫散晕面,而铝基样品的电子衍射花样为漫散晕环加不清晰的衍射环。这说明铁基样品实现了较完全的非晶态转变;铝基样品的非晶态转变不完全,中间还夹杂着一定数量的超细微晶颗粒。

将非晶试样在一定温度下做回火处理,然后用扫描电镜观察其显微结构,由此确定铁基试样的析晶温度为 800℃左右,铝基试样的析晶温度为 450℃左右。

图 2-3-23 所示是合金表面激光非晶化层组织的 SEM 照片,工件表面有

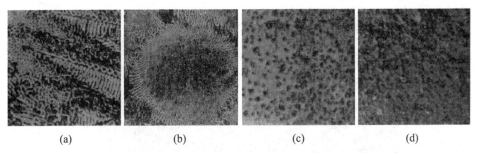

| (a) | (b) | (c) | (d) |

图 2-3-22 激光照射处理金属前后的显微组织

晶界出现,而远离试样表面处没有晶界产生,即形成了非晶态。

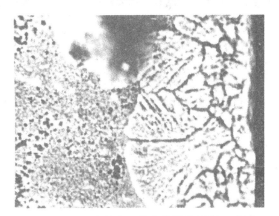

图 2-3-23 合金表面激光非晶化层 SEM 照片

图 2-3-24 所示是激光非晶化熔区组织,其中,(a)是熔区上部组织,(b)是熔区组织底部。从图中可以看到枝晶到白亮组织的过渡。在熔区中、上部细小的枝晶有了二次臂产生,当枝晶继续向熔区表面生长并与白亮组织相接触时,共存区并非出现更细的过渡区,而是晶枝一次臂顶尖深入到白亮组织中一定程度就停止生长。

熔区底部是垂直于底面向熔区内生长的细长树枝晶,枝晶的一次臂发达而没有二次臂。这些枝晶分为3层,每层之间有一个位置移动,这种移动是熔区熔化时激光束扰动产生的。在冷却最初,底部枝晶间向熔区快速生长,遇到激光束移动对熔区上部未凝固液相的扰动,成分浓度梯度和温度梯度随着流动液相而移动,枝晶沿温度梯度和固液界面的浓度梯度方向生长。这种移动导致枝晶生长方向随之变化,这就出现第一层枝晶移动现象。当扰动产生新的变化时,又出现第二层枝晶的移动。

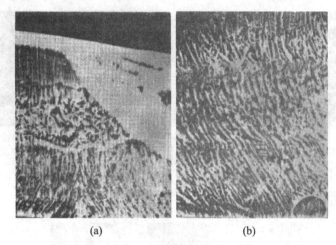

(a)　　　　　　　　　　　　(b)

图 2-3-24　激光非晶化熔区组织

图 2-3-25 所示是表面白亮组织和非晶层的 X 射线衍射图,激光熔区上部的白亮层和原非晶薄带的衍射峰形状几乎完全一样,而且 2θ 衍射角也大致相同。可以确认这些白亮组织是非晶态。

(a) 熔区的白亮组织　　　　　　　　　　　　(b) 非晶薄带

图 2-3-25　表面白亮组织和非晶层的 X 射线衍射图

(三) 急冷临界速率

金属表面是否能够形成非晶态层,取决于内、外两方面因素,其外因是足够高的冷却速率,抑制熔化金属成核;或者控制外延生长速度,使之在凝固过程中不致迅速贯穿整个熔池。一般来讲,任何液体都可以通过快速冷却,使原子或分子移动缓慢,以致没有足够的结晶时间。其内因是材料的非晶态形成能力,这可以添加类金属元素(比如加 Si)或者选择合适的工艺参数来实现。

冷却速率与入射激光功率密度和材料熔化深度有关。激光功率密度越高,熔化层越浅,则冷却速率越高,可达 $10^6 \sim 10^8 \, ℃/s$,达到和超过传统非晶化技术要求的临界冷却速率 R_c。不过,激光非晶化要求的临界冷却速率 R_{cl} 比传统非晶化技术的 R_c 高得多,原因一方面是两者的非晶化机制有区别,在传统非晶化技术过程中,它是经长时间加热形成熔体然后急冷,金属熔体是以均匀成核为主要机制;而激光非晶化是一种快速加热、快速冷却过程,液态金属驻留时间很短,本质上是不均匀成核的。其次，液态金属是从基体局部表面熔化而来，因而熔体与晶态基体紧密接触，没有人为的界面，而且可能的结晶相与基体有相近的晶体结构和晶格常数，冷却条件良好，促使底部的晶体不经成核就向熔体快速外延生长，从而降低了非晶态形成的能力，相应地也就提高了临界冷却速率 R_{cl}。第三，激光束在晶态基体表面形成的金属熔池是个小体积，存在寿命极短的熔体，而且内部存在对流扰动，促成非均匀成核，这也使熔体非晶化能力降低，导致临界冷却速率增高。在激光非晶化时，所得到的表面非晶态层的厚度远小于熔层的厚度，这说明熔池底部晶态基体的外延生长和熔池中的非均匀成核对非晶态形成有明显不利的影响。

临界冷却速率与合金的成分有关，具有深共晶相图合金的临界冷却速率相对最小。根据影响激光非晶化临界冷却速率，得到了关于降低临界速率 R_{cl} 的 3 条经验性的结论：

① 由几种原子尺寸明显不同的组分所构成的高度密集随机堆积结构。

② 较大的混合负热。

③ 结晶过程中组元成分（Al）明显重分布。比如合金材料 Zr - Al - TM（TM = Co，Ni，Cu）的非晶态形成倾向极强，临界冷却速率极低，其过冷液态区温度达 100 K 以上，而临界冷却速率计算值小于 10 K/s。

传统非晶化技术（如离心法、单辊法、双辊法等），特定成分合金的临界冷却速率 R_C 是一个确定值，但激光非晶化时的临界冷却速率 R_{cl} 则除了取决于合金成分外，还同处理工艺过程有很大关系，在一定激光功率和扫描速度范围内，照射的激光功率密度越高，形成的金属熔池成分越均匀，越容易得到非晶态；扫描速率越大，金属熔池冷却速率越大，越易得到非晶态。因此，有研究者利用得到非晶态的临界激光功率密度 P_k 和临界扫描速度 u_k，引进参数 G 以表征该合金材料非晶化的临界冷却速率 R_{CL}：

$$G = P_k u_k / \lambda, \qquad (2-3-3)$$

式中，λ 是材料导热系数。某种材料获得非晶层所需的 G 值越大，表明该材料在激光非晶化时所需的临界激光功率密度 P_k 和扫描速度 u_k 越高，该材料自身的非晶化能力越小，即其临界冷却速率 R_{cl} 越大；反之，G 值越小，则 R_{CL} 越小。

合金的原始晶粒度越小，成分越均匀，则临界冷却速率 R_{cl} 越小，反之则越大。比如 Fe - Ni - Cr - P - Si - B - C 系合金激光非晶化时，组织较粗大的铸态共晶容易促成快速外延生长而得不到非晶态，只有经多次预扫描，随激光功率和扫描速度的增加，使共晶合金产生从铸态粗大晶→树枝晶→细枝晶的转变，才获得非晶态。这显示铸态合金只有当组织足够细,局部成分足够均匀,使 R_{cl} 降到足够低后才可能得到非晶态。

激光作用之前,通常要在基体上预置一层满足所需性能要求并且易于形成非晶的涂层。合金粉末与基体的结合有黏接和喷涂两种方法。采用黏接法方法时,由于涂层成分不易均匀、结合区较粗糙,临界冷却速率 R_{cl} 会升高。喷涂本身成分很均匀,组织很细,临界冷却速率 R_{cl} 会降低。

（四）外延生长速率

从热力学条件来看,只有过冷熔体的温度低于晶化温度 T_g 时,非晶态的自由能值最低,此时的原子扩散能力几乎为零,最有可能形成非晶态。但如果冷却速率过低,过冷度太小,原子的扩散能力依然很大,因而实际的结晶温度 $T_n \gg T_g$,将获得稳定相的晶体。冷却速率较高时,凝固是在 T_g 温度附近发生,此时与非晶态共存的是单相的微晶,非晶态的形成阻止了过冷熔体中已形成的微晶继续生长,使两者共存。但由于共晶组织的形成与外延生长是在成分均匀的熔体中通过成分扩散再分配完成的,因而造成了动力学的障碍,减弱了晶体的生长速度。在冷却速率足够高的条件下,熔体温度的迅速降低使晶体生长所必需的原子扩散迁移难以进行,因而其外延生长会突然中断,使非晶态由于动力学的优势而占主导地位。抑制外延生长,可促进非晶化,为达到此目的可取途径有选择非晶倾向大的深熔共晶材料;设法实现材料的共晶组织状态;用激光预处理调整原始共晶组织的致密度和成分的均匀性,使之处于适当的状态而减少外延生长倾向和外延生长速度。

连续激光非晶化的宏观基本条件是外延生长速率 U_e 满足

$$U_e t < h, \tag{2-3-4}$$

式中,h 是激光在材料表面所形成的熔池深度,它与激光功率 P、激光束直径 d 以及激光束的扫描速度 u 有关:

$$h = cP(du)^{-1/2}, \tag{2-3-5}$$

式中,t 是熔池寿命,$t = d/u$。考虑到相关参数,式(2-3-4)进一步可以改写成

$$U_e < cP(u)^{1/2}(d)^{-3/2}。 \tag{2-3-6}$$

加快激光非晶化可以提高激光功率密度或扫描速度。但这会受到激光器输出功率、激光扫描装置性能的限制。也可以降低外延生长速度来实现非晶化,均匀细化的共晶组织不仅有较强的非晶态形成能力,而且能明显地减慢外延生长速度,容易形成非晶态。

（五）性能对比

激光熔凝、激光熔敷以及激光非晶化的共同特点是，高能量密度激光作用于材料表面时都要形成一层熔体，换言之，熔体在急冷过程中是否形成非晶态，取决于晶相与非晶相在热力学和动力学两方面的综合竞争结果。

适当控制工艺参数可以得到熔凝层，或者熔敷层，或者非晶态层，它们有各自不同的技术目的和工艺条件，见表 2-3-4。

表 2-3-4　激光熔凝、激光熔敷、激光非晶化处理的工艺和性能比较

	处理目的	功率密度/(W/cm²)	冷却速度/(℃/s)	处理深度/mm	特点
激光熔凝	改善工件表层结构，提高性能	$\sim 10^5$	$10^5 \sim 10^7$		表面熔化急冷硬化，获得极细或超细组织结构，显著提高硬度和耐磨性
激光熔敷	熔敷层与基体冶金结合，提高表面性能	$10^4 \sim 10^6$	$10^4 \sim 10^6$	$0.5 \sim 2.0$	基材表面微熔，获得与基体冶金结合的特殊合金层
激光非晶化	使工件表层变成非晶态	$10^7 \sim 10^8$	$10^7 \sim 10^{10}$	$0.001 \sim 0.1$	材料冷却速度极高，获得非晶态表面，显著提高耐蚀性、抗氧化性

七　激光冲击表面强化

脉冲激光能在材料中产生高强度应力波。在材料表面涂上一层能透过入射激光的材料，应力波强度还会明显升高，其数值不并不低，峰值压力可以达万帕，足以使金属产生强烈塑性变形，出现类似于传统的喷丸等，以冲击方式改变金属材料性能，包括金属表面硬度、屈服强度以及金属的疲劳寿命等效果，从而开发出一种新型表面强化技术，即激光冲击强化技术。

（一）原理和特点

高峰值功率密度（GW/cm² 级）、短脉冲（纳秒级）激光与物质的相互作用而产生高压冲击波，利用力学效应对材料表面进行强化处理。

高功率密度、短脉冲的激光照射到金属表面时，在照射区迅速发生气化并几乎同时形成大量稠密的高温、高压等离子体。该等离子体继续吸收激光能量急

剧升温膨胀,然后形成高强度冲击波作用于金属表面并向内部传播。冲击压力可以达到数十亿帕,乃至万亿帕,这是传统机械加工难以达到的(机械冲压的压力通常百万帕至几亿帕之间)。强大的压力超过了材料的动态屈服强度,导致材料发生塑性变形并在表层产生平行于材料表面的拉应力。激光作用结束后,由于冲击区域周围材料的反作用,材料表面获得较高的残余压应力。残余压应力会降低交变载荷中的拉应力,使平均应力下降,从而提高疲劳裂纹萌生寿命。同时在材料表层形成密集、稳定的位错结构,使材料表层产生应变硬化。这便使得材料的抗疲劳和抗应力腐蚀等性能获得显著提高。

与激光表面熔凝、熔敷和合金化技术有些不同,激光冲击强化处理时,在工件表面需要预置吸收层和约束层。吸收层是涂对激光波长吸收比较强的材料,吸收强脉冲激光的能量后气化,产生的蒸气被限制在工件表面和约束层之间,并继续吸收激光束的能量,进而产生强烈膨胀,形成强冲击压力作用于金属材料表面;此外,它还防止金属表层被激光束熔化和气化。

约束层是置于金属表面的一种光学透明材料,它将吸收层产生的强烈膨胀压力波限制在金属表面和这一层之间,以进一步提高压力波的峰值压力。此外,使用约束层能在金属表面产生残余压应力。如果没有约束层则可能产生残余拉应力,不仅不能提高金属的疲劳寿命,还会降低其疲劳寿命。目前所用的约束层材料多为玻璃和水,与水相比玻璃有更高的声阻抗,可获得更高的峰值冲击压力。但水的成本低,水能够均匀地流过激光冲击强化区域,并形成一层透明的约束层,且容易实现自动化。

激光表面冲击强化和传统的机械冲击强化相比具有鲜明的特点和具有更大的优势,主要有:

① 激光冲击强化技术具有自身超高应变率、热影响较小和良好的可控性等。

② 激光冲击强化适用材料的范围广,如碳钢、合金钢、不锈钢、可锻铸铁、球墨铸铁、铝合金、钛合金以及镍基高温合金等。

③ 激光的光斑大小可调,可以冲击强化处理狭小的空间如狭缝、沟槽等。

④ 激光冲击强化处理的工艺参数和冲击作用区域可以精确控制,因而残余压应力的大小和压应力层的深度精确可控。

⑤ 激光冲击强化形成的残余应力大,形成残余压应力层深,深度可达传统机械工艺的几倍。

⑥ 激光冲击强化零件表面塑性变形的深度为微米级,对于光滑零件表面冲击强化后,基本不改变其粗糙度,因而激光冲击强化适合航空发动机叶片的强化,不但使表面改性,还保持了工作时表面气流的通畅和原先设计时的力平衡。

（二）强化层显微组织和性能

激光冲击强化前,材料表层位错很少;强化后,材料表层位错大量增殖,形成高密度位错,在板条马氏体内分布有大量位错线,在晶界处出现了位错缠结、切割和交错分布,引起剧烈的塑性变形,应变强化效果显著,有利于提高材料表面的性能。图2-3-26所示是激光冲击强化处理奥氏体不锈钢1Cr18Ni9Ti表层的透射电镜显微组织,位错密度很高,而且位错与位错之间相互缠绕、交割,

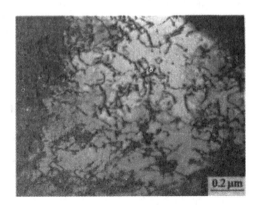

图 2 - 3 - 26 激光冲击强化层中的高密度位错

交互作用明显。高密度位错是由于金属表层承受冲击时经受了激烈的塑性变形过程,使位错滑移并大量增殖,结果表层内部的位错密度急剧增加。

这说明工件表面承受激光冲击强化处理的同时,本身也经受了塑性变形的过程。由于位错的运动、增殖、滑移,使内部的位错密度急剧增加,表面的强度和硬度显著增强。由于疲劳裂纹都是在金属表层驻留的滑移带、挤出脊、侵入沟等处形成,而这些都与交变载荷下的位错运动有关,位错密度的急剧增加使位错运动的阻力增加,从而使疲劳裂纹形成的阻力增加,时间推迟,也就是说疲劳寿命增加。对板厚0.25英寸裂纹扩展试样及紧固联结试样的高周疲劳寿命试验结果显示,其疲劳寿命在激光冲击后约比激光冲击前大100倍,而经激光冲击处理的裂纹扩展试样的裂纹扩展速率甚至降低更大。

图 2 - 3 - 27 所示为激光冲击强化层组织中的孪晶,激光冲击强化区表层组织中存在大量的孪晶。奥氏体不锈钢的基体虽然属于面心立方结构,易于滑移,但在激光诱导产生的强压力波高速冲击作用下,一部分晶粒来不及滑移变形而发生了孪生变形,导致大量孪晶形成。

在激光冲击强化层中还发现有片状组织存在,该片状组织具有体心正方晶体结构,沿晶界向晶内生

图 2 - 3 - 27 激光冲击强化区组织中的孪晶

长。综合激光冲击强化区电子衍射及 X 射线衍射分析结果,可以推断该片状组织是形变诱发马氏体。激光冲击强化条件下发生的形变诱发马氏体相变是激光冲击强化区硬度升高及产生较高残余压应力的主要原因之一。利用显微力学探针精确测定激光冲击强化区显微硬度分布,发现冲击区表面硬度非常高,为内部硬度值的 3 倍左右。

图 2-3-28 所示是工件经激光冲击强化处理前后的断口形貌,其中图(a)为未经激光冲击强化处理的基体断面金相组织,该基体为托氏体-细珠光体混合组织,其上部有白色颗粒状的铁素体. 铁素体导致工件表面硬度及强度不高。图(b)为经激光冲击强化后,材料表面发生塑性变形,组织致密度明显提高,并形成约 15 μm 的硬化层。

(a) 没有经激光冲击强化处理　　　　(b) 经过激光冲击强化处理

图 2-3-28　工件经激光冲击强化处理前后的断口形貌

(三) 冲击强化参数

影响激光冲击强化性能的参数主要有激光脉冲的脉宽、激光功率密度、光斑的形状和尺寸、激光模式、板料的力学性能、约束层的刚性以及吸收层的厚度等。

1. 激光功率密度

激光功率密度的选择非常重要,需要保证使用的激光功率密度在合适的范围内。激光功率密度过小,不能保证激光诱导的压力波峰值压力大于金属的动态屈服极限,也就不能在金属材料中产生高的位错密度和在其表层产生残余压应力,达不到改善金属材料表面特性的目的。为了获得比较好的强化效果,激光诱导产生的压力 p 需要满足条件:

$$p = (2 \sim 2.5)H_{el}, \tag{2-3-7}$$

式中,H_{el} 是金属材料的 Hugoniot 弹性极限。条件(2-3-7)规定了需要的激光功率密度最低值。在一维应变压缩条件下,对于 1Cr11Ni2W2MoV 不锈钢,其

Hugoniot 弹性极限为 1.74 GPa，按（2－3－7）式计算，需要的压力为 3.5～
4.4 GPa。根据激光诱导压力估算简化模型，要获得这个数值的压力需要的激光
功率密度起码需要达到 4.5 GW/cm^2。随着激光功率密度增大，冲击强化层的
硬度相应增强。图 2－3－29 所示是 TC17 钛合金采用不同功率密度强化后沿深
度方向的显微硬度变化。经过激光冲击强化处理的工件，其显微硬度值在其表
面最大，随着深度的增加逐渐下降，最后趋于平缓接近基体硬度。当激光功率密
度为 4 GW/cm^2 时由表面到基体硬度过程中的硬度梯度变化最大，表面硬度值
最大，影响深度最深，强化效果最好。

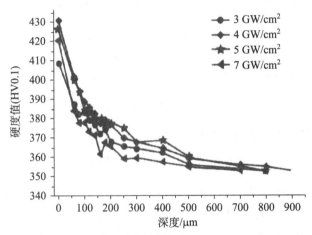

图 2－3－29　不同功率密度强化后沿深度方向的显微硬度变化

　　照射的激光功率密度过高，激光诱导的压力波峰值压力大于金属的极限强
度，会使金属材料产生剥蚀和拉裂现象，反而起破坏作用。激光脉冲功率密度太
大也可能对金属表面造成热损伤，金属表面发生局部熔化、气化等现象，影响金
属表面状态。例如，当激光脉冲功率密度达到或超过 10^{10} W/cm^2 量级时，金属
表面重熔，表面出现明显凹陷，而且表面粗糙度比没有受激光强化处理区域明显
增大。这是因为脉冲功率密度过高时，脉冲激光的能量除将吸收涂层全部蒸发
外，部分过剩脉冲激光能量还被金属表面直接吸收而发生局部熔化、蒸发现象，
熔化金属重新凝固时由于受表面张力等的作用而在表面产生皱褶。

　　2. 冲击次数

　　重复激光冲击强化，性能改善有累积效应。表面硬度在一次激光冲击后提
高不多，多次重复激光冲击后会叠加提高。如图 2－3－30 所示，随着冲击次数
的增加，显微硬度值的最大值也在增大，朝基体方向的深度也随之增加；冲击 1、
3、5 次后的显微硬度值达到基体的深度分别为 700 μm、1 100 μm、1 300 μm 左

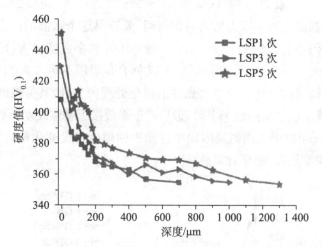

图 2-3-30　不同冲击次数沿深度方向上显微硬度硬度值变化

右;冲击次数增加硬度也增大。多次冲击导致硬度累积提高的原因是位错密度的增加,材料的微观硬度 H_v 与位错密度 ρ 的关系是

$$H_V = H_{V\cdot 0} + aGb\rho^{1/2}, \qquad (2-3-8)$$

式中,$H_{V\cdot 0}$ 为基体的微观硬度;a 为与材料有关的常数;G 为切变模量;b 为泊氏矢量。材料硬度 H_v 和 $\rho^{1/2}$ 成正比,而随着冲击次数的增加,位错密度随之增加,因此材料的表面硬度得到改善,这就是位错强化现象。

图 2-3-31 所示是不同冲击次数下 TC17 钛合金表面的透射电镜显微组织图,其中(a)没有做冲击强化处理,(b)做一次冲击处理,(c)两次冲击处理。TC17 是 α+β 两相钛合金,从图 2-3-31 可以看出,未做冲击处理时,工件 β 相内部靠近晶界处有少量位错,它们分布得较为分散,而在 α 相中几乎没有看到位错;冲击一次时,由图(b)可以看到晶粒内发现大量位错线,并在晶界处遇阻发生

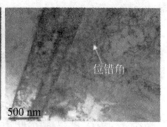

(a) 没有做冲击强化处理　　　(b) 一次冲击处理　　　(c) 两次冲击处理

图 2-3-31　不同冲击次数表面的透射电镜显微组织

塞积;当冲击两次时位错密度增大,除晶界外,在 α 相和 β 相内部也发现大量位错,位错出现滑移、增殖,发生塞积、缠结等现象。冲击次数增加能够提高显微硬度这个效应,在实际应用中有重要意义,因为用激光多次冲击处理是很容易实现的。

(四) 应用例举

1. 激光冲击强化大耕深旋耕刀

表面强化处理可以提高旋耕刀表面机械性能,延长刀具使用寿命。传统的热处理工艺往往会导致旋耕刀氧化、脱碳、过热和过烧等缺陷,处理后性能不能满足要求。如图 2-3-32 所示没有经激光冲击强化处理的材料组织致密度较低,表面较粗糙且存在很多微缺陷,在受到循环应力作用时将产生应力集中,容易引起旋耕刀的折断;而经过激光冲击处理的刀具表层产生塑性变形,组织致密度明显增加,这是由于压缩层内组织在塑性变形的作用下使得致密度发生变化;材料组织致密度的增加,减少应力集中,从而使旋耕刀性能获得明显提高。没有经激光冲击强化处理的平均残余压应力仅为 146.9 MPa,经过激光冲击强化处理强后的平均残余压应力达到 390.7 MPa,提高了 166%。整个冲击强化区域的残余应力分布均匀,无应力集中现象,能提高旋耕刀疲劳寿命。未经处理的原始材料表面平均洛氏硬度(HRC)为 35,强化处理后的材料表面最大硬度值达 50,大约提高 48%。

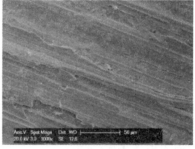

(a) 未经激光冲击强化处理　　　　　(b) 经过激光冲击强化处理

图 2-3-32　刀具表面激光冲击强化处理形貌

2. 激光冲击强化航空叶片

发动机叶片在激光冲击强化后能够明显提高疲劳寿命。原始 K417 叶片的疲劳强度为 110 MPa,激光冲击强化后提高至 285 MPa,提高 1.6 倍;激光冲击强化后镍基合金涡轮叶片中值寿命大幅提高,达到未强化的 3.79 倍。激光冲击诱导的表面纳米晶在疲劳加载和热环境共同作用下有较好的稳定性,还能有效提高镍基高温合金裂纹源区抗高温氧化性能,减缓裂纹萌生。

八 激光表面清洗

激光表面清洗是利用激光清洗材料二件表面各种污染物,如油污、锈斑或涂层的新型清洗技术。工件表面存在这些污染物,影响工件的性能,比如光学器件表面附着的微粒尺寸与入射光波长相当或更小时,将产生小尺寸效应,使激光入射能量损失大幅度增大,光学吸收和光散射激增,导致光谱反射率下降,以及激光损伤阈值下降。表面若有 Na^+ 和 K^+ 等碱金属离子,还会使玻璃基底发生微腐蚀,将直接影响光学镀膜质量;在半导体工业中,由于基片表面不够洁净将导致芯片失效的损失超过制造过程各环节总损失的一半以上。

(一)基本原理

激光与污物层发生复杂的物理化学作用,使表面上的污染物瞬间气化、蒸发或分解而消失;或者在表面产生机械作用力,克服污染物与基体表面之间的结合力,使污物脱离工件表面。

1. 机械作用力清洗

(1)热应力　工件表面吸收激光能量,温度急剧上升,产生热膨胀,而且时间又是极短,热应力非常高,超过工件基体表面与污染物层之间的结合力,以致污染物层脱离。

(2)等离子体冲击波力　工件基体表面吸收激光能量,产生的瞬时高温在污染物层与基底材料之间产生高温气体,该高温气体继续吸收激光能量形成高温等离子体,它吸收激光能量瞬间膨胀,产生强冲击波,清除工件基体表面污染物。

(3)反冲作用力以及工作气体喷射吹力　表面吸收激光能量,瞬间燃烧、气化、蒸发,瞬间膨胀产生反冲作用力,驱使表面污染物脱离工件基体表面。

2. 激光干式清洗

短脉冲激光直接照工件表面,污染物或者基体吸收激光能量,温度快速升高并产生热膨胀,热膨胀力使污染物或者基体振动,使污染物克服工件表面的结合力并脱离工件基体表面。虽然产生的热膨胀很小,但在很短的脉冲时间内发生,会产生很大的脱离加速度。选择基体材料强吸收、污染物弱吸收的激光波长,或者基体材料弱吸收,而污染物强吸收的激光波长。干式激光清洗之前,需要分析基体材料和污染物的光学特性,选择一种基体材料和污染物光学吸收系数差别大的激光波长。激光能量应远小于基体材料的激光损伤阈值,才能实现无损清洗。

3. 激光湿式清洗

激光湿式清洗的做法是在待清洗工件表面涂敷一层液态介质，然后再用激光照射。液态介质层在激光照射下急剧受热升温，产生爆炸性气化，生成的冲击波使基体表面上的污染物松散，并随冲击波反向离开工件表面。使用的激光波长有 3 种选择，一种是基体对此激光波长是强光学吸收，而液态介质层不吸收或者弱吸收；另一种是液态介质层为强光学吸收，而基体材料是弱光学吸收或者不发生光学吸收的；第三种是液态介质层和基体材料都是光学吸收的。第一种选择的清洗效果最佳，因为爆炸性气化发生在液态介质层与基体的交界处，污染物所受到的爆炸冲击波力更强，因此更易脱离表面。

4. 激光油脂污染物清洗

激光可以将酯类及矿物油完全去除，不损伤零件表面。激光的热效应使油脂蒸发、气化从而脱离元件表面；而金属工件基体对红外激光具有高反射率，在 $90\% \sim 100\%$，基本上不吸收激光能量，可以在不损伤基体的条件下清除油脂污染物。例如，CO_2 激光清洗镀金膜工件表面的二甲基硅油，二甲基硅油吸收激光能量，热效应使二甲基硅油蒸发、气化，从而脱离工件表面。二甲基硅油在 573 K 温度时开始蒸发、气化，相应的 CO_2 激光功率密度大约为 9 W/mm^2。如果激光加热产生的温度不超过其熔化温度，就不会构成对金膜损伤。在激光照射点引起的温度变化值由下式计算：

$$\Delta T \mid_{t=\infty} = \frac{P_0}{\sqrt{\pi d_0 K}}, \tag{2-3-9}$$

式中，d_0 是激光在工件表面的光斑直径，k 是基体材料的导热系数，P_0 是工件吸收的激光功率。金的熔点温度是 1 064℃，k 值是 0.705 cal/cm·s·℃·K。温升 ΔT 小于 1 064℃，入射的激光束就不会引起金膜表面损伤，由式（2-3-9）求得相应的激光功率密度大约为 60 W/mm^2。硅油蒸发，即开始产生清洗效果，而金膜没有受到激光损伤，这就是说，使用 CO_2 激光能够在不损伤工件基体的条件下清洗掉二甲基硅油。从原理来看，这类油脂污染物的激光清洗不属于前面所说的干式激光清洗法和湿式激光清洗，而是一种介于两者之间的清洗方法。

此外，在特殊工况和清洗条件下，还有激光＋惰性气体清洗、激光＋化学试剂清洗的方法。

（二）主要特点

1. 基本上不产生环境污染

是一种"干式"清洗，不需清洁液和其他化学溶液，因此没有化学清洗产生的环境污染,属于"绿色"清洗工艺。

2. 非接触清洗

可通过光纤传输与机器人或机械手联合,实现自动化操作,能清洗传统方法不易达到的部位。

3. 能够清除各种不同类型的污物

能有效地清洗传统方法难以清除的亚微米颗粒。

4. 洁净度高

能达到很高的洁净度,而且还可以选择性地清洗工件表面的污染物,不损伤工件内部的组成和结构。

(三) 影响清洗效果的主要因素

激光清洗去除工件表面污染物的数量与同一表面上清洗前的数量之比值,定义为清洗表面洁净度,以百分数表示,它是衡量激光清洗效果的主要指标。激光波长、能量密度、脉冲次数、激光入射方向、使用的喷气流压力以及被清洗工件材料和污染物的性质等,都对清洗效果有重要影响。需要选择合适的工艺参数,以期获得良好的清洗效果。

1. 激光波长

不同波长的激光,如波长为 $10.6~\mu m$ 的 CO_2 激光、$1.06~\mu m$ 的 YAG 激光和波长几百纳米的准分子激光,都可用于激光清洗工作,但清洗效果不一样。相同的激光能量密度,激光波长愈短,清洗力愈大,洁净度愈高。图 $2-3-33$ 所示是 3 种激光波长清洗得到的面洁净度与激光能量密度的关系,由图可以看到,激光波长短产生清洗作用所需的最低注入激光能量密度(以下称为阈值能量密度)

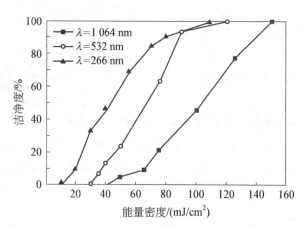

图 $2-3-33$ 不同激光波长的清洗洁净度与激光能量密度关系

小,波长 1 064 nm 的阈值激光能量密度大约为 40 mJ/cm²;波长 532 nm 的约为 30 mJ/cm²;波长 266 nm 的约为 10 mJ/cm²。在高于其阈值的某一能量密度下清洗,3 种激光波长的清洗效果差别较大,例如,激光能量密度为 80 mJ/cm²,当用波长为266 nm的激光清洗时,洁净度可达 90%;波长 532 nm 时,洁净度为 70%;而波长 1 064 nm 时,洁净度不到 30%。为了获得较好的清洗效果,宜选用波长较短的激光波长。

洁净度随激光能量密度线性增加,当激光能量密度过低时,不能产生清洗效果;对于一定波长的激光束,只有当其能量密度达到某一定值时才能产生清洗效果。超过这个阈值能量密度后,激光能量密度愈高,清洗力愈大,即去除效率越高。所以,在不超过工件基体激光损伤阈值的情况下,尽可能地提高使用激光能量密度,以提高清洗效率。

2. 脉冲次数

用于清洗的激光可以是连续激光,也可以是脉冲激光。使用高于能量密度阈值的脉冲激光束清洗时,洁净度随脉冲次数增加而提高。图 2-3-34 所示是两种激光能量密度下,洁净度随激光脉冲次数变化的情况。为避免损伤被清洗工件表面,可采用较低的激光能量密度,增加脉冲次数来获得较高的洁净度;也可以通过选用较高的激光能量密度,减少激光脉冲次数,实现提高清洗效率。

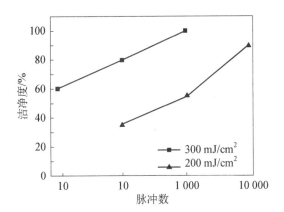

图 2-3-34 洁净度与激光脉冲次数关系

3. 激光入射方向

激光光束垂直入射或者倾斜入射到清洗工件表面,清洗效果有差别。激光倾斜入射时,激光产生的热弹性应力可直接作用于污染物与基体的接触界面,污染物更易从表面去除。倾斜入射时辐照面积增加,角度大约 70° 时,辐照面积比垂直入射大约 10 倍,这会增大清洗效率。当然,前提是激光强度足够大。图

2-3-35所示是使用 YAG：Nd 激光在垂直和倾斜入射时，激光照射处的污染物飞出时的高速摄影照片。

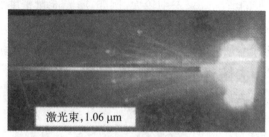

(a) 激光垂直入射

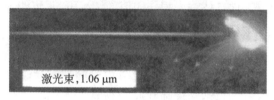

(b) 激光倾斜入射

图 2-3-35　污染物飞出工件表面的高速摄影照片

准分子激光束从正面和背面照射得到的清洗洁净度不一样，激光能量密度同为 100 mJ/cm²，激光脉冲重复频率同为 10 Hz，同一位置经 100 次脉冲照射。正面入射的洁净度仅有 24%，而背面入射的洁净度则能够达 100%，背面入射比正面入射更能有效地清除黏附于表面的微粒。这可能是因为后者激光在微粒与基体界面上产生的温升较高，相应地产生较大的清洗力，而且激光束从背面入射时单位面积清洗力不受微粒尺寸的影响，而正面入射时其单位面积清洗力是随微粒尺寸增大而下降（在恒定的激光能量密度条件下）。

4. 工件基体材料和污染物层性质

不同的基体材料，激光损伤阈值不同。基体材料的导热率越高，对激光的反射率越高，则基体材料的激光损伤阈值就越高，就可以使用较高的激光功率（能量密度）清洗，从而加大清洗力，提高洁净度和效率。激光能量密度必须低于基体材料的损伤阈值，同时又必须高于去除污染物的清洗阈值，因此，工件基体材料的损伤阈值与污染物清洗阈值的差距越小，清洗的难度愈大。表 2-3-5 是清洗某些基底材料和污染物使用的激光参数。不同基体和污染物的合适清洗工艺参数差别很大。

表 2-3-5　激光清洗几种基体材料和污染物的激光参数

基体	污染物	能量密度 /(J/cm²)	平均能量通量 /(J/cm²)	峰值功率 /MW
石英	微粒、漆、指纹、烟雾	0.31～1.63	2.44～20.56	7.8～47.8
不锈钢	锈渍	0.41～0.80	7.97～24.54	12.0～23.4
钢	锈	0.14～0.36	2.93～12.87	4.2～9.6
铒(Er)	氧化物	0.24～0.31	0.70～2.78	6.90～8.90
钽(Ta)	氧化物	0.50～0.73	0.50～0.73	14.8～21.4
钨(W)	氧化物	1.14～1.36	1.28～4.32	33.6～40.6
镍合金	氧化物	1.23～2.30	19.44～22.99	57.2～67.1
镍/铁合金	氧化物	0.35～0.85	1.31～2.58	9.60～19.70
锆(Zr)	氧化物	0.22～0.30	0.88～4.19	6.40～8.90
铬(Cr)	氧化物	0.84～0.93	3.58～4.94	26.9～27.3
高密度聚乙烯	微粒、漆	0.24～0.27	0.96～3.12	3.25～4.93
聚丙烯	微粒、漆	0.16～0.33	1.33～10.34	2.93～4.67
丙烯酸	微粒、漆	0.26～0.31	2.56～3.27	4.04～4.70
聚碳酸酯	微粒、漆	0.26～0.27	2.57～2.58	4.54～4.70
尼龙	微粒、漆	0.77～1.16	1.85～2.75	2.93～4.39
聚四氟乙烯	微粒、漆	0.21～0.53	7.09～17.27	3.12～4.80
二氧化铪	微粒、指纹、黏合剂	0.34～0.97	16.3～73.1	10.0～28.5
镍薄膜	乙二醇、指纹、微粒、油	0.13～0.18	0.72～1.22	21.2～35.8
铌酸锂	微粒	0.03～0.05	0.8～1.28	23.5～37.6
钽酸锂	微粒	0.03～0.05	0.8～1.26	23.5～37.1
硅	微粒	0.26～0.35	1.8～2.5	7.6～10.3

5. 激光焦点位置

激光清洗一般都是在离焦的情况下进行的,照射到工件表面上的光斑越大,在相同的时间和扫描速度下扫描面积越大,即清洗效率会越高。总激光功率不变,离焦量越小,清洗力越大,洁净度越高。不同的光斑形状可得到不同的清洗效果,比如,柱面镜把光束会聚成线状,可以减少激光能量对工件基体的热影响,而且可提高清洗效率。

6. 喷吹气体气压

激光清洗过程中,一般喷吹一定压力的气体,冷却工件基体,减低可能引起的热影响,吹掉清洗的气化物和熔化物,减少清洗下来的污染物再次黏附于基体表面的可能性,从而提高清洗的洁净度。

(四)应用例举

激光清洗是一门清洗新技术,不但可以清洗有机污染物,也可以用来清洗无机物,包括金属的锈蚀、金属微粒、灰尘等。

1. 清洗模具

轮胎模具必须迅速可靠清洗,以节省停机的时间。传统的清洗方法包括喷沙、超声波或二氧化碳清洗等,通常高热的模具必须经数小时冷却,再移往清洗设备清洗。清洗所需的时间长,容易损害模具的精度。化学溶剂及噪声还会产生安全和环保等问题。激光清洗可以克服这些缺点,仅需 2 个小时就可以在线清洗一套大型载重轮胎的模具。

2. 清洗飞机旧漆

飞机表面重新喷漆之前需要将原来的旧漆完全除去。传统的机械清除容易损伤飞机的金属表面。激光清洗可在两天之内将一架 A320 空中客车表面的漆层完全除掉,且不会损伤金属表面。

3. 清洗控制电缆多芯插头霉菌

控制电缆多芯插头极易生长霉菌。霉菌吞噬和繁殖会使有机材料强度降低损坏、活动部分阻塞,霉菌吸附水分还会导致其他形式的腐蚀,如电化腐蚀。霉菌分泌腐蚀液体会使金属腐蚀和氧化。菌丝还会形成生物电桥影响插头的正常接触,使本应互相绝缘的插头芯之间导通,影响绝缘电阻的正常测试与使用的安全可靠,影响设备的正常工作。机械、化学清洗方法无法深入到插头的内部,不能完成清洗任务。激光可以在不损伤控制电缆多芯插头的情况下达到完全清洗目的。选择合适激光参数,能够安全有效地清除控制电缆多芯插头上生长的霉菌,而插头金属芯和绝缘材料完好无损。激光产生的高温导致霉菌的瞬间气化和燃烧,在激光辐照射下插头座芯孔狭小空间内空气急剧膨胀,内外气体之间的巨大压差将霉菌从插头上除去。

九 激光修复

激光修复是利用激光,按照原制造标准恢复金属部件的几何尺寸和工作性能,修复后的部件强度可达到原强度的 90％以上,修复费用不到重制部件价格的 1/5,更重要的是缩短了维修时间,解决了大型企业重大成套设备连续可靠运行所必须解决的转动部件快速抢修难题。另外,关键部件通过激光熔敷超耐磨抗蚀合金,可以在表面不变形的情况下大大提高零部件的使用寿命;对模具表面进行激光熔敷处理,不仅提高模具强度,还可以降低 2/3 的制造成本,缩短 4/5 的制造周期。这种技术目前主要用于大型、贵重设备失效部位的修复。

（一）基本原理

激光修复技术是由激光表面强化技术逐步发展演变并完善起来的,其基础技术是激光熔焊和激光熔敷,并分别称为激光熔焊修复和激光熔敷修复。

1. 激光熔焊修复

比较薄的零件的穿透性裂纹可以用脉冲式激光一次焊透修复,其工艺分 5 步。

① 无损探伤确定裂纹的范围、走向。

② 激光束扫描路线编程。

③ 清洗焊接部位,去除油、水、污和表层氧化皮。

④ 双面惰性气体保护激光焊接。

⑤ 焊后无损检测。

激光焊接是钛合金薄板裂纹修复的理想手段,修复后表面平整,质量稳定,引起的变形极小;热影响区很小,几乎不可分辨。

2. 激光熔敷修复

以金属粉末为熔敷材料,激光束扫描零件裂纹或缺陷处的金属粉末,金属粉末熔化,零件基体材料微熔,实现零件修复,如图 2 - 3 - 36 所示。通过 CAD/CAM 等造型设计软件与计算机数控编码技术的结合,统一调配激光头、送粉嘴及机床协同运动,在零件缺陷部位逐层熔敷修复。

激光修复系统使用的激光光束有圆形光斑和矩形光斑两种,矩形光斑的修复层表面一般较为平整光滑,而圆形光斑修复层表面获得的热输入分布较为均匀。实际工作时一般采用矩形激光光斑。

送粉器有载气式和非载气式两种,其中非载气式送粉装置送粉利用率相对较高,可达 90％,载气式送粉输送装置送粉利用率仅为 30％～40％。但非载气式送粉仅适合二维运动修复。

（二）主要特点

（1）热输入可控性好 控制热输入,能够使母工件表面处于微熔状态,从而增加修复层的结合强度,同时也能有效防止母工件材料及熔敷金属相互扩散,导

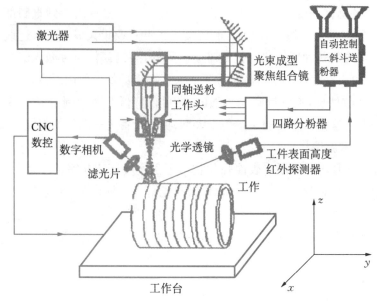

图 2-3-36　激光修复工作原理

致改变修复层的成分和性能。控制激光输出功率、光斑直径及扫描速度,就可以控制热输入。

(2) 热影响区小　聚焦激光束能量密度高,热能输入高,能够以很高的加热速度迅速熔化工件基体材料及修复用的合金粉末,同时冷却速度也很快,经激光修复后基体的热影响区较小,热应力变形小。

(3) 修复表面性能好　激光熔敷的冷却速度一般很大,可达 $10^4 \sim 10^8\,℃/s$,修复层显微组织可能存在微晶、非晶以及亚稳态相,使修复表面具有高的耐磨、耐热及耐蚀性能。

(4) 生产效率高　修复需要时间短,生产效率高;方便与计算机、数控机床配合实现自动化修复。

(三) 修复层显微组织

图 2-3-37 所示是典型的激光修复 C4 钛合金工件显微组织照片,修复工件的显微组织由 3 部分组成:底部为 TC4 锻材基体区,中部为热影响区,上部为激光修复区。图 2-3-38 所示是激光修复工件不同区域组织形貌图,其中(a)为基体区的组织形貌,为细小均匀的等轴晶;图(b)为热影响区的组织形貌,已有晶界形成,等轴晶有不同程度的粗化,同时有网篮组织 (α+β) 形成,热影响区的宽度约为 0.5 mm;图(c)和(d)为修复区组织形貌,其中(d)是 SEM 高倍照片,为粗大的柱状晶,原始 β 界内是典型的网篮组织,晶内网篮组织极其细密,晶内 α

板条的宽度小于 1 μm,粗大的柱状晶穿越 2 层或 2 层以上熔敷层外延生长,同时各熔敷层之间形成致密冶金结合。

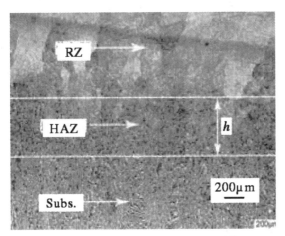

RZ-激光修复区;HAZ-热影响区;Subs-基体区

图 2-3-37 激光修复 C4 钛合金工件微观组织照片

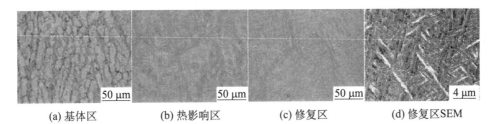

(a) 基体区   (b) 热影响区   (c) 修复区   (d) 修复区SEM

图 2-3-38 激光修复工件不同区域组织形貌照片

(四) 修复出现的缺陷和消除

如果工艺参数选择不当,在修复区会出现一些缺陷,如气孔、层间或道间熔合不良等缺陷,如图 2-3-39 所示。通过优化工艺参数,这些缺陷是可以排除的。

1. 气孔

如图 2-3-39(a)所示,在修复区中存在许多气孔,最大的直径约为 50 μm,最小的约为 10 μm。气孔成因有两方面,其一是由水分引起的,当修复使用的合金粉末中含有水分时,受到激光加热就会产生大量气体。一部分可能由于离熔池表面比较近而逸出,但由于激光熔凝过程非常快,另外一部分气体来不及逸出便被"包裹"在金属中。其二是使用的粉末放置时吸附了其他气体,在激光熔凝过程中同样产生类似的情况,导致气孔产生。真空干燥处理粉末可以消除气孔。

(a) 气孔　　　　　(b) 层间熔合不良　　　　　(c) 局部熔合不良

图 2 - 3 - 39　在修复区出现的典型缺陷

2. 熔合不良

如图 2 - 3 - 39(b)所示,层与层之间有明显的界线。出现这种缺陷的原因之一是激光功率较小,光束移动速度较快。调整修复工艺,例如提高激光功率,降低光束移动速度,会防止这种缺陷。

图 2 - 3 - 39(c)所示为局部熔合不良,这主要是搭接率选择不当导致的。激光模式不好,光斑能量空间分布不均匀,中心能量高,边缘低,在搭接时两扫描道之间重叠较少就可能因为能量密度低而使搭接区重熔层较浅,导致搭接区未能完全熔合,在扫描道与扫描道之间便出现了局部熔合不良的缺陷。在进行修复时使用搭接率较大可以避免出现熔合不良缺陷。

(五) 应用例举

1. 激光修复挤压模具

挤压模具的工作环境恶劣,在高温(挤压时工作温度达 520～550℃)、高压(挤压时的压力达几百兆帕)与磨粒磨损(硬质相夹杂物)的三重作用下,挤压模具的使用寿命大幅度缩短。对模具的破损部位进行激光熔敷修复,大大延长了模具的使用寿命,不仅提高了产品质量稳定性,也提高了企业的经济效益。图 2 - 3 - 40所示是挤压模具激光修复前后的表面,其中(a)是激光修复前的情况,模具镀 Cr 层剥落,工作面磨损严重,模具变形量超差;(b)是采用激光表面熔敷修复后的情况。

H13 钢铝型材挤压模具激光熔敷修复的结果显示,激光熔敷修复层与 H13 钢铝型材挤压模具表面较平整、光滑,无气孔和裂纹,平均显微硬度达 $868HV_{0.2}$,提高了约 55%。在修复层的界面处形成板条状马氏体组织,修复区域的显微组织基本沿热扩散方向生长,具有明显的定向快速凝固特征。随着离基底表面距离增加,激光熔敷修复层的显微硬度先增加到最大值 $932HV_{0.2}$,然后逐渐减小,平均显微硬度为 $868HV_{0.2}$,相对于 H13 钢铝型材挤压模具的显微硬度 $560HV_{0.2}$ 提高了约 55%。图 2 - 3 - 41 所示是 H13 钢铝型材挤压模具激光

(a) 修复前　　　　　　　　　　　(b) 修复后

图 2 - 3 - 40　挤压模具激光修复前后的表面

熔敷修复层的显微硬度分布。

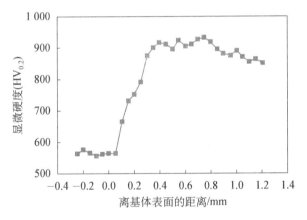

图 2 - 3 - 41　H13 钢铝型材挤压模具激光熔敷修复层的显
微硬度分布

2. 激光修复燃气轮机叶片

主要的激光修复应用工作有：

① 叶尖的激光仿形熔铸接长修复。

② 叶片冠部阻尼面的激光敷层修复。

③ 导向器叶片缺陷的控制激光显微无损补焊。

④ 整体构件的激光熔焊修复。

2－4　飞秒激光加工

飞秒激光加工是利用飞秒激光脉冲与物质相互作用,实现材料结构的修复、调整或去除,是一门新型激光加工技术,具有独特的加工机理和加工特点。由于一般的金属具有高导热性和高熔点,在其表面实现高精度和高质量的钻孔和切割难度比较大。利用飞秒激光脉冲则能够进行金属材料微加工,加工精度高,质量又好。飞秒激光加工时,不会产生破坏损伤,因此可用于对光学透明材料的内部二维或三维微结构的加工,如飞秒激光加工光波导、光耦合器、光栅等微光学元件,并利用多光子非线性效应进行超衍射极限精密微加工。

一　主要特点

（一）微热影响区

飞秒激光脉冲是在非常短的时间内将其激光能量全部注入到工件的被加工区域,并且在作用区热量扩散之前激光脉冲作用时间即已结束,没有了后续激光能量,因此也就不存在激光照射区热扩散问题。即使是热扩散系数比较大的金属材料,脉冲宽度为 100 fs 的激光在材料上产生的热扩散长度也只有 1 nm,基本可以忽略热扩散问题,由此便可以消除普通激光加工过程中由热扩散效应带来的各种不利的影响,比如减少了因热扩散而损失掉的能量,提高了激光加工效率;避免了加工区熔融材料飞溅,实现精密加工;没有重铸层,加工区表面平整光滑,没有堆积物和微裂纹。而连续波激光和长脉冲激光切割不锈钢板,切口边缘往往是凹凸不平,工件表面有溶渣等现象,这是因为材料的去除是通过熔化和蒸发实现,由于气化过程的反冲压力,导致了液相材料向外膨胀喷射造成的。图 2－4－1 所示是不同脉冲宽度激光切割不锈钢箔板的 SEM 图。长脉冲激光切割后的不锈钢箔边缘极不规则,有明显的热影响区,并且切割边缘附近有裂缝,极大地影响零件的尺寸精度和机械强度;皮秒激光切割后的不锈钢箔边缘较为规则,但是切割过程中热影响的作用致其切割边缘有凸起结构,影响到单层图形的切割精度;飞秒激光切割的边缘锐利且没有材料熔化和再凝固的痕迹。

图 2－4－2 所示是采用飞秒激光脉冲、皮秒激光秒冲和纳秒激光脉冲加工的微孔表面形貌照片。飞秒激光加工的微孔入口质量高,而长脉冲激光加工的微孔出现熔化、重铸等现象。

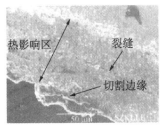

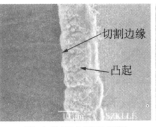
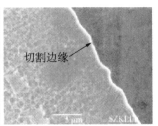

(a) 长脉冲激光切割　　　　(b) 皮秒脉冲激光切割　　　　(c) 飞秒脉冲激光切割

图 2-4-1　不同脉冲宽度激光切割不锈钢箔板的 SEM 照片

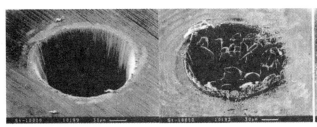

(a) 200 fs　　　　　　　(b) 80 ps　　　　　　　(c) 3.3 ns

图 2-4-2　不同脉冲宽度激光加工的微孔表面形貌照片

没有热扩散,不出现热影响区,也就不会产生导致结构性损坏的冲击波。事实上,飞秒激光切割边缘整齐,工件表面不出现材料熔化痕迹;飞秒激光打微孔,孔壁光滑,清洁度大大提高。图 2-4-3 所示是飞秒激光生成的微孔剖面 SEM 照片,仅入口处存在一些表面粗糙结构,而孔入口以下部分,内壁十分光滑,加工质量很高。

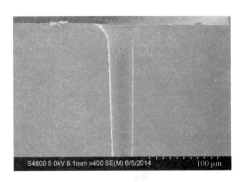

图 2-4-3　飞秒激光生成的微孔剖面 SEM 照片

透明材料多数为脆性材料,长脉冲激光加热产生的热应力在产生损伤的同时发生破裂,并有碎片飞出,而飞秒脉冲激光产生的热影响区很小,所以,利用飞秒激光可精细加工。

（二）加工尺寸可达到微米量级

飞秒激光加工精度极高,可以加工远小于衍射极限的微结构,甚至是纳米结构。工件主要是通过双光子吸收获得能量,获得去除材料动力,实现工件加工。如果光强足够强,物质的粒子(原子、分子)会同时从光场中吸收两个或者多个光子,这个现象称为双光子吸收。通常使用的激光束的激光强度的空间分布呈高斯型,入射激光束经光学系统聚焦后在焦斑中心位置的光强度最大,往焦斑边缘方向的光强度逐渐减弱。调节入射激光束强度,使得焦斑中心强度刚好满足材料的多光子吸收和多光子电离阈值,那么在激光加工过程中,工件对激光能量吸收和作用范围就会仅限于焦斑中心区很小范围,而非整个聚焦光斑区域。或者说,实际激光加工有效区域范围会远小于原始激光光斑尺寸,亦即飞秒激光能获得远小于衍射极限的加工精度,这是飞秒激光在精密微纳加工领域的独特之处。

(三)适应加工材料范围宽

多光子吸收和电离阈值仅依赖于材料中的原子特性,与材料的种类和特性关系不大,因此利用飞秒激光几乎可以加工所有材料。各种金属、光学透明材料(如玻璃、石英、陶瓷)、半导体、绝缘体、塑料、聚合物、树脂、生物柔软组织,甚至是细胞内等都可以利用飞秒激光直接进行微纳尺度的加工。

透明材料加工必须避免热扩散引起的加工区域周围的损伤和裂纹,一直是困扰激光加工技术的一个难题。

图2-4-4所示是玻璃样品的飞秒激光加工照片,加工边缘清晰,无熔化和飞溅的痕迹。

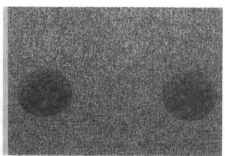

图2-4-4 玻璃样品的飞秒激光切割和打孔加工照片

生物可降解高分子材料是植入体的首选材料。长脉冲激光加工使切口附近的力学性能明显下降,严重影响整体的性能,以至于不能用作植入体。飞秒激光不但可以产生需要的加工质量,而且不影响材料的力学性能。图2-4-5所示是飞秒激光加工生物可降解高分子材料样品照片。

爆炸性材料对振动和热应力特别敏感,容易引起爆炸。即使采用纳秒脉冲

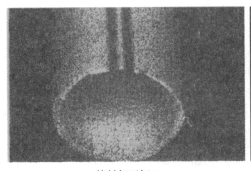
(a) 管材加工切口

(b) 可降解高分子材料心脏支架

图 2-4-5 飞秒激光加工生物可降解高分子材料样品照片

激光切割 PETN 炸药,虽然爆炸材料块体保持完好,但切削边缘发生明显的熔化痕迹,若非在真空中切割则极可能发生燃烧以至爆炸。而飞秒激光热影响区小,切削边缘清晰,切口明显变窄且没有熔化现象,显然,切削爆炸性材料必须采用飞秒激光,可避免因无意识触发造成的爆炸危险。

（四）激光波长影响小

在连续波或者长脉冲激光加工过程中,线性吸收占主导地位,加工主要是利用材料对不同波长激光的光学吸收,并将材料熔化完成加工过程。由于材料表面对不同波长激光的反射率、透射率、散射率以及光学吸收系数不同,激光波长会直接影响到加工质量,甚至还会影响到加工过程能否有效进行,比如对光学透明材料进行加工就比较困难。飞秒激光加工机制是光学非线性吸收和线性吸收结合的加工过程,并且是以非线性吸收过程占主导地位,受材料表面的反射率、散射率影响比较小。所以,飞秒激光加工减少了对波长的依赖,即使是光学透明性好的材料也可以实现微细加工,比如加工玻璃波导。当然,由于线性吸收过程仍旧存在,加工质量在一定程度上也受到波长影响,尤其是热导率很高的金属材料,例如,金属（Al、Cu）加工过程中,波长越短线性吸收系数越大,紫外（UV）波长要比可见光和红外区域线性吸收系数大,所以,用短波长飞秒激光容易实现小尺寸的加工,并且提高了加工精度和加工边缘的清晰度。

三 微孔加工

由于微孔尺寸小,精度要求高,加工技术难度比较大。已有微孔加工方法主要有机械钻孔、电火花打孔、电化学打孔、电子束加工、聚焦离子束加工、激光加工等。飞秒激光加工微孔具有材料适用性广、精度高、几乎无重铸等特点,是微孔加工发展潜力最大的加工方式之一。

（一）加工方法

1. 镜像法加工

激光束先经过光阑，截取合适的光斑形状，一般是圆形光斑（也可以是其他形状光斑），然后经透镜将光阑成像在工件表面，利用成像面加工材料。光阑处的激光束能量空间分布是规则圆形，且能量分布均匀，经过透镜成像后的成像面也是空间能量分布均匀、形状规则的圆形，因此加工的微孔形状也较规则，加工质量比采用激光束经透镜会聚的焦斑加工好，如图 2-4-6 所示。

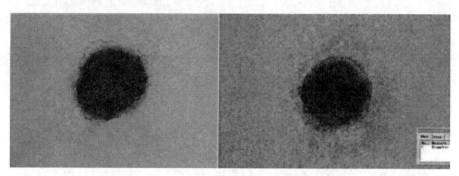

(a) 用焦斑加工   (b) 用镜像法

图 2-4-6　两种加工方法在石英玻璃上加工的微孔

2. 激光直接打孔

将飞秒激光聚焦在工件表面，使用单个或者多脉冲打孔，如图 2-4-7 所示。

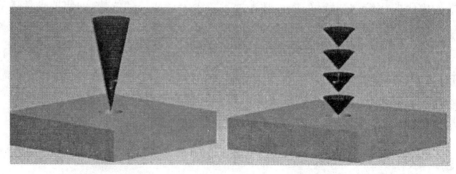

(a) 单脉冲打孔   (b) 多脉冲打孔

图 2-4-7　飞秒激光直接打孔示意图

单脉冲打孔是选择合适加工工艺，保证一个激光脉冲和材料作用后，直接形成所需微孔。这种微孔加工方法效率高,每秒可形成上千个孔。工业中常使用"飞行模式"打孔,即激光脉冲与材料以一定相对速度运动,每个激光脉冲可形成一个孔,沿激光扫描方向上将形成一系列微孔孔结构。不过,单个激光脉冲去除材料的量有限,比较适合加工较薄材料或深度较浅的盲孔。加工的微孔需要一定深度时,就需要采用多个激光脉冲打孔。图2-4-8所示是用这种加工方法得到的微孔形貌,入口处刻烛所形成的孔径并不是规则的圆形,而是椭圆形;孔内壁并不光滑,上下端面孔径不一,这是因为激光束的空间能量分布并不是精确的高斯分布,空间能量分布不均匀。

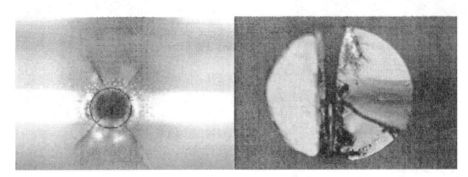

图2-4-8　飞秒激光直接打的微孔形貌

3. 多激光脉冲旋转打孔

分多脉冲旋转打孔和多脉冲螺旋打孔,如图2-4-9所示。多脉冲旋转是将激光光束聚焦在工件表面上,焦斑以几微米量级半径在工件表面上做圆周运动,通过编程代码编程控制三维移动平台,多次以圆形路径移动,并调整合适的加工参数对工件进行加工;多脉冲螺旋打孔是在多脉冲旋转打孔基础上增加了

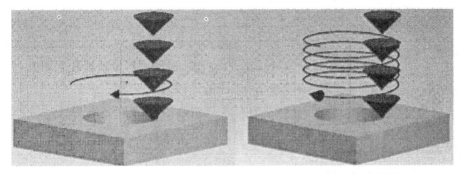

(a) 多脉冲旋转打孔　　　　　　　　(b) 多脉冲螺旋打孔

图2-4-9　多脉冲旋转打孔

深度方向的运动,适合加工直径较大的深孔。多脉冲旋转打孔有利于提高孔壁的光滑程度,类似于机械中的抛光处理,形成的微孔质量比较好,图2-4-10所示是采用多脉冲旋转打孔的微孔形貌,孔壁面光滑,两端面孔径大小也基本一致。

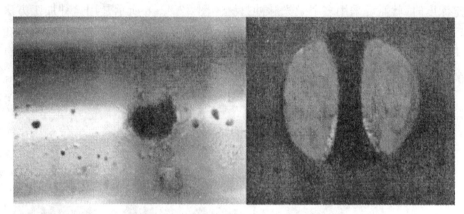

图2-4-10　多脉冲旋转打孔的微孔形貌

（二）加工参数选择

加工使用的激光参数,如注入的激光脉冲数、单个脉冲激光能量、焦点的离焦量以及加工环境等,对生成的微孔形貌（如微孔直径、深度、深径比）以及加工质量,如微孔圆度、孔壁光滑程度、微孔形貌等均产生影响。加工金属的机理主要是由固态直接到气态,或者说固态直接到等离子体的加工过程。即使同是金属材料或者非金属材料,由于材料的特性不一样,工艺参数对其加工的微孔形貌、质量的影响将会有些差别,微孔加工前需要根据具体材料以及对微孔的要求,选择合适的工艺参数,以获得最佳加工质量。

1. 注入激光脉冲个数

微孔孔径和深度与注入的激光脉冲个数有关,同时也影响加工生成的微孔的深径比、孔的圆度以及孔的形貌,所以,在加工时需要根据对微孔的要求合理选择注入激光脉冲个数。

（1）对孔径影响　在一定激光脉冲个数范围内,微孔的孔径随着光脉冲个数增加而增大。而在注入激光脉冲个数到达一定数值时,孔径便不再随之变化,如图2-4-11所示。

（2）对孔深度影响　每个激光脉冲可去除一定深度。加工初始阶段材料表面形成坑状结构。随着注入的激光脉冲个数增多,激光将通过孔壁反射、衍射以及等离子体吸收等多种方式传播至孔底,孔深度呈线性增加。孔深增加,碎屑需

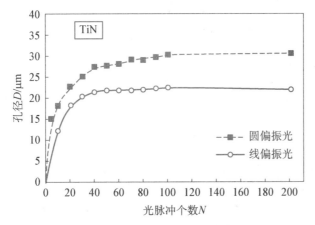

图 2-4-11　微孔直径与注入光脉冲个数的关系

要更长的时间从孔中飞出,激光传播至孔底部的能量也不断减小,因此,微孔深度增加会变缓,最终达到饱和烧蚀深度,微孔深度不再随着注入激光脉冲个数增加。图 2-4-12 所示是采用不同注入激光脉冲个数加工聚甲基丙烯酸甲能(PMMA),由光学显微镜观察到的微孔深度及其局部放大图。注入激光脉冲个数从小增大,初始孔深度增长比较迅速,后来增幅便逐步减小,其变化关系换成图2-1-13的变化曲线(激光脉冲能量 30 μJ,激光重复频率1 kHz)。

起初(注入激光脉冲个数在 1～800范围)生成的微孔深度随着注入的激光脉冲个数线性增大,每个激光脉冲所产生的加工深度几乎相同。注入的激光脉冲个数到了一定数量后,生成的微孔深度便几乎不再随脉冲数目增加而变化。

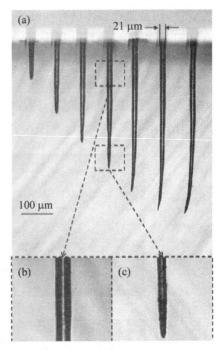

图 2-4-12　不同注入脉冲激光个数加工的微孔深度及其局部放大图

(3) 对微孔质量影响　注入的激光脉冲个数多,生成的微孔深度增大,但同时也会影响微孔质量。

① 影响微孔光滑程度。注入的激光脉冲个数比较少时,生成的微孔壁面很

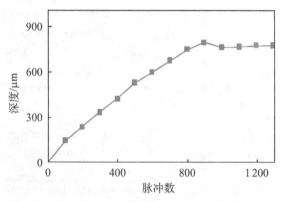

图 2 - 4 - 13　加工微孔深度随注入激光脉冲个数变化

光滑；而当注入的激光脉冲个数比较大时，微孔孔底有少量缺陷存在，底部被过度烧蚀，而且微孔整体略有些锥度，加工质量下降。微孔入口处无残留物堆积，孔入口处边缘光滑，微孔周围有少量溅射物存在，总体质量高，完全体现了飞秒激光在 PMMA 上加工高质量、高深径比的优势。

② 影响微孔圆度误差。注入激光脉冲个数也影响微孔圆度误差。圆度误差是表征微孔圆度的物理量，圆度误差越小，实际的孔型越圆。图 2 - 4 - 14 所示是注入不同飞秒激光脉冲注入个数在铜箔上加工的微孔扫描电子显微注入个

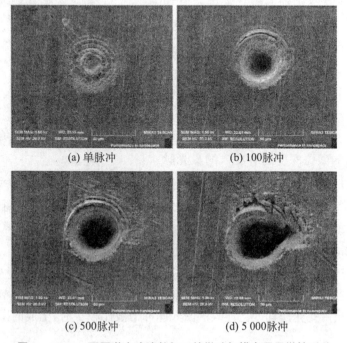

(a) 单脉冲　　　　　　　　　　(b) 100脉冲

(c) 500脉冲　　　　　　　　　　(d) 5 000脉冲

图 2 - 4 - 14　不同激光脉冲数加工的微孔扫描电子显微镜形貌

镜形貌图,图2-4-15所示是注入激光脉冲个数与微孔圆度误差变化关系。注入的激光脉冲个数较少时,生成的微孔圆度较好,存在光学衍射现象。注入的激光脉冲数逐渐增多,生成的微孔圆度明显变差,这是激光束能量空间分布非理想的高斯分布,受聚焦过程中衍射以及非线性效应等因素影响的结果。

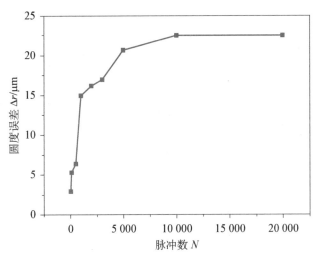

图 2-4-15　注入激光脉冲个数与微孔圆度误差变化关系

在注入的激光脉冲个数较少时,离激光斑中心边缘处的激光能量比较弱,不足以去除材料,微孔主要由光束中心生成,因此微孔圆度较好;当注入的激光脉冲个数增加,离中心边缘处的激光能量也能达到烧烛阈值并去除材料,能量分布不理想导致微孔圆度变差也就显示出来。

③ 影响微孔锥度。一般而言,飞秒激光脉冲加工的微孔都有一定锥度,微孔进光口的直径大于出光口的直径。通孔的锥度值定义为入光口直径与出光口直径的差值除以工件的厚度。飞秒脉冲激光加工微孔一般希望得到小锥度,甚至是锥度为零的直壁孔,在某些特殊应用中,还要求加工出锥度值为负的倒锥。图2-4-16所示是不同单脉冲能量条件下,不同激光脉冲个数与铜箔加工微孔的锥度关系。锥度随着注入激光脉冲个数和单脉冲能量增加明显下降,这是因为注入的激光脉冲个数和单脉冲能量的增加都导致材料的烧烛反应更加完全,加工的微孔出光口直径增加率比进光口直径增加率高,因此锥度降低。但随着注入激光脉冲数和单脉冲能量增加,锥度降低的幅度将减少,因为烧烛反应趋于完全,且锥度值越低,进一步降低锥度值的难度增大,因此,要加工出锥度值等于或小于零的微孔难度是比较大的。

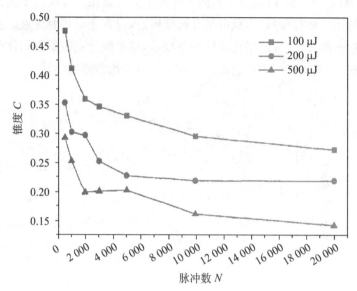

图 2‑4‑16 注入激光脉冲个数与加工微孔锥度关系

2. 激光脉冲能量

同样波长和脉宽的光脉冲入射,光脉冲个数一定时,激光能量直接影响到材料加工的深度和宽度。激光脉冲的能量影响到可加工区域大小以及材料去除量,比如对加工微孔,在飞秒激光其他参数选定的情况下,形成的孔径则直接由激光能量决定。

激光能量也是影响加工微孔深径比重要因素之一。低脉冲激光能量形成不了高深径比孔结构,在一定脉冲能量时可以形成高深径比的微孔。而激光脉冲能量增大到一定数值时,微孔直径随脉冲能量增长依然增大,而微孔深度的增长速度趋于停滞,因而微孔深径比反而呈下降势头。图 2‑4‑17 给出不同激光脉冲能量所能获得的最大深径比。

脉冲激光能量也影响加工的微孔质量,如图 2‑4‑18 所示,单脉冲能量较低时,微孔圆度较好,单脉冲能量逐渐升高,微孔圆度明显变差。其原因与上述脉冲数对微孔圆度影响的分析相似,由于飞秒激光聚焦后能量密度极高,能够击穿空气并发生电离反应,伴随着复杂的非线性效应,聚焦后的光斑难以达到理想的高斯分布状态。单脉冲能量越高,空气电离反应越强,非线性效应也越强,对聚焦光斑的影响越大,微孔圆度变差。

3. 激光焦点与材料表面的相对位置

(1) 影响微孔直径 飞秒激光在材料表面的烧蚀面积变化由聚焦激光在材

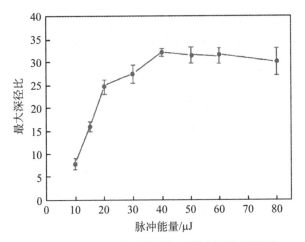

图 2-4-17　不同脉冲能量加工微孔的最大深径比

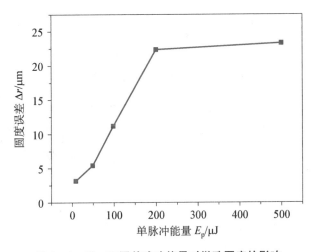

图 2-4-18　不同单脉冲能量对微孔圆度的影响

料表面上的光斑直径决定。理论上,在焦平面附近,高斯激光束的能量分布近似均匀,在焦平面附近的加工效果最好。但是事实上并非如此,离焦量对激光打微孔的孔径、孔深以及孔的质量的影响较大。由于材料的烧烛阈值与激光脉冲能量密度相对大小不同,所以激光烧蚀面积与其作用点到焦点的位置有关。当材料的烧烛阈值高于激光能量密度时,距焦点位置越近,光斑内达到材料阈值的范围越大,在焦平面附近烧烛面积就越大;当材料的烧烛阈值低于激光能量密度时,距焦点位置越近,光斑内达到烧烛阈值的范围越小,在焦平面附近烧烛的面积越小。在一定的范围内,距焦平面越远烧蚀的面积越大,焦点偏离样品表面的距离增大,微孔的直径在一定的范围内有增大的趋势。图 2-4-19 所示是飞秒激光在石英材料上加工的微孔直径与焦点位置的关系曲线,微孔直径在激光焦点位置并非最小,而是在某个离焦量位置上,图中微孔的直径是在负离焦100 μm左右处可获得最小值。

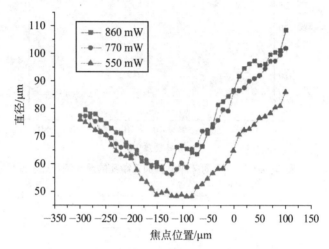

图2-4-19　微孔直径与焦点位置的关系曲线

金属材料加工微孔,离焦量对直径影响有些不同,离焦量为零,即焦点正好位于工件表面时所获得的孔径最小,离焦量越大,孔径越大,且基本对称分布。图2-4-20所示是不同离焦量飞秒激光在铜箔上获得的微孔孔径变化。

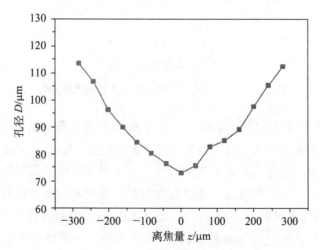

图2-4-20　不同离焦量加工铜箔时微孔的孔径变化

(2)影响微孔深径比　微孔深径比也与离焦量有关,图2-4-21所示是飞秒激光不同离焦量在 PMMA 加工微孔的形貌,每个微孔之间离焦量变化量为 100 μm,图上烧蚀面积最小的即为箭头所指微孔,表明激光焦点最为靠近该位置,但微孔的深度最深的位置不是在这里,而是在其附近。因此,微孔最高深径比位置是将激光焦点置于材料表面附近,将焦点适量下移大约 100 μm 更容易获得稳定的高深径比。不论离焦量正负,超过一定值深径比将下降,微孔出现的锥度较大,深度较浅,孔径较大的孔型。

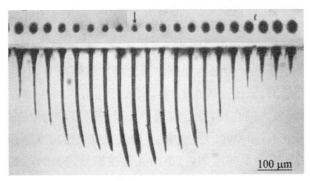

图 2 - 4 - 21　飞秒激光不同离焦量加工的微孔形貌

(3)影响微孔质量　离焦量也影响加工的微孔质量,比如对加工的微孔圆度、锥度和表面形貌都产生影响。图 2 - 4 - 22 所示是飞秒激光在 PMMA 材料加工微孔时离焦量对小孔圆度的影响情况。焦点位置位于样品内部圆度较好,随着激光焦点位置从样品内部逐渐移动到样品外部,圆度误差逐渐增大。焦点位置位于样品外部时,小孔圆度较差。其原因在于,焦点在样品外部时,激光在

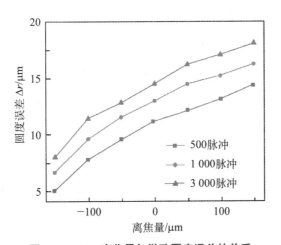

图 2 - 4 - 22　离焦量与微孔圆度误差的关系

达到加工位置之前就已经聚焦,周围的空气被电离,影响到激光能量密度的分布,导致小孔圆度较差;而焦点位置位于样品内部时,则没有这样的情况发生,因而孔圆度较好。

当激光聚焦于材料表面上方时,在相当强的激光离焦光束作用下,孔壁强烈熔化,随着液态材料的增加,分裂物总的含量会略有增加,这时孔的截面形状呈倒锥形。

金属材料的孔形质量与精度主要与分裂物中的液态含量有关,与孔底和孔壁上的熔化材料的重新分布有关,正离焦打孔可以得到比较深、锥度较小、孔径较小的微孔。增加离焦量,由于热量在材料中散失的速度比热量在空气中散失的速度慢,小孔上、下孔径会随着正离焦量的增加逐渐减小,下孔径的变化主要是通过热传导完成的,下孔径减小的程度要小于上孔径减小的程度。当减小正离焦量时,会得到较大的孔径,孔上表面会出现椭圆形,主要是由光斑内能量分布的不均匀性造成的,而激光的发散角、扩散倍率以及输出光斑和聚焦镜焦距等参数有关。随着正离焦量的增加,打出的孔的锥度是递减的。然而过多的正离焦会使光通过焦点后的散开增大,由于光束能量分布较宽,到达被加工样件的能量密度大大下降,导致工件材料获得的能量不足,加工的孔深不再增加。当聚焦透镜焦点位于工件表面下方时,通过工件表面上的光斑面积较大,故孔的入口直径大,打出的小孔锥度较大。随着离焦量的增加,小孔上下孔径都会逐渐增大,小孔的锥度也会逐渐增大。然而过多的负离焦会使孔壁强烈熔化,上孔径变大,同时孔深大大减小。

离焦量也影响加工的微孔锥度值。图 2-4-23 所示是不同离焦量对微孔

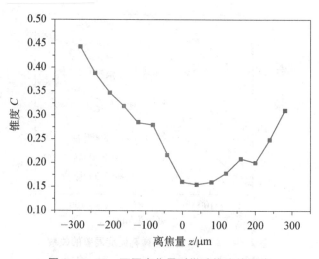

图 2-4-23 不同离焦量对微孔锥度的影响

锥度的影响。而且锥度值与离焦量的关系并不对称,离焦量为负时微孔的锥度稍大于离焦量为正时微孔的锥度,这大概是由于激光光束在离焦量为负时进入微孔的激光是汇聚的,而离焦量为正时,进入微孔的激光是发散的缘故。

4. 加工环境

飞秒激光脉冲宽度很窄,功率密度很高,产生的电磁场强度高,经聚焦后电磁场强度更高,很容易达到空气的电离阈值(约 10^{14} W/cm^2),使空气发生电离,产生大量自由电子,随之会产生等离子体;高强度电磁场还会引起大气的克尔效应,这两种现象都会干扰飞秒激光传输,并影响加工质量。图 2-4-24 所示是飞秒激光在铜材料加工的微孔入口 SEM 照片图。在大气环境中打的微孔入口周围堆积碎屑,而在真空环境中得到的孔入口干净。

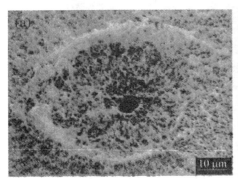

(a) 大气环境　　　　　　　　　　(b) 真空环境

图 2-4-24　不同环境得到的微孔入口 SEM 图

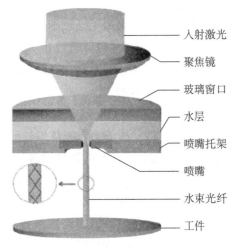

入射激光
聚焦镜
玻璃窗口
水层
喷嘴托架
喷嘴
水束光纤
工件

基于环境对激光加工质量的影响,开发了由水射流引导飞秒激光到工件表面的加工技术,如图 2-4-25 所示。

这种激光加工技术最为关键的部分是激光与水射流的耦合。光纤将激光束引出,再经双透镜聚焦耦合;或者将高斯激光准直后经过聚焦凸透镜直接耦合进射流腔体的喷孔位置;也有用轴棱锥镜对高斯激光聚焦,实现无衍射光束与水射流的耦合。这种飞秒激光加工技术能够获得更好的加工质量,在相同加工效率下,这种技术产生

图 2-4-25　水射流引导激光加工技术原理

的热影响区更小,加工后孔边缘没有毛刺且没有烧伤痕迹,生成的孔深更深,精度更高,并具有很高的重复性。图 2-4-26 所示是生成的微孔入口和出口形貌照片。

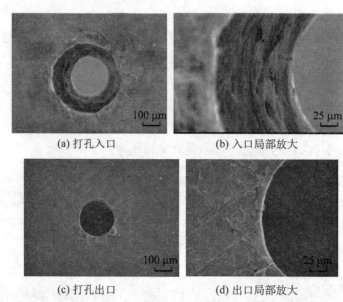

(a) 打孔入口   (b) 入口局部放大

(c) 打孔出口   (d) 出口局部放大

图 2-4-26   水射流引导激光加工微孔的入口和出口形貌照片

三 微切割加工

由于微型制件的结构尺寸微小,重量极轻,并且其尺寸精度在微米量级,用普通加工工艺切割加工比较难达到技术要求。飞秒激光凭借其极短的脉冲宽度和极高的峰值功率,对材料进行"冷"加工,具有其他各种加工技术所不具备的高精度,是各种微纳产品制造的理想工具。

(一) 应用例举

1. 石墨烯图案化

图案化的石墨烯是石墨烯器件应用的重点。如何精确快捷地得到所需的石墨烯图案,成为了石墨烯器件发展的制约因素之一。现有石墨烯图案化的方法主要有两种:直接生长图案化石墨烯和对已有石墨烯进行选区去除得到图案化石墨烯。它们都存在某些不足,制约了石墨烯在很多领域的应用。飞秒切割制备图案化石墨烯能够精确地制备各种形状和尺寸的石墨烯器件结构,而且制作方式简单,仅需将石墨烯置于飞秒激光加工平台。编程控制扫描振镜的运动轨迹,对石墨烯作任意图案切割,便得到不同图案的石墨烯样品。

2. 血管内支架精细切割

血管内支架是一种网格状毛细管,外径为 $0.8\sim2$ mm,壁厚为 $0.03\sim$ 0.6 mm,长为 $8\sim20$ mm,网纹梁的宽度只有 $20\sim150$ μm,材质通常是医用不锈钢、钛或镍钛合金,可降解聚合物材料。精细切割是制作的重要环节,制作要求在薄壁毛细管表面加工出精度为 5 μm 的支架图案,而且要求表面光洁、无切割黏渣、切边平行度好等,采用一般的机械加工方法很难满足质量要求。飞秒激光切割血管内支架,采用移动精度为 0.3 μm 平台,已加工出网梁宽度为 90 μm,且表面粗糙度为 0.79 μm 的支架;用飞秒激光加工技术在生物可降解聚合物材料上完成了血管内支架结构的突破性制作。

3. 弹药微切割

理论计算了飞秒激光在弹药的深度和内部的温度分布,结果显示,离开表面深度为 1.0 μm 处的温度约为 30℃,也就是说,单个飞秒激光脉冲的作用深度不超过 1.0 μm,宽度小于 3.0 μm。单个脉冲激光在弹药的热量还未能向周围药剂扩散,就已经使被作用区域的弹药发生反应,在高温下成为气体,因而与被作用表面相邻区域温度基本没有变化,这说明利用飞秒激光切割弹药对周围弹药基本上没有影响。

4. 细胞微切割

飞秒激光聚焦进细胞中,当焦点处达到 10^{11} W/cm^2 的功率密度时,就会在细胞内部通过多光子电离和雪崩电离产生大量具有很高动能的等离子体,其中的电子不会限制在激光的焦点处,而是扩散到周围的介质中,产生了等离子体诱导蚀除效应,实现了细胞手术效果。图 2-4-27 所示是飞秒激光切割细胞突起的光学显微图片。

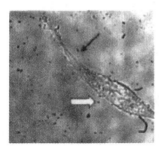 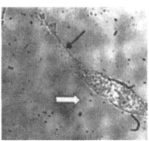 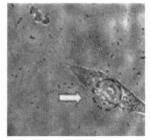

(a) 切割中　　　　　　　(b) 切割后 1 min　　　　　　(c) 切割后 5 h

图 2-4-27　飞秒激光切割细胞突起的光学显微图

图中白色箭头指向目标细胞,黑色箭头指向在紧靠目标细胞突起段的某处切割,细胞突起被切割后,断开的两端立即回缩,回缩到一定程度后不再回缩,细胞似乎已在切割突起端完成了自修复。图(c)中细胞核区明显(图中黑色虚线区),说明细胞切割后均能存活,细胞仍保持旺盛的活性。

(二) 切割参数选择

影响飞秒激光切割精度的因素主要有飞秒激光能量(功率)、激光扫描速度和扫描方式。

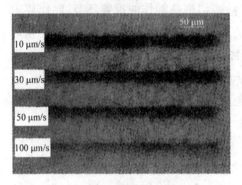

图2-4-28 不同扫描速度切割PMP泡沫的显微镜成像照片

1. 激光扫描速度

图2-4-28所示是相同飞秒激光功率情况下,不同扫描速度切割PMP泡沫的显微镜成像照片。切割的缝宽随着扫描速度增大而减小。增大扫描速度相当于减少脉冲个数,激光在工件上烧蚀的孔径相应地减小,因而切缝宽度也就相应减小。

激光束扫描速度不同,切割断面的垂直度也不同,图2-4-29所示是飞秒激光切割光纤的断面垂直度与激光束扫描速度的关系,随着扫描速度增加,光纤切割断面的垂直度减小。

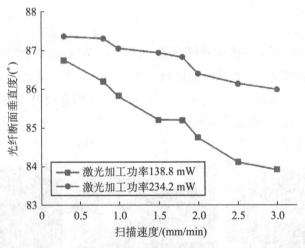

图2-4-29 飞秒激光切割断面垂直度与激光束扫描速度的关系

从要求窄切缝和高切缝垂直度来说,选取较低扫描速度有利。但是扫描速度过低,单位时间内作用在材料上的激光能量较大,会导致切口周围材料较大面积烧蚀,切割缝边缘出现碳化现象的几率会增大。因此,为了获得较好的切割质量(窄切割线宽、高垂直度、无碳化),需要根据具体工件材料,由实验结果选择合适的加工扫描速度。

2. 激光功率

随着激光功率的增大,切割缝宽随之增大,这与单点激光烧蚀孔径随激光功率变化规律是一致的,因为切割是单点激光烧蚀的叠加,增大激光功率,单点烧蚀的孔径会增大。

激光功率也影响切割断面垂直度,如图 2-4-30 所示,光纤断面垂直度与激光功率并不存在线性关系,其断面垂直度在 82°~87° 之间波动。考虑到加工形貌,激光功率宜取 200~300 mW。

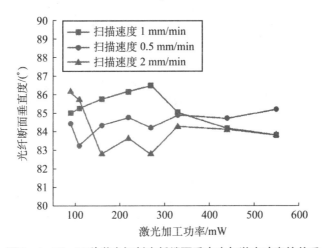

图 2-4-30　飞秒激光切割光纤端面垂直度与激光功率的关系

3. 激光扫描方式

多次扫描加工方式,也称再扫描加工方式,即激光束在工件表面来回多次扫描。每次让激光束焦点位置往工件里面方向移动一点距离。这种工作方式可以获得切割深度较深,同时也能提高切割断面质量,改善断面粗糙度。

单独一次扫描完成去除的材料量较大,需要的单脉冲能量就较大,使用的激光能量大,激光作用材料产生的反应就剧烈,由于烧蚀导致加工质量差,但加工效率有一定提高。使用低强度激光束多次扫描表面,相比第一次切割加工,在垂直于切割面的方向设置一个小的进给深度,能够有效地提高切割表面质量,并且可去除表面不规则颗粒氧化物,改善切割断面的粗糙度。采用飞秒激光多次扫描工作方式切割镁箔,断面粗糙度从原先约 7 μm 降低为 1~2 μm。

多次扫描的工艺参数主要有进给深度、扫描次数、扫描速度、单脉冲能量等。

(1)扫描进给深度　扫描进给深度是相对前一次扫描加工在垂直于切割面方向往工件内部移动激光束焦点的位置深度。图 2-4-31 所示是多次扫描激光单脉冲能量设定为 100 μJ,扫描速度为 100 μm/s,进给深度依次取 5~40 μm,多次

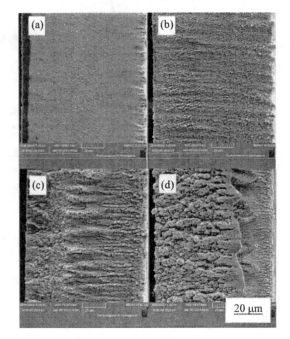

图 2‑4‑31 不同多次扫描进给深度切割铜箔的切割
断面 SEM 图

扫描切割铜箔的切割断面 SEM 照片。

图 2‑4‑32 所示是所对应的表面粗糙度变化曲线。飞秒激光一次切割铜箔的切割断面粗糙度为 640 nm,采用进给深度低于 20 μm 的多次扫描切割,断面粗糙度为 300 nm 左右,切割质量相比先前的切割有大幅提高;当进给深度在 10 μm 左右时,粗糙度最低,约为 250 nm;当进给深度大于 20 μm 后,断面粗糙度值随着进给深度增加大幅提高,这是由于进给深度较大将使得多次扫描去除的材料过厚,烧烛不完全。

(2)扫描速度 图 2‑4‑33 所示是不同多次扫描速度对应的表面粗糙度曲线,当扫描速度低于 100 μm/s 时,表面粗糙度随着扫描速度增大而小幅降低;而当扫描速度高于 100 μm/s 时,表面粗糙度随着扫描速度增加而提高。这是由于扫描速度增大,激光与被加工表面氧化物的烧蚀时间过短,表面颗粒未能完全去除,且激光脉冲间隔增加将导致相邻脉冲之间未加工的区域增加。多次扫描速度为 100 μm/s 左右时粗糙度最低,约为 220 nm。

(3)多次扫描单脉冲能量 图 2‑4‑34 所示是以扫描速度为 100 μm/s,进给深度为 10 μm,扫描一次的单脉冲能量依次取 50~400 μJ 切割铜箔的断面 SEM 像,降低单个脉冲能量,表面平整度更好;但当单脉冲能量为 100 μJ 时,虽

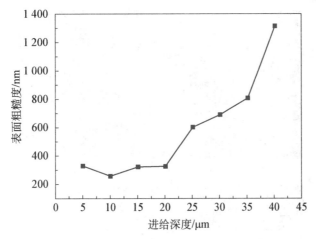

图 2-4-32　不同多次扫描进给深度切割铜箔的切割断面粗糙度变化

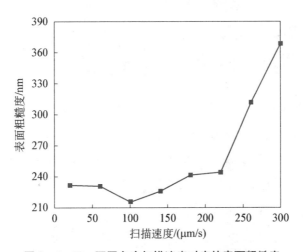

图 2-4-33　不同多次扫描速度对应的表面粗糙度

然整体表面质量最高,但左侧小范围出现褶皱,这是由于激光器在右侧,激光能量经过表面的反射和吸收后,到达左侧的激光能量较弱,未能有效加工。

(4)扫描次数　图 2-4-35 所示是扫描速度为 100 $\mu m/s$,进给深度为 10 μm,单脉冲能量为 100 μJ,以不同多次扫描次数切割铜箔断面 SEM 像,扫描多次能有效提高加工切割表面质量。扫描前断面粗糙度为 694.64 nm,扫描一次断面粗糙度为 243.04 nm,重复扫描 3 次断面粗糙度为 122.36 nm;重复扫描 4 次的的断面粗糙度为 133.55 nm,再扫描 4 次与 3 次相比,扫描 4 次所得的粗糙度比 3 次的差,表明重复扫描次数再增加表面质量未继续提高,反而因为增加了加工时间,降低加工效率。

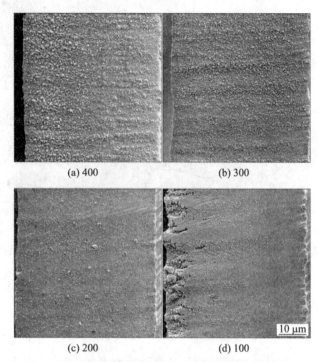

(a) 400   (b) 300

(c) 200   (d) 100

10 μm

图 2 - 4 - 34 不同多次扫描单脉冲能量切割铜箔断面 SEM 像

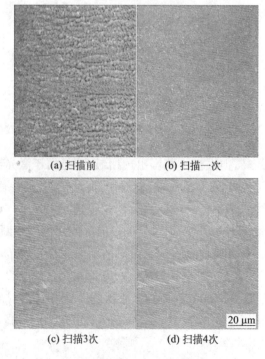

(a) 扫描前   (b) 扫描一次

(c) 扫描3次   (d) 扫描4次

20 μm

图 2 - 4 - 35 不同扫描次数对应的铜箔断面 SEM 像

2-5　激光安全防护

一 激光对人体的损伤

(一) 激光损伤眼睛

激光对眼睛有两种损伤方式,一种是激光束直接照射损伤,另外一种是漫反射激光损伤。

1. 激光束直接照射损伤

在实验室从事激光研究的科技人员或者直接使用激光者,如激光加工、激光医疗工作者,在调试激光器工作状态,或者调整激光光路时可能直接对着激光束,因此被激光束击中眼睛的几率便比较大。一般来说,由镜面反射的激光束伤害比直接激光束损伤概率高得多。

(1) 损伤症状　激光对人眼睛损伤常见有眼底烧伤、视网膜剥离,有时可见眼睑、球结膜、虹膜伤害,严重时失明。

① 眩光。俗称眼花,是激光能量致使眼睛视觉对比度的敏感性下降,持续时间大约数秒到数十秒。这是视网膜受激光束作用的热化学或者光化学反应,使视觉功能产生的暂时失常,对眼睛不产生永久性损伤。

② 闪光盲。暂时看不清东西,一时性视觉模糊。视网膜组织的光色素吸收可见光并转换为视觉信号。当入射的光辐射强度比较强时,光色素受到损伤,产生脱色效应,暂时丧失感受光辐射的能力,导致闪光盲。一般经过数分钟至数十分钟时间,光色素再生后视力便获得恢复。发生闪光盲时,进入眼睛的激光强度已经比较大,因此往往会同时导致眼睛损伤。在激光停止照射后,眼睛会依然感到有光像活动,这是视觉后像的缘故。

③ 损伤视网膜。激光视网膜损伤绝大多数出现在激光束照射瞬间,基本上在 15～30 min 内便显现出损伤症状。最早出现的症状是一个不甚清晰的淡灰白色水肿区,24～48 h 后有色素环围绕。水肿区的出现是色因素上皮变薄所致,病灶之上常可见有一蒸气区。激光强度高时,病灶可破裂,或因血管破裂而并发玻璃体出血,病灶轮廓分明,与周围未受伤组织分界明显。病灶部位脉络膜有密集的、呈局灶性的淋巴细胞聚集和不规则的色素上皮凝集,杆体细胞和圆锥细胞变平和集结,外核层出现不规则的分离。一些轻微损伤则有时在照射一小时后

出现这种症状;极轻微损伤有时照射后当时没有明显反应,在照射一天以后视网膜出现浅灰色伤斑。

强度很高的激光束可导致视网膜和眼睛玻璃体出血,如果激光束落入黄斑部位,感光细胞遭受烧伤和出血,便可能导致永久性失明。在强激光束作用下,视网膜迅速气化,急剧膨胀,甚至引起眼球爆炸,将使整个眼睛受到破坏。损伤分为4级。

Ⅰ级:出现小于光束直径的盘状淡灰色斑,分界不太明显,中心呈灰白色水肿,中央和周围有时微有色素;

Ⅱ级:出现与光束直径相仿的圆盘状损伤,症状比较明显,中央和周围均有色素聚集或中央部色素明显减少,有时可见小出血点,在其外围为色素密集区,最外围常有一模糊的灰白色晕,有时仅有轻度充血性轮晕,仔细观察可见到中央色素区内视网膜下有小气泡;

Ⅲ级:灰色盘形斑较大,外围轮晕亦更清晰,色素明显堆集,常可见小气泡逸于玻璃体中或视网膜,有明显的小出血斑;

Ⅳ级:视网膜大量出血,呈柱状或不规则形状,大量血液进入玻璃体内,屈光间质浑浊,无法看清眼底。

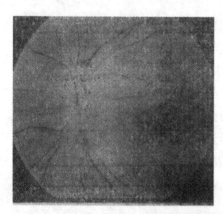

图 2 - 5 - 1　眼睛黄斑Ⅱ级激光损伤

眼底改变主要表现为受激光照射的部位视网膜出现水肿、灰白斑或出血等症状,按损伤轻重将其分为 4 级:Ⅰ级为凝固斑,大小不等,损伤直径 1/5～2/3PD;Ⅱ级为出现小出血斑,范围小于或等于 1PD,外周有水肿环,如图 2 - 5 - 1所示;Ⅲ级为出血量增多,呈片状或团块状,损伤直径约 2～3PD,有少量血液进入玻璃体内;Ⅳ级为视网膜大量出血,呈柱状或不规则形,大量血液进入玻璃体,屈光间质浑浊,无法看清眼底。

通常受激光损伤的眼睛以Ⅰ、Ⅱ级的居多。Ⅰ级损伤的眼睛一般在1～7天内症状消失,Ⅱ和Ⅲ级损伤恢复期可延续达1～8个月以上,Ⅲ、Ⅳ级损伤往往不能完全恢复,最后在视网膜上形成永久性瘢痕。瘢痕形成与受激光损伤程度有关,损伤愈严重,形成也愈早,比如Ⅲ级损伤在受激光照射后 3 周左右就能见到瘢痕组织增生,Ⅳ级损伤时瘢痕组织出现于激光照射后的 2 周左右。

在光镜下可以见到受激光不同损伤程度的视网膜。图2-5-2所示是视网膜受激光损伤的病理学变化。损伤较轻的视网膜轻微隆起，内、外核层结构紊乱，细胞轻度肿胀；损伤较重的视网膜明显隆起，内、外核层结构严重紊乱，可见核固缩或者崩解，内网状层肿胀明显；损伤严重的视网膜全层断裂，细胞大部分消失，偶见残存的固缩核碎片，有大量蛋白渗出，但玻璃体膜依然完整。

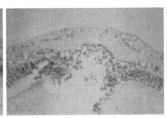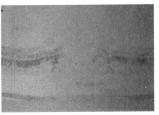

图2-5-2 视网膜受激光损伤的病理学变化

④ 破坏整个眼睛。强度更高的激光束可导致视网膜和眼睛玻璃体出血。如果激光束落入黄斑部位，感光细胞遭受烧伤和出血，便可能导致永久性失明。在强激光束作用下，视网膜迅速气化，急剧膨胀，甚至引起所谓眼球爆炸，使整个眼睛受到破坏。

激光对眼睛的损伤症状除了上述的之外，有时还伴随有机械损伤症状，比如视网膜撕裂、穿孔、出血等。强Q开关脉冲激光束不仅会把视网膜和脉络膜全部击穿，有时还伤及巩膜。

（2）影响损伤程度的因素

① 激光波长。不同波长的激光对眼球作用的程度不同，产生的伤害后果也不同。表2-5-1给出不同激光波长损伤眼睛的部位。远红外波段的激光主要伤害眼睛的角膜，这是因为这个波段的激光几乎全部被角膜吸收，主要引起角膜炎和结膜炎。受伤者感到眼睛痛，有异物样刺激的感觉，还出现怕光、流眼泪、眼球充血、视力下降等症状。

表2-5-1 不同波长激光眼损伤部位

波长分区	波长范围/nm	主要损伤部位
紫外激光	180～400	角膜、晶状体
可见激光	400～700	视网膜、脉络膜
近红外激光	700～1 400	视网膜、脉络膜、晶状体
中、远红外激光	1 400～106	角膜

紫外波段的激光主要伤害眼睛的角膜和晶状体。这个波段激光几乎全部被晶状体吸收,其中又以角膜吸收为主,导致晶状体及角膜混浊。小剂量紫外激光引起角膜上皮轻微损伤,但可以完全复原。角膜轻度烧伤会形成灰白色浑浊点,中度烧伤形成穿过整个角膜厚度的白色伤痕,严重烧伤会使角膜产生溃疡性伤痕或者穿孔。

　　对可见和近红外激光,眼睛的屈光介质吸收率较低,透射率高,而屈光介质的聚焦能力(即聚光力)强。强可见或近红外光可以透过屈光介质,会聚在视网膜上,在视网膜上的激光能量密度及功率密度提高几千甚至几万倍,导致视网膜的感光细胞层温度迅速升高,使得感光细胞凝固变性坏死而失去感光的作用,产生不可逆的损伤,甚至永久失明。

　　视网膜对不同波长的激光的吸收率不同,因而视网膜的损伤阈值不同。一般来说,波长在 500~550 nm 的激光对视网膜的伤害阈值最低,即损害最为严重;而波长 400~900 nm 的激光对视网膜的伤害阈值则较高。近红外(0.7 μm~1.4 μm)激光的视网膜损伤阈值远低于可见光激光;中、远红外(1.4 μm~1.0 nm)激光一般不引起视网膜损伤。即使是在近红外波段,不同波长激光的视网膜损伤阈值差别也很大。根据家兔实验结果,在同等条件下,波长1.318 μm 激光的损伤阈值是 13.7 J/cm²,而波长 1.064 μm 激光的损伤阈值是0.65 J/cm²,相差 20 倍。

　　② 激光能量。眼睛损害程度还与眼底的激光能量(功率)、能量密度(功率密度)有密切关系。

　　当可见或近红外激光功率密度很低时,一般来说不引起眼睛急性损害。因为激光功率密度低,视网膜组织虽接受了激光光子能量逐渐发热,但一方面热量通过分子振动传给周围组织,再传到眼睛外面;而另一方面传给密布于网膜底层脉络膜里的微血管,随着微血管中血液循环再散发到眼外去。因此,视网膜至整眼的温度无明显升高,或略有微温变化,仍在完全无害的范围内。功率密度增加到一定程度时,视网膜上的热量积累速度大于散热速度。或功率密度虽然不是很高,但视网膜吸收时间长,接受光子流部位的温度也会升高,即激光照射时间越长,视网膜的温度升得越高。超过正常眼温 10℃以上,便会引起视网膜损害。长时间暴露在眼睛敏感的绿激光下,即使激光功率只有 1 mW 也会造成视网膜损伤,而当功率超过 5 mW 时,只需短短几秒就可能造成永久性的功能损伤。

　　照射激光剂量恒定,激光光斑直径不超过瞳孔直径,照射到角膜上的光斑面积越大,人射的总激光能量便越多,视网膜受到的损伤也越严重。所以,在报告损伤阈值时,必须说明激光斑的直径或者面积大小。眼睛的视轴越长(即眼睛介质越厚),吸收的激光能量便越多,到达视网膜的激光能量也随之越少,引起视网膜损伤需要的入射激光能量也相应提高,或者说损伤视网膜的阈值能量提高。比如,家兔的视轴长度是 18 mm,大鼠的视轴长度是 6 mm,在其他条件相同的情况下家兔的视网膜损伤阈值能量就比大鼠的高。

③ 激光照射时间。暴露时间不同,视网膜伤害阈值不同。因为激光作用区有向周围的"冷"组织热扩散作用,当入射激光强度低于某个数值时,即使激光照射的时间很长,也基本上不会对视网膜造成急性损伤,即视网膜存在损伤阈值。视网膜的热平衡特征时间为 100~400 ms,激光照射时间大于 300 ms,测量得到的损伤阈值接近常数。照射时间短于这个临界点,视网膜损伤阈值随照射时间的缩短而增大。这个临界点仍是视网膜的热平衡点。当照射时间短于这个临界点时,阈值强度的激光在视网膜上热作用具有积累效应;当照射时间长于这个临界点,热积累效应被视网膜的热扩散作用所抵消。

重复频率脉冲激光的损伤阈值比单个脉冲激光低。但是,当两个脉冲之间的间隔时间大于临界点(100~400 ms)时,重复频率脉冲的损伤阈值就基本上与单个脉冲激光相似。这主要是由于两个脉冲的间隔时间超过视网膜的热平衡点时,两个脉冲间热效应的积累,被视网膜的热扩散所抵销,因此不能产生累计效应。

④ 眼睛内因。内因指眼睛本身的性质参数,比如眼睛的瞳孔直径,角膜对激光的吸收和散射特性,眼前房水、晶状体、玻璃体特性,视网膜上散射环的最小尺寸等。由激光照射离开眼睛足够远的反射面构成的光源,在视网膜上产生的照度为

$$E = \pi B\tau/4(D/f)^2, \qquad (2-5-1)$$

式中,B 是光源亮度,τ 是眼睛光学介质的透射率,D 是眼睛瞳孔直径,f 是眼睛的折合后焦距(通常取 17.1 mm)。因此,激光引起眼睛的损伤程度与眼睛的瞳孔大小平方有直接联系,缩小的瞳孔可以减少进入眼底的激光能量,瞳孔打开得越大进入眼内的激光能量也越大,眼底受到的损害也越重,越不可逆转。而瞳孔的大小与环境状态有关系,在适应暗的环境时,瞳孔直径为 7~8 mm,在强可见光下可以缩小到 1.5 mm。通常白天瞳孔直径 2~3 mm,最大瞳孔与最小瞳孔之间的透光面积相差 20 倍以上。在光线较暗的室内眼睛的瞳孔处于最大状态,此时即使进入眼睛的激光能量总值不是很大,也容易伤害视网膜。所以在光线较暗的室内中调试激光器要特别小心谨慎,避免激光伤害眼睛。色素组织极容易吸收激光能量,因此,色素含量越多,对激光的吸收越强,遭受损伤的程度越大。

人体肤色深浅与眼底色素呈正相关,皮肤黑者其眼底所含的色素数量也多,皮肤白者眼底含色素数量相对较少。

视网膜吸收率高的眼睛容易受损伤,损伤阈值相对较低。视网膜的感受器在总激光能量吸收中占的比例很小,主要是色素上皮细胞的吸收。色素上皮细胞中色素粒子的浓度,亦即视网膜的吸收率,不同的眼睛是不同的,就是同一只眼睛的视网膜,不同的部位吸收率也是不同。

⑤ 激光入射角。视网膜不同区域,比如黄斑、中央凹陷或者盲斑区、视网膜周围等,视力不同,黄斑以外的部位感光细胞比黄斑区分布密度要小得多,而且黄斑以外的视网膜较厚,单位面积上接受到相同的能量,其温升要小得多。黄斑区以外的视网膜里密布着微血管,血液循环可带走部分热量,使温度升高减少。温度升高,损伤越重;反之,温度升高的程度越小,损伤的可能性越轻。激光对视网膜的急损伤主要是热效应引起,因此,黄斑区中央凹陷或者盲斑区是眼睛视觉功能最灵敏及受损伤后果最严重的区域。损伤病灶会导致视敏度急剧下降,严重时会完全失明。这表明激光对眼睛造成视觉功能下降或者丧失,与激光给视网膜造成的损伤区位置有密切关系,亦即与激光入射的角度有关系。

眼球为光学透镜系统,激光束与视轴线平行进入眼内,比如注视激光束时,那么激光将在眼底黄斑区中央凹处聚焦成很小的光斑,其能量密度比角膜处高 $3\sim4$ 倍,使视网膜中央凹区或者盲斑区遭受损伤,视觉功能将严重变坏。当激光稍偏离视轴角度入射眼睛时,聚焦的激光光斑不会落于黄斑区,而是落在其外围的视网膜上,损害会轻一些。例如,在 5°角内,视网膜的损伤病灶察觉不出,没有导致视力变坏;损伤病灶在中央凹陷周围,直径为 $0.2\sim0.4$ mm 的范围时,将导致视敏度从 1.0 变坏到 0.1。因此激光入射角度不同,造成视力变坏程度不一样。

激光入射角不与视轴同轴,偏离角度越大,视力变坏的程度越轻,而且虹膜还可挡住偏离的激光而不会进入眼底。由于黄斑部位中央凹极重要,而且这部位又最容易受损伤,所以直视激光束的危险程度很大,必须尽量避免。

⑥ 尺寸效应。视网膜的损伤阈值与激光在视网膜上的光斑尺寸有密切关系,光斑尺寸小,损伤阈值就比较大。照射持续时间在 0.1 s$\sim$10 s 的范围内,当激光斑点直径为 1 mm 时,视网膜的损伤阈值大约为 1 W/cm²;当光斑直径缩小到 20 μm 时,损伤阈值便增大到 10^3 W/cm²。在视网膜的激光斑点尺寸大除了影响损伤阈值外,也会引起视力临床失调。

激光脉冲宽度大于 10^{-3} s 时,损伤阈值的尺寸效应可以用损伤热模型解释。在这个时间尺度内,视网膜的损伤主要是热量引起,温度升高会引起细胞变性和酶变性,导致细胞灭亡。当照射时间足以建立热平衡时,小斑点的散热条件比大斑点好得多,因此大光斑点中心的温度上升比小斑点快得多。按照这个说法推论,激光脉冲持续时间比较短时,这种尺寸效应不那么明显了,激光脉冲宽度短于 10^{-3} s 应该没有尺寸效应。而事实上,任意脉冲宽度的激光都观察到尺寸效应,脉冲宽度在 $10^{-9} \sim 10^{-12}$ s 依然出现尺寸效应。在这种情况下,尺寸效应另有机理,有待进一步研究。

2. 漫反射激光损伤

从理论上说,激光功率低于规定的最大允许接触值时,不会造成眼睛组织器质性变化,属于安全激光。但是,对长期接触激光的从业人员的调查结果显示,他们虽然不出现视力突然丧失,但眼睛的视觉功能受到了慢性损伤。这是漫反射激光伤害的结果。

(1) 光学漫反射　光束入射到粗糙表面,无规则地向各个方向反射。物体表面粗看起来似乎是平滑的,但用放大镜仔细观察就会看到其表面凹凸不平,通常称为漫反射体,其表面对光辐射的反射率一般也不低。表 2-5-2 列出一些常见材料的漫反射率。

表 2-5-2　一些常见漫反射体的漫反射率

漫反射体	窗玻璃	磨砂玻璃	乳白玻璃	透明塑料	羊皮纸	粗糙铜面	白色墙面	干黏土
反射率％	8	18	50	8	48	55	50	15

投射到漫反射体表面的激光束,只要功率不是非常低,向各个方向漫反射的激光强度就不低,同样会损害眼睛。损害程度与接触激光的时间长短、激光强度有关。

(2) 主要症状　受损伤者没有突然丧失视力,有时只有一般神经衰弱症状,工作后有视疲劳、眼痛、视物模糊、眼睛干涩、疼痛、视力下降、色视野异常、飞蚊症、结膜充血、角膜点状着色、晶状体混浊等症状,而且接触激光的时间越长,这种症状出现的几率越大。临床上主要是晶体周边部混浊,眼睛自觉不适症状并不明显。但眼睛确实受到了损害。

(二) 激光损伤皮肤

1. 激光直接照射损伤

激光直接照射到皮肤,或者由物体光滑表面反射的激光束引起皮肤损伤,一般来说,便会立即出现损伤症状。这种受激光直接照射引起的损伤又称急性损伤。

(1) 损伤症状　当照射到皮肤的激光能量(功率)密度超过一定数值时便会引起皮肤损伤,依次表现为暂时性红斑反应、持续性红斑反应、白色凝固斑、淡褐色(炭化)凝固斑。红斑或紫斑源于局部血管充血,属于最轻微的损伤。激光引起的皮肤损伤,均属于局灶性损伤,损伤边界清晰。

能量(功率)密度越高,损伤越严重。损伤区的中部为褐色凹陷区,有时中心出现小孔,呈坑口状,逐步出血、坏死、结疤。损伤区周围有炎症反应和充血水肿,消退后坏死区和正常皮肤的界限清楚。结痂脱落后,凝固坏死病灶表面成光滑的疤痕。

① 红外激光的损伤。红外激光对皮肤的损伤主要是热烧伤。当激光功率比较小时致毛细血管扩张,皮肤发红发热,在1~2 min内出现即刻性红斑,但比较微弱,隐约可见,大约有半数在10 min内消退。随着照射的激光功率密度增大,导致皮肤温度升高,血管扩张充血,正常皮肤在几秒时间内便出现红斑,数分钟后出现少量炎性渗出物,并轻度水肿,但此后如果温度退回至正常数值,则此红斑可以自行消退,不会造成不可逆的损伤。照射的激光剂量再加大,皮肤温度升高到47~48℃时,在数秒钟内即有炎性物渗出潴留在皮肤内,导致表皮和真皮分离而形成水泡,出现灼热感和剧烈的疼痛。皮肤接受到的激光剂量再依次升高,将出现热致凝固,受照射处的细胞凝固或者坏死;皮肤组织发生热致气化;组织和细胞发生干性坏死,皮肤表面迅速变为棕黑色,即发生了热致炭化。炭化后的组织即可燃烧,出现火光。

② 紫外激光的损伤。紫外激光对皮肤的作用主要是光化效应。受到紫外激光照射时皮肤内色素立刻黑化,发生明显的色素沉着,使皮肤变黑,称为紫外线的黑斑效应。照射后1~2 h这种现象达到高峰,照射后3 h又减弱了。另外一种症状是,小剂量紫外激光照射时,一般在24 h内在被照射皮肤区内出现红色反应,即产生红斑效应;中等剂量紫外激光照射时,一般在12 h内出现红斑;大剂量紫外激光照射时,一般在照射后5 min~2 h内产生红斑。红斑颜色深浅和持续时间与照射的激光剂量有关。大剂量照射时红斑呈深红色,中等剂量照射时色淡呈鲜红色,小剂量照射时颜色更浅呈淡红色,更小剂量照射时只在24~48 h内出现浅淡的红斑,持续时间仅数十秒钟。

对皮肤危害最大的是270~290 nm的紫外激光,过量照射会致癌。

短波紫外激光引起的红斑有许多特点,如深度、界限、温度、潜伏期与消失时间、红斑颜色等方面均与中、长波长紫外激光的有所不同。短波紫外线(波长在100~280 nm)透入皮肤的深度一般只有1.5~2 μm,照射到皮肤后要经过一定潜伏期才出现红斑反应。

（2）影响损伤程度因素　激光对皮肤的损害程度与激光的照射能量（功率）密度、波长，肤色深浅、组织水分以及皮肤的角质层厚薄等因素有关。

①激光能量密度。照射到皮肤上的激光功率密度（或能量密度）越大，则皮肤受到的伤害程度越严重。皮肤在受到弱激光照射时有轻微的痛感，吸收超过安全阈值的激光能量，达到明显损伤程度时痛感厉害。小能量 Q 开关脉冲激光照射皮肤，有一种刺痒的感觉。

皮肤损伤程度随照射激光能量密度增大而增大。脉冲持续时间 500 μs 的红宝石激光聚集照射，光斑直径为 1～1.5 mm、激光束能量为 0.84 J 时，皮肤表层便出现变化；当激光束能量升高到 5 J 时，光斑区皮肤发生明显的色素沉着，说明已经产生烧伤；激光束能量再升高到几十焦耳时，皮肤受到严重损伤。自由振荡激光器和 Q 开关激光器输出的激光束，对皮肤的作用有一些区别，连续波激光引起皮肤损伤与普通烧伤很相似。因为激光损伤皮肤的机理主要是热作用所致，皮肤吸收激光能量以后，局部的皮肤温度在短时内升高，温度升高的程度不同，造成的损伤程度也不同。

② 激光波长。皮肤对激光的吸收率与激光波长有密切关系，对某波长吸收率越高，损伤也越严重。相同激光功率密度的激光束，吸收系数大的皮肤组织受到的损伤会严重。皮肤组织对氩离子激光和 YAG：Nd 激光的吸收系数不同，前者的吸收系数比后者大（大约两倍）；激光功率和光斑尺寸相同，前者在光斑中心产生的温升大约为后者的两倍。皮肤比较容易透射可见光和红外波段的激光，有时皮肤表面没有明显损伤，深层组织却出现严重损伤，也会在皮肤无损伤的状况下伤及内脏。虽然低功率密度激光不至于损伤内脏器官，但可能导致功能性变化，比如对肝细胞合成 A.T.P、前列腺增生等有推进作用。特别是波长处于红细胞吸收峰（在波长 500 nm 附近）的激光最为危险，它会损伤血管内皮和破坏红细胞，引起局部栓塞。

③ 皮肤内因。皮肤的颜色、光学吸收系数、光学散射系数、比热、热容量、热导率等对激光产生的损伤有重大影响。皮肤的颜色越深，含有的黑色素颗粒越多，色素颗粒可以将各种不同波长的激光能量转变成热能，在吸收激光能量后，局部形成热源，并很快向四周扩散热能，从而引起细胞及组织破坏和死亡。皮肤内含的黑色素颗粒越多，形成的热源也将越多，光能转变成热能效率越高，造成蛋白质凝固变性率越大，细胞死亡率越大。肤色越浅的人，受到的损伤越轻。皮肤内部含有 20 个以上黑色素颗粒的细胞受激光照射后，这些细胞几乎完全被破坏致死；内部含有黑色素颗粒 5 个以下的细胞，激光则几乎不产生损伤。

在脉冲激光照射下，导热率小的皮肤，光斑之外的组织很少受到损伤。

④ 激光作用时间。热损伤阈值温度与持续作用时间成指数关系,持续作用时间短,生物组织能够承受的温度越高。组织蛋白的温度在 50℃ 条件下保持 1 min 便会发生不可逆的变性,升至 70℃,持续时间不超过 1 s,则不会损伤。温度在 20~30℃ 范围内保持一定时间就可能发生不可逆的热损伤。连续激光与脉冲激光给皮肤产生的损伤程度明显不一样,脉冲激光显著地减少组织内的热扩散,产生的热损伤范围比较小。

2. 漫反射激光皮肤损伤

漫反射激光对皮肤也产生损害,但是属于慢性。直射激光或者镜面反射激光引起的损伤不同,属于急性伤害。急性伤害是皮肤在一定剂量激光照射下产生红斑角化层变厚和黑色素生成性色素沉着。而由漫反射激光引起皮肤的慢性损伤主要是促成皮肤老化和诱发皮肤癌。

(三)激光对人体健康的损害

1. 神经系统不良症状

接触激光的人员明显出现神经衰弱症,大多出现不同程度的头昏、耳鸣、恶心、心悸、失眠多梦,食欲下降、腰酸腿胀、容易疲劳、烦躁、精力不集中、记忆力减退等症状。这些症状的严重程度以及发生几率与接触激光的时间长短,以及接受的激光剂量有关。

2. 血管血液流动紊乱和血液动力变化

200 名从事激光研究、应用工作人员的体检结果显示,59% 卧位、29% 直立试验有脉搏无反应和反应异常,63% 的出现心电图窦性心律不齐、徐缓性心律不齐;71% 有 T 波抬高,45% 有区域性脑血管阻力增高,45% 存在前庭器兴奋性明显抑制,前庭器中枢变化:出现无力型神经反应,植物性血管紊乱;出血时间延长,血小板降低。与蛋白质和类脂质代谢有关的酶活性,如胆碱酯酶、乙酰胆碱酯酶、天门冬氨酸转氨酶、组织胺等明显升高,表明接触激光者体内发生非特异性代谢障碍。

从事激光研究工作和激光生产的工人共 116 人脑血流图检查,他们没有患高血压、冠心病等疾病。34.5% 的人员脑血流图上升时间延长,26.7% 的脑血流图波幅降低;而对照组相应的比率分别为只有 3.6% 和 11.7%;接触激光的作业人员的脑血管弹性降低,脑血管充盈度降低和脑血管阻力增大。77 名作业人员做了心电图检查,发现心功能变化,左室射血前期指数(PEPI)、等容舒张期(IRT)显著延长,左室射血前期与左室射血时间的比值(PEP/LVET)明显增加,而二尖瓣曲线斜率显著降低。还有脉搏减慢(每分钟减慢大于 12 次),以及心电图窦性心律不齐等现象。

3. 染色体畸变

92 名激光作业者血液检查,包括红、白细胞和细胞染色体。分析了 16 949 只细胞,总畸变率为 1.58%,其中染色单体型畸变率为 1.46%,染色体型的畸变率为 0.28%,而且畸变率随着接触激光时间延长而增大,接触激光时间接近 1 年的,畸变率大约是 1.52%;接触激光时间 5 年的,畸变率增大到 1.62%。与之对照的非接触激光人员,染色体总畸变率只有 0.89%,远低于接触激光的人员。

4. 外周淋巴细胞微核出现率提高

诱变因子诱发染色体无着丝点片或者环,在进入期间所形成的圆形或者椭圆形的核块结构称为微核,它的成分是 DNA,与核染色体相同。利用外周淋巴细胞微核的出现率可检测 X 射线及其他诱变剂对细胞染色体的损伤状况。微核的出现率也与染色体畸变率成线性正比关系,利用微核出现率也可以了解染色体畸变状况。对 30 名接受激光医疗的病人和操作激光医疗机的医生进行外周淋巴细胞微核出现率调查,他们接触的是低功率氦、氖激光,他们的外周淋巴细胞微核出现率明显提高,出现率低的是 3%,高的是 10%,平均值是 6.37%;没有接触激光、身体健康人员的出现率在 0~3% 之间。接触激光的时间长,出现率也随之增大,接受激光照射 60 min 的,平均出现率是 3%,而累计接受激光照射时间 600 min,其平均出现率便提高到 8.75%。

(四) 非激光光束危害(NBH)

激光束传播过程中产生的各种效应和产物,以及组成激光器的部件也会对人体造成伤害,比如周围存放的材料在激光束作用下可能发生的火灾,激光照射在工件上的电离辐射,以及组成激光器系统的泵浦光源(比如氙灯)的辐射,引起的辐射损伤和电击损伤;某些激光工作物质,如激光染料和一些稀有气体的毒性损害等。还有一些危害与纳米微粒制造、辐射源相关。小尺寸的微粒(<0.1 μm)相比较大的颗粒,对人体有更大的危险,因其具有更高的活性。材料的活性很大程度上取决于其表面区域大小,而这又因微粒半径不同而各异,体积则取决于半径的立方。因此,纳米微粒拥有更高的表面积体积比,相比同种材料的大颗粒来说具有更高的活性。这种增加的活性对于呼吸效应,血液/大脑血管壁,以及火灾/爆炸危害来说都有着深远的影响。纳米微粒能够轻易进入肺部最深区域(不像更大微粒,只是停留在上呼吸道),它们就可能同样以其微小的尺寸进入人体的各个地方。

1. 激光致电离辐射损伤

激光在大气中传播过程中会电离空气中的原子、分子,产生电离辐射;激光照射在各种反射物体表面,包括实验使用的各种光学元件、支撑这些元件的支架、墙面、天花板以及激光加工制造中的工件等，它们在激光的作用下也产生电离辐射，包括电磁波中的 X 射线及 α、β、γ 射线等，某些高功率气体激光器使用的高压电源工作时会产生 X 射线。激光实验室、激光加工制造区一般是封闭空间，激光器输出功率也高，产生的电离辐射强度不弱。电离辐射的能量子能量比较高，当与生物体细胞、组织、体液等互相作用时，会使它的原子或分子电离，直接损害机体的某些大分子结构，比如使蛋白质分子链断裂、核糖核酸分子链断裂，以及损害一些对代谢有重要作用的酶等。此外，对于神经内分泌系统调节平衡生命的活动机体来说，辐射损伤的病理改变更为严重。

人体在短时间内受到大剂量电离辐射作用会引起急性放射性病，长时间受超剂量照射将引起全身性疾病，出现头昏、乏力、牙龈出血、食欲消退、皮肤红斑、白细胞数降低、脱发等症；受大剂量照射不仅当时机体产生病变，而且照射停止后还会产生远期效应或遗传效应，如诱发癌症、后代患小儿痴呆症等。激光的电离辐射对人体健康的影响近年来日益受到重视，虽然还存在着一些争论，但是对它们的防护应该给予足够的重视。

2. 电气损伤

固体激光器、气体激光器一般都用到高压电源，比如固体激光器的储能电容上的充电电压一般为 $700\sim1\,000\,\text{V}$，氙灯的触发电压约 1 万伏，CO_2 激光器的高压电源电压在千伏。如果操作不当，电源和有关电气设备会产生强烈电击或者起火燃烧，严重的会导致触电伤亡。在激光应用中发生的电气损伤事故次数，比激光束直射或者反射到眼睛和皮肤造成的损伤还多，还有触电死亡的记录。

二 激光安全防护

(一) 激光安全性评估

激光束的安全性评价主要有 3 个因素：激光束对人体伤害潜在的危险性，激光器所在的环境以及所在环境的现场人员。

1. 激光安全标准

激光安全标准叫做激光最大容许照射剂量或最高容许照射水平，英文简写 MPE(maximum permissible exposure)，其数值是激光损伤阈值被安全系数除所得的商。为了保证使用激光的研究人员和工作人员的健康，有必要规定允许照射眼睛和皮肤的标准，即最大允许照射剂量。激光一次照射作用的损伤阈值，再考虑一个安全系数(一般是 $5\sim20$)得到的所谓激光最大容许照射剂量，可以作为评判标准。接触的激光剂量不超过最大容许照射剂量，可以排除危险性。不同人的同一类型器官,比如不同人的眼睛,对激光的敏感程度是不一样的,所以此最大容许照射剂量也只能是统计方法确定的结果。由于对损伤阈值的理解不同,比如是用显微镜检查看到的细胞损伤,或者是用检眼镜看到的损伤,还是可觉察的视觉功能下降,是根据急性反应还是慢性反应观察到的结果,安全系数是取 10 还是 100 等原因,最大容许照射剂量不是唯一的,不同的研究机构得到的数值会不一样,而且彼此相差有时还可能很大。为了减少混乱,许多国家和地区都设立了自己的激光安全标准协会,负责本国和本地区的各项标准,包括激光安全标准的制定、监督和管理。

美国国家标准协会(ANSI)激光安全委员会,于 1973 年公布了"激光安全使用 Z136、1－1973"安全标准。1976 年和 1980 年,又对标准进行了两次补充和修改,公布了 Z136－121976、Z136－121980。1993 年制定了一系列激光安全标准,主要有:Z136.1 激光安全使用标准,Z136.2 二极管和 LED 激光的光纤通信安全使用标准,Z136.3 卫生保健设备中的激光安全使用标准,Z136.5 科研与教育机构中的激光安全使用标准,Z136.6 户外激光的安全使用标准。这些标准在 2000 年又在最大允许照射剂量、激光指示器的安全使用、激光安全标志以及与国际电工委员会(IEC)制定的标准进行协调统一等 4 个方面做了修改,修订后的标准被大部分欧洲安全组织所采用。

早期使用的激光器,它们输出的光束直径都较小,激光发散角也比较小,都属于窄光束。随着激光二极管、激光器阵列、大直径固体激光器投入使用,把激光器都按点光源来处理已不完全恰当。为此,Z136 标准在考虑激光安全标准问题时,将激光区分为窄光束和扩展源两种,其间的区别除与激光器发光面积有关外还与观察条件有关。Z136 规定激光器发光面积的最大径向尺寸(圆的直径,矩形的对角线等)与眼睛(看作一点)所形成的角度,叫视角 α,并对不同波长的激光规定了不同照射时间的限制视角 $\alpha_{\min}$。当 $\alpha \geqslant \alpha_{\min}$ 时,即采用扩展源的标准。在有关激光安全的实际问题中,观察窄光束的情况较多。扩展激光源除前述数种外,较重要的是在近距离观察激光照射的漫反射面。

此外,可见波段激光对眼底视网膜产生的伤害,与单位光斑面积上的激光能量或功率有密切关系,而平行单色光(比如激光)透过眼睛折光系统后照射在视网膜上的光斑大小是由衍射极限决定,与入射光束的直径基本上没有关系。眼睛的瞳孔最大直径为 7 mm,相应的瞳孔面积为 38.4 mm^2,亦即实际发光面积是 38.4 mm^2。因此,实际功率密度单位为 mW/mm^2 的可见激光,与实际发光面积为 0.384 mm^2、实际功率密度为每平方 100 mW/mm^2 的可见激光,照射眼睛产生的效果是相同的,因为进入眼睛的激光功率均为 38.4 mW,且落在眼底上的光斑大小相同。可是单从激光器功率密度的数据看,它们彼此相差竟达 100 倍,而规定的最大容许照射剂量只能规定激光功率密度(或能量密度)的数值,这就要求同时规定当测量激光功率密度时是在多大面积上取平均值。Z136 标准规定,对可见激光在安全防护计算和测量时应在直径为 7 mm 的限制光阑上取平均值。如果测量是在 7 mm 限制光阑上进行,则用于安全计算的激光功率密度数值均应为 1 mW/mm^2,才能与它们具有的相同损伤程度相符。

紫外激光和红外激光不能透过眼睛的折射介质,主要是损伤眼睛的角膜部分,落在角膜上的光斑就是激光束本身的大小,故取限制光阑为 1 mm 直径。同理,在考虑皮肤的安全问题时,紫外激光、可见激光、红外激光均用 1 mm 限制光阑。亚毫米波激光不被眼睛折射介质所会聚,根据长波长激光本身的特点,Z136 规定测量平均值的限制光阑为 11 mm。当通过望远镜观察激光时,因一般光学仪器入射透镜孔径多在 80 mm 以内,故取限制光阑直径为 80 mm,因为此时 80 mm 内的激光束,无论它实际的光束直径多大,都被光学仪器会聚投射在眼睛上

2. 中国的激光安全标准

中国国家学技术委员会组织有关专家于 1985 年起草了一份激光安全标准,在征求全国几十个激光生产或研究单位的意见的基础上,几经修改制定了标准建议稿。1986 年 12 月国家劳动卫生标准委员会通过了该标准。

(二) 危害控制

控制激光对人体可能的偶然伤害,可从激光器系统控制、工作环境控制和激光工作人员个人控制 3 方面综合考虑。

1. 激光系统安全控制

激光系统安全控制也称为工程控制,主要是对激光器系统、激光束传输及其使用的光学系统在结构上和布局上的控制。尽可能封闭激光器和激光光路,如果完全的局部封闭是不可能,则激光操作系统应当安排在一个不透光的房间内,并在门上贴激光危险的警告标识。该房间的出入口安装有互联锁,保证当门开着的时候激光器系统不发射激光。窥视激光的窗口要装有足够衰减能力的光学衰减器。在激光系统的输出端应当放置光学衰减器或者激光安全终止器,把激光功率降低到最小的使用水平上,并尽可能防止激光束继续传播穿出到室外。

激光器系统全面采用安全联锁,安装主联锁钥匙开关,保证只有有资格的工作人员才可以启动激光器系统。光路尽可能布置在远高于或远低于人坐着或站着观察时的人眼高度;激光器及光路中使用的各种反射镜、透镜等光学元件应该牢固固定,确保光路稳定,防止光束偶然摆动,偏离传播方向,映及在旁工作的

人员。

2. 激光使用管理控制

管理上的控制能够把激光束的危害性降低到最小程度。激光应用项目众多，应用场合多种多样，通过管理控制措施能够控制事故的发生。主要控制措施有：制定激光安全操作规程，建立健全的管理制度，对激光产品严格分级定标，为用户提供安全使用指南等；推行安全教育和安全训练并考核，建立安全机构，设激光安全员、安全监督员，乃至安全委员会。成员由懂得激光安全的中级激光工程技术人员、工业卫生医师、行政管理人员担任。制定各种安全操作规程并强制推行，落实激光安全防护措施，设置安全监视系统；配备数量足够、性能合要求的防护眼镜，并经常检查其性能；使用二、三、四级激光的人员，工作前和受到意外照射时要进行眼科和皮肤科检查，使用可见和近红外激光人员尤其要全面检查眼底。

3. 激光防护眼镜防护能力评估

在激光损害受控区域内工作时，必须做好眼睛防护。激光防护眼镜的基本要求是既能够保证工作人员有充分的视觉清晰度，又能将激光降低到低于最大激光允许照射剂量。激光防护眼镜往往只能防护特定波长和特定发射方式（连续波、长脉冲或 Q 开关脉冲）的激光，使用时需要按照防护的激光波长和激光参数选择。

衡量激光防护眼镜防护能力的指标是眼镜能承受的光密度 D_λ，为入射光强 h_0 和透射光强 h 的比值的常用对数值，即 $D_\lambda = \lg(h_0/h)$。安全计算的基本原则是到达眼睛角膜的激光强度 H 经过激光防护镜衰减以后，必须不大于该激光的角膜最大允许照射量，也即防护眼睛镜的光密度 D_λ 要不小于 $\lg(H/MEP)$。当室内近距离使用光束张角很小的激光器时，达到眼睛角膜的激光强度与激光器出射光束的强度是一致的。设 H_0 为激光束出射强度，则要求

$$D_\lambda > \lg(H_0/MEP)。 \tag{2-5-2}$$

当激光束张角 ϕ 较大，眼睛距激光器的距离 r 较大时，达到眼睛角膜的激光强度 H 较激光束出射强度低，此时

$$H = H_0 D_0/(D+r\phi)， \tag{2-5-3}$$

式中，D_0 为激光器出射光束直径。激光穿过较长距离的大气时，激光强度将被衰减，例如大雾的天气对红外激光的衰减相当严重。此时 $H = H_0 e^{\mu r}$。其中 μ 为大气衰减系数，随波长和大气状况而异。在使用显微镜、望远镜一类光学装置观察激光束时，多数情况下危险程度要增加。

如果光学装置的放大倍数为 β,则最危险的情况下要增大 β^2 倍。上面所介绍的是一些最简单的计算原则,实际使用中应考虑的问题比这里介绍的要复杂。

4. 主要激光防护眼镜

(1) 波长敏感型激光防护眼镜　用来防护特定激光波长的防护眼镜,有如下几种:

① 吸收型防护眼镜。对激光能量强吸收,降低透过激光辐射强度,是目前使用比较广泛的一种防护眼镜。吸收材料主要有掺无机染料的玻璃和掺有机染料的塑料。染料对特定波长的激光强烈吸收,降低进入眼睛的激光强度。无机染料的光学吸收性能很稳定,有较强的抗激光损伤能力,但波长选择性能不是很好。比如掺 Ta_2O_5 的铅硼硅酸盐玻璃,可强烈吸收 X 射线和波长 1 064 nm 的激光;有机染料的吸收波长范围比较宽,激光防护波段比较宽,比如掺吸收剂钨盐和蒽醌染料的甲基丙烯酸甲脂材料,可同时防护 8 个激光波长。但它的吸收性能不够稳定,在强激光照射时发生饱和吸收,吸收系数降低,失去防护激光的能力。

掺有机染料的塑料制成的防护眼镜光密度很高,为 16~20,而且比较轻便,价格也比较低廉。主要缺点是容易老化,在太阳光照射下其光密度会迅速下降,而且机械性能不够好,表面容易破损。掺无机染料的玻璃耐磨损,防护角度大,成本低,主要缺点是抗冲击能力比较差。总起来说,吸收型激光防护眼镜结构简单、轻便、价廉,但存在许多缺点,主要是吸收带宽,吸收边不尖锐,这就导致眼镜在阻挡激光的同时也吸收了部分可见光,使可见光的强度减弱,妨碍看清目标。会因为吸收了激光能量而发热,导致损坏。在 10 W 激光束作用下,有机染料塑料防护眼镜在几秒钟时间内;无机染料的玻璃防护眼镜在几分钟内便遭受损坏。由于老化、氧化等原因,有效使用时间也不是很长。

② 反射型激光防护眼镜。在光学玻璃基片上交替镀高、低折射率介质膜的反射镜,特定波长的激光入射到这种反射镜时将向四周反射,不会进入眼睛,而其他波长的光辐射则大部分透过镜片。所以它能够经受比吸收型眼镜更高的激光功率或者能量,而且其截止波长边缘锐,可见光透射性能好,看目标的清晰度比吸收型眼镜好得多。但是,其反射率与激光的入射角有关,因此只有对某个角度范围内入射的激光才有比较好的防护作用。在入射角为 15°~30°或者更大时,将出现蓝向频移现象,即激光波长缩短。比如波长为 693 nm 的红宝石激光将移到波长 685 nm、530 nm(YAG：Nd 激光器输出激光的倍频波长),这意味着失去了激光防护能力。三色光学干涉滤光镜便克服了蓝向频移现象,并在 3 个通频带增大了光学透过率;还有一种由凸透镜、凹透镜和平面发射滤光片组成

的激光防护眼镜,利用凸透镜相对眼镜的准直效果,缩小激光在滤光镜片上的入射角范围,解决蓝向频移问题。

③ 吸收-反射型防护眼镜。两种类型防护眼镜组合,兼有吸收型防护眼镜和反射型防护眼镜的优点,可以更有效地防护两个或者两个以上特定激光波长的激光。这类防护眼镜主要缺点是制造成本比较高。

④ 衍射(全息)型防护眼镜。根据激光全息原理,在玻璃或者塑料基板上利用激光全息技术制作三维位相光栅,当入射激光满足布拉格条件时发生强烈的一级衍射,向其他方向反射,被截止投射进入眼睛。这种防护眼睛的防护带宽比较窄,光学透明度比较高,但视场角受到限制。目前这种防护眼睛主要适用于对可见光和近红外波段激光的防护,正在向远红外波段拓展。

(2)光强敏感型防护眼睛　利用材料的光学性质随激光强度而发生变化,降低进入眼睛的激光强度。

① 光学开关型防护眼睛。非线性光学材料在激光作用下光学性质发生变化,比如吸收系数变化、折射率变化、反射率变化、非线性散射等。相应地有非线性吸收型防护眼镜、非线性折射型防护眼镜、非线性界面型防护眼镜和非线性散射防护眼镜等。

② 非线性吸收型防护眼镜。一些原本光学透明的材料,在强激光作用下光学吸收系数强烈增大,光学透明性变得很差(这个现象也称反饱和吸收),而当激光撤去后又恢复原先的光学透明性。这种眼镜就可以防止强激光进入眼镜,而对强度弱的激光则保持好的透明性。非线性材料的基本要求是:有比较高的非线性系数,特别是三阶非线性系数要高;非线性响应时间快;抗激光损伤阈值高;物理和化学性能稳定。目前利用 C_{60} 及其复合材料、酞氰铜、PDATS 等有机非线性材料已经制造出反饱和吸收型防护眼镜、自散焦型防护眼镜、反饱和吸收与全反射复合型防护眼镜、反饱和吸收与增强散射型防护眼镜等,对激光的反应速度很快,达纳秒量级。

③ 非线性折射型防护眼镜。又称为激光自聚焦或者自散焦防护眼镜。在激光作用下非线性材料三阶非线性系数变化,材料出现透镜效应,降低到达眼镜的光密度。目前使用的非线性材料有铁电钨铜 SNB-60 和 BSKNN-60 单晶无机材料等以及一些有机聚合物。

④ 非线性界面型防护眼镜。非线性材料和线性材料的光学界面称为非线性界面,选择合适的材料组合,当入射的激光强度高时,透射到非线性材料的激光引起折射率变化,在界面上满足全反射条件,从而发生全反射现象,入射的激光被全反射回去;如果入射的光强度不高,非线性材料折射率基本上不发生变

化,界面上不出现全反射现象,入射光部分或者全部投射,眼镜是普通眼镜。

⑤ 非线性散射型防护眼镜。使用的材料一般是液体或者固态悬浮液,比如胶质碳悬浮液。入射光强度低时悬浮液呈现光学均匀性,基本上不发生光学散射现象,材料显示良好的光学透明性;当入射的激光强度比较高时,悬浮液的光学性质出现非均匀变化,发生强烈的散射,透射光强度大大降低。

(3) 光电式激光防护眼镜。眼镜片由两片偏振方向互相垂直的偏振片及夹在它们之间的透明陶瓷片和光电二极管构成。陶瓷片的旋光性随着外加在它上面的电压变化,而其电压是由光电二极管转换光辐射能量提供,也就是由入射的激光强度控制。当入射的激光强度使陶瓷片的旋光角度为 0°或者 180°时,眼镜片光学不透明,几乎阻挡了全部激光进入眼睛。这种防护眼镜的主要优点是光学透明度可以随着入射光强度调节,主要缺点是光学透明度随光强变化的响应时间比较长,大约是 10^{-5} s,结构也比较复杂。

(4) 光致变色激光防护眼镜。在入射光强度不高时几乎是完全光学透明,而当入射光的强度超过阈值强度时便改变颜色,变成强烈吸收入射光能量,当停止强入射光时它又恢复原先的高透明度,比如以玻璃为基质,掺进亚铜卤化物或者亚铜镉卤化物制成的材料。这种防护眼镜主要优点是可见光光学透明度高,可达 70%以上,主要缺点也是响应时间不够快(大约是 10^{-8} s)。

第三章
激光智能制造技术

  植入人工智能技术,利用计算机技术、自动控制技术、传感器技术、信息处理技术、光机电一体化技术等高科技的新型激光制造技术。人工智能是研究和开发用于模拟和拓展人类智能的理论方法和技术手段的新兴科学技术,被称为世界3大尖端技术之一。人工智能不是人类智能,但能像人那样思考,更有可能超过人类智能。激光制造植入人工智能技术,将大幅度提高激光制造生产效率与产品质量,降低生产成本,提高市场应变能力,是一种新型先进制造技术。

3–1　系统和技术

  利用机器视觉系统直接采集工件图像并对图像进行边缘跟踪,提取边缘轮廓,将图像信息转为数组数据并提供给激光加工系统控制器,驱动激光头的运动与激光器的开关,完成工件的自动加工。

一　系统组成

  激光智能制造系统主要包括3大部分,它们是控制系统、激光加工机和激光器系统。控制系统是指令设计和发出者,激光加工机和激光系统是加工制造执行者,控制系统按照设计的工艺向激光加工机和激光器系统发出指令,激光加工机按照预先设计的加工路径和工艺参数执行操作运动,激光器按照设计的激光参数运作,并通过外围控制系统监视整个制造系统的运行,以及对加工故障、加工产品质量作出及时相应处理。

  根据所需要实现的功能以及任务的不同,将智能激光加工系统分为多个子系统,包括激光加工机主体、智能相机定位系统、运动控制系统和软件平台系统。

激光加工机主体包括除了原有运动控制器以外的其他所有部件,如激光器、步进电机、驱动器、电源、导轨以及金属外壳等,主要提供合适的激光参数和工艺参数。智能相机定位系统安装在激光加工机内,全局相机在加工机顶部,局部相机与激光头固定在一起。通过接口与机连接,实现图像数据传输,并进行图像鉴别与定位以及参数配置等。运动控制系统有运动控制卡、开放式数控系统,两者都通过各自的接口与激光加工机主体内的电机驱动器、激光器以及限位传感器相连接,区别在于运动控制卡直接通过 PCI 插槽与 PC 机连接,不与智能相机连接,而开放式数控系统与智能相机连接并相互通信。运动控制系统主要任务是指令译码与执行、运动控制和轨迹插补、逻辑控制、通信交互、状态监控。软件平台系统通过仿真器与智能相机和数控系统的芯片连接,主要工作是进行图像显示与监控,完成图像处理算法编程、运动控制算法编程、系统调试和程序烧写等。

二 信息采集

(一)工件图像信息采集

数字图像在计算机上以位图的形式保存,即像素点构成的矩阵,而每个像素点需要 3 个字节表述,因此为加快计算机的运行速度,需把亮度值量化,将彩色图像转换为灰度图像。获取工件图像信息的方法主要有:

(1)边缘轮廓跟踪 图像边缘是图像最基本的特征,边缘是图像信息最集中的地方,是图像一个属性区域到另一个属性区域的交接处。在识别图像轮廓时,往往需要对目标边缘跟踪处理,也叫轮廓跟踪,顺序找出边缘点来跟踪边界。图像的某个像素的周围有 8 个点与之接壤,二值图像中有 0~255 两个灰度值,采用八邻域搜索算法筛选目标像素点,按照从左到右、从上到下的扫描方式搜索目标区域边缘像素点,直到找到目标像素位置,记录该点的坐标,并将其作为新的搜索起点,在当前的搜索方向基础上逆时针旋转,依次判断像素,生成数据。

(2)图像边缘检测 图像边缘检测在机器视觉的基础阶段起着关键作用,主要通过差分算子,并由图像的亮度计算其梯度的变化,从而检测出边缘。这里 key1 运用 Sobel 边缘检测算子,原理是在 3×3 的邻域内做灰度加权和差分运算,利用像素点上下左右相邻点的灰度加权算法,依据在边缘点处达到极值这一现象检测边缘。

(二)激光加工试验采集信息

根据各项激光加工质量标准,综合设计试验方案,做一组试验,得到有关数据。试验的数量根据需要确定的参数的多少及其水平数决定。对各次试验的结果评定,并将加工结果分级量化。例如,在已加工的样品中,质量最好的样品定为 10,质量合格的定为 6,最差的为 1。

在数据准备时,要将所有的数据用数值表示,如材料参数中低碳钢用"1",不锈钢用"2",铝合金用"3"表示等;加工中使用的辅助气体中,使用氧气的用"1",氮气的用"2"表示等。加工质量的评定应尽可能准确,这样获得的知识就会更符合加工的实际情况。试验采集到的数据通过特定的数据格式输入系统。

三　信息处理

(一) 处理方法

人工神经网络(ANN)比较适用于类似激光加工这样的多参数且相互作用复杂的工艺优化问题的处理。事实上,为了得到好的加工质量和加工效率,激光加工控制系统必需选取合适的加工工艺参数。工艺参数模型是非常复杂的多输入、多输出的非线性系统,是基于大量的工艺试验而得到的工艺数据经优化处理而得,难以用常用的数学方法处理。

人工神经网络是基于大量的简单处理单元(神经元)互连而成,事先通过各样本训练整个网络,以确定网络内各个单元之间的连接权值,这样就可以比较精确预测出实际所需的各个参数。如果样本涵盖了所有可用的数据区,只需保存网络权值的记录,就可以实现对系统的嵌入式处理。BP 算法训练的前馈多层神经网络(常称为 BP 神经网络)用监督学习方法,通过学习输入/输出样本去描述系统模型。选定一种待切割材料,通常考虑的是激光功率、离焦量、辅助气体的压力、工件材料厚度、激光扫描速度。同一工件材料的每一种类型建立一个样本组,利用样本组的数据来训练神经网络模型的权值,并且,不同的材料采用不同的样本。然后,预测未知的参数。然后将它嵌入到激光加工控制系统中,实时地根据不同加工对象改变加工工艺参数,利用相同的加工程序加工不同的加工对象,进一步提高控制系统的智能度和加工的柔性。

考虑到加工对象的材质及厚度由加工要求决定,激光器的功率由激光器决定,一般情况下取其较大的功率可以得到高的效率(包括加工效率和转换效率),所以这几种参数可以作为模型的输入,而加工速度及辅助气体压力则可作为模型的输出。

该处理方法以一定的实验数据为基础,通过互联的神经元,按照一定规律的迭代拟合、自适应修正,获得反映实验数据内在规律的数学模型,并在此基础上优化工艺参数,较传统的正交设计或"炒菜"式的工艺优化方法更具科学性、先进性和实用性。

(二) 人工神经网络结构

人工神经网络是人脑神经网络的简化,是模拟人脑思维的一种方式,具有与人脑神经网络某些相似的特性,如自学习、非线形动态处理、分布式知识存储、联想记忆等。网络由许多互联的神经元组成,通过神经元之间同时相互作用的动态过程完成信息处理。它不需要设计任何数学模型或数学公式,只靠过去的经验来学习,以实验数据为基础,经过有限次数的迭代计算(学习和训练),即可获得反映实验数据内在规律的网络数学模型,在实现复杂非线形系统的建模、估计、预测、诊断和自适应控制等方面有其独特的优越性。它尤其擅长处理规律不明显、组分工艺变量多的问题,而且在大多数情况下,应用效果优于传统的统计分析方法。

图 3-1-1 所示是 BP 神经网络的结构示意图,包含一个输入层,一个或多个隐层和一个输出层,一般具有两个隐层的 BP 神经网络模型可以得到较高的训练精度和较快的收敛速度。其中输入层的神经元仅起简单的存储输入值的作用,隐层和输出层的神经元都有两种功能。输出层的神经元采用纯线形变换函数,整个网络的输出可以取任意数。将前面数据采集部分的样本输入到系统中进行网络学习和训练。训练学习的过程是根据初始的权值和阈值,求得输出结果,将这个结果与输入样本的预期值比较。误差达不到要求,则将误差反向传播,根据误差修正各层的权值和阈值求输出结果。再将这个结果与预期值比较,反复进行以上过程,一直到误差满足要求为止。

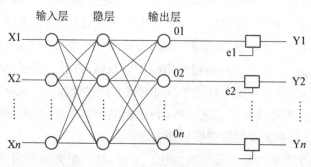

图 3-1-1 BP 神经网络模型结构

(三) 处理信息数学模型

有逻辑变量和连续变量两种变量形式,如被加工对象的材质、辅助气体的种类等变量可以用 0、1 两种变量来表示;用 4 个输入分别表示被加工对象为不锈钢、高碳钢、冷轧板及有机玻璃,用 3 个输入分别表示纯氧、氮气及压缩空气等 3 种辅助气。输入为"1"表示对应的加工对象和辅助气体被选取,而材料厚度、激光功率、激光扫描速度及辅助气体压等就可用连续变量表示,如激光功率可以用 $0\sim1\,000$ W 表述,激光扫描速度用 $0\sim10\,000$ mm/min 表示,等等。这样便得到了基于人工神经网的激光加工工艺参数的模型。

人工神经网络工艺优化系统分为两部分,即学习部分和优化部分。

1. 网络学习

输入信号首先由输入层节点经作用函数传播到隐层节点,再经作用函数把隐层节点的输出信息传播到输出节点,若不能得到预期的结果,则将误差信号按原路返回,修改各层神经元之间的连接权值,使误差信号最小,最后给出结果。节点作用函数选取常用的 S 型函数:

$$f(x) = 1 + 1/(1 + e^{-x})。 \tag{3-1-1}$$

用其对应的权因子乘所有的输入、输出,产生一个非线性传函的神经元的输入,即

$$S_i = \sum_{i=1}^{n} W_{ij} X_i + \theta_i, \tag{3-1-2}$$

式中 X_i 是第 i 个神经元的输入,S_i 为第 i 个神经元的传函的输入,W_{ij} 是权因子,θ_i 为门槛值,对于一个固定结构的神经网络,第 i 个神经元的输出 O_i。可以用 S 型函数求取,$O_i = f(S_i)$。

① $f(S_i)$ 的函数形式是式(3-1-1)。

② 给定输入 x_i 和目标输出 y_j。

③ 计算实际输出 y_j:

$$y_j = f(\sum_{i=0}^{n} W_{ij} x_i) j = 1, 2, \cdots, n。 \tag{3-1-3}$$

④ 修正权值:从输出层开始,将误差信号沿连接通路反向传播,通过修正各权值,使误差最小。

⑤ 达到误差精度或循环次数要求,则输出结果,否则回到②。

BP 神经网络通过学习而改变加权因子,以使其实际输出和训练数据集中的目标值的差的平方和为最小。系统用输入向量加于网络去产生输出向量,然后与目标向量比较。如果没有误差就停止学习,否则就改变加权因子去减少这个误差。

2. 优化算法

建立评价函数,在可解集中迭代来改进评价函数值。传统的优化方法产生一个确定的试验解序列,当满足一定条件时,这个确定序列收敛于局部最优解。

但当要寻求全局最优解或评价函数中存在随机扰动时传统方法就无能为力了。根据生物优胜劣汰、遗传变异的进化规律,提出一种模拟遗传过程的优化算法,称为遗传算法,其基本思想是:设在 n 维空间上考虑一个优化问题,

$$C = f(x_1, x_2, \cdots x_n), \qquad (3-1-4)$$

在 n 维空间上取 m 个点构成该算法的种群,用 C 来评估每个点的优劣。

① 计算每个点的评价值 $C_i(i=1, 2, \cdots, m)$,根据其大小按概率将种群的一半淘汰(即优胜劣汰,每个个体的优劣由 DNA 编码方式决定)。

② 将剩下的一半自我复制(即遗传过程)。

③ 将种群中 $m/2$ 个个体随机配对,随机地将每一对的一部分元素(相当于生物的 DNA)互换(即杂交过程)。

④ 随机选取种群的一些个体,将其一些元素加一个 $(-0.05, 0.05)$ 之间的随机数(即变异过程,DNA 发生突变)。

⑤ 经上述过程后,新一代产生。转①开始下一代繁殖。这样整个种群将向 C 值大的区域移动,最终走向 C 值最大点。

四 智能机器人

机器人是集机械、电子、计算机、控制、传感器、仿生学和人工智能等多学科理论与技术的机电一体化机器。

(一) 组成、结构

一般是由前执行机构、驱动装置、检测装置和控制系统和复杂机械等组成。

1. 执行机构

它是机器人本休,主要由机座、立杜、大臂、小臂、腕部和手部组成,用转动或移动关节串联起来,在工作空间内执行多种作业。其臂部一般采用空间开链连杆机构,运动副(转动副或移动副)常称为关节,关节个数通常即为机器人的自由度数。根据关节配置形式和运动坐标形式的不同,机器人执行机构可分为直角坐标式、圆柱坐标式、极坐标式和关节坐标式等。用于激光加工的机器人,加工头的位置一般由前 3 个手臂自由度确定,而其姿态则与后 3 个腕部自由度有关。按前 3 个自由度布置的不同工作空间,机器人可有直角坐标型、圆柱坐标型、球坐标型及拟人臂关节坐标型 4 种不同结构。根据需要,机器人本体的机座可安装在移动机构上以增加机器人的工作空间。

2. 驱动装置

这是驱使执行机构运动的机构,按照控制系统发出的指令信号,借助动力元

件使机器人动作。大多采用直流伺服电机、步进电机和交流伺服电机等电力驱动,也有的采用油缸液压驱动和气缸气压驱动,借助齿轮、连杆、齿形带、滚珠丝杠、谐波减速器、钢丝绳等部件驱动各主动关节,实现 6 自由度运动。

3. 检测装置

实时检测机器人的运动及工作情况,根据需要反馈给控制系统,与设定信息比较后,调整执行机构,以保证机器人的动作符合预定的要求。作为检测装置的传感器大致可以分为两类:一类是内部信息传感器,用于检测机器人各部分的内部状况,如各关节的位置、速度、加速度等,并将所测得的信息作为反馈信号送至控制器,形成闭环控制。一类是外部信息传感器,用于获取有关机器人的作业对象及外界环境等方面的信息,使机器人的动作能适应外界情况的变化,达到更高层次的自动化,甚至使机器人具有某种"感觉",向智能化发展。例如,视觉、声觉等外部传感器给出工作对象、工作环境的有关信息,利用这些信息构成一个大的反馈回路,从而将大大提高机器人的工作精度。

4. 控制系统

这是机器人的大脑和心脏,决定着机器人性能水平,控制机器人终端运动的离散点位和连续路径。有两种控制方式,一种是集中式控制,即机器人的全部控制由一台微型计算机完成。另一种是分散(级)式控制,即采用多台计算机来分担机器人的控制。例如,采用上、下两级微机共同完成机器人的控制,主机常用于负责系统的管理、通讯、运动学和动力学计算,并向下级微机发送指令信息;各关节分别对应一个 CPU,进行插补运算和伺服控制处理,实现给定的运动,并向主机反馈信息。根据作业任务要求的不同,机器人的控制方式又可分为点位控制、连续轨迹控制和力(力矩)控制。

(二) 工业机器人

从应用环境出发,将机器人分为两大类,即工业机器人和特种机器人。工业机器人就是面向工业领域的多关节机械手或多自由度机器人,激光加工制造使用的便是这类机器人。特种机器人则是除工业机器人之外的、用于非制造业并服务于人类的各种先进机器人,包括服务机器人、水下机器人、娱乐机器人、军用机器人、农业机器人、机器人化机器等。

工业机器人是集机械、电子、控制、计算机、传感器、人工智能等多学科先进技术于一体的现代制造业重要的自动化装备,已成为柔性制造系统(FMS)、自动化工厂(FA)、计算机集成制造系统(CIMS)的自动化工具。

1. 系统组成

工业机器人系统主要可由 3 大硬件部件和 6 个子系统组成。3 大硬件是机械部分、传感部分和控制部分,6 个子系统为机械结构系统、驱动系统、感知系统、机器人-环境交互系统、人机交互系统和控制系统。此外,基本上所有的工业机器人都配有上位机编程软件,可以通过网线、串口线或其他通讯方式与 PC 机连接,进行软件编程开发和调试。图 3-1-2 所示为工业机器人的结构方块图。

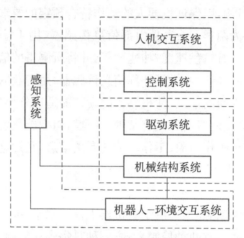

图 3-1-2 工业机器人的结构方块图

2. 类型

工业机器人主要可分为并联型机械手和串联型机械手两种。并联型机器人以蜘蛛手为典型代表,具有结构紧凑、刚性高、动态响应好等特点,又由于其对称的结构设计,末端平台的运动速度具有很好的各项同性。当然,并联机器人的负载能力较差,有效工作空间也较小,图 3-1-3(a)所示是常见的工业用并联(蜘蛛手)机器人。

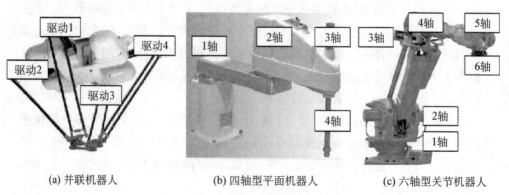

(a) 并联机器人　　　　(b) 四轴型平面机器人　　　　(c) 六轴型关节机器人

图 3-1-3 工业机器人

串联机器人主要分为六轴型关节机器人和四轴型平面机器人（也称SCARA机器人），也有用于特殊机加工的五轴机器人或者其他特定环境的专业机器人。图 3 - 1 - 3(b)和(c)是常见的工业用串联机器人，其中图(b)为四轴型平面机器人，图(c)是六轴型关节机器人。串联机器人的有效工作空间较大，且具有很高的自由度，尤其六轴机器人，基本能完成空间内的任意轨迹和角度动作；再结合工业机器人特有的编程与开发平台，能够实现全自动化作业，大大提高生产效率。

3. 感知系统

工业机器人感知系统把机器人各种内部状态信息和环境信息从信号转变为机器人自身或者机器人之间能够理解和应用的数据、信息，除了需要感知与自身工作状态相关的机械量，如位移、速度、加速度、力和力矩外，视觉感知技术是工业机器人感知的一个重要方面。视觉伺服系统将视觉信息作为反馈信号，用于控制调整机器人的位置和姿态。机器人视觉伺服控制是基于位置的视觉伺服或者基于图像的视觉伺服，它们分别又称为三维视觉伺服和二维视觉伺服。

三维视觉伺服系统，利用摄像机的参数建立图像信息与机器人末端执行器的位置/姿态信息之间的映射关系，实现机器人末端执行器位置的闭环控制。末端执行器位置与姿态误差由实时拍摄图像中提取的末端执行器位置信息与定位目标的几何模型来估算，然后基于位置与姿态误差，得到各关节的新位姿参数。基于位置的视觉伺服系统要求末端执行器应始终可以在视觉场景中被观测到，并计算出其三维位置姿态信息。消除图像中的干扰和噪声是保证位置与姿态误差计算准确的关键。

二维视觉伺服通过摄像机拍摄的图像与给定的图像（不是三维几何信息）进行特征比较，得出误差信号。然后，通过关节控制器和视觉控制器和机器人当前的作业状态进行修正，使机器人完成伺服控制。相比三维视觉伺服，二维视觉伺服对摄像机及机器人的标定误差具有较强的鲁棒性，但是在视觉伺服控制器的设计时，不可避免地会遇到图像雅克比矩阵的奇异性以及局部极小等问题。

像机平动位移与旋转的闭环控制解耦，基于图像特征点，重构物体三维空间中的方位及成像深度比率，平动部分用图像平面上的特征点坐标表示。这种方法能成功地把图像信号和基于图像提取的位姿信号进行有机结合，并综合它们产生的误差信号进行反馈，很大程度上解决了鲁棒性、奇异性、局部极小等问题。但是，这种方法仍存在一些问题需要解决，如怎样确保伺服过程中参考物体始终位于摄像机视野之内，以及分解单应性矩阵时存在解不唯一等问题。

（三）激光加工机器人

它属于工业机器人的一种，主要用于激光加工，是激光技术、机器人技术相结合的系统。

1. 组成

激光加工机器人系统主要包括激光器系统（包括激光加工头、材料进给系统以及加工工作台等）、机器人系统（一般是六自由度并安装机器视觉体系）、传送系统、光学系统、控制系统以及计算机离线编程系统，其系统中所用的设备主要包括计算机和软件。数字控制系统主要设备有控制器、示教盒。

图 3-1-4　框架式激光加工机器人

2. 类型

激光加工机器人可分为两类：框架式和关节式。图 3-1-4 所示是框架式激光加工机器人。由于工作需求不尽相同，这两类机器人的构成也不同。框架式激光加工机器人包括一个龙门框架，3 个系统（控制系统、驱动系统、监测系统）和激光器系统等。运动系统一般为五坐标数控系统，激光器可设置在地面上或放置在框架上。大多数运动坐标轴设在激光头上，如"3＋2"系统是指激光头有 3 个坐标轴运动（坐标 X、Y、Z），工作台有两个坐标运动（坐标 A、B）。激光头的放置有两种方式：与 Z 轴一致或与 Z 轴平行但偏移一短距离。前一种安排的优点是当 A 坐标运动时，激光头的 X、Y 坐标不变；如采用后一种安排则需补偿。工作头结构尽可能紧凑，以便于接近结构复杂的工件加工部位。它具备自动聚焦功能；在结构复杂的工件内，保证工作头喷嘴与工件保持要求的距离；还有保护激光头防止碰撞的设施。A 坐标轴回转应不受限制，否则在加工工作中激光头要回原位，运作程序将很复杂。B 坐标轴摆动范围应达 $\pm 90°$。

框架式激光加工机器人的主要优势在于适用于各种编程以及系统集成等，具有广泛的应用范围。

关节式工业机器人可安置在地面上、架在框架上或跨在横臂上工作，激光束经过设在臂内的导光系统到达工件的工作点上。其组成和框架式类似，主要由六自由度关节式机器人本体系统（机座、支柱、腰、臂、腕）、数字控制系统和运动系统、高功率激光器、传输光纤、检测系统及激光工作头组成，它至少可以进行 6 个自由度加工。关节式机器人在相同几何参数和运动参数条件下具有较大的活动空间,动作灵活,适于现场应用。不足是,除受导光系统的限制外,还有非线性运动模式的限制,并且激光头运动路线与进给速度的控制较复杂,复杂的光路将损耗一部分激光束能量,光束的发射方向也较难精确控制。

3. 控制方式

(1) 在线编程方式　根据实际的作业条件,设置好加工路径及加工参数,并在示教盒中编程,设置完成之后按设定的程序启动一次,并保存。随后,机器人就会根据自身的动作记忆系统重复操作。操作简单,因此,工作人员的技术要求比较低。

(2) 离线编程方式　部分或完全脱离激光加工机器人编制工作程序。一般,先采用CAD技术建立起激光加工机器人及其工作环境的几何模型;再利用一些规划算法,通过对图形的控制和操作,在离线的状况下规划路径,经过编程语言处理模块生成一些代码,然后对编程结果进行3D图形动画仿真,以检验程序的正确性;最后把程序导入控制柜中,控制各种动作,完成加工任务。可装有一些温度、位形等传感器,具有一定的机器视觉功能,根据机器视觉获得的环境和作业信息在计算机上离线编程。离线编程激光加工机器人具有较高的安全性,而且花费的成本比较少。

机器人离线编程是借助计算机图形学,建立机器人与其环境物的模型,采用机器人语言编程。生成预加工运动轨迹代码,经过仿真和碰撞检测后,下载到控制器中,控制真实的激光加工机器人。离线编程的要素主要有:

① CAD模型的建立。CAD模型是激光加工机器人离线编程的关键要素之一,所建立的CAD模型尺寸与真实物体保持一致,这样,离线示教出来的路径程序才能够应用到实际的激光加工中。需要建立的CAD模型主要包括激光加工头、激光器与机器人末端连接件、工件以及夹具。为了建立准确的三维模型,采用高精度的三坐标测量仪(误差小于 $2\ \mu m$)对工件离散采样,利用采样获得的数据建立工件的三维模型。

② 加工轨迹的获取。把建立的CAD模型导入到激光加工机器人中,建立机器人系统工作站,进一步根据激光加工的需要获取激光加工头的运动轨迹。提取运动轨迹首先要获取工件加工面,然后在此面上再根据激光加工的要求确定与提取激光加工的曲线轨迹。每一条封闭的轨迹为一个独立的运动程序段。在获取的轨迹上可以根据激光加工的工艺要求修改轨迹上每一点的参数,比如距离、扫描速度、姿态、达到精确度等。上一条轨迹的终止点与下一条轨迹的起始点要尽量靠近,以减少机器人不必要的运动及整体加工时间。

③ 姿态的确定。激光加工质量对激光的焦点位置比较敏感,一般需要离焦

工作。对激光头的姿态要求也较为严格,一般要求激光头与工件表面保持垂直。激光头与工件之间的距离是指激光头末端到工件之间的距离,而不是激光焦点到工件之间的距离。让激光头在每一个目标点处沿着外法线方向移动大约 1 mm,即可保证激光头与加工点的距离恒定;垂直姿态需先定义工具坐标系的 Z 轴与激光加工头的轴心同方向,再把目标点处机器人的位姿设定为目标点处法线方向与工具坐标系的 Z 轴同向,保证了激光头与加工点处法线的方向同轴。

④ 偏差的修正。这是离线编程数据与真实数据之间偏差修正问题。把编写好的运动轨迹程序下载到真实激光加工机器人系统中,需要进行理论坐标数据与实际坐标数据之间偏差的修正。此偏差可通过标志点来修正,这些标志点为工件夹具上 4 个精准圆锥体的尖端点。通过在线示教把激光加工机器人末端的激光加工头移动到这些点的位置,在这些点上,激光加工机器人的姿态与离线激光加工机器人姿态相同或相近。在离线编程软件中,基坐标系的原点为 O_B $(0,0,0)$,标志点在基坐标系中的坐标数据为 $P_B(X_B,Y_B,Z_B)$。在真实环境中,激光加工机器人基坐标系的原点为 $O_A(0,0,0)$,标志点的坐标数据为 P_A (X_A,Y_A,Z_A),

$$\begin{bmatrix} X_A \\ Y_A \\ Z_A \end{bmatrix} = \begin{bmatrix} 1 & 0 & 0 \\ 0 & \cos\theta & -\sin\theta \\ 0 & \sin\theta & \cos\theta \end{bmatrix} \begin{bmatrix} X_B \\ Y_B \\ Z_B \end{bmatrix} + \begin{bmatrix} X_O \\ Y_O \\ Z_O \end{bmatrix}。 \tag{3-1-5}$$

假设原点 O_B 相对于原点 O_A 的位置为 ^AP_B,O_B 相对于 O_A 的方位为 ^AR_B。其中 O_B 绕 O_A 的 X 轴旋转角 θ 已知,可由上式求出平移量 $^AP_B(X_O,Y_O,Z_O)$。因此,其余的理论坐标数据进行同样的旋转和平移后即可获得对应的实际坐标数据。此偏差值修正完毕后,真实机器人的运动轨迹和姿态就和离线编程激光加工机器人的运动轨迹和姿态基本完全一致。

在这种类型激光加工机器人中安装的传感器种类比较多,能够感知外部工作环境,与人类非常接近。智能自主编程激光加工机器人能感知并自行处理信息、决策。在监测加工过程时,主要用到视频传感技术以及听觉传感技术。视频传感系统主要由 CCD 或 CMOS 相机图像采集器、专用图像处理软件和计算机组成,用于机器人加工点位置、位姿、形貌检测和温度、浓度和速度等物理场的检测。听觉传感系统主要由听觉传感器(声发射、麦克风、超声、激光超声)、专用声谱仪和频谱处理软件以及计算机等组成,用于检测激光熔池缺陷等。

4. 视觉伺服

机器人视觉是其智能化最重要的标志之一，一般由摄像机、图像采集卡和计算机组成。视觉系统的主要工作包括图像的获取、处理和分析、输出和显示。视觉伺服是采用视觉传感器来间接检测激光加工机器人当前位姿，或者其关于目标体的相对位姿。在此基础上，实现激光加工机器人的定位控制或者轨迹跟踪。

根据反馈信息类型的差别，机器人视觉伺服一般分为基于位置的视觉伺服（三维视觉伺服）和基于图像的视觉伺服（二维视觉伺服），由于都存在不同的缺陷，后来又提出了将两者相结合的 2.5 维视觉伺服方法。

（1）基于位置的视觉伺服　图 3 - 1 - 5 所示是基于位置的视觉伺服基本结构方框图。利用摄像机的参数建立图像信号与激光加工机器人的位置/姿态信息之间的映射，然后在伺服过程中，借助图像信号来提取机器人的位置/姿态信息，并将它们与给定位姿比较，形成闭环反馈控制。显然，这种方法成功与否很大程度上取决于能否从图像信号中准确提取激光加工机器人的位置/姿态信息。获取位置/姿态信息的主要方法是特征点匹配和图像比较，即分析和对比当前图像和目标图像，从中获得机器人位姿与目标值之间的偏差，具体算法包括单应矩阵计算和分解、本质矩阵分解等。

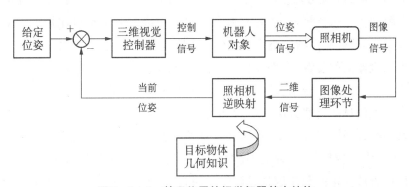

图 3 - 1 - 5　基于位置的视觉伺服基本结构

在视觉伺服过程中，当参考物体全部或者部分偏离于摄像机的视野之外，或者出现自遮挡等现象时，会导致伺服失效。因此，采用图像平面路径规划方法，即在图像平面上构造一条目标路径。它由起始图像、目标图像以及它们之间的一系列中间图像共同构成，将大范围的视觉伺服问题分解为若干个小范围的视觉伺服子任务。每个子任务的目标是控制激光加工机器人，使其到达轨迹上的相邻一幅图像。也可以通过主动视觉等技术来解决特征点偏离视野的问题。例如，在伺服过程中，根据激光加工机器人的运动特性预测下一时刻的图像，通过云台等来调整摄像机的方向,使工件尽可能位于像平面中心。通常需要结合图像轨迹的特点来估计单应矩阵或者本质矩阵,计算得到摄像机的位姿信号。

(2) 基于图像的视觉伺服 图 3-1-6 所示是这种伺服系统的结构方框图,与三维视觉伺服不同,将实时测量得到的图像信号与给定图像信号直接在线比较,然后利用图像误差反馈来形成闭环控制。伺服律通常选择为

$$T = J_s^+(s-s^*),\qquad\qquad(3-1-6)$$

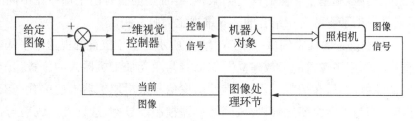

图 3-1-6 基于图像的视觉伺服系统结构

式中,T 是控制量,J_s 是当前位姿的图像雅可比矩阵,而 J_s^+ 则是它的伪逆矩阵,s 和 s^* 分别表示当前图像坐标和目标图像坐标。由于图像雅可比矩阵 J_s 中包含未知的深度信息,因此无法得到 J_s 及其伪逆矩阵。为此,一般通过深度估计等方法求解图像雅可比矩阵,或者直接利用目标位姿的图像雅可比矩阵近似代替 J_s,上述方法只有在初始位姿位于目标位姿附近时才能完成伺服任务。

提取机器人的位置/姿态信息的方法有利用深度传感器来测量深度信号,并通过传感器之间的融合来获取位姿信息;或者采用多个摄像机,通过立体视觉方法获取三维信息。这些方法具有较高的精度,但是会提高系统设计与分析的复杂度,为此采用软测量的方法在线估计深度信息。详细分析视觉系统的动态特性,利用二维图像信号,并结合其动态特性以及其他有关信号来设计观测器,渐近估计伺服过程中的深度信息,进而计算得到参考点的三维笛卡儿坐标以及机器人的位姿信息。

基于图像的视觉伺服对于摄像机模型的偏差具有较强的鲁棒性,通常也能较好地保证机器人或者参考物体位于摄像机的视野之内,但是在设计视觉伺服控制器时,这种方法又不可避免地遇到了图像雅可比矩阵 J_s 的奇异性以及局部极小等问题。

(3) 2.5 维视觉伺服 图 3-1-7 所示是这种视觉伺服基本结构方框图,这种方法能将图像信号与根据图像所提取的位置/姿态信号有机结合,并产生一种综合的误差信号反馈:

$$e = \begin{bmatrix} e_t^T & e_\omega^T \end{bmatrix}^T, \qquad (3-1-7)$$

式中，e_t 表示平移误差，主要根据图像信号并结合单应矩阵 H 分解得到的深度比来定义：

$$e_t = \begin{bmatrix} u-u^* & v-v^* & \log(r) \end{bmatrix}^T, \qquad (3-1-8)$$

式中，(u, v) 和 (u^*, v^*) 分别表示当前图像和目标图像坐标，而 r 则是当前深度和目标深度之间的比值。

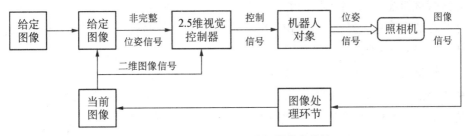

图 3-1-7　2.5 维视觉伺服基本结构

转动误差 e_ω 定义为

$$e_\omega = p^\theta, \qquad (3-1-9)$$

式中，p 表示单位转轴，而 θ 则是与之相对应的转角，两者都可以通过 H 分解后得到的旋转矩阵计算出来。上述误差定义方法使平移控制基本上在二维图像坐标下完成，而姿态控制则需要利用三维信息来实现，因此这是一种将二维信息与三维信息有机结合的混合伺服方法，通常将其称为 2.5 维视觉伺服。

2.5 维视觉伺服可以在一定程度上解决以上提到的鲁棒性、奇异性、局部极小等问题，仍然无法确保在伺服过程中参考物体始终位于摄像机的视野之内，另外，在分解单应矩阵时，有时存在解不唯一的问题。

（4）智能视觉伺服　将各种智能算法，如神经网络、模糊控制、遗传算法等，引入到视觉伺服系统，处理视觉伺服系统中存在的各种不确定性，提高系统的可靠性。基于神经网络的视觉伺服，充分利用神经网络对于非线性映射的逼近能力，建立机器人空间与图像空间的对应关系，无需理论分析视觉模型等。不过，这通常需要对网络进行大量训练，并且其外推能力不强，因此，对于不同的工作环境，网络需要重新学习。基于模糊规则的伺服方法则根据人类视觉系统的经验来计算控制信号，对环境中的不确定性适应性强，但是伺服的精度一般不高，并且需要较长时间来总结伺服规则。

5. 通信系统

激光加工机器人的运作指令由自通信系统传递,主要包括上位机应用程序、串口控件、串口和机器人主控计算机(下位机)。上位机应用程序产生指令,通过控件访问串行端口,将指令传给下位机。下位机收到指令后,分析处理指令。对于下位机来说,这些指令分两种:一种是解释执行指令,需要进入命令队列,排队执行,占用缓存;另一种是立即执行指令,不需要进入队列,不占用缓存。下位机收到解释执行指令后,把指令放入队列后马上返回应答。对于立即执行指令,先执行该指令,然后才返回应答。查询指令属于立即执行指令,下位机除了返回命令在命令字外,还同时返回相应的数值。上位机根据返回的应答判断通信的状态,并相应地处理。

给机器人的指令多达几万条,而且指令的参数不能示教得到,是由其他测量系统提供的。而激光加工机器人只会按指令工作,这就需要机器人控制器和上位机的实时通信,而且通信系统的可靠性、安全性要高。如果指令有问题,将会带来不可预测的后果。激光加工机器人的工作环境比较恶劣,各种干扰比较大,需要通信系统有强大的抗干扰能力以及错误处理能力。为了提高加工效率,希望机器人能以较快的速度工作。为避免空指令,通信速度也要跟得上。为了保证通信的可靠性,提高通信效率,可根据通信特点,制定相应的通信协议,确定专用的、更适合激光加工应用的上位机通信方式。可采用的通信方式有:

(1) 主从方式 上位机为主机,下位机为从机。一般情况下,下位机不能主动给上位机发送信息。只有上位机给下位机发出指令后,下位机才能应答。通过上位机就可以很好地控制整个通信过程。

(2) 数据帧方式 数据帧的方式有利于保证数据包的完整性,便于数据接收和处理。上位机和下位机均采用相同的协议对通信数据进行打包、解包。

(3) 校验和 在上位机发送指令前,自动计算数据的和,并将它附在数据帧的末端,一起发送给下位机。下位机接收到数据帧后,先解包,然后再计算一次数据和,用它与数据帧末端的校验和比较。反之亦然。使用这种方式可以检验数据在传输的过程中是否发生了变异。

(4) 自动重发机制 下位机在接收到错误的数据帧时,会遗弃该数据帧,同时向上位机返回错误码。如果把重发任务交给应用程序,程序将变得比较复杂。把这个任务交给通信控件,可以很轻松地实现重发功能。在控件内部,数据发送之前都将备份,直到确认接收正确了,才将其消除。如果发现错误,将其再次发出去。

(5) 应答方式 下位机对上位机每一帧数据都必须作出应答。上位机根据返回的应答判断通信状态,然后进行下一步动作。为了安全起见,规定只有在确认前一包指令正确应答之后,才发下一包指令。对于非查询指令(包括全部解释执行指令和部分立即执行指令),下位机收到后,返回该指令的命令字;对于查询指令,除了返回命令字之外,同时还返回查询数据,如机器人的位置、各轴转角等。如果下位机检测到数据帧有问题,如无帧头、校验和错等,则返回相应的错误码。

上位机在发送指令的同时记录下了该指令的命令字。在接收到下位机返回的应答后,将其中的命令字与保留的命令字比较,如果一样,则说明发送正确,可以发送下一条指令;反之,则说明指令发送有问题,根据错误码处理,并重发当前指令包。

(6)成组指令发送方式 由于机器人的运行速度很快,为了能保证指令发送速度能跟上运行速度,在一个数据包里同时发送了多条指令,而下位机只需应答第一条指令。这样就减少了应答时间,提高了指令的发送速度。实际应用中,采用 7 条指令一个数据包,速度快了大约 37%。为了安全和处理方便,控件只允许解释执行指令成组发送,对于立即指令,只能发送单指令数据包。

五 激光束控制

激光束控制包括激光束偏转控制和激光光强控制。扫描速度和激光功率密度是影响加工质量的重要参数,这两个参数比较容易控制,并且已经有多种控制技术,这些控制技术与计算机技术结合,能够实现智能控制。

(一)激光束空间走向控制

激光束在工件表面移动,可以采用移动激光加工机的激光头实施,也可以通过激光偏转扫描器实施。在激光表面强化处理、激光表面清洗以及工件表面预热处理时,采用激光偏转扫描更为方便。激光偏转扫描技术主要有机械式、声光式和电光式。

1.机械偏转扫描技术

利用镜面反射实施偏转光束,主要有振镜偏转扫描技术和鼓镜偏转扫描技术,并相应地制作了振镜偏转扫描器和鼓镜偏转扫描器。

(1)振镜偏转扫描器 将一面镜子固定在一根可转动的轴上,悬挂在稳定磁场中的线圈上,电流通过线圈时镜子偏转,反射光也随之偏转,其偏转角为镜子转角的两倍。转子偏转到一定的角度,电磁力矩与复位力矩大小相等,转子不能继续偏转,因此振镜并不能像普通电机那样旋转,只能偏转到一定角度。为得到高的角分辨率,在控制电路中使用固定连接在转动轴上的位置传感器,由它给出角度的实际值。

常规伺服驱动系统是通常的转子线圈结构,而振镜的驱动装置是带有轴承的铁磁材料制成的转轴,其四周是第二个永磁体的磁极,在转轴与磁体之间狭窄空隙内产生磁通。由于径向布局的磁偶极产生对称的磁通分布,因而对转轴的总力矩为零。转矩要靠附加的线圈来产生。通电后,一对偶极磁场的磁通增加,同时另一对偶极的磁通则下降。线圈绕在定子上使这种结构有很好的导热性,把它放在集电环或滑环上很可靠。

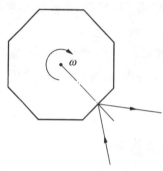

图 3 - 1 - 8 鼓镜偏转器原理

以动态方式工作时,振镜的扫描频率可高达300 Hz,以静态方式工作时,偏转角在±50°范围内,零点的温度漂移只有 25 μrad/℃,并能长时间保持小于 15 μrad 的跳动。

(2) 鼓镜偏转扫描器 一面旋转的多面反射镜使光束偏转,如图 3 - 1 - 8 所示,偏转角度范围大,可使光束产生从小到大,乃至接近 180°的偏转,而且偏转速度快。扫描频率由多面镜的面数及其转动频率的乘积来决定,选择合适的驱动装置(如涡轮机),扫描频率可达20 kHz。多用锥形多面体结构,镜鼓外接圆最小半径为

$$R_{0\min} = \frac{D/2}{\cos(W/2)\sin[(\theta_f - V)/2]}, \tag{3-1-10}$$

式中,D 是光束直径;W 是对应偏转中心处的光束偏角;$2V$ 是扫描角范围;$\theta_f = 2\pi/N$,其中 N 是镜鼓面数。由于反射面与转镜旋转轴不重合,光束存在水平偏移,因而聚焦光束时镜面上的激光束焦点会移动,在设计时需要注意。

2. 声光偏转扫描技术

超声波在介质中传播,引起介质的弹性应变时间和空间上的周期性变化,并导致介质的折射率相应变化。其中通过的光束将发生折射或衍射,产生折射偏转或者衍射偏转。

声光折射引起光束偏转的角度为

$$\sin\theta = 2\pi(\Delta n)L\cos(2\pi f_s t)/\lambda_s, \tag{3-1-11}$$

式中,$\Delta n = n_0 - n$,n_0 为声光介质平衡折射率;n 为声光介质电致折射率;L 为光束和声场的相互作用路长(一般为声光介质厚度);f_s 为超声波频率;t 为时间;λ_s

为超声波在声光介质中的波长。不过,利用声光折射偏转光束比较少用,因为要产生声光折射,介质中的声波长必须远大于光束的宽度,要求低频声波(小于1 MHz)。

如果声光介质中的声波长比输入光束的宽度小很多,光束通过有超声波的介质后就会产生衍射现象。改变超声波的频率,便可实现对光束传播方向的控制。

设入射光是沿 X 方向传播的平面波,在介质中的波长为 λ,超声行波在声光介质中的波长为 λ_s,声光介质厚度为 L。光束斜入射到声光介质时,如果声光作用的距离满足 $L < \lambda_s^2/(2\lambda)$ 条件,将发生拉曼-纳斯衍射效应;当声光作用的距离满足 $L > \lambda_s^2/(2\lambda)$,且光束相对于超声波波面是以某一角度 $\theta = i_B$ 斜入射时,将发生称为布拉格衍射效应,此时在理想情况下除了 0 级衍射外,只出现 1 级或 -1 级衍射,能产生此种衍射的光束入射角称为布拉格角,可以证明布拉格角 i_B 满足下面关系:

$$\sin i_B = \lambda/(2\lambda_s)。 \qquad (3-1-12)$$

因为布拉格角 i_B 一般都很小,因此衍射光相对于入射光的偏转角为

$$\phi = 2i_B \approx \frac{\lambda}{\lambda_s} = \frac{\lambda_0}{v_s} f_s, \qquad (3-1-13)$$

式中,v_s 为超声波波速,f_s 为超声波频率,λ_0 为真空中入射光的波长。改变超声波的频率,可以实现对激光束方向控制。图 3-1-9 所示是衍射光偏转角 ϕ 与超声波频率 f_s 的关系曲线,呈线性关系,即改变超声波频率 f_s,就可改变衍射光的偏转角 ϕ,或者说改变 f_s 就可实现对激光束方向控制。利用这个效应制造了专门用于偏振光束的器件,称为声光偏转器,如果让光束来回往返偏转,即称声光扫描。

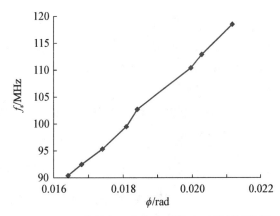

图 3-1-9　偏转角 ϕ 与超声波频率 f_s 的关系曲线

声光偏转器有 3 个主要参数:可分辨点的数目 N、随机存取时间、偏转效率。声光扫描器的分辨率 N 由下式给出:

$$N = \Delta\theta/\Delta\psi, \tag{3-1-14}$$

式中，$\Delta\psi$ 是扫描平面中光束的发散角，$\Delta\theta$ 是扫描角范围。通常根据瑞利准则确定可分辨点的数目。最小的可分辨角 $\theta_{\min}$ 可用瑞利准则给出，即

$$\theta_{\min} = \frac{\lambda}{d}, \tag{3-1-15}$$

式中，λ 为光波波长，d 为光束直径。总的扫描角将是

$$\Delta(2\theta) = \Delta(\lambda f)/V_s = \lambda\Delta f/V_s。 \tag{3-1-16}$$

因此，可分辨点的数目 N 为

$$N = \Delta(2\theta)/\theta_{\min} = d\Delta f/V_s = \tau\Delta f, \tag{3-1-17}$$

式中，f 是驱动电-声换能器的电场频率，电-声换能器也称为超声波发生器，其作用是将电功率转换成声功率，在介质中形成超声场；τ 是偏转器的随机存取时间，即声柱完全充满孔径 d 的时间，$\tau\Delta f$ 也称为时间-带宽乘积。

声光偏转器偏转的光束强度为

$$I = I_{in}\sin 2(\eta L/2), \tag{3-1-18}$$

式中，η 为声光器件的衍射效率，由下式给出：

$$\eta = \sin^2(K\sqrt{P_a}), \tag{3-1-19}$$

式中，P_a 是超声波功率，K 为与声光介质特性、声光相互作用长度、超声波频率和入射光波波长有关的参数。因为 K 值很小，所以，只有当加大超声波功率才能提高衍射效率，需要适当选择电-声换能器的结构。

3. 电-光偏转技术

电场加在电光晶体，在晶体内产生折射率梯度 Δn，通过晶体的光束将发生折射偏转，偏转角为

$$\theta = L\Delta n/d = Ln_0^3\gamma_{33}E/d, \tag{3-1-20}$$

式中，n_0 为光电晶体折射率，γ_{33} 为光电晶体的电光系数，E 为加在晶体上的电场强度，d 为光电晶体的通光口径。改变施加在电光晶体的电压，可以控制光束的偏转角度。作为光偏转器，最重要的品质因数并非是偏转角，而是可分辨点数，可分辨点数为

$$N = \pi Ln_0^3\gamma_{33}E/2\lambda。 \tag{3-1-21}$$

单个电光偏转器对光束的偏折较小,为了增大偏转角度可以把多个电光偏转器串联起来。一种是把分立的电光偏转器组合起来,另一种是在一块晶体上蒸镀上多个电极,等效于多个电光偏转器的作用,如同集成块一样。

4. 二维偏转扫描器

实际激光加工制造中,常需要激光光束能二维、三维偏转扫描。由两个扫描器和一个可在光轴上移动的透镜组成组合扫描系统。扫描器的电控制可通过相应的驱动器来实现,在要求高精度的场合下,采用特殊的装置来补偿温度漂移和修正光学成像误差。

(1) 二维振镜扫描器 图 3-1-10 所示是二维激光振镜扫描原理。振镜头由 X、Y 两轴上的两个振镜(反射镜、扫描电机)和伺服电路两部分构成。反射镜安装在扫描电机的轴上,电机转动带动反射镜偏转;扫描电机不能旋转,只能做有限角度的偏转,它内部集成了位置传感器,实时测量扫描电机的偏转角度;伺服电路接收驱动器生成的电压脉冲信号,控制扫描电机按要求偏转。

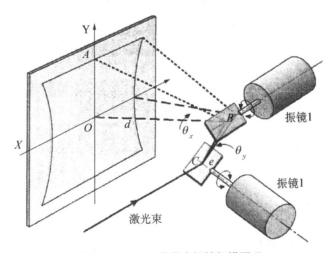

图 3-1-10 二维激光振镜扫描原理

激光光束投射到沿 X 轴转动的振镜上,然后反射到 Y 轴振镜上,经 Y 轴振镜反射,投射到扫描平面内的某一点 $P(X,Y)$。设 θ_x 为 X 轴振镜的偏转角,θ_y 为 Y 轴振镜的偏转角。当 θ_x、θ_y 均为零时,激光束垂直入射到扫描平面上,激光光束所在位置为扫描平面的坐标系原点位置 $O(X,Y)$,激光的光程(光程的计算以聚焦镜为起点,e 表示 X 轴振镜到 Y 轴振镜之间的距离,d 表示 Y 轴振镜到标记平面的距离,光程计算的终点为扫描平面上的激光光束)为 $L=e+d$。此时,

$$Y=d\tan\theta_Y, \quad X=(\sqrt{d^2+Y^2}+e)\tan\theta_X,$$

或者

$$\theta_X = \arctan\left(\frac{Y}{d}\right), \quad \theta_Y = \arctan\left(\frac{X}{\sqrt{d^2 + Y^2 + e}}\right)。 \quad (3-1-22)$$

振镜驱动器电路是二维激光振镜扫描控制系统最重要的组成部分,它与上位机控制软件实时通信,底层驱动程序在其上运行,它控制着振镜头与激光器在整个扫描过程中的所有动作。

(2) 声光-振镜二维激光扫描器 声光偏转扫描与振镜偏转扫描相结合的二维激光扫描系统,振镜扫描器的扫描范围比较大。二维扫描系统都采用振镜扫描器,由电机带动,为了保证扫描的位置精度,对电机转速的稳定性要求很高;同时,扫描频率也难以提高。声光扫描的扫描频率比较高,采用声光扫描器与振镜扫描器相结合的二维扫描器,能获得比较好的性能。

振镜二维扫描系统可以在扫描开始前先调节好行扫描系统与帧扫描系统的相对位置,在扫描过程中保证行扫描系统与帧扫描系统扫描速度的恒定,让它们相互配合,保持一定的位置关系,便可实现同步。采用两个声光扫描器组合的二维扫描器,由于声光扫描易于控制,同步控制的功能可以由主控系统来实现,由主控系统输出同步信号同时控制行扫描系统与帧扫描系统,使它们互相配合,也可以实现同步扫描。而由于振镜扫描与声光扫描的的特性相差比较大,为了实现同步扫描,必须由其中一部分产生同步信号去控制另一部分。由于振镜扫描系统控制较困难,声光扫描系统控制较容易,采取由振镜扫描系统(帧扫描系统)产生同步信号,去控制声光扫描系统(行扫描系统)的做法,比如采用斩光器实现系统同步。

(二) 激光束光强控制

控制激光强度的方法主要有两种,一种是控制激光器的泵浦功率或者能量,另外一种是用光学衰减器,改变激光的能量或者功率。用于改变激光强度的方法主要有机械法、光学偏振法、光学漫反射法、光电技术法、光学吸收法等。

1. 机械法

基于孔径可变光阑特性,约束激光光束视场角的大小,控制到达目标的激光束。不使用通常的光阑,使用圆孔光栅的效果会更好,如图 3-1-11 所示。在满足一定条件下,此圆孔光栅可以控制高能激光束,其光能透过系数或者衰减系数为

$$\alpha = \pi d^2 / 4L^2, \quad (3-1-23)$$

式中,d 为光栅上的小圆孔直径;L 为小圆孔之间的间距,其数值取决于使用的

激光束方向性。两相邻衍射级光束不重叠，即需要满足条件：

$$\lambda/L > 2\theta,$$

式中，λ 是激光波长，θ 是激光束发散角。选取小圆孔的直径 d 的数值需要满足透过系数或者衰减系数的要求，也需要满足关系 $d \ll D$，这里的 D 是圆孔光栅的孔径。此外，小圆孔也需要达到一定数量。

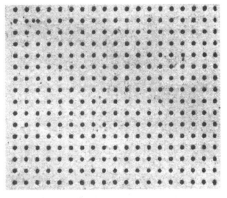

图 3‑1‑11　圆孔光栅照片

这种圆孔光栅光学衰减器的主要特点是分束比大，光强度改变后的激光光束仍保持原光束的场分布、偏振态等主要特征。只要选择合适的基底材料，便能够改变高强度激光的强度，比如，使用表面抛光的黄铜做基底，可耐激光功率密度达 10^7 W/cm²。有很高激光能量衰减系数，达 $10^{-2} \sim 10^{-3}$。

2. 光学偏振法

利用偏振器件特性，只允许通过和偏振器件透偏振方向相同的光，而滤掉与偏振器件透偏振方向不同的光，从而改变透射激光能量。透过偏振器的光强 I 满足马吕斯定律：

$$I = I_0 \cos^2\alpha, \tag{3-1-24}$$

式中，I_0 为入射光强度，I 为偏振光通过检偏器后透射光强度，α 为检偏器的偏振方向与入射偏振光的偏振方向夹角。高精度的电机带动偏振器旋转，实验标定角度 α 与衰减倍率关系，控制衰减器角度即可实现激光能量的连续、动态变化。

（1）透射式连续可调激光衰减器　透射光强度比例连续可调，而且与入射光偏振态无关，也不改变原入射光束偏振态及激光能量空间分布。该衰减器在两块完全相同的平行分束偏光镜之间放置一块偏振面可旋转的器件。平行分束偏光镜是一种分束偏光器件，经它分束的两束振动面相互垂直的平面偏振光，平行出射。正入射光束经第一块平行分束偏光镜，分成偏振面相互垂直的 o、e 两光束并平行出射，再经偏振面旋转器，偏振方向发生同步旋转，最后经第二块平行分束偏光镜合成输出。

调节偏振面旋转器，使光束偏振面旋转 90°角，不考虑器件的反射、散射等固有损耗时，从第二块平行分束偏光镜合成输出的光强等于入射光强；当偏振面旋

转任一角度 $\theta(0<\theta<90°)$ 时，则相对于第二块平行分束偏光镜，原来的 o 光仅一部分变成 e 光，另一部分仍为 o 光，分别记为 o_1 和 e_1；原来的 e 光亦分成部分 o 光 e 光，分别记为 o_2 和 e_2，e_1 和 o_2 合成作为输出光束。很显然，此时输出光强小于输入光强，从而实现光强衰减。偏振面旋转器的旋转角 θ 可任意调整，即 e_1 和 o_2 的分束比可连续改变，因此，入射光束的衰减量就可根据需要连续调节。当偏振面旋转器的偏振面旋转 θ 角时，以分贝数表示的衰减比是

$$\eta = 10\lg A + 10\lg(\sin^2\theta), \qquad (3-1-25)$$

式中，$A = T_o T_e T_R$，代表衰减器的固有光学损耗，对于给定的衰减器这是一常数。衰减比仅是 θ 的函数，旋转偏振面旋转器即可实现衰减比的连续调节（θ 等于偏振面旋转器旋转角的两倍），这种调节可以由 PC 机控制，实现智能控制激光强度。

（2）反射式连续可调激光衰减器　斜入射时，不同入射角，偏振激光在介质分界面具有不同反射率。衰减入射光的功率或能量，动态衰减范围较大。利用伺服电机精确控制入射角，可以实现衰减比的连续调整。

该衰减器的主要光学零件为主衰减片和补偿衰减片，衰减片是在玻璃上镀多层介质反/透射膜制成，总膜系由 N 层单膜组成，整个膜系的特征矩阵 M 是单层膜特征矩阵的连乘积：

$$\boldsymbol{M} = \boldsymbol{M}_1 \boldsymbol{M}_2 \cdots \boldsymbol{M}_N = \begin{bmatrix} A & B \\ C & D \end{bmatrix}, \qquad (3-1-26)$$

式中，A、B、C、D 为 M 的矩阵元，整个膜系的反射率 r 和透射率 τ 分别为

$$r = \frac{A\eta_0 + B\eta_0\eta_G - C - D\eta_G}{A\eta_0 + B\eta_0\eta_G + C + D\eta_G}, \qquad (3-1-27)$$

$$\tau = \frac{2\eta_0}{A\eta_0 + B\eta_0\eta_G + C + D\eta_G},$$

式中，η 为介质的有效导纳，其值与入射光的偏振态有关：

对于 S 偏振光，

$$\eta_0 = \sqrt{\frac{\varepsilon_0}{\mu_0}} n_0 \cos\theta_i, \quad \eta_G = \sqrt{\frac{\varepsilon_0}{\mu_0}} n_G \cos\theta_i (N+1);$$

对于 P 偏振光，

$$\eta_0 = \sqrt{\frac{\varepsilon_0}{\mu_0}} \frac{n_0}{\cos\theta_i}, \quad \eta_G = \sqrt{\frac{\varepsilon_0}{\mu_0}} \frac{n_G}{\cos\theta_i (N+1)}。$$

式中,θ_i是激光入射角,ε 和 μ 是介质的介电常数。若入射激光的偏振态确定,则衰减片的反射率和透射率数随着入射角 θ_i 的不同而变化,在一定的角度范围内连续旋转衰减片,便可以获得不同的光强变化数量,图 3-1-12 所示是透射率随光束入射角的变化曲线。

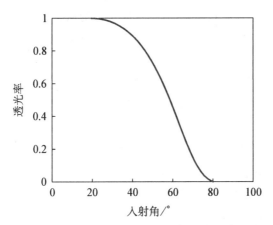

图 3-1-12 衰减器透射率随光束入射角的变化曲线

入射光波通过衰减片后,便会发生横向光束偏移。为了补偿横向光束偏移,保证入射光经过本衰减器后不会发生空间位置偏移,避免因空间位置偏移导致的入射光位相变化,在主衰减片后方再增加一个补偿衰减片,补偿偏移,让光束恢复原先传播方向,如图 3-1-13 所示。主、补偿衰减片的旋转方向相反,转动角速率相同,在装配时严格保证零位时两者平行性。

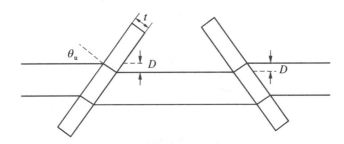

图 3-1-13 补偿衰减片光束偏移原理

衰减片前表面的反射光是一种非常有害的杂散光,将干扰主光束。为此,在衰减片组件的侧面加装反射光吸收阱,包括若干个圆锥形吸收单元,在每个单元的内壁上涂覆吸收系数较大的材料。

3. 光学漫射法

假如表面是按照朗伯余弦定律反射,那么,散射的光强度为

$$\phi_I = I_0 \rho S \cos \alpha / \pi R^2, \qquad (3-1-28)$$

式中,R 为散射表面至接收面的距离,α 为散射表面的法线与接收方向之间的夹角,ρ 是漫反射系数,I_0 是入射到散射表面上的光强度,目标接收激光的面积 S 越小,散射表面离接收面的距离 R 越远,接收到的光强度也越小。

4. 光电法

以机械构架为基础,添加光电器件改变光强度。根据不同的工作原理光电法又可细分为电光晶体式、液晶式和法拉第旋光式。

5. 光学吸收法

选用特殊的光学吸收材料,使激光在其中通过时光强度发生变化。控制材料厚度,可实现光功率不同等级的改变。

(三) 激光强度空间分布控制

1. 激光束强度空间分布均匀化

许多应用要求激光束强度在工作面上能够均匀分布,采用列阵透镜能够控制激光强度的空间分布,在工作面上产生光强均匀分布照明。列阵透镜均匀照明系统由列阵透镜和高精度非球面会聚透镜组成,如图 3-1-14 所示。

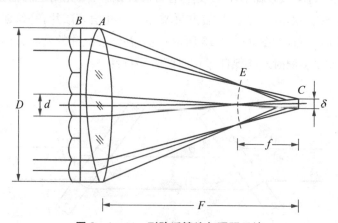

图 3-1-14　列阵透镜均匀照明系统

图中 D 为入射光束口径,d 为列阵透镜单元的尺寸,B 为列阵透镜,A 为非球面会聚透镜。F 为非球面透镜的焦距,f 为小透镜单元的焦距。

列阵透镜的小透镜单元外形通常为六角形、方形和长方形,根据对焦斑的要求而选定。列阵透镜的结构如图3-1-15所示。

口径为 D 的激光入射到由 $N \times M$ 个尺寸为 $d_1 \times d_2$ 的
透镜组成的列阵后,被分割成 $N \times M$ 个子光束。子光束之
间的主光轴相互平行,同时又与非球面会聚透镜的主光轴
平行。这些子光束经过非球面透镜后,在其焦面 C 上相互
叠合。只要列阵单元数目足够大,就可以大大减少入射光
近场分布不均匀性的影响,获得一个近乎平顶的光强分布。
但从物理光学角度看,工作面焦斑处于子光束的准近场区。
因此每个子焦斑形成一个典型的菲涅尔衍射花样,而多个
子焦斑的叠合,又在工作面上产生细密的二维多光束干涉

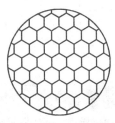

图 3 - 1 - 15　六角形
透镜列
阵排布

条纹,所以叠加焦斑是由近似"平顶"的菲涅尔衍射图样包络的多光束干涉条纹
构成,具有陡边、无旁瓣的特性。

　　对于图 3 - 1 - 14 的列阵透镜均匀照明系统,在傍轴近似下,可以将通过列
阵透镜的光束看作聚焦系统的输入 E_i,对 $N \times M$ 个边长为 $d_1 \times d_2$、焦距为 f_a 的
方形列阵透镜,其复振幅透过率函数为

$$t(x, y) = \sum_{n=-N/2}^{n=N/2} \sum_{m=-M/2}^{m=-M/2} \mathrm{rect}\left(\frac{x - x_{nm}}{d_1}\right) \mathrm{rect}\left(\frac{y - y_{nm}}{d_2}\right) \quad (3-1-29)$$
$$\exp\left\{-i\,\frac{k}{2f_a}\left[(x - x_{nm})^2 + (y - y_{nm})^2\right]\right\},$$

即 $E_i(x, y) = E_0(x, y) * t(x, y)$,其中,$E_0$ 为入射主激光的进场分布,一般假
设其为均幅平面波。

　　设列阵透镜与主聚焦透镜的距离为 h,主聚焦透镜的焦距为 f_m,主聚焦透镜
到靶面的距离为 z,则该聚焦系统的传输矩阵 M 为

$$\boldsymbol{M} = \begin{bmatrix} A & B \\ C & D \end{bmatrix} = \begin{bmatrix} 1 - z/f_m & h(1 - z/f_m) - z \\ -1/f_m & 1 - h/f_m \end{bmatrix}, \quad (3-1-30)$$

靶面上的总光场分布可由系统的 Collins 公式求得

$$E_t(x_t, y_t) = -\frac{i}{\lambda B}\iint E(x, y)\exp\left[ikL(x, y;\ x_t, y_t)\right]\mathrm{d}x\mathrm{d}y, \quad (3-1-31)$$

其中,x、y 和 x_t、y_t 分别为输入面和输出面的坐标,$k = \lambda/2\pi$,L 为聚焦系统的
程函:

$$L(x, y; x_t, y_t) = L_0 + \frac{1}{2B}[A(x^2 + y^2) - 2(xx_t + yy_t) + D(x_t^2 + y_t^2)].$$

$$(3-1-32)$$

图 3 - 1 - 16   9×11 列阵透镜的焦距

例如,取光束口径 $D = 240\,\mathrm{mm}$,主透镜焦距 $f_m = 750\,\mathrm{mm}$,光波长 $\lambda = 0.532\,\mu\mathrm{m}$,要求输出焦斑的长轴约为 $1\,000\,\mu\mathrm{m}$,评价焦斑的均匀性时可不考虑20 μm 以下的调制。计算表明,当列阵数为 9×11 时仍能获得较好均匀性的焦斑,如图 3-1-16 所示。图3-1-17所示是取 $y = 700$ 处的光强分布。图 3 - 1 - 18是 $x = 700$ 处的光强分布。

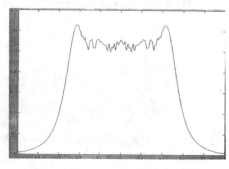

图 3 - 1 - 17 $y=700$ 处的光强分布

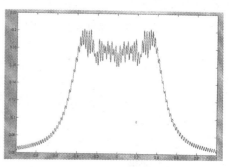

图 3 - 1 - 18 $x=700$ 处的光强分布

焦斑尺寸约为 $950\,\mu\mathrm{m} \times 800\,\mu\mathrm{m}$,短轴方向均匀性较差,如采用波峰波谷 (P-V)值来评价焦斑的均匀性,则

$$\eta = \frac{(I_{max} - I_{min})/2}{\bar{I}} \approx 12\%。 \qquad (3-1-33)$$

列阵透镜焦斑处于光束的准近场处,有较陡的边沿,能有效地抑制旁瓣的产生,并能在入射光束近场分布不均匀的情况下获得近似"平顶"的焦斑。然而由于列阵元的硬边衍射效应和多光束叠合形成的干涉效应,严格来说,所谓"平顶"焦斑上的能量分布是不均匀的。

由多光束干涉造成的光强度调制通常是小尺度的,一般在 $10\sim20\,\mu\mathrm{m}$ 之间。这些小尺寸光强起伏造成的靶面加热不均匀,可通过靶的横向热传导效应自然消除。

由透镜硬边衍射效应造成的光强度调制,可以通过焦平面的适量移动,使各列阵单元的衍射花样在一定尺度内无规错开,抹平由衍射造成的强度起伏。可以使焦斑上光强分布不均匀降至12％,不过这样做是以减少"平顶"区域的面积和降低焦斑边缘光强下降陡度为代价的,而焦斑边缘以指数率下降,有足够的陡度对物理实验来说是非常重要的。

　　为了进一步提高列阵透镜系统的辐照均匀性,可通过减弱衍射强度,偏转透镜光轴方向,或错乱其相位的方法来消除或抑制衍射子波的影响,主要方法有如下几种。

　　(1) 振幅型边缘软化　采用边缘透过率渐变的列阵透镜元,由于边缘衍射子波强度很小,将会使得焦斑上的衍射光强起伏随之减少。设各列列阵透镜元的复透过函数为

$$t_a(x, y) = \exp[-(x/x_0)^{np} - (y/y_0)^{np}] \cdot \exp\left[-\mathrm{i}\frac{k}{2f_e} \cdot (x^2 + y^2)\right],$$

$$(3-1-34)$$

若令 $x_0 = y_0 = 2.45\ \mathrm{cm}$,超高斯指数 $np = 12$,计算结果如图 3-1-19 所示。图 3-1-19(a) 是单个列阵元的焦斑,η 约为 5％;图 3-1-19(b) 是 4 个列阵元组合时在聚焦透镜后焦平面上的合成焦斑,它无需相对聚焦透镜焦平面移动就能获得很均匀的光强分布。当超高斯指数 np 较大时,消衍射效果削弱,焦斑强度分布随 np 增大而趋于硬边衍射花样;当 np 太小时,焦斑上虽无衍射起伏,但焦斑平顶趋于较小,边缘变缓,能量利用率降低。因此,选择合适的超高斯指数 np 显得很重要。

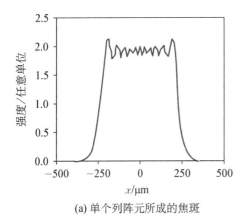

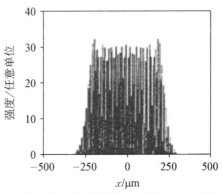

(a) 单个列阵元所成的焦斑　　　　(b) 4个一维排列的列车透镜所成的合成焦斑

图 3-1-19　列阵透镜元边缘经振幅型软化后产生的焦斑

(2) 位相型边缘软化　从位相角度出发,若能使光束中直透部分保持不变,而使入射光束边缘部分发生大角度偏折,与直透部分分离,也能达到抑制衍射的目的。设图 3-1-14 所示列阵透镜元的复透过率为

$$t_p(x, y) = \exp\left\{\begin{array}{l}\mathrm{i}k \cdot dl \cdot \exp[-(x/x_0)^{np} - (y/y_0)^{np}] \cdot \\ \exp\left[-\mathrm{i}\dfrac{k}{2f_e} \cdot (x^2 + y^2)\right]\end{array}\right\},$$

$$(3-1-35)$$

其中 dl 为位相的调制深度。若令 $x_0 = y_0 = 2.5\,\mathrm{cm}$, $np = 40$, $dl = 1\,\mu\mathrm{m}$, 单个列阵元的焦斑强度分布如图 3-1-20 所示。此时焦斑的辐照均匀度也有较大的提高,η 约 8%;但其边缘光强衰减时拖了一条很长的尾巴,能量利用率只有约 80.2%。这是因为超高斯位相软边光阑实际上不能将光束的中间部分和边缘部分完全分开,使光束的发散角变大了。超高斯指数 np 和位相调制深度 dl 的选取对结果有较大的影响,dl 一般在几个波长范围以内。

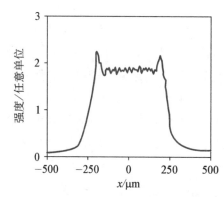
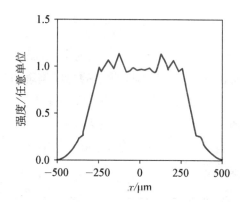

图 3-1-20　经位相型边缘软化后的列阵
　　　　　　透镜所产生的焦斑

图 3-1-21　加硬边波纹光阑的列阵透镜元
　　　　　　所产生的焦斑

(3) 硬边波纹光阑　由索末菲的边界衍射波理论,几何对称的光阑边缘衍射子波的位相也具有几何对称性。但是,若使透射孔径边缘有无规波纹调制,那么透射光束在光阑边缘的衍射子波的位相将无规错乱,使得工作面上的衍射花样变成非对称的无规分布,这也能减弱由此而引起的大幅度衍射调制。一个调幅型正弦调制的硬边波纹光阑的形式可以表示为

$$\delta d_z = \alpha \sin(m_1 x)\sin(m_2 x), \qquad (3-1-36)$$

其中,$\alpha = \Delta d/2d \ll 1$, $m_1 \ll m_2$, 当菲涅尔数 F_n 为 5 时所得的结构如

图 3-1-21 所示。硬边波纹光阑确实能有效地抑制大幅度的衍射光强起伏,η 约 10%,能量利用率只有约 80%。这是因为波纹光阑的锯齿型边缘增加了光束的高频成分,使得在靠近远场的焦斑边缘的陡度变缓了。但若设计使得系统的菲涅尔数较大,焦斑处于光束的近场区,这时能使光能量利用率有较大的提高。

(4) 随机位相板技术　随机位相板是在基片上刻蚀一定深度列阵排布浮雕结构的二维光学透射元件,将它放置于会聚透镜前方,与会聚透镜一起实现工作面光强均匀照明,图 3-1-22 所示是工作原理。

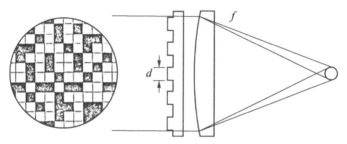

图 3-1-22　随机位相板工作原理

随机位相板浮雕列阵单元的空间分布是随机的,每个列阵元可以对入射光产生位相为 0 或 π 的子光束。这些子光束经过会聚透镜后,在透镜焦面上相互叠加,从而改善工作面照射的均匀性。每个子光束在工作面上的光场分布可以表示为

$$U(x, y) = \frac{1}{i\lambda f}\exp\left(ik\frac{x^2 + y^2}{2f}\sum_l\sum_m\iint U(x_0, y_0)g(x_0, y_0)\times\right.$$
$$\exp\left[-i\frac{2\pi}{\lambda f}(xx_0 + yy_0) + i\phi_{lm}\right]dx_0dy_0 .$$

$$(3-1-37)$$

它们分别由 $\sin c$ 函数的平方来描述。当列阵单元足够小时,入射光束的振幅、位相等畸变就可大大减少,在工作面上的强度分布由各子光束的随机相干叠加决定。

使用随机位相板后,工作面上光强度的非均匀性分布误差的均方值由直接聚焦的 36.2% 下降到 19.7%。由于通过随机位相板的子光束之间的相对位相是确定的,而相干光的叠加必然会产生光的干涉,使工作面的光强分布在小尺度范围内有较大的涨落,而且其干涉条纹不随时间变化而改变。

2. 激光束聚焦

为了提高激光束在待加工工件表面的激光功率(能量)密度,将激光器输出

的激光束会聚,减少光斑尺寸。光束在各向同性介质中传播或通过无像差透镜后,其光强不变,如果使光束聚焦,激光能量便高度集中,显然机械加工的效果就会更好。

(1) 聚焦透镜 聚焦激光束的透镜有 5 种基本类型:平凸透镜、正凹凸透镜、非球面透镜、衍射透镜、反射透镜(通常为离轴抛物面反射镜)。选择合适透镜类型,可以获得所需要尺寸的激光束焦斑。用非球面和衍射透镜可以产生最小焦斑。在要求较短焦距时,可以用平凸透镜;要求有较长焦距时,可以使用正凹凸透镜。

① 产生的光斑尺寸:

$$d_0 = 2\lambda f M^2/\pi d_1, \qquad (3-1-38)$$

式中,λ 是激光波长,f 是透镜焦距;d_1 是入射激光束在透镜处的激光半径;M^2 是激光质量因子,通常由激光器生产厂给出。

② 焦深:焦点处光束直径没有明显变化所延长的长度,即纵向聚焦范围,它由下面式子给出:

$$D_f = \pi(\rho^2 - d_0^2)^{1/2}/2M^2\lambda, \qquad (3-1-39)$$

式中,D_f 为焦深,ρ 为对激光束焦线宽度变化容许量的参数,一般取 $1.10 \sim 1.20$。因为焦深与激光光斑尺寸成正比,所以,聚焦的斑点尺寸小,焦深也小。由平凸透镜和凹凸透镜产生的光斑尺寸比较大,焦深也比较大。非球面透镜和抛物面反射镜产生的光斑尺寸最小,产生的焦深也是比较短。

(2) 聚焦系统设计 在实际激光加工过程中,影响聚焦系统的聚焦精度和稳定性因素包括聚焦透镜的制造误差、安装结构、热效应及系统运动平稳性等。为了在各种环境条件下长期保持光学和机械稳定性,聚焦系统结构必须充分考虑可能受到温度、压力及振动等因素的影响。透镜座材料的膨胀系数尽量接近透镜材料膨胀系数,以减少透镜材料相对镜座材料的温度变化(即透镜散焦的温度系数)的影响。通常选用合金铝作为镜座材料,因为铝较轻,有极好的加工性能,而且导热性好,能很快达到热平衡。但它的膨胀系数比较大($23.6 \times 10^{-6}/℃$),而常用透镜材料 GaAs、ZnSe 等的膨胀系数小于 $8.5 \times 10^{-6}/℃$,这一差异在透镜散热不佳时会引起散焦现象. 因此良好的散热结构与冷却方式至关重要。

聚焦系统应该易于快速装卸,透镜常用落入法安装,透镜在镜座里内壁径向定位由公差保证。当光束倾斜地通过透镜时会产生像散效应,由于像散作用基模高斯光束通过透镜后将变成椭圆高斯光束。理论上可证明,当入射光轴与透镜轴线夹角小于10°时,归一化焦距(斜射焦距与正射焦距之比)大于0.94,即像散畸变效应低于0.06。因此,镜座的加工精度应适当高一些。镜座最好垫有球形垫圈,其球面可绕其曲率中心旋转以调整另一面的曲率中心,调整后用带有较松螺纹配合的压圈将透镜轴向压紧,较松螺纹配合可以减小在压紧时透镜偏心的可能性。压圈周边需要开槽,增加其柔性,以保证压力均匀,避免透镜弯曲而损害其表面精度,其次可缓解温度效应而产生的轴向应力。

为了避免透镜在温差下产生轴向和径向应力,导致焦距和焦点大小的变化,透镜必须充分冷却。在镜座结构上,要提供足够的冷却空间和热阻相当低的热流通路,以使透镜温度在冷却介质效率最低时不会超过透镜应力分析所确定的允许温度最大值。当透镜一面承受辅助气体压力超过 4×10^5 Pa 时,必须在透镜座结构上考虑使透镜两面受力平衡,防止透镜变形。

(3)高斯激光束聚焦特性　在诸如激光切割、激光焊接和激光打孔等作业加工中,需要采用低阶模式的激光高斯光束,因为高斯光束具有轴对称的光强分布,在中心轴上强度值最大,在轴附近,强度随着远离中心距离的平方成指数衰减。其有效截面半径在激光器共振腔内某个地方最细,称为激光束腰,可用来确定高斯光束的半径、远场发散角等,所以它是高斯光束的特征参量。

在激光切割、焊接、打孔等应用中,主要关心的是聚焦后的焦斑位置(束腰位置)、焦斑大小(腰斑大小)和焦深(束腰长度)。高斯光束经薄透镜变换前后的束腰半径之间的关系式为

$$r_0^2 = f^2 \omega_0^2 / [(f - s)^2 + (\pi \omega_0^2 / \lambda)^2], \qquad (3 - 1 - 40)$$

式中,r_0 为变换后的激光束腰斑半径,f 为透镜焦距,s 为变换前的激光束腰到透镜的距离,ω_0 为变换前激光束腰斑半径,λ 是激光波长。透镜焦距愈小,发散角愈小,以及透镜前焦面的光束半径愈大,则聚焦光斑愈小。选择波长较短的激光进行精密机械加工,其原道理也就在于此。

激光加工速度是激光功率密度的函数,透镜焦距的选用会影响切割质量及加工效率。焦深,一般用束腰长度表示:即用 $2z_0 = 2\pi r_0^2 / \lambda$ 表示。由此可见,焦深与焦斑半径 r_0 的平方成正比,当透镜焦距增加1倍时,焦点直径增加1倍,功率密度降低3/4,焦深为原有的4倍. 因此,选用短焦距透镜会聚激光束,激光功率密度增大,但焦深度浅,因此适合加工速度快、厚度薄的工件;选用长焦距透镜则用于加工速度慢、工件厚度厚的工件。

(4)高阶模激光束聚焦特性　高功率激光器输出的激光一般都是高阶模,如厄米-高斯光束(TEM$_{11}$、TEM$_{12}$ 或 TEM$_{21}$、TEM$_{22}$ 模)和拉盖尔-高斯光束

（TEM$_{10}$、TEM$_{11}$ 模），通过透镜聚焦系统的束腰位置和聚焦光斑尺寸一般是无法推导出理论解析式，这时可以惠更斯-菲涅尔原理和取样理论为基础，利用计算机编程计算和绘图软件 Graftool，获得经过会聚光学系统传播后的聚焦曲线 r-z，即光斑尺寸 r 随光束传播距离 z 变化曲线。在聚焦曲线上 r 的极小值 r_{min} 就是激光束会聚的聚焦光斑尺寸，对应的 z 值是束腰位置。图 3-1-23 是厄米-高斯光束 TEM$_{11}$ 模通过透镜聚焦系统的聚焦曲线，由图可见束腰位置 $z = 173$ mm，对应的聚焦光斑尺寸 $r_{min} = 0.024\,30$ mm。

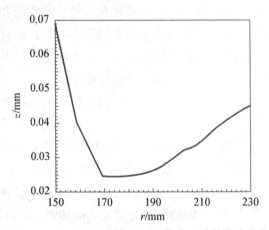

图 3-1-23　TEM$_{11}$ 模通过透镜聚焦系统的聚焦曲线

六　同步控制

激光器系统和计算机都有各自的时钟系统，需要协调各个子系统之间的运作，即彼此之间在下列运作上需要达到同步：

① 激光器发射激光脉冲重复频率与机器人运动速度的同步性。

② 在加工过程中快速检测到系统故障，使整个系统及时停止运作的同步性。

③ 计算机实时得到激光加工机器人位置和姿态值的同步性。

④ 计算机在加工开始启动激光器发射激光脉冲和在加工结束时及时关闭激光器系统的同步性。

⑤ 应用程序与机器人底层程序之间彼此达到同步通信性。

（一）激光加工机器人与激光器系统之间的同步

激光器系统和激光加工机器人是两个相互独立的系统，内部都有各自的时钟系统，它们之间的协同工作是整个智能制造系统的关键技术之一，解决它们之间的同步问题首先是借助于光电探测装置,把探测得到的光电信号转换成电压信号,之后把此信号传输给激光加工机器人控制柜中的 I/O 口。机器人底层程序的等待指令结束,程序解释缓冲区中的运动指令便发向各个轴的伺服包,解释完毕,底层程序又处于等待状态;各个轴的伺服包分别驱动机器人的各个个轴,使激光加工机器人产生运动,此时激光器处于发射激光的状态;当机器人运动结束,便处于等待状态,等待下一个激光信号发射,图 3-1-24 所示是此过程的时序图。其中 t_0 为激光加工机器人底层程序查询 I/O 高电平时间,一般为一个指令周期(16 ms 之内);t_1 表示激光加工机器人的机械响应时间,在几十个 ms 之内;t_2 表示继电器响应时间,在几个 ms 之内。

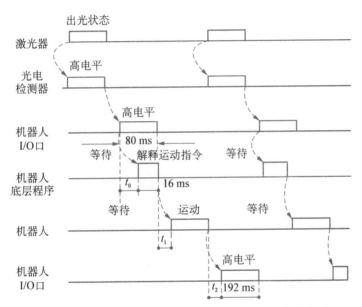

图 3-1-24 激光器系统与激光加工机器人的同步时序图

(二) 计算机系统与激光加工机器人之间的同步通信

在加工时计算机系统与激光加工机器人之间的数据通信必须准确同步。否则,在加工过程中就可能产生严重后果,以致加工失败。因此,数据通信必须遵循一定的标准。

应用程序和激光加工机器人底层程序的通信是通过 COMM 控制件实现的,该控制件提供基本的激光加工机器人运动指令、查询指令、测量指令,为应用程序控制激光加工机器人提供了较为方便的接口。数据在传输过程中,激光加工机器人底层程序和该控制件采用应答方式,以确保数据的准确性。因此,每次发送数据时都要判断底层程序是否已经对上次传送的数据产生应答。

由于控制程序运行着较多的线程,这些线程可能同时跟 COMM 控制件通信,如果不用线程之间的同步机制,与控制件的通信就会紊乱。为此可以利用操作系统的同步机制,如设立临界区,避免发生这种情况。由于每发送一次数据,底层程序都必须应答一次,这需要耗费较多的系统时间。在应用程序中按照协议将几个数据打成数据包,每次都以数据包的形式发送数据,发送速度可以提高一倍,平均发送每条运动指令约占 100 ms。如果发送上千条指令,要把数据全部发到机器人缓冲区需要花费几分钟时间。用户希望控制程序一旦发出加工指令后,整个智能激光加工系统应当有比较快速的反应,如果等数据全部发送到机器人缓冲区后再执行加工动作,那么就会让用户处于等待状态;另一方面,缓冲区的大小是有限制的,如果数据量过大,缓冲区可能溢出。实际上可以单独开辟一个线程来发送数据,同时在进程中启动加工命令,这样,应用程序在不断发送数据的同时,底层程序可以不断解释缓冲区中的指令,并驱动激光加工机器人工作,实现应用程序和激光加工机器人并行工作,提高制造系统的工作效率。

不过,这样会产生一个问题:由于激光加工机器人执行一条运动指令需要大约 500 ms(如激光脉冲频率为 2 Hz 时),而平均每发一条运动指令需要100 ms,发送速度大于执行速度,如果数据量很大,那么缓冲区就可能会产生溢出现象,会丢失加工数据。应用程序可以在发送数据时不断检测机器人缓冲区情况,一旦缓冲区剩余空间达到某个下限值就停止发送数据,等待机器人执行指令,直到缓冲区剩余空间达到某个上限值再发送数据,这样便可以解决上述这个问题。

在加工过程中,计算机还需要实时地知道激光加工机器人当前姿态值以及加工进度情况。应用程序可以把获得的激光加机器人姿态值发送给仿真程序,实现同步仿真,并可以根据加工进度来控制激光器的开关动作。应用程序有一个单独的线程,每隔 200 ms 向激光加工机器人发送查询其姿态值命令,通过COMM 控制件的事件响应机制,应用程序读取激光加工机器人反馈回来的姿态值。如果此线程频繁地查询激光加工机器人姿态值的话,制造系统就会在查询上花费很多时间,而激光加工机器人的姿态值在加工过程中的实时性要求并不是很高,况且激光加工机器人执行一个动作打印是 500 ms,线程查询间隔采用200 ms,所显示的激光加工机器人姿态值与实际值不会有滞后现象。

应用程序必须实时把握激光加工机器人的加工进度,因为在加工的开始与结束时刻对激光器操作的依据就是激光加工机器人当前的加工进度。应用程序在发送加工指令的时候就已经记录下加工的总点数,在加工过程中通过不断查询激光加工机器人由运动到停止时在 I/O 产生的高电平来获得制造系统的加工进度情况,一旦反馈的点个数达到了加工总点数就使激光器停止发射激光。应用程序在加工过程中启动这个查询激光加工机器人到位线程,查询的间隔设为 60 ms,I/O 处高电平持续时间为 192 ms。在激光加工机器人执行完毕最后一个运动指令时,应当使激光器在发出一个激光脉冲后准确停止工作,而不应少发一个激光脉冲或者多发一个激光脉冲。

(三) 加工过程的同步

在激光加工过程中,需要实时监控整个激光智能加工系统的状态。加工开始的时候,如果过早启动激光器,就会损坏工件表面,甚至造成危险。应用程序在计算机得到了激光加工机器人到达第一个加工点后反馈回来的信号,再启动激光器运转,保证激光第一个斑点确实落在待加工点上。

在加工过程中出现故障是难免的,对于较为严重的故障,应用程序应当能够及时发现,并且能自动采取相应措施,减小过程失误。在加工过程中,激光器是按一定的频率发射激光脉冲到工件表面,如果此时激光加工机器人由于故障或者由于光电检测装置出现故障而停止运作,就会出现激光器在工件表面同一点发射多个激光脉冲,造成工件损伤。应用程序有一个故障检测线程,在加工开始时就启动它,每隔一小段时间就检测一次系统设备的运转状态,若有故障就及时处理,停止激光器和激光加工机器人运转并报警。加工程序的终止都是由查询激光加工机器人加工进度线程来控制的,一旦该线程检测到已经加工到最后一点,就应当及时关闭激光器、激光加工机器人等设备,并且立即停止故障检测线程的运行,否则就会产生虚假报警的情况。

3-2 激光加工机器人加工系统

激光加工机器人加工系统是利用激光加工机器人具体执行制造加工的系统,使用这种系统,除了减少人力消耗外,加工性能和加工质量方面也都有很大提高。

 优越性

(一) 加工适应性强

激光加工机器人加工系统属于柔性加工,机器人在整个加工区可以自由运动,适用于各种加工条件。加工路径由程序控制,如果加工对象发生变化,只需要修改程序即可。一台激光加工设备,如果配套不同的硬件和软件,就可以实现多种加工功能。

（二）可优化并选择激光加工工艺

影响激光加工质量的参数有很多，通过优化选择这些参数，能够保证加工质量。这些参数包括：

① 材料参数：如被加工的工件材料和材料厚度。

② 激光参数：如激光的平均功率、脉冲激光参数、焦距、离焦量（焦点位置）。

③ 气体参数：如切割吹气的气体种类、气压。

④ 喷嘴参数：如喷嘴直径、喷嘴离工件的高度。

⑤ 工艺参数：如激光扫描速度。

这些参数中有些是独立的，如材料的种类和厚度；有些要由其他参数决定，如当材料和材料厚度确定，激光参数和气体参数就确定了。基于人工神经网络建立的激光加工机器人系统，通过试验设计的方法，只需少数几次加工试验，将试验结果输入人工神经网络中进行训练和学习，系统便可经过自学得到加工结果与工艺参数之间隐含的定量关系，根据所需的加工结果（质量等级），进行加工参数的优化和选择，最终能获得质量符合需要的工件。对于那些没有经过试验的加工，也能给出合适预测加工结果。

对激光加工质量的评价，习惯采用一些模糊的概念如"好""可以""较差"等。对加工结果量化，能够较贴切但又较为便捷地描述加工质量，保证获得质量符合要求的工件。比如根据加工结果，将它分为 0～10 分制。分值越大，说明加工质量越好，越小，质量越差，超过 6 分则表示加工质量可以接受。把这些评价标准同时输入激光加工机器人的控制系统，在执行加工过程同时进行检查，实时调整加工工艺，并显示加工质量。

（三）加工速度快，加工精度高，生产效率高

典型的激光加工机器人切割系统，使用 200 W 激光功率切割 0.8 mm 厚碳钢，直线切割速度可达 10 m/min。可切割直径小至 2 mm 的小圆，切口圆滑美观，目测无形变和毛刺，重复定位精度高达 ±100 μm。

（四）方便加工大尺寸工件

在传统的激光加工系统中，激光束在工件上的运动使用的方法主要有：

① 移动激光加工头。

② 移动工作台或者工件。

③ 上面两者结合。

④ 通过移动光学装置实施移动激光加工头。

第一种方法一般适合于小型或中等尺寸的激光加工头，而这种加工系统的

加工速度比较难提高。不过,这种做法相当简单,能扫描覆盖面积也可以比较大。第二种方法一般适合于加工小而轻的工件,最典型的例子是混合激光冲床。但这种方法很难保持恒定的加工速度,而且对大尺寸工件的加工精度不高。第三种方法是通常用的,对大的而不太重工件进行激光切割的折衷方法。一般来说,激光在一个方向运动,而工件与激光束在垂直方向运动。第四种方法适合于大激光器和加工大尺寸工件,只有切割头(聚焦透镜和气体喷嘴)运动,主要问题是由于光束焦点的变化造成加工质量的控制。激光加工机器人基本上可以解决这个问题,因此它能够加工大尺寸工件,而且能够获得很好的加工质量。例如,选配臂长 2 m 的机械手,除了实现直径达 3 m 的半球形三维加工区域外,还可实现 3 m×1.5 m 的二维平面加工。

二　系统组成和工作原理

(一) 系统组成

系统组成包括机器人单元、激光器单元、安装工件机床、操作界面、通讯控制、安全机制,以及其他辅助设备等部分。操作界面可以是 PC 上位机,或者是工业触摸屏,以及硬件控制按钮等;通信控制主要是统筹控制和传输系统内所有设备的通信信号,相当于整个系统的神经脉络,一般由 PLC 或者 WAGO 等逻辑控制器来完成;安全机制主要包括安全门、光纤传感器等系统报警机制,当然也包括整体系统内部的各项信号检测等;辅助设备主要包括一些冷却设备、高度跟随装置、气动防撞装置,以及其他一些辅助提高系统整体性能的设备。

(二) 工作原理

如图 3-2-1 所示,高功率激光器发出的激光,经光纤耦合传输到激光光束

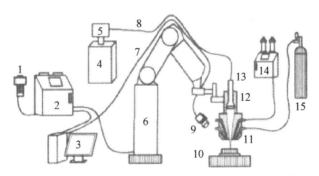

1:示教盒;2:机器人控制;3:计算机;4:光纤激光器;5:光纤耦合器;6:轴向机器人;7:机器臂;8:传输光纤;9:机器视觉系统;10:激光加工平台;11:激光头;12:光束变换系统;13:光纤耦合头;14:喂料系统(粉末);15:喂料系统(高压气体)

图 3-2-1　激光加工机器人加工原理

变换光学系统,光束经过整形聚焦后进入激光加工头。不同加工用途(切割、焊接、熔敷)选择不同的激光加工头,配用不同的材料进给系统(高压气体、送丝机、送粉器)。激光加工头装在六自由度机器人本体手臂末端。激光加工头的运动轨迹和激光加工参数由机器人数字控制系统指令控制。材料进给系统将材料(高压气体、金属丝、金属粉末)与激光同步输入到激光加工头,高功率激光与进给材料同步作用完成加工任务。机器视觉系统检测加工区,检测信号反馈至机器人控制系统,适时控制加工过程。

1. 机器人的选择

在选用激光加工机器人时,主要考虑以下几个性能参数:

① 负载能力:在保证机器人正常工作精度条件下,机器人能够承载的额定负荷重量。激光加工头重量一般比较轻,约 $10 \sim 50 \ \text{kg}$,选型时可用 $1 \sim 2$ 倍。

② 精度:机器人达到指定加工点的精确度,与驱动器的分辨率有关。一般机器人都具有 $0.002 \ \text{mm}$ 的精度,满足激光加工要求。

③ 重复精度:机器人多次到达一个固定点的重复误差。根据用途不同,机器人重复精度有很大不同,在 $0.01 \sim 0.6 \ \text{mm}$。激光切割精度要求高,可选 $0.01 \ \text{mm}$,激光熔敷精度要求低,可选 $0.1 \sim 0.3 \ \text{mm}$。

④ 最大运动范围:机器人在其工作区域内可以达到的最大距离,具体大小可以根据激光加工作业要求而定。

⑤ 自由度:用于激光加工的机器人一般至少具有六自由度。

2. 路径规划

起始点的关节角度 θ_0 已知,而终止点的关节角度 θ_f 通过运动学反解得到。因此,加工头运动路径可用起始点关节角度与终止点关节角度的平滑插值函数 $\theta(t)$ 表示。$\theta(t)$ 在 $t_0 = 0$ 时刻的值是起始关节角度 θ_0,在终端时刻 t_f 的值是终止关节角度 θ_f。

路径函数 $\theta(t)$ 至少需要满足 4 个约束条件,其中两个约束条件是起始点和终止点对应的关节角度 $\theta(0) = \theta_0$, $\theta(t_f) = \theta_f$,还有两个约束条件,即在起始点和终止点的关节速度 $\theta'(0) = 0$, $\theta'(t_f) = 0$,这 4 个约束条件唯一地确定了一个三次多项式的路径函数:

$$\theta(t) = a_0 + a_1 t + a_2 t^2 + a_3 t^3 。 \qquad (3-2-1)$$

运动路径上的关节速度和加速度则为

$$\theta'(t) = a_1 + 2a_2 t + 3a_3 t^2, \ \theta''(t) = 2a_2 + 6a_3 t 。 \qquad (3-2-2)$$

求解得三次多项式系数:

$$a_0 = \theta_0,\ a_1 = 0,\ a_2 = 3(\theta_f - \theta_0)/t_f^2,\ a_3 = -2/t_f^3(\theta_f - \theta_0).$$

$$(3-2-3)$$

3. 加工精度

提高激光加工机器人的加工精度,可以从两方面入手:一是采用"避免"误差的方法,即针对各种误差源,采用加工精度高的激光加工机器人,机器人的结构设计中,采用合理的结构,使机器人的变形尽可能小。采用高精密加工手段加工机器人各零部件,关键部件采用高精度的加工技术和装配工艺。二是采用综合补偿技术,即采用现代的测量手段,分析数据,辅以适当的补偿算法,对机器人的误差进行补偿以减小加工误差。

(1)误差源　在示教再现作业方式下,操作者移动机器人末端执行器到指定位置,机器人控制器记录下此时末端执行器的位姿;然后,机器人可以"再现"已经记录的运动方式和编程顺序。机器人的重复精度是主要的特性参数,在整个工作空间上重复精度都可以达到毫米数量级。激光加工机器人的工作方式不采用示教再现方式,而是离线编程方式。绝对精度成为关键指标。一般而言,机器人的绝对精度要比重复精度低一到两个数量级,不能满足工作需要。原因主要是机器人控制器根据机器人的运动学模型来确定机器人末端执行器的位置,而这个理论上的模型与实际机器人的物理模型存在一定误差。

一般情况下,机器人误差分为几何误差和非几何误差。几何误差包括杆件参数误差、理论参考坐标系与实际基准坐标系的误差、关节轴线的不平行度、零位偏差等;非几何因素包括关节和连杆的弹性形变、齿轮间隙、齿轮传动误差、热形变等。

(2)综合补偿技术　根据实际测量的机器人误差,在机器人模型中引入恰当的补偿算法,减小机器人的误差。根据补偿精度的要求,可以把激光加工机器人工作空间划分为网格,如图3-2-2所示。根据不同的补偿精度的要求,网格的疏密程度可以不同,实际的网格划分为14×11×9。

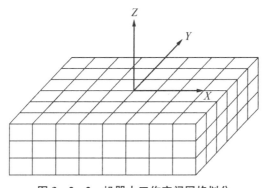

图3-2-2　机器人工作空间网格划分

X 方向的误差补偿公式为

$$D_X = (J_X - L_{i-1})/(L_i - L_{i-1}), \quad L_{i-1} \leqslant J_X \leqslant L_i; \quad (3-2-4)$$

$$J_X' = J_X + D_X(L_{Xi} - L_{X(i-1)} + L_{X(i-1)}。 \quad (3-2-5)$$

Y 方向的误差补偿公式为

$$D_Y = (J_Y - L_{j-1})/(L_j - L_{j-1}), \quad L_{j-1} \leqslant J_Y \leqslant L_j; \quad (3-2-6)$$

$$J_Y' = J_Y + D_Y(L_{Yj} - L_{Y(j-1)}) + L_{Yi-1}。 \quad (3-2-7)$$

Z 方向的误差补偿公式为

$$D_Z = (J_Z - L_{k-1})/(L_k - L_{k-1}), \quad L_{k-1} \leqslant J_Z \leqslant L_k; \quad (3-2-8)$$

$$J_Z' = J_Z + D_Z(L_{Zi} - L_{Z(k-1)}) + L_{Z(k-1)}。 \quad (3-2-9)$$

式中,L_i、L_j、L_k 分别为 X 方向、Y 方向和 Z 方向格点,L_{Xi}、L_{Yj}、L_{Zk} 分别为 X 方向、Y 方向和 Z 方向的位置补偿值。

三 激光加工机器人切割

图 3-2-3 激光加工机器人在切割汽车工件

利用激光加工机器人夹持激光切割头进行切割作业,用户仅需把待切割的工件材料属性、工件尺寸等参数输入系统,切割系统就会自动按照优化的工艺参数切割,很快就能获得符合质量要求的切割件,生产效率、加工质量都比传统激光切割系统高,而且省时省力,劳动强度低,工作环境好。图 3-2-3 所示是激光加工机器人在切割汽车工件。

(一) 系统组成结构

如图 3-2-4 所示,组成单元主要包括激光器系统、PC 机、机器人系统、控制器、工作台以及辅助设备等几个部分。

PC 机是切割系统和操作人员人机交互的主要工具之一,PC 机上可安装上位机软件,例如激光产品与工艺管理的系统软件,可编辑、管理和规划所有产品(包括离线和手动示教)的路径、工艺以及 I/O 动作。示教盒是系统与现场操作人员人机交互的第二个主要工具,其主要功能是控制机器人的运动和下位机激

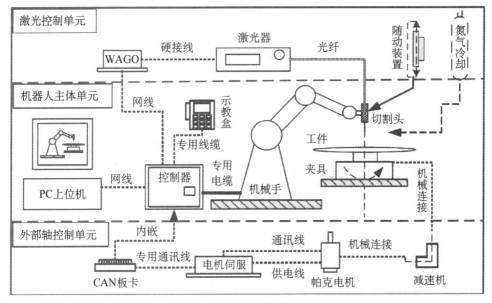

图 3-2-4　机器人三维激光切割系统结构

光切割软件的操作,可以手动示教、模拟以及调试切割路径,不论人工示教的还是离线软件生成的路径都可通过下位机软件进行局部调试。

　　工作台是硬件按钮的集成平台,主要由常用按钮组成,包括开始、暂停、恢复以及停止等功能按钮,以及整个系统的综合急停按钮等。为了保证系统对按钮的响应速度,工作台上的所有按钮都采用硬接线与系统直接相连。

　　辅助设备包括冷却装置、随动装置以及其他保护性装置,冷却装置主要为激光器和激切割头服务。不论激光器功率大小,必须配备气体辅助系统,主要针对激光切割头,除了冷却激光头外,还将工件熔化渣吹走,对切割质量也有较大影响;高功率激光器还会配备专门的冷却装置。

　　控制器是全激光切割系统的控制核心,最终的执行端是机器人末端的激光切割头。工件安装于旋转平台,配合机器人同步运动完成切割作业。

　　(二) 工作原理

　　激光经光纤耦合传输到激光光束变换光学系统,整形聚焦后进入激光切割头。根据不同切割需要用途选择不同的切割头,装在激光加工机器人本体末端。激光切割头的运动轨迹和激光加工参数由激光加工机器人系统提供指令控制。气流系统与激光同步输入到激光切割头,同步作业完成激光切割加工任务。激光切割加工过程中需要保持激光器、气流系统及机器人之间的通讯和协同。激光器的输出参数及通断可以通过通信线实现外部控制,输出激光功率则由频率和占空比决定。激光器的控制线与激光加工机器人控制柜 I/O 板的输出端相连,气流则通过电磁阀控制通断,气压大小可通过减压阀调节,气流通断通过 24V 数字量控制,也与激光加工机器人的 I/O 板相连。CCD 系统用于激光光路的调整以及加工点位置的定位和加工后工件形貌的简单观察。

（三）关键技术

1. 控制系统

激光加工机器人切割系统是集光、机、电、水、气控制于一体的系统,主要包括激光器系统控制、激光加工机器人控制、激光切割头运作控制、水压和气体压力控制、碰撞保护检测以及系统的通信。后者关系到整个激光切割系统能否正常运转,因为机器人系统不同于常用的工件切割机,它不能实时扫描整个控制程序,也没有一般数控系统的前瞻功能,当遭遇外部工作环境变化或者外围设备发生干涉碰撞时,机器人系统并不能自动识别而立即停止工作,这是因为机器人系统只能对其程序语言逐行扫描。因此,需要设计这种机器人激光加工系统所需要的控制系统。

2. 离线自动编程软件

进行三维激光切割,需要保证激光束沿工件的加工要求运动,一般保证激光的入射方向与工件表面垂直,还要求机器人根据工件的表面轮廓不断调整激光切割头的姿态,如图 3-2-5 所示。传统式示教编程受人的主观意识影响较大,不仅速度慢,效率低,精度也得不到保证。一般需要离线自动编程,结合数字模型,在 3D 软件平台找出三维工件的边界、轮廓线及其法线,然后控制机器人沿法线方向走出轮廓的运动轨迹。

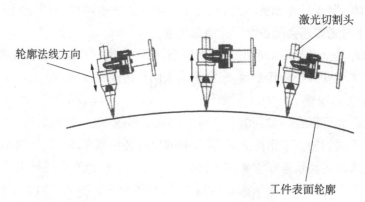

图 3-2-5 切割过程中的激光切割头姿态变化

3. 激光切割头

激光切割头连接在机器人手臂和光纤的末端,保持与工件表面恒定距离,将光束聚焦到工件表面。主要包括 F 轴激光焦点自动跟踪直线运动,激光束准直单元,激光束聚焦单元,碰撞保护装置,水、气、电接口与密封,辅助气体喷嘴等。传统的切割头只是聚焦透镜和喷嘴,没有自动对焦功能。在大范围的激光切割中,不同工件加工地点的加工高度会略有不同,激光焦点在工件表面的离焦量不一样,不同地方的激光聚光斑大小不一样,亦即激光功率密度不一样,结果是,不同切割外置的激光切割质量很不一致,达不到激光切割的质量要求。传统激光加工设备是在加工前调整聚焦点的,但在实际加工过程中,激光头和工件距离是动态变化的,按预先调整的激光头和工件距离只能加工出一般精度要求的产品,而对于表面不规则的材料更是难以保证加工的精度。激光切割头在空间的绝对位置应该相应地变化,使其与工件表面的相对位置保持不变。激光机器人切割系统有一个响应系统,能够快速感应到激光切割头与工件表面之间间距的变化,并迅速调整激光切割头的高度,以确保它们之间的相对位置不变。当激光切割头在工件表面上方移动时,传感器系统能准确测出工件的表面与激光切割头的法向距离,然后根据事先设定的激光切割头与工件之间的间距值,自动调整激光切割头的绝对位置。这种控制系统称为激光切割随动系统。目前,控制激光焦点和待切割工件之间位置常采用电容传感器的非接触测量方法,电容传感器跟激光割头安装在一起。电容传感器动极板与金属工件表面组成一个可变电容,电容计算公式为

$$C = \frac{\varepsilon_0 S}{d}, \tag{3-2-10}$$

式中,S 表示平行板电容器极板面积,d 表示板间距离,ε_0 为相对介电常数。由仪器测量出电容值,便可以知道两极板之间的距离,即切割头和工件表面的距离。切割之前设定激光光束焦点的位置,然后系统自动计算出切割头相对待切割工件表面的位置。随着激光切割头路径的变化,电容传感器动极板与工件表面形成的电容发生变化,电容的变化量通过外部振荡器经过传输电缆传入测控系统,控制激光切割头的位置,实现动态控制激光焦点位置。

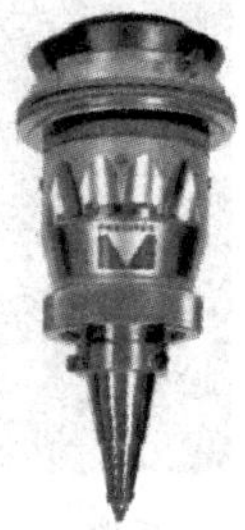

图 3-2-6 所示是三维 YK52 激光切割头照片,是通过光纤耦合激光切割的加工头。用于 3D 切割,常用 YAG：Nd 激光、光纤激光器和二极管激光器等,是一种带有线性驱动单元的系统,主要技

图 3-2-6
三维 YK52
激光切割头

术参数列于表 3 - 2 - 1。

表 3 - 2 - 1　YK52 激光切割头主要技术参数

项目名称	参数		项目名称	参数
焦距/mm	150		轴长/mm	205.3
镜片直径/mm	52		分辨率/mm	<0.01
最大通光口径/mm	48		最大耐压/bar	20
调整范围/mm	水平	±1	工作温度/℃	5~80
	垂直	-4~+5		

激光器、辅助气体喷嘴以及激光聚焦装置的安装精度会影响切割质量。要保证 F 轴焦点在做自动跟踪直线运动时,垂直和水平透镜调整不会引起 TCP 点的变化;还需要防止长时间激光加工导致切割头的温度升高而影响其工作特性等,因此激光切割头的设计研制和加工有一定难度。

4. 激光切割头调试

为保证激光束不被喷嘴遮挡,安装切割头后需要调整激光光路。调整反射镜的倾斜度,使激光刚好从喷嘴中心出来。这可以采用 CCD 成像方法来完成,具体步骤如下:

① 装上喷嘴,CCD 成像。调整 CCD 使十字中心线与喷嘴中心重合,如图 3 - 2 - 7所示。

图 3 - 2 - 7　十字线与喷嘴中心重合　　　图 3 - 2 - 8　光点与十字线重合

② 取下喷嘴,打开小功率激光照射在工件上,调整反射镜使激光光点中心与 CCD 中心十字线重合,如图 3 - 2 - 8 所示。

③ 装上喷嘴,完成校准。

5. 激光切割路径优化

激光切割路径优化,缩短零件的切割路径,防止切割过程中激光切割头碰撞等。

(1) 基于最短的路径确定的优化路径 待切割的钣金零件轮廓由直线、曲线、圆弧和圆这些图元构成的首尾相连的封闭轮廓组成。以有序有向边构成的封闭轮廓为环,组成环的基本元素为边(E),边的端点称为顶点(V)。对于单个零件,这些环又分为外环和内环,外环有且只有一个,内环可以没有,也可以是一个或多个;边可以是直线、曲线、圆弧。直线的顶点是直线的两端,曲线和圆弧的顶点是曲线和圆弧的起点和终点。对于圆,定义一个顶点,这个顶点可以是圆上任意一点,该顶点既是切割的起点也是切割的终点,这个顶点主要结合具体工艺要求选取,或根据最短路径原则选取。三角形、四边形等其他图形都可以化为线段或曲线。

激光切割头首先空走,移动到待切割的环上,以环上的某个顶点为穿孔点,打穿然后切割完该点,再移动到其他环上重复该过程。实际的切割工艺应先切割完内环,再切割外环。因为切割的内环落下的部分是废料,而外环切割得到的是整个零件。如果先切割外环,切割内环时由于振动等原因导致切割尺寸偏差,所以切割时要充分考虑工艺上对切割过程的影响。

一个完整的切割过程是激光切割头从坐标原点出发,移动到待切割的第一个内环上,以环上的某个顶点为穿孔点,打穿并切割完该环;然后控制切割头以某种路径选择算法选择下一个待切割的环,穿孔并切割该环,重复以上步骤,直到所有的内环全部切割完;最后选取外环上的一个顶点作为穿孔点,切割外环。至此,一个完整的零件切割完毕。

封闭的内外轮廓必须切割,因此无论是哪一个点作为穿孔点,无论是哪一个环先切割,这些内外环轮廓的总长度都是不变的,所以这里不存在优化的问题。切割的路径由内外环轮廓的长度和空行程的长度两部分组成,内外环轮廓的长度是固定不变的,但空行程的长度是可变的。切割路径优化是找出一条最短路径,确保空行程最短。每个零件的轮廓由无数多个连续的点组成,便有无数条可能的路径,如果逐一计算、比较每条可能路径来找到最短的路径是不现实的,只能根据一些算法来寻找相对最优的路径。为了减少计算量,可以将路径优化分解为两个子问题来求解,即先定零件切割顺序,然后再定切割起点,最后根据切割顺序和切割起点来确定切割路径。

① 确定零件切割顺序。板材排样图零件的切割顺序必须符合整体路径相

对最短的原则。而这又归结到切割时各个环的穿孔点位置选取、环的切割顺序，因为它们直接影响切割路径长度的长短。各个零件的轮廓分布在排样图的不同位置，必然有一个合理的顺序，使得激光切割头按照这个顺序切割的路径比其他的切割方式整体要短。如果以各个零件的外轮廓的形心来表示各个零件在钢板排样上的位置关系，那么也便有一个特定的顺序，使得这些形心连线总长度最短。这些形心连线的顺序确定以后，对应的排样图的外轮廓的切割顺序便也确定了。根据先内后外原则，结合已经确定的外轮廓排序，确定整个排样图上的所有轮廓切割排序。一个零件包含多个内轮廓的情况，同样根据上面的方法确定所有内轮廓的切割顺序。此时排序问题的关键就是如何求解一系列已知坐标的点连线的最短路径的问题了，而多点的路径优化问题可以归结为著名的 TSP (traveling salesman problem，旅行商问题)求解。TSP 的简单形象描述是：给定 n 个城市，有一个旅行商从某一城市出发，访问各城市一次且仅有一次后再回到原出发城市，要求找出一条最短的巡回路径。对于 TSP 解的任意一个猜想，若要检验它是否为最优解，需要比较所有的解，而这些比较有无数多个，所以这种方法不可取。比较典型的算法有动态规划算法、遗传算法、模拟退火算法、禁忌搜索、人工神经网络算法和蚁群算法等。图 3-2-9 所示是用遗传算法求解零件切割顺序的详细流程图。

② 确定轮廓切割起点。工件上的各个零件轮廓的切割顺序确定以后，采用局部搜索算法来确定各个零件轮廓的切割起点。算法过程如下：

第一步：按照切割顺序，求得第一零件的外轮廓和第二个零件的外轮廓形心连线段与第一个外轮廓的交点，取距离第二个轮廓形心最近的点作为第一个零件的外轮廓的切割起点。

第二步：判断第一个零件是否包含内轮廓，如果包含，则以在第一步确定的切割起点按照反向切割顺序搜索紧临内轮廓上距离该点最近的点，作为该内轮廓的切割起点，继续以这个切割起点搜索，直到第一个零件所有轮廓切割起点确定；如果第一个零件不包含内轮廓，按照前面相同的搜索规则，确定板材上所有轮廓的切割起点，并保存这切割起点的位置坐标。

第三步：反向搜索，以在第二步确定的最后一个切割起点为搜索起点，按照第二步的搜索规则，重新确定其余切割轮廓的切割起点。根据各个起点的位置，生成激光割头的切割轨迹。

（2）基于碰撞避让的切割路径优化 激光切割头端面与工件表面总是留有一定的间隙，为了保证切割出来工件的质量，使激光切割时能够以最大的功率密度照射在工件的切口处，焦点与工件表面的相对位置是确保切口切割质量的

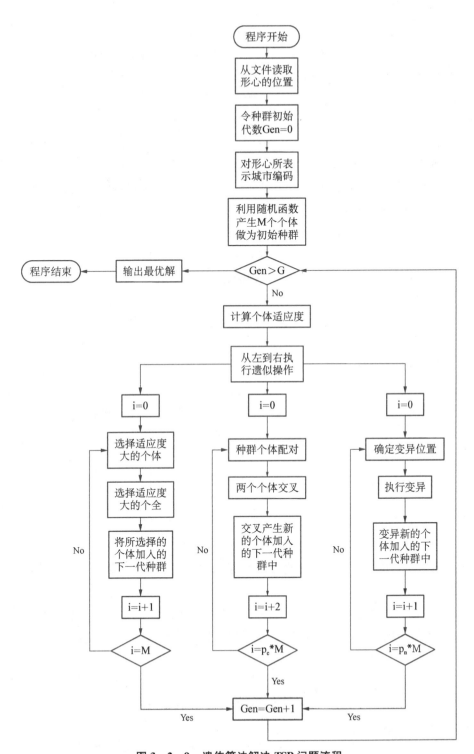

图 3-2-9　遗传算法解决 TSP 问题流程

重要因素。切割薄板材料时焦点位置可处于工件表面;对于厚板(厚度大于3 mm),激光切割光束的焦点位于待加工工件表面为基准的下方的1/5～1/3板厚处,能够获得较好的切割效果。同一块板材的各处厚度相同,因此要想确保光束焦点落在板材合理位置,必须保证激光切割头端面与待加工工件表面的间距恒定不变。由于高温使板材出现一定的变形,板材部分翘起或者凹下,已经完成切割的零件并不都能顺利落到板下的落料槽中,会出现零件的悬空部分高出板材表面的情形。如果激光切割头经过已经切割零件的区域,就有可能与工件高出板材表面的部分碰撞,损坏激光切割头,导致激光切割系统故障。为了避免激光切割头在下降的过程中碰到工件,切割头下降的速度都很低,使得切割头在空行程耗时太长,必然延长整个加工生产时间,影响生产的效率。

为了防止激光切割头与工件碰撞,提高切割效率,在激光切割头的路径规划中,应该遵循两个原则,符合这两个原则的方法称为激光切割头防碰撞避让算法:

① 切割板材的时候应尽量减少激光切割头避让工件零件而抬起的次数。

② 激光切割头的空行程应该尽量避免经过已切割工件后板材所形成的空洞区域。

确立合理的切割路径需要确立各个零件轮廓的切割顺序,以及选取激光切割的起刀点。这两个方面确定了,激光切割头的运作路径就生成了。

确定切割顺序,并尽量减少空行程,可采用两种排序。一种称为n型排序,是连续排序方法,另外一种称为N型排序,按列折返排序方法,这种排序的切割方式就是从上到下,再从上到下如此往复。

切割顺序定了以后,确定切割零件的切割起点。零件轮廓上的任意一个点都可以作为零件的切割起点,产生无数条切割加工路径,必须从中选择出符合激光切割特点并且能降低生产成本的路径。其主要工作包括以下几步,如图3-2-10所示:

第一步:在第一个零件上确定切割起点,将此切割起点确定为程序的搜索起始点。

第二步:在当前轮廓上搜索距离上一个切割起点距离最短的点作为该轮廓的切割起点,重复执行第二步,直到所有轮廓搜索完毕,确定各轮廓的切割起点。

第三步:以第二步确定的最后一个轮廓的切割起点为新一轮的搜索起始点,按照第二步搜索原则,按照第一步的零件轮廓的编号顺序,反向调整各轮廓的切割起点,重复执行第三步,直到排样图上所有轮廓搜索完毕,确定各轮廓的切割起点。

第四步:根据在第三步确定各个轮廓的切割起点,生成激光切割头的切割轨迹,判断当前轮廓和下一轮廓两个轮廓之间空行程轨迹是否经过已经切割的轮廓区域。如果是,调整局部切割起点,即搜索该轮廓判断是否存在符合条件的点,使得两个轮廓之间的空行程轨迹不经过已切割轮廓区域;如果不存在符合条件的点,切割起点仍然用第三步中已经确定的点,重复执行第四步,直到搜索完毕。

第五步:全局搜索判断激光切割头空程轨迹与已切割轮廓的是否有交点,

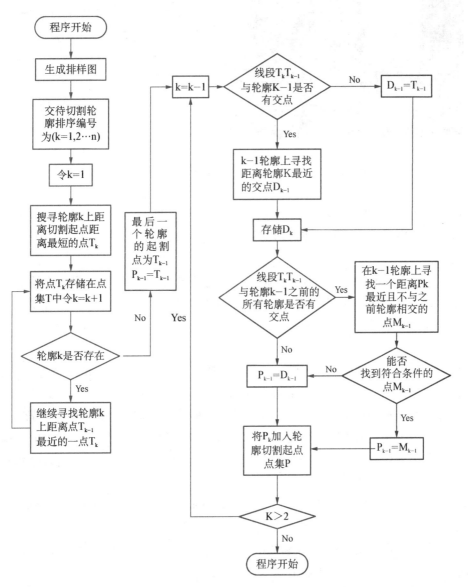

图中 T_k 为在执行第二步中第一轮搜索确定的轮廓的切割起点;D_k 为在执行第三步中第二轮搜索重新确定的轮廓切割起点;P_k 表示在执行第四步中经过对第二轮搜索确定再整确定的轮廓切割起点。

图 3-2-10　激光切割头防碰撞算法

有交点则调整该部分轨迹,让其绕行零件外轮廓避让已切割区域,重复执行第五步,直至符合条件,程序结束。

(四) 系统例举

1. 机器人光纤激光切割与焊接系统

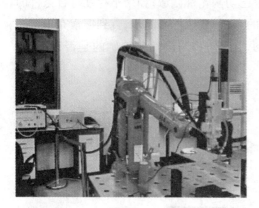

图 3-2-11 机器人光纤激光切割与焊接系统

系统主要由 500 W 光纤激光器、六轴机器人、多功能加工头、三维柔性焊接工装、CCD 定位系统、气流系统、计算机离线编程系统和随动系统等部分组成,如图 3-2-11 所示。

系统以机器人为主控单元,一方面控制机器人执行加工的运动;另一方面控制激光器输出、重复频率、占空比、气体通断及运动轨迹。利用该系统对 2 mm 厚的 304 不锈钢板进行切割实验结果显示,切割速度为 15 mm/s、激光器输出功率为 400 W 时,切割效果最好,切口宽度小,切割面比较光滑,沾渣少。

对 1.5 mm 厚的 304 不锈钢板进行激光焊接实验结果显示,当激光输出功率为 450 W、焊接速度为 7 mm/s、正离焦量 2 mm 时焊接效果最好,焊缝正面及背面成性良好,气孔、咬边和塌陷等缺陷较少,焊缝成型最为理想。

2. 三维激光加工机器人切割机

该切割系统可进行三维激光切割,主要包括光纤激光器、光纤导光系统、激光切割头、工装夹具、水冷系统以及工业机器人系统,如图 3-2-12 所示。光纤激光器输出激光功率可达 4 000 W,机器人为六轴,重复定位精度高,可达 ±0.07 mm。采用离线自动编程,结合数字模型在 3D 软件平台上找出三维工件的边界轮廓以及轮廓线上的法线,然后控制机器人沿法线方向做轮廓轨迹运动。

激光加工的能量分布、激光功率、金属液固状态转变、激光切割头移动速度、辅助气体压力等对切割质量有重大影响,通过理论分析、数值模拟与实验结合,找到合理工艺参数,并存贮在系统中。该系统用药白车身冲压件的三维修边、切孔、分离,取代了传统模具加工。

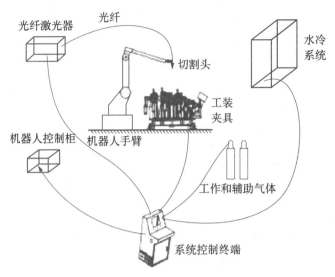

图 3 - 2 - 12　三维激光加工机器人切割机系统组成

四　激光加工机器人焊接

　　激光加工机器人焊接与传统的机器人电阻点焊技术相比较,有多方面优势:焊接速度快,可达 20 m/min;焊接变形很小,装焊精度高;焊点冶金质量高,提高了工件的抗疲劳性、抗冲击性、抗腐蚀性能。在汽车制造的使用结果显示,车身刚度提高了 30% 多;提高了车身的密封性,降低噪声 30%;单面焊接,焊点尺寸小,预留的焊接边缘小。

　　(一) 系统组成

　　如图 3 - 2 - 13 所示,主要组成部分有机器人及其控制系统、激光器系统、激光焊接头以及伺服装置、控制终端和人机界面等。

　　为了提高焊接位置寻找精度并实时观察焊接过程,在焊接头的分光模块位置安装 CCD 高速摄像头,该摄像头通过适配器与外置显示器连接。在机器人编程控制下该观察系统可以协助操作人员精确锁定焊缝位置。在焊接过程中,该观察系统可以实时观察激光焊接的稳定性及焊缝表观质量。

　　(二) 激光焊接头和伺服控制

　　1. 组成和功能

　　图 3 - 2 - 14 所示是 SCANSONIC AL02 激光填丝熔焊的焊接头。激光束通过工作光纤输入激光焊接头后,经过准直镜片组准直,然后通过两个反射镜片后,到达聚焦镜头聚焦,成为焊接用的激光光斑。摄像头模块用于观察与监测焊

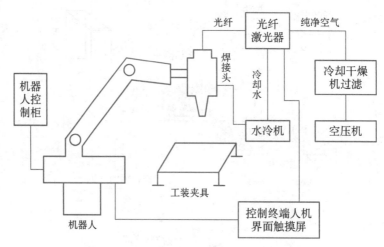

图 3 - 2 - 13 激光加工机器人焊接系统组成

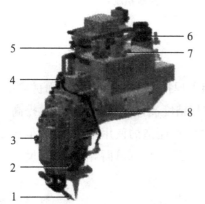

1：导丝嘴；2：侧吹气；3：伸缩臂供气；4：保护气；5：视频线缆；6：光纤接口；7：保护镜监测；8：限位

图 3 - 2 - 14 SCANSONICAL02 激光填丝熔焊焊接头

丝与聚焦光斑的相对位置。可替换的保护镜片用于防止焊接中飞溅或尘埃进入光路系统。两层安全玻璃内充有一定压力的检测气体，当镜片有破损时气压不够，会提示报警。伸缩臂也有供气，若压力不够，激光焊接头控制器不能就绪。激光头带有侧吹气及流量监控，用于监控侧吹气体的流量，以保证稳定的焊接质量。

该激光焊接头还装有焊丝导向的焊缝跟踪系统，有 3 种工作模式：准备、跟踪、保持。设备上电，焊接头自动回零，焊接头处于准备模式。回零动作时，摆臂摆动范围内不能有干涉。焊丝自动跟踪到位后，即以一定的力保持跟踪。

2. 伺服控制

为了缩短非焊接时间，系统安装了伺服电机和滚珠丝杆的组合机构作为机构焊接头滑动机构，使得焊接头可以独立于机器人单独沿 Z 轴方向上下移动。在非焊接工作时，伺服电机移动焊接头离焦，使落在工件表面的激光光斑直径变大，降低在工件表面的激光功率密度，工件不至于热熔化。在焊接时，上下移动激光焊接头，调节激光焦点在工件表面准确位置，使激光功率密度达到深熔焊的数量,实施激光焊接。程序流程如图 3-2-15 所示。

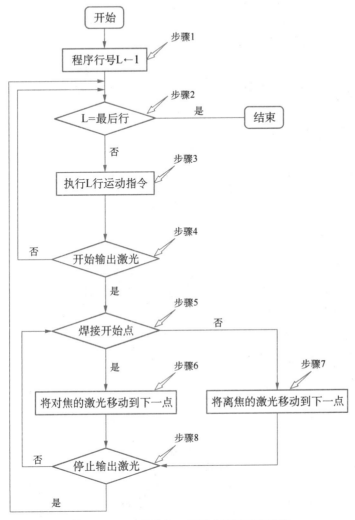

图 3-2-15 激光加工机器人焊接程序流程

步骤 1：将程序位置设计到开始位置。

步骤 2：判断当前执行的是否为结束位置,如果是则结束,否则继续往下执行。

步骤 3：读取运动指令,激光加工机器人开始运作。

步骤 4：判断激光器是否开始输出激光,在输出的前提下进入步骤 5,否则返回步骤 2。

步骤 5：判断是否在激光焊接工件位置,如果是则执行步骤 6,否则执行步骤 7。

步骤 6：通过 Z 轴电机，聚焦激光束扫描待焊接的下一点。

步骤 7：激光焊接头通过 Z 轴电机离焦，激光加工机器人运动到下一个待焊接处。

步骤 8：判断是否停止激光输出，在停止的情况下返回步骤 2，未停止的情况下返回步骤 5，并继续重复焊接；如果全部焊接完成，则停止激光输出并结束程序。

(三) 焊缝轨迹跟踪

焊接时工件发生热形变，或者其他因素引起实际焊缝改变时，如果不能实时调整运动轨迹以及相应的焊接参数，会造成焊接质量严重下降，甚至毁坏激光焊接头和待焊工件。精确的焊缝跟踪是保证焊接质量的关键因素，是实现焊接过程自动化的重要前提。

1. 自适应跟踪

利用激光传感器实时获取焊缝信息，如焊缝宽度、面积和高度差等，发送给机器人，机器人根据这些信息，调用自适应程序，自动调整焊接和摆动参数，并控制激光加工机器人执行修正。

(1) 系统组成　如图 3-2-16 所示，激光跟踪自适应系统由焊接机器人及控制柜、激光传感器及控制器、电源、计算机等组成。

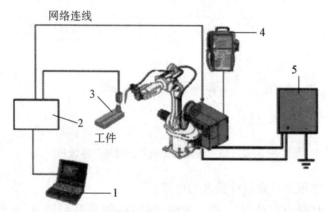

1: 计算机；2: 探测头处理器；3: 探测头；4: 操作装置；5: 电源

图 3-2-16　激光跟踪自适应系统组成

PC 机不是系统必备，仅在系统调试时使用。调试时 PC 机通过以太网与激光传感器控制器相连，运行激光传感器软件设置界面，设置通信网络、焊缝参数。机器人控制柜与激光传感器控制器通过以太网通信。在机器人 TP 里面设置好

IP 地址,重启机器人和激光传感器控制器,验证通信是否连接。

　　激光传感器通过数据线与控制器相连,进行数据交换。激光传感器安装在激光焊接头前端,焊接过程中始终保证激光在焊丝运动轨迹的前方,以达到跟踪的效果。

　　(2)工作原理　如图 3-2-17 所示,首先设置机器人任务控制程序(TCP),确保 TCP 点与激光跟踪点之间的相对位置准确;建立机器人与激光传感器的通信,通信设置好之后,机器人可以控制激光;传感器安装固定好后,建立传感器坐标系;具体的焊缝数据设置各不相同,总的原则是能够稳定识别焊缝;根据焊缝的具体形状,编写相应的软件,以达到良好的焊接效果为准;TCP 程序控制激光,调用焊接、摆动指令,示教焊接的轨迹。

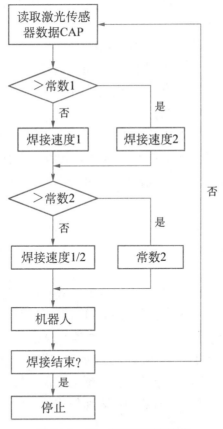

图 3-2-17　自适应程序流程

2. 视觉跟踪

采用视觉机器人轨迹跟踪控制方法,能够改善激光加工机器人焊接运动轨迹精度。摄像机安装在机器人末端,构成视觉反馈控制系统。采用阈值分割方法检测出激光焦点,利用灰度投影积分方法快速检测出焊缝线,然后以修正的线-线匹配和立体视觉技术计算出激光焦点和焊缝线的空间位置,得到激光焦点相对于焊缝线的误差,再结合机器人运动学原理控制机器人实时运动以消除此误差,有效地提高机器人焊接轨迹精度。该方法可以实现轨迹识别、检测与自动跟踪。三维跟踪时 X、Y、Z 方向误差小于 0.3 mm,距离误差小于 0.4 mm,轨迹精度满足焊接要求。

（1）激光焦点特征提取 由于激光焦点在图像上呈现高灰度值的连通区域,利用预设的灰度阈值可以将激光焦点与背景图像区分开来,再采用形心计算方法获得该图像上激光焦点的位置。在前一幅图像中检测出的激光焦点位置附近开设较小的子窗口,缩小搜索范围,可以提高图像上激光焦点位置的检测速度。

（2）焊缝曲线特征提取 由于焊缝曲线的曲率较小,可以将曲线分成若干段,每段以直线段近似,在图像中检测曲线特征的任务就转换为检测直线段,采用灰度投影积分法可以实现直线目标快速检测。在一幅图像中检测出的直线的斜率附近的小角度范围可以作为当前直线检索的范围,并综合考虑激光焦点的当前位置和焊接前进的方向,一般可以快速实现直线段的检测。若在上述范围内没有找到直线,则说明曲率变化较大,扩大查找斜率范围检索。

在不同的环境光照条件下,直线与背景的灰度区别程度不同,会导致直线检索失效。为克服这个问题,可在检测前对加工区域的光照条件进行一定的实验,得出合适的直线检索阈值,并在实验过程中自动修正阈值以适应环境光照的变化。

3. 激光摄像头

激光摄像头是在激光加工机器人焊接中采用激光视觉传感技术,搜索、跟踪焊缝,以及焊后的焊缝成型与缺陷检测和获取用于补偿机器人路径数据的重要器件。激光视觉是一种基于光学三角测量原理的视觉传感技术。当可见的红色激光束经过光学器件变换,以光面的形式投射到未焊的接头或坡口的表面,在目标表面形成其截面几何形状的条纹。经过透镜成像,可以得到表征目标截面的激光条纹图像。当激光传感器沿着物体表面扫描前进时,就能得到所扫描表面形状的轮廓信息。根据所测量的数据,能计算出激光焊接头的位置和大小,包括坡口截面积、错边和间隙等。同样,当激光扫过已焊焊缝表面时,可以测得表征焊缝成型的几何特征量。因此,经过适当设计的激光视觉传感器可用于焊前的焊缝搜索定位、焊接过程中的焊缝跟踪和自适应焊接参数控制以及焊后的焊缝成型及缺陷检测等。

　　把集成了激光摄像头的 DIGI-LAS 激光焊接头装在激光加工机器人焊接系统，便能够记录、追踪焊缝的误差，检测结果通过数字 I/O 输入到激光加工机器人、PLC 或外部的质量管理系统，便能够实现焊接质量自动检测、控制，并在焊接时给予焊接位置补偿，保证激光焊接系统能够满足焊接精度要求。为了获得优质的焊接质量，高速激光焊可接受的路径跟随精度要求大约在 ± 100 μm 之内，在启用焊缝跟踪的情况下 TCP 位置波动仍会超 0.6 mm，如图 3-2-18(a) 所示。显然，这样的位置误差会影响焊接质量。因此，大多数的激光加工机器人激光焊接系统需要配置一套二维的高速精密执行器来补偿机器人在高速运动时的位置误差。机器人只需要执行一般的轨迹运动，由执行器根据激光摄像头跟踪传感器的数据进行必要的位置校正就可以。集成了激光摄像头的 DIGI-LAS 激光焊接头，在超过 6 m/min 的焊接速度下，系统追踪曲率半径为 50 mm 的曲线焊缝，其对中误差小于 100 μm，达到了焊接质量要求。图 3-2-18 所示是有补偿和没有补偿时 TCP 在 Y 方向的偏差。

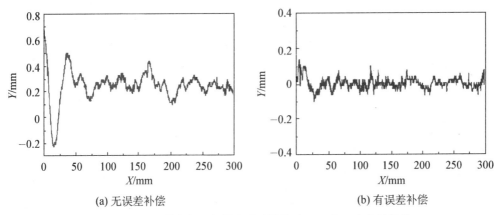

(a) 无误差补偿　　　　　　　　　　　(b) 有误差补偿

图 3-2-18　激光加工机器人跟踪焊缝时 TCP 在 Y 方向的偏差

4. 摄像机和手眼的同时标定

　　如图 3-2-19 所示，视觉系统用于确定工件上的焊接位置，激光焊接头和激光视觉装置刚性安装在机器人手爪上。激光投射在焊接工件上，V 型焊接坡口的信息反映在激光线上。然后，从激光视觉抓拍的图像上识别出 V 型坡口中心（焊接位置），并将焊接位置从图像坐标转换成世界坐标，根据此世界坐标值来控制机器人手爪的位移。这样，激光焊接头就从当前位置移动到下一位置，并编制程序由机器人自动完成此焊接任务。

　　视觉传感器能提高激光加工机器人的智能化程度，但摄像机参数和机器人

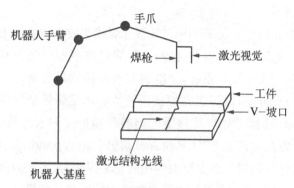

图 3 - 2 - 19　激光视觉加工机器人焊接系统结构

手眼关系都需要标定。传统的方法要两次分别标定,工作量大,耗费时间多,而且存在误差累积。具体应用系统可以实现同时标定摄像机和机器人手眼关系。基于机器人手眼矩阵和机器人手爪对基坐标系的位姿矩阵这两者之间的特定关系,只需进行一次标定实验,可同时求解出摄像机参数和机器人手眼关系矩阵。

　　设 T 为摄像机外参数矩阵,H 为机器人手爪坐标系对摄像机坐标系的变换矩阵(简称手眼变换矩阵),T_6 为激光加工机器人手爪坐标系对基坐标系的变换矩阵,R 为摄像机坐标系对激光加工机器人基坐标系的变换矩阵,这 3 个变换矩阵之间的关系为

$$R = T_6 H。\qquad (3 - 2 - 11)$$

由于激光视觉刚性连接于激光加工机器人手爪上,因此手眼变换矩阵 H 是不变量。同时,机械人的基坐标固定于地面,为方便起见,世界坐标系定义于机器人基坐标系上。于是,摄像机外参数矩阵为

$$T = R = T_6 H。\qquad (3 - 2 - 12)$$

而摄像机外参数矩阵 T 又可以由非线性最小二乘优化法求解出,矩阵 T_6 可由机器人控制器上读取的当前姿态 4 元素转换得到。因此,当摄像机参数求解后,便可同时得到机器人手眼矩阵

$$H = T_6^{-1} T。\qquad (3 - 2 - 13)$$

　　这种标定方法简单、方便、快捷,避免了传统方法中求解手眼矩阵方程 $AX = XB$ 的复杂过程,而且标定精度能满足激光加工机器人焊缝跟踪的应用要求。

　　(四)双光束激光焊接

　　双光束激光焊接是新型激光焊接技术,特别是壁板结构蒙皮与加强筋之间

T型接头的焊接,采用这种焊接技术能够达到焊接质量要求。采用对称激光加工机器人,从工件两侧同步焊接,扩大了深熔焊小孔上端的开口,有利于焊接过程中气体的逸出,增强了小孔的稳定性,从而减少气孔率,增加焊接过程稳定性,最大限度地减小工件变形,保证了工件外型面的形状精度。

1. 运行轨迹规划

为使运动学约束的所有机器人关节的运动时间最短,采用遗传算法优化每段插值时间,如图 3-2-20 所示。

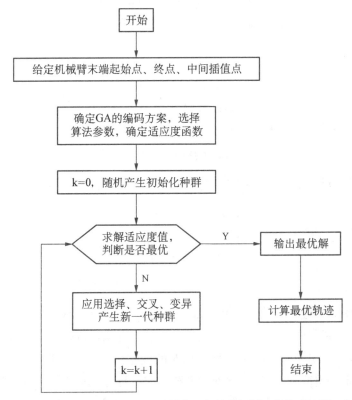

图 3-2-20 双激光加工机器人运行轨迹规划遗传算法流程

2. 运动协调

在工件对应位置建立双激光加工机器人各自的工件坐标系,A 激光加工机器人的 TCP 绕 Y 轴旋转一定角度 θ 后,与 B 激光加工机器人的 TCP 完全重合,对应位姿转换矩阵为

$$\boldsymbol{R} = \begin{bmatrix} 0 & 0 & -\sin\theta \\ 0 & 1 & 0 \\ 1 & 0 & 0 \end{bmatrix}。 \tag{3-2-14}$$

设 A 激光加工机器人的位姿矩阵为

$$\boldsymbol{T} = \begin{bmatrix} \cos\alpha\cos\beta & t_1 & t_2 & p_x \\ \cos\alpha\cos\beta & t_3 & t_4 & p_y \\ -\sin\beta & \cos\beta\sin\gamma & \cos\beta\cos\gamma & p_z \\ 0 & 0 & 0 & 1 \end{bmatrix}, \tag{3-2-15}$$

式中

$$t_1 = \cos\alpha\sin\beta\sin\gamma - \sin\alpha\cos\gamma,$$
$$t_2 = \cos\alpha\sin\beta\cos\gamma + \sin\alpha\sin\gamma,$$
$$t_3 = \sin\alpha\sin\beta\sin\gamma + \cos\alpha\cos\gamma,$$
$$t_4 = \sin\alpha\sin\beta\cos\gamma - \cos\alpha\sin\gamma。$$

由此可求得 B 激光加工机器人的位姿矩阵为

$$\boldsymbol{T}' = \boldsymbol{R} \times \begin{bmatrix} \cos\alpha\cos\beta & t_1 & t_2 \\ \cos\alpha\cos\beta & t_3 & t_4 \\ -\sin\beta & \cos\beta\sin\gamma & \cos\beta\cos\gamma \end{bmatrix}。 \tag{3-2-16}$$

3. 焊缝跟踪

可采用的焊缝跟踪技术是激光视觉跟踪技术。传感器投射一条激光条纹到焊缝表面,传感器内部的摄像头采集激光条纹的图像,处理器对图像进行处理和模式识别,计算出激光焊接头与焊缝相对的偏差。当激光焊接头位置与焊缝坡口超过预定偏差范围时,数字化处理系统快速运算并执行比例控制,实时调整激光焊接头姿位和焊接位置,控制在焊缝坡口尺寸范围内;当激光焊接头尺寸偏差在允许范围内时,直接通过智能模糊控制技术调整焊接位置,使激光焊接头回归到焊缝有效范围内。跟踪基本流程,如图 3-2-21 所示。

(五) 焊接系统例举

1. 龙门机器人激光焊接系统

龙门机器人激光焊接系统可以焊接接头形式为 1 mm+1 mm、2 mm+2 mm、4 mm+4 mm 的对接焊缝,也可以用于其他类似工件的对接、搭接及角焊缝焊接,可以实现激光自熔与激光填丝两种不同的焊接方式。图 3-2-22 所示

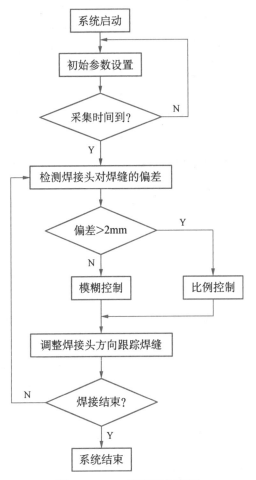

图 3-2-21 跟踪基本流程

是其外形照片。

　　该系统采用龙门架结构,配备大功率光纤激光器的焊接系统。主龙门架包括两个立柱、横梁、载物平台和横向导轨。龙门导轨宽为 6 m,由两侧立柱下面的小车通过双侧交流伺服电机驱动,夹紧在龙门架行走导轨上的齿轮转动(称为 1、2 轴),带动行走。龙门架沿地面轨道行走,通过二轴定位模块可

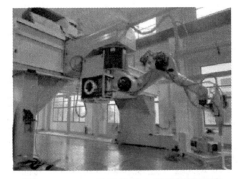

图 3-2-22 龙门机器人激光焊接系统

以保证两侧的交流伺服电机同步驱动,保证行走平稳、无爬行。在主龙门的横梁上安装有一个移动滑台,滑台采用交流伺服驱动(称为机器人外部轴),滑台上带有机器人安装底座,机器人倒挂安装在底座上,滑台可沿龙门横梁横向移动,可实现 0.3~10 m/min 之间无级调速。沿龙门架横梁的移动为机器人的外部扩展轴。在龙门移动双侧导轨中间以及龙门导轨端头,可以摆放多套工装夹具,实现交替装夹与焊接,以提高生产效率及激光器的利用率。焊接生产时龙门系统保持静止,焊接过程靠机器人和外部轴的协调移动完成。激光器、激光器水冷机、加工机器人控制柜、送丝机等均安放在龙门后方的平台上,保护气瓶安放在龙门侧面,便于更换。

光纤激光焊接系统主要由光纤激光器、光路耦合系统、激光器水冷机、操作光纤、激光焊接头及激光防护装置构成。最大额定输出激光功率 4 kW,可连续(CW)输出也可以脉冲输出,脉冲频率最高可为 5 kHz。激光器配备 Laser Net 控制软件,可自行控制激光器各种输出参数;配备以太网接口、Device Net 或 PRORIBUS 接口。

控制单元包括硬件及软件部分。硬件部分上位机采用触屏计算机,下位机采用 PLC(可编程序控制器)控制。软件部分主控软件采用 C++ 语言定制开发,建立工艺库,实现激光焊接工艺数字可控,与机器人及激光器数字通讯,实现状态显示,报警错误识别。工控机主界面与 PLC 联机,除了可以监视运行状态、设置和修改工艺参数之外,还提供调整维修用手动面板。整套控制系统实现龙门、激光器、机器人 3 部分通信,并协调焊接加工工作。

2. 柔性机器人光纤激光焊接系统

柔性机器人光纤焊接系统是激光焊接的高效分时特性与机器人的柔性化智能化特性相结合的激光焊接系统,如图 3 - 2 - 23 所示。

主要组成部分包括光纤激光器系统、机器人及变位机系统、机器人控制柜、准直聚焦系统、焊接实时观察系统、横向气帘供给系统、保护气体供给系统及工装夹具等。光纤激光器最大输出激光功率 4 kW,芯径为 200 μm 的传导光纤将激光输送至准直聚焦系统,聚焦后的光束质量因子为 6.6 mm×mrad。该激光器模块通过 IPG 配套的水冷机冷却,确保激光的光束质量在加工过程中保持稳定。还设置了另一路冷却水用于冷却准直聚焦系统。六轴联动机器人最大臂展半径为 1.5 m,有效载荷 16 kg,重复定位精度 0.03 mm。变位机最大承重为 250 kg,最大连续转矩 350Nm。机器人与变位机可通过机器人控制柜实现 8 轴联动,使焊缝处于平焊或船形焊位置,从而获得较好的焊缝成型和焊缝质量。

直接采用机器人控制柜作为控制终端,用于控制激光运行、机器人运动轨

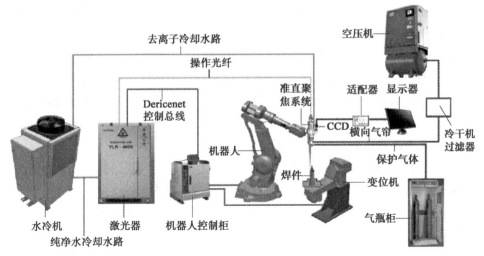

图 3 - 2 - 23　柔性机器人光纤激光焊接系统组成

迹以及辅助气体通断 3 者之间的协调配合。该焊接系统的人机交互主要在机器人控制柜的示教器上完成。

为了提高焊接位置优化精度并实时观察焊接过程,在准直聚焦系统的分光模块位置安装了 CCD 高速摄像头。该摄像头通过适配器与外置显示器连接。在机器人编程控制的示教模式下,该观察系统可以保证操作人员在在线示教编程模式下精确锁定焊缝位置。观察系统可以实时观察激光焊接的稳定性及焊缝表观质量。

控制程序采用了模块化设计,即先编写完成具有特定功能的子函数模块,然后根据不同焊接工艺的具体需求,组合或嵌套不同的子函数模块并生成主程序。为了适应研发和生产的不同需求,编写了工艺参数固定的连续生产焊接模式和工艺参数可变的自由研发焊接模式,分别通过两个子函数来实现。

五　激光加工机器人再制造

以原有损伤零件作为再制造毛坯,采用激光切割、熔敷技术,并结合激光快速成型技术,应用激光加工机器人在零件基体上实施相应加工,最后生成与原型零件近形的三维实体,恢复零件尺寸形状和使用性能;或对长期使用过的产品零件的性能、可靠性和寿命等通过再制造加以恢复和提高。这里从智能制造角度介绍,第四章具体介绍激光再制造。

(一) 工作原理

利用机器视觉系统三维测量损伤、缺陷工件表面形貌,获取其表面三维点云数据,数据预处理后,生成三维模型,并提取出工件表面损伤、缺陷区域的三维形貌数据信息;然后规划加工工艺参数和路径,通过对损伤、缺陷区域模型分层切片得到加工路径数据,并离线自动生成激光加工机器人加工程序;再在计算机上对编制的程序进行仿真和优化;最后将优化调整后的程序传输到激光加工机器人控制系统,控制激光加工机器人携带激光加工头按规划的路径,逐层熔敷,最终完成激光再制造加工任务。

1. 表面缺陷识别

缺陷、损伤自动识别是激光加工机器人修复再制造的基础技术。将表面划分为正常和缺陷两种,提取表面缺陷识别的特征,然后根据特征建立相应的识别分类器,得到识别结果后,激光加工机器人便可以自动执行修复再制造工作。

表面缺陷识别技术有多种,如基于三角网格模型的缺陷识别技术,利用初始缺陷边界特征识别法,生成初始缺陷边界;针对初始缺陷边界不连续、多分支、边界呈锯齿状等特点,按照三步优化处理方法,得到损伤工件的缺陷边界,实现工件损伤、缺陷识别。另外一种是粒子群优化特征和支持向量机相融合的表面缺陷识别技术,如图 3 - 2 - 24 所示,工作步骤是:

① 收集激光加工机器人再制造表面缺陷分析图像。

② 收集到的表面图像一般包含一些噪声,或者图像不清楚、模糊等,需要预处理。比如,采用同态滤波处理图像,消除其中的噪声等无用信息,增强图像质量。设工件表面图像为 $f(x, y)$,可以描述成为两部分,即

$$f(x, y) = f_i(x, y) \cdot f_r(x, y), \qquad (3 - 2 - 17)$$

式中,$f_i(x, y)$ 为图像的低频部分,$f_r(x, y)$ 为图像的高频部分,同态滤波就是减少其中的低频部分,增加高频部分。

③ 不变矩变特征是一种图像局部特征提取方法,对仿射变换、尺度缩放等操作保持不变。采用不变矩变特征提取表面缺陷分析图像的特征,并进行归一化处理为

$$x' = (x - x_{min})/(x_{max} - x_{min}), \qquad (3 - 2 - 18)$$

式中,X_{min} 和 X_{max} 分别为特征最大和最小值。

④ 采用粒子群算法确定表面缺陷的特征权值,并对样本进行相应的处理。

⑤ 将训练样本输入到支持向量机中学习,建立激光再造机器人表面缺陷分类器。

⑥ 识别待测试表面缺陷,输出结果。

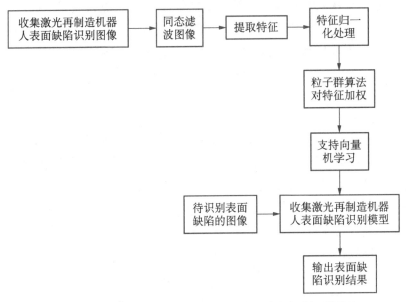

图 3-2-24 激光加工机器人再制造表面缺陷自动识别原理

2. 工件修复模型

再制造工件大多是表面磨损、腐蚀或损伤的零部件,几何尺寸以及结构形貌在再制造之前一般并不确切知道。为了合理、高效地规划路径(即修复路径规划),需要利用逆向工程反求重建,构建缺损部位三维几何形貌,建立修复模型,并准确判断损坏程度。首先通过数字化测量获得再制造工件 3D 点云数据,使用点云处理技术得到工件表面的再制造模型,然后综合考虑此再制造模型与标准工件模型,进行 3D 对比,以获得缺损量,结合激光再制造工艺,再规划加工路径。

(1) 工件 3D 点云数据的采集 可采用 3D 扫描仪采集损伤、缺陷工件 3D 点云数据。根据缺损工件的形状,进行多个角度不同方位的扫描。在软件中,通过公共参考点把每幅扫描照片自动拼合,最终完成整个覆盖工件外形的扫描。

(2) 点云数据处理 由于测量中不可避免地存在测量误差,尤其在曲率变化剧烈的部位,因此,需要对得到的点云数据进行处理,筛选出异常数据。处理分两步进行:

① 显示和评估原始缺损工件点云数据,用以发现测量遗漏区域,并初步评估测量的精确度,以便决定是否需要重新测量。

② 采用滤波算法剔除瑕疵点,减少表面噪声,平滑点云数据以减少测量误差的影响。

（3）缺损量获取和分析　根据工件的实际情况，将点云数据与标准模型配准，使工件非破损区域的点云数据与标准模型对比；设定误差阈值，识别和分割缺损工件点云数据中缺损部分区域，即计算点云数据到标准模型的距离，作为再制造工件表面的缺损量；记录下各部位的缺损量以及对应的缺损位置，作为修复路径规划基础。

3. 再制造规划

再制造规划模块包含工艺规划和路径规划。工艺规划根据再制造要求和具体任务，以及相关再制造特征信息，针对缺陷零件材料、缺陷形式和修复要求，规划激光加工扫描方向和各项工艺参数。根据工艺规划结果，规划零件缺陷区域修复轨迹，获取激光加工机器人再制造路径数据。利用数据库实现系统的各种图形、文档、数据、规则、工艺知识等的存储和管理。

再制造规划的基本要求为：激光加工头轴线理论上始终垂直于工件修复区域表面，且激光加工头末端与零件被修复表面保持等距。

（1）工艺规划　激光再制造一般采用激光切割和激光熔敷。工艺规划第一步，基于工件材料、缺陷具体情况以及再制造工艺的要求等，结合试验获得的激光加工工艺知识库，确定激光功率、扫描速度、送粉量、载气流量和离焦量等参数。第二步，考虑以上激光再制造工艺参数，建立轨迹间中心距和临界搭接率计算模型，基于该模型确定激光再制造路径间距。

（2）路径规划　激光加工头的空间路径可定义为激光加工头经过的一系列点的集合。针对再制造模型，采用等距轨迹法，规划机器人加工的路径位置点。根据缺损部分缺损量的大小，并结合试验获得激光修复工艺参数，选择适当的轨迹间中心距和临界搭接率。

在理论上要保证激光束垂直加工面，但为了避免光束反射进入加工头而损害光学元件，实际上应使激光束轴线与加工面的法线成一定角度。在路径加工点 P_i，激光束轴向矢量为 Q_i，表达式为

$$Q_i = \frac{(P_{i+1} - P_{i-1}) \times (M_k - M_i)}{\| (P_{i+1} - P_{i-1}) \times (M_k - M_i) \|}, \tag{3-2-19}$$

式中，P_{i+1}、P_{i-1} 分别为加工路径点 P_i 前后的加工路径点；M_k、M_i 分别为过加工路径点 P_i 且垂直于 P_{i-1}、P_{i+1} 的平面，与相邻加工路径曲线的左右交点。

激光加工头到工件表面要保持恒定的距离，设垂直距离为 h，激光加工头的运行路径可通过偏置算法得到：

① 对 P_i 沿向量 Q_i 方向偏置距离 h，得到点 P_i 的偏置点 S_i，其数学表达式为

$$S_i = P_i + h \frac{Q_i}{\|Q_i\|}。 \qquad (3-2-20)$$

点 S_i 包含坐标值和激光束轴向矢量信息,即激光加工头在点 S_i 的移动位置(坐标值)和姿态(与 Q_i 方向相反)。

② 用①方法遍历整个路径加工点列 P,就可以获得整个点集 S,即 $S = \{S_i(x_i, y_i, z_i), i = 1, 2, \cdots, n\}$。

(二) 系统结构

1. 组成

系统主要由运动执行机构(包括机器人系统和工作台系统)、激光能量供给系统(包括高功率激光器系统和光纤激光耦合传输系统)、远程送粉系统、同轴送粉工作头、供气装置、温度检测视觉系统等组成。图 3-2-25 所示是激光加工机器人再制造系统。

2. 视觉检测系统

在制造过程中,需要检测零件和损伤部位 3D 形貌、激光熔池温度场,以

图 3-2-25 激光加工机器人再制造系统

及同轴送粉粉末流浓度场。将数据和图像信息输入控制系统,并控制激光加工机器人按优化的工艺条件修复工件。

(1) 三维形貌视觉检测系统 该检测系统由零件三维形貌扫描硬件装置、CCD/CMOS 相机组和零件三维模型重构专用软件组成。零件三维形貌扫描是基于双目立体视觉三维测量原理,由两个摄像机从不同的角度同时获取物体的两幅数字图像,两幅图像之间存在视差,再根据三角测量原理便可获得物体三维信息。三维形貌扫描装置发射结构光,扫描待修复零件表面,双目 CMOS 立体视觉相机采集结构光反射信息,送入计算机,经三维模型重构专用软件处理后,即可生成待修复零件 3D-CAD 模型。将 3D-CAD 模型数据送入路径规划模块,离线编程和仿真,检查无误后即可送入数控系统加工。

(2) 激光熔池温度场检测 检测系统主要由 CCD 测温装置、计算机和专用测温软件等组成。CCD 测温装置装在激光加工机器人手臂末端,并与计算机相连。专用软件包括 4 个功能模块:图像处理、温度计算、温度场 2D 分布及温度场数值显示。在 CCD 相机测温时,图形工作站计算机屏幕上可实时显示 CCD 采集的激光熔池温度场热辐射图像 2D 分布和专用软件处理后温度场

内各点的数值。

CCD 测温范围 700~1 400℃,可以外延到 2 500℃,温度分辨率为 50℃。

(3) 粉末流浓度场检测 检测系统由具有二维片光源的高亮度半导体激光器、高速 CMOS 相机、激光同轴送粉装置、计算机和浓度场机器视觉专用软件等组成。激光同轴送粉工作头装于激光加工机器人手臂末端上,半导体激光器和 CMOS 相机置于激光同轴送粉工作头下方。图 3-2-26 所示是检测原理示意图。二维激光器发出的激光照亮由同轴送粉嘴输出的金属粉末,在粉末被照亮的同时,由高速跨帧 CMOS 相机拍得金属粉末流照片。照片经过数字图像处理卡输入到计算机,由专用软件处理。

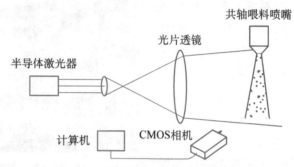

图 3-2-26 粉末流浓度场检测原理

(三) 应用例举

1. 石油钻铤激光再制造

石油钻铤三条刀刃在工作中磨损严重,需要恢复其尺寸和使用性能,并要求在钻铤每条刀刃再制造耐磨层 3 mm,表面不得有裂纹、折叠、凹坑和结疤等缺陷。

石油钻铤刀刃是空间曲面,要求激光光束与加工表面垂直,还要求激光加工机器人根据零件的表面轮廓不断调整激光同轴送粉工作头的姿态。结合零件数字模型规划路径,根据工艺要求控制机器人走出路径的运动轨迹。首先获取被加工钻铤三条刀刃的再制造毛坯模型,将其与标准模型配准,计算缺损面到标准面的距离作为再制造毛坯表面的缺损量,记录下各部位的缺损量以及对应的缺损位置,建立再制造模型。修复后完全恢复零件原来表面形状,提高耐磨损性能,表面熔敷洛氏硬度大于 60HRC。

2. 大型车床导轨激光再制造修复

大型车床导轨使用时长之后，磨损严重，硬度降低，表面不平整。床体质量很大，磨损面待加工修复有 6 个面，其中两个水平面、4 个 45°斜面用常规方法修复难度比较大，并且成本高。采用激光加工机器人再制造，能够修复其磨损面，并提高了其硬度和耐磨损性能。图 3-2-27 所示是激光加工机器人在修复车床导轨的现场。

原导轨表面洛氏硬度为 34～37.9HRC，修复后激光硬化带洛氏硬度为54.3～58HRC。修复后的导轨质量良好，具有高精度和耐用性，车床运转性能良好。

图 3-2-27　激光加工机器人在修复车床导轨的现场

第四章
激光再制造技术

4-1 激光再制造基本原理及特征

制造业每年消耗了大量的自然资源,同时也产生了全世界70％以上的污染物。我国现已跻身世界制造业大国行列,工业增长值位居世界第四位,约为美国的1/4。但由于我国制造业起步较晚,技术相对落后,每年我国消耗了全世界25％的钢铁、30％的煤炭,也成为第二大石油消费国。为了节约自然资源,保护环境,20世纪90年代末,在中国工程院徐滨士院士及一大批有识之士的共同呼吁下,中国开始涉足再制造工作,开启了中国的再制造之路。

一 概述

(一) 内涵

再制造是指将已经报废的产品经过拆卸、清洗、检验、翻新修理和再装配后,使其恢复到或者接近于新产品的性能标准。在保证匹配的情况下,将旧产品恢复到和新产品一样好的性能的加工过程。国内学术界一般采用徐滨士院士的定义:"以产品全寿命周期设计和管理为指导,以废旧产品实现性能跨越式提升为目标,以优质、高效、节能、节材、环保为准则,以先进技术和产业化生产为手段,修复和改造废旧产品的一系列技术措施或工程活动的总称。"再制造不仅延长了产品的使用寿命,恢复了产品的性能,而且还可以利用与时俱进的科技手段对产品技术升级。

(二) 再制造价值评估

根据产品的生产与服役状况,可以从产品再制造后的性能变化(技术可行性)、再制造生产的经济效益(经济可行性)以及再制造过程是否环保(环境可行性)等三方面采集的大量信息,采用数理统计和模糊数学方法,量化分析各因素,建立相应的评价数学模型,如图4-1-1所示。只有技术性、经济性和环境性3个方面的指标同时可行时,废旧产品才有再制造的价值,其中任何一个指标不能满足要求,则失去再制造的价值。

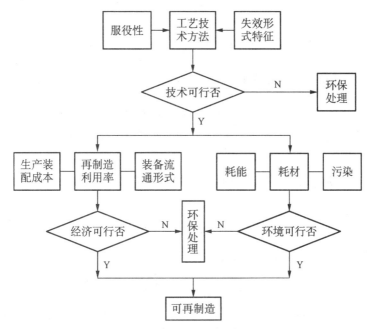

图4-1-1 再制造价值评估体系

(三) 再制造产品性能评价

建立性能评价模型主要是基于废旧产品的失效形式和新产品的性能要求,选择一系列的性能指标,考察不同技术工艺方法,获得再制造产品与新产品之间的性能差异。可在某特定技术工艺(比如激光熔敷技术)下,预测几个再制造产品的重要性能,比如硬度(H)、耐磨性(w)、疲劳强度(f)以及耐腐蚀性(r)等,作为性能评价的主要指标。将这些指标综合起来就获得了性能评价因子的一般评价指标集:

$$\boldsymbol{P} = \{H, w, f, r\}。 \tag{4-1-1}$$

原产品的性能评价因子的评价指标集可以表示为

$$\boldsymbol{P}_0 = \{H_0, w_0, f_0, r_0\}。 \tag{4-1-2}$$

再制造产品的性能评价因子的评价指标集可表示为

$$\boldsymbol{P}_1 = \{H_1, w_1, f_1, r_1\}。 \tag{4-1-3}$$

将 P_1 与 P_0 相比，可以得到无量纲化的性能评价指标集

$$P_{1,0} = \left\{ \frac{H_1}{H_0}, \frac{w_1}{w_0}, \frac{f_1}{f_0}, \frac{r_1}{r_0} \right\}, \qquad (4-1-4)$$

简写为

$$P_{1,0} = \{H_{1,0}, w_{1,0}, f_{1,0}, r_{1,0}\}。 \qquad (4-1-5)$$

然后，建立各评价指标权重系数

$$A = \{\alpha_1, \alpha_2, \alpha_3, \alpha_4\}, \qquad (4-1-6)$$

式中，$0 < \alpha_i < 1$，且 $\sum\limits_{i=1}^{4} \alpha_i = 1$。

将每个评价指标与其相应的权重系数相乘并求和，得到该工艺条件下的性能评价因子

$$P = \alpha_1 \times H_{1,0} + \alpha_2 \times w_{1,0} + \alpha_3 \times f_{1,0} + \alpha_4 \times r_{1,0} \qquad (4-1-7)$$

性能评价因子 P 的数值代表了再制造产品相对于新品性能提升的量化，如果计算得到的 $P \geqslant 1$，则表明再制造的产品综合性能达到或已超过原产品，再制造在技术上是可行的；否则，表示技术上是不可行的。

（四）再制造产品经济性能评价

再制造的经济性指指标代表的是投入资金与产出效益之间的关系，经济上的可行性是指废旧产品进行再制造可以产生经济效益。再制造产品的成本主要包括废旧产品的回收成本（即残余价值）和再制造加工成本（包括拆卸、清洗、检测、加工和装配等）。设 C_0 为新产品价格，C_1 为废旧产品回收成本，C_r 为产品再制造的生产成本，P 为产品使用寿命提高的倍数，则经济评价因子可以表示为

$$C = \frac{P \cdot C_0}{C_1 + C_r}。 \qquad (4-1-8)$$

$C > 1$ 表明该产品的再制造是可以取得经济效益，在经济上是可行的。相反，$C \leqslant 1$ 则表示该产品的再制造是不赚钱甚至是亏本的。

（五）再制造的环保评价

再制造的环保评价指标是再制造加工过程中对环境所产生的危害与新品生产所产生的环境危害相比，是否有所减轻。

通过选取一系列的环境污染指标，可以建立环保评价模型以考察某种产品

在不同技术工艺方法下再制造的环保可行性。例如,激光熔敷技术,可以选择废水排放量(W_h)、CO_2 排放量(W_g)、粉尘污染(W_d)作为环保评价的主要指标,将这些指标综合起来可以获得与性能评价因子表达形式相似的环保评价因子 E 的评价指标集

$$E = \{W_h, W_g, W_d\};\qquad(4-1-9)$$

原产品的环保评价因子 E_0 的评价指标集可以表示为

$$E_0 = \{W_{h0}, W_{g0}, W_{d0}\}。\qquad(4-1-10)$$

同理,再制造产品的环保评价因子 E_1 评价因素集可以表示为

$$E_1 = \{W_{h1}, W_{g1}, W_{d1}\}。\qquad(4-1-11)$$

将 E_1 和 E_0 中对应的各项评价指标相比,可以得到无量纲的环保评价指标集

$$E_{1,0} = \left\{\frac{w_{h1}}{w_{h0}}, \frac{w_{g1}}{w_{g0}}, \frac{w_{d1}}{w_{d0}}\right\} = \{W_{h1,0}, W_{g1,0}, W_{d1,0}\}。\quad(4-1-12)$$

建立各评价指标的权重系数

$$A = \{\alpha_1, \alpha_2, \alpha_3\},\qquad(4-1-13)$$

式中,$0 < \alpha_i < 1$,且 $\sum_{i=1}^{3} \alpha_i = 1$。

将各评价指标与其权重系数相乘并求和,则得到该再制造工艺条件下的环保评价因子

$$e = \alpha_1 \times W_{h1,0} + \alpha_2 \times W_{g1,0} + \alpha_3 \times W_{d1,0}。\qquad(4-1-14)$$

$e < 1$ 表明该产品的再制造对环境造成的污染小于生产新产品,在环境保护角度上是可行的;否则,说明该产品再制造产生的环境污染与生产新品相当甚至更大,在环保方面考虑就是不可行的。

二 再制造基本原理

(一) 产品寿命周期

传统的产品设计观念往往只注重产品从论证、设计到制造,占全寿命周期费用20%~30%的产品前半生的部分,而忽视了产品使用、维修以及报废,占全寿命周期费用70%~80%的产品后半生部分的研究。再制造则打破常规,将产品的后半生作为其主要的研究对象,力求提升、改造废旧产品的性能,使废旧产品

重获新生。

产品的传统寿命周期为"研制—使用—废弃",是一个开环的物流系统;而再制造产品的理想寿命周期是"研制—使用—再生",其物流系统是闭环的,如图4-1-2所示。

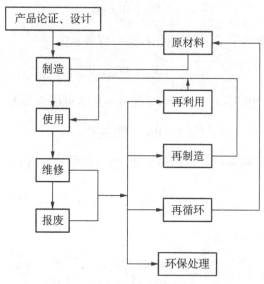

图4-1-2 产品全寿命周期过程

产品寿命的终结一般是指其失去使用价值而报废的时刻。产品的寿命可以分为物质寿命、技术寿命和经济寿命。物质寿命指的是产品从开始投入使用到最终报废所经历的时间区间,产品物质寿命一般是由零部件磨损与腐蚀、材料老化和机件损坏等因素决定的,由于物质寿命的终结而导致报废的产品零部件,其中相当一部分可直接利用再制造技术加工后再投入使用。技术寿命是指产品从开始研制到因技术落后而被终止使用所经历的时间区间,生产发展的速度决定着产品的技术寿命,通过适当的改造升级可以使产品的技术寿命延长。经济寿命是指产品从最初使用到经济效益逐渐丧失所经历的时间区间。产品完成整个寿命周期以后,一部分零件无需任何加工便可以继续投入使用;一部分零件可以通过再制造修复或改进;一部分零部件由于受当前技术条件的限制,或者经济收益不够好而无法再制造,便通过再循环使其变回原材料;还有一部分完全没有利用价值,只能做环保处理。废旧产品再制造的终极目标是要最大限度地增大再利用与再制造部分的零部件比例,尽量减少零部件再循环部分所占比例,使需要做环保处理的零件部分尽量趋向于零。

（二）再制造技术特征

再制造与维修有很大的区别,维修指的是在产品的使用阶段为了使其保持良好的技术状况以及正常运行而采取的技术措施,具有随机性、原位性和应急性的特点。再制造是指将大量报废产品集中回收到工厂进行拆卸与检测,选择出具备足够剩余寿命的废旧零部件作为毛坯,采用高新技术手段批量化修复或性能升级,再制造后的产品无论在技术性能上还是在质量上都可以达到甚至超过原新品水平。再制造是一种具有专业性、互换性、规模化的,恢复产品性能的循环方式。零部件的维修能有效延长产品寿命,而再制造则是为废旧产品建立一个新的生命周期。表 4-1-1 列出了再制造与维修的主要区别。

表 4-1-1　再制造与传统维修的技术特征区别

再　制　造	维　修
批量生产	单件
全部重建、恢复如新	只修理损坏件
顾客得到另外的产品	顾客得到原来的产品
寿命有保障或像新品一样	寿命取决于修理水平
产品升级	产品保持原有水平

再制造也与回收再循环有着显著不同。回炉是再循环的最基本加工技术途径,零件回炉时,原来制造时注入其中的能源价值与劳动价值将全部丧失,回炉后的所得物只能作为原材料。在回炉过程和之后的成型加工中,又要消耗大量的能源。对废旧产品的再利用、再制造和再循环统称废旧产品资源化,而再利用和再制造是废旧产品资源化的最佳形式与首选途径。

4-2　激光再制造工艺技术

一　激光再制造专用材料

（一）对材料基本要求

激光再制造材料要求与产品基体材料的基本性能一致,如与基体材料有互熔性,可实现冶金结合,以及在生成的修复层中不出现诸如裂纹、气孔等缺陷,并且修复层内组织均匀,与产品基体材料结合的界面强度不小于基体材料强度。目前,对于激光再制造材料及基体材料的许多物理性质还无法完全了解,因此,如何衡量激光再制造材料与基体材料是否具有良好的匹配关系,便成为激光再制造专用材料研究的一个重点。另外,也不能单纯追求材料的使用性能,还需要考虑材料是否具有良好的激光再制造工艺性能,尤其是与基材在热膨胀系数、熔点等热物理性质上是否具有良好的匹配关系。

1. 与基材热膨胀系数匹配

激光再制造修复层中产生开裂、裂纹的重要原因之一是专用材料与基材的热膨胀系数存在差异,因此,在选择激光再制造专用材料时首先需要考虑其与基材在热膨胀系数上的匹配,与基材之间的热膨胀系数差异,将对再制造修复层与基体的结合强度、抗热震性能,特别是抗开裂性能产生不利的影响。目前,大多数研究都是根据激光再制造修复层与基材热膨胀系数的匹配原则,选择专用材料及其成分设计。传统观点认为,为防止修复层开裂和剥落,修复层使用的材料和基材的热膨胀系数应满足同一性原则,即二者应尽可能地接近;考虑到激光再制造的工艺特点,基材和修复层的加热和冷却过程不同步,因此修复层专用材料的热膨胀系数在一定范围内越小,对产生开裂越不敏感。

2. 与基材熔点匹配

与基体材料的熔点不能相差太大,否则难以与基体形成良好冶金结合且稀释度小的再制造修复层。一般情况下,若再制造修复材料熔点过高,加热时材料熔化少,会使修复层表面粗糙度高,或者由于基体表面过度熔化而导致再制造修复层稀释度增大,并且再制造修复层将被严重污染;而如果再制造专用材料的熔点过低,则会因材料过度熔化而使再制造修复层产生空洞和夹杂,或者由于基体金属表面不能很好熔化,使得再制造修复层和基体难以形成良好冶金结合。因而,一般选择熔点与基体金属相近的专用材料。

3. 与基材的润湿性匹配

激光再制造专用材料和基体材料之间应具有良好的润湿性。为了提高再制造专用材料与基体材料之间的润湿性,可以在设计再制造专用材料时适当加入某些合金元素。另外,可以选择适宜的激光再制造工艺参数来提高润湿性,如提高熔池温度、降低再制造专用材料熔体的表面能等。

此外,针对同步送粉激光再制造工艺,激光再制造专用合金粉末还应遵循流动性原则,即合金粉末应具有良好的固态流动性。粉末的流动性与粉末的形状、粒度分布、表面状态及粉末的湿度等因素有关,其中球形粉末流动性最好。粉末

粒度最好在 $40\sim200\ \mu m$ 范围内,粉末过细,流动性差;粉末太粗,熔敷性能差。粉末受潮后流动性变差,使用时应保证粉末的干燥性。

(二) 材料制备

激光再制造专用材料按照其添加时存在状态可分为粉末材料、膏状材料、丝状材料和棒状材料等。粉末材料通常配合同步送粉法使用,应用最为广泛。

目前普遍认为,激光再制造金属粉末需具备球形颗粒(球形度大于 98%,少或者无空心粉、卫星粉、黏结粉等)、粒径窄分布、低氧含量($<100\ ppm$)、高松装密度、低杂质含量(杂质含量不高于母合金、无陶瓷夹杂物)等基本特性。由此,决定了几种潜在的适用于制备激光再制造金属粉末的制粉技术。

1. 高压氩气雾化制粉技术(AA 法)

现代高压氩气雾化制粉技术综合了高真空技术、高温熔炼技术、高气压和高速气流技术,通过高速气流冲击并破碎液流得到金属粉末。制备的粉末具有晶粒细化、细粉收得率高、球形度高等特点,但存在粉末纯净度较低、粒度分布范围宽,且存在空心粉、非金属夹杂高等缺陷。

2. 同轴射流水-气联合雾化制粉技术

同轴射流水-气联合雾化制粉技术结合水雾化的低成本,同时保持气雾化高球形度、低氧含量的优势。高压气流对熔体进行预破碎,熔体经过拉膜、抽丝,破碎成小液滴,然后高压水冲击大液滴破碎成更为细小的液滴。水-气联合雾化粉末具有球化时间长、球形度比水雾化好、粉末粒度比气雾化细、氧含量较水雾化低等特点。

3. 等离子旋转电极雾化制粉技术(PREP 法)

一定规格尺寸的高速旋转电极棒端部在同轴的等离子体电弧加热源的作用下熔化成液膜,形成熔池,继而在旋转离心力的作用下,熔池内部的液膜态熔体流至熔池边缘雾化成熔滴,熔滴于飞行过程中在表面张力的作用下被气体介质冷却凝固成球形粉末。PREP 法粉末的最大优势是粉末表面清洁、球形度高、夹杂少、无空心粉。但是,传统的 PREP 法由于电极棒的直径小、转速低,制备的粉末粒度比较粗大。

4. 等离子火炬雾化制粉技术

把材料制成一定规格尺寸的棒坯或者原料丝,通过特殊的喂料结构(棒料进给系统、送丝机构等)以恒定速率送入炉体,并在炉体顶部多个等离子火炬产生的聚焦等离子射流下熔融雾化,形成液相,最后通过控制冷却速率得到球形粉体。这种制造技术得到的粉末具有高球形度、伴生颗粒少、纯度高、含氧量低、流动性好、粒径分布均匀等特点。

5. 无坩埚电极感应熔化气体雾化制粉技术(EIGA 法)

高频感应线圈将缓慢旋转的电极材料熔化并通过控制熔化参数形成细小液流(液流不需要接触水冷坩埚和导流管),当材料液流流经雾化喷嘴时,液流被雾化喷嘴产生的高速脉冲气流击碎并凝固形成微细粉末颗粒。EIGA 法最大的优势是无耐火材料夹杂、能耗小。目前国内技术制得的金属粉末粒度较粗大,电极的偏析也会导致合金粉体材料的成分不均匀。

基于现有激光再制造对金属基粉体材料的性能要求:细粒径($d = 20 \sim 40 \ \mu m$)、低氧含量(< 100 ppm)、高球形度、高松装密度、无空心粉、夹杂少等,高压氩气雾化制粉、同轴射流水-气联合雾化制粉技术在激光再制造中的应用将逐渐弱化,而等离子旋转电极雾化制粉、等离子火炬制粉、无坩埚电极感应熔化气体雾化制粉将成为粉体材料制备的主流技术。

二 激光再制造基本工艺技术

激光再制造的目的是在恢复零部件失效尺寸的基础上,进一步提高零部件的表面性能。因此,激光熔敷技术是激光再制造的技术基础,用以实现恢复零部件失效尺寸,熔敷层厚度、宽度由失效面积决定。根据修复需要,选择特定的合金材料以及激光熔敷工艺,可以在一定程度上提高零部件表面性能;而为了进一步提高修复表层的性能,同样需要利用激光表面强化技术,如激光相变硬化、激光表面合金化、激光表面固溶强化以及激光表面熔凝强化等工艺。这些工艺技术在前面已经作了详细介绍,这里只针对激光再制造技术需要作简要介绍。

(一)激光表面强化技术

1. 激光相变硬化工艺

以高功率密度($10^4 \sim 10^5$ W/cm²)的激光束快速扫描工件表面,使被激光束照射的工件表面温度以极快速度升至高于相变点而低于熔化温度;当激光束离开被照射部位时,由于热传导的作用,处于冷态的基体使其迅速冷却而进行自冷淬火,进而实现了工件的表面相变硬化,其硬化层组织细小,硬度高于常规表面淬火。

2. 激光表面合金化工艺

在工件表面加入合金元素(送粉或预涂),高功率密度激光束加热使合金元素迅速熔入基体表面,靠工件的导热快速凝固成合金层,从而达到所要求的耐磨、耐腐、耐蚀、耐高温和抗氧化等特殊性能。

3. 激光表面固溶强化工艺

该技术用于沉淀硬化不锈钢工件。为了满足抗磨、抗冲蚀性能,材料的含碳量很低(0.05%左右),经高功率密度的激光束加热,钢中不出现碳化物,使得工件表层合金元素大部分固溶于合金固溶体中,经时效处理后析出金属间化合物,从而比基体具有更优良的耐腐蚀性。如果工况条件冲蚀严重,可通过激光合金化与激光表面固溶同步复合强化工艺,提高表面硬度,增强其抗冲蚀能力。

4. 激光表面熔凝强化工艺

这是以高于相变硬化的功率密度($10^5 \sim 10^7$ W/cm²),在极短时间内($10^{-8} \sim 10^{-12}$ s)与工件表层相互作用,使其加热至熔点以上,随后借助冷态基体吸热和传导的作用,使熔化层快速凝固,获得细化的铸态组织,其硬度较高,耐磨性亦较好。

（二）激光熔敷技术

在工件表面添加具有某种特性(耐磨、耐热、耐蚀等)的熔敷材料(粉末或丝),并利用高能密度激光束使之与工件表面薄层迅速熔化、凝固,获得与基体冶金结合、稀释率低、能满足各种特殊性能要求的熔敷层。激光熔敷技术与传统的喷涂、电镀、离子镀层等工艺相比,其优点在于结合牢固,包敷层厚度可控,加工周期短,包敷层材料省等。与激光合金化类似,二者都需要添加合金元素,区别在于:激光合金化时,试样表层和涂层都熔化,被熔化的基体材料与表面涂敷合金元素均匀扩散或化合,形成化学成分与原基体材料不同的新合金层,合金层组分与基体成分相关性大;而激光熔敷时,依靠合金在表面堆积成一定厚度的合金层,彻底改变表面组分,与基材成分相关性不大。

激光熔敷层从金相学观察可分为 4 层:熔敷层、过渡层(敷层与基体冶金结合层)、热影响区、基体。其显微组织和性能以及生产效率等指标除了受基材和熔敷材料成分、激光工艺参数、单层或多层熔敷等因素影响外,还与熔敷材料供给方式有密切关系,最常用的有粉末预置法和同步送粉法。

粉末预置法是将粉末与黏结剂调制成膏状,涂在基体表面。常用的黏结剂有清漆、硅酸盐胶、水玻璃、含氧纤维素乙醚、硝化纤维素和环氧树脂等,其中后3 种由于在低温下可以燃烧气化,不影响熔敷层的组织性能,且对激光有良好的光学吸收率。这种做法主要缺点是存在预置层均匀性差,需消耗更多的激光能量熔化,黏结剂气化和分解易造成熔敷层污染和气孔等,以及难以获得大面积的厚度均匀的熔敷层。因此,目前这种方法多用于局部小面积薄层改性和修复、超细粉末激光熔敷以及激光熔敷的基础研究。

同步送粉法是将以气体为载体的粉末直接送入熔池中,分为同步侧送粉法和同轴送粉法。其中,侧送粉法有正向和逆向两种送粉方式,即工件运动方向与粉末气流运动方向的夹角小于 90°为正向;大于 90°为逆向。后者合金粉末利用率高于前者。在同步送粉中,不仅激光工艺参数对激光熔敷层质量有影响,而且粉末的流量、给料距离、激光束与送料喷嘴的轴线夹角等参数也对其质量有作用。一般认为,粒度在 $40\sim160\ \mu m$ 的粒状粉末具有最好的工艺流动性。采用尺寸过小的粉末易产生结团;反之,尺寸过大容易堵塞送料喷嘴。

同步送粉法与预置法相比具有更多优点,如易实现自动化生产,可制备出多层、大面积熔敷层,大大降低了熔敷层不均匀性以及形成泪珠状表面特征的可能性,减少了激光对基体材料的热作用等。其缺点是粉末利用率低(40%~50%),必须配有复杂的送粉装置和排除粉尘污染以及粉末回收等装置。为此,又发展了同步送丝法,它是在激光束焦点附近自动供给丝料使之熔化,并以细粒状进入激光熔池。此法比送粉法生产效率高,一次熔敷层厚度可达 3 mm,甚至更厚(取决于丝材直径和激光功率密度),材料利用率高,适合大批量生产,并可实现侧壁、内壁自动化堆焊。

(三)复合增材再制造技术

以激光熔敷技术为基础的单一能场激光再制造技术在工艺与装备上有了长足进步,但激光与材料相互作用的冶金过程难于控制,使得激光再制造技术面临如下挑战:

① 控形问题:再制造区域的热变形、内应力、开裂与表面质量难以精确控制。

② 控性问题:修复过程的微观组织、气孔与夹杂难以稳定调控。

目前,激光增材再制造技术已经由单一能量场向多能量场复合制造方向发展,并成为激光增材再制造技术重要发展趋势之一。激光束、超音速动能场、电磁场、冲击波等多能场复合,能有效解决激光再制造中出现的气孔、裂纹、热影响、效率、成本等关键难题。采用激光超音速沉积增材修复技术,将高速粒子动量场与激光辐射温度场进行耦合,实现超低热输入、极低变形量的高速高效控形控性修复,相比单一激光沉积效率能够提高 3 倍以上,可实现金刚石等超硬材料的快速沉积;针对激光增材复杂物理冶金过程中易出现的气孔、夹杂、偏析等微观缺陷,以及不同应用场合对熔池形状、成型表面及组织形态的控制需求,采用电磁场复合增材制造技术,突破传统工艺性能调节的限制,实现灵活的可选区控形控性调控,显著抑制修复层表面波纹和内部缺陷,减少后续加工余量。

1. 超音速激光沉积复合再制造技术

超音速激光沉积(supersonic laser deposition,SLD)是新近发展起来的一

种将激光加热与冷喷涂同步耦合的复合制造技术,其技术原理如图4-2-1所示。预热后的工作气流与携带沉积粉末的载气在混合腔内充分混合后进入 de Laval 喷嘴进行加速,加速后的气固两相流以较高的速度撞击激光同步加热的基体区域,沉积颗粒通过剧烈的塑性变形与基体结合形成沉积层,沉积区域的温度可通过红外高温仪实时监测与控制。

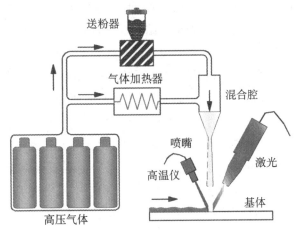

图4-2-1 超音速激光沉积原理

超音速激光沉积技术与激光熔敷、热喷涂、冷喷涂等再制造技术相比,具有如下的优势:

① 超音速激光沉积技术是基于冷喷涂发展起来的材料沉积方法,没有熔化凝固带来的夹杂相变,可以保持原始粉末的成分不变,同时,沉积效率大幅度提升,可望达到现有单一激光沉积制造的4～5倍。

② 由于沉积过程中仍然保持了冷喷涂低温沉积的特性,材料沉积温度低于激光熔敷、热喷涂等技术,因此,可有效避免高热输入存在的相变、变形、开裂等热致不良影响,尤其是在沉积一些热敏感材料时优势更为明显。同时,超音速激光沉积过程中,由于激光的加热作用,使沉积粉末和基体材料得到有效软化,增加了粉末和基体材料的塑性变形能力,因此,所制备的沉积层较单纯冷喷涂沉积层更致密、结合强度更高,有望获得高性能的再制造层。

③ 由于激光的引入,沉积粉末的临界沉积速度较单纯冷喷涂大大降低,可以在较低的撞击速度下形成沉积层。因此,可用 N_2 替代价格昂贵的 He 气作为载气,有望大大降低制造成本。此外,临界沉积速度的降低,可以提高沉积粉末的沉积效率,从而降低材料成本。

④ 由于软化效应,超音速激光沉积能够制备一些冷喷涂难以沉积的高硬度

材料沉积层,如 Stellite 6、WC、Ni60 等,大大拓展了冷喷涂材料范围。

超音速激光沉积技术由于结合了冷喷涂与激光技术的优势,可在不同的基体上制备单一材料沉积层和复合材料沉积层。在沉积层粉末和基体材料的选择方面具有较大的灵活度,工艺适应性好,可满足宽领域范围的增材再制造需求。

超音速激光沉积 Stellite 6 粉末仍然保持了原始粉末细小的内部组织结构和物相组成,不同于激光熔敷沉积层中由于快速熔化/凝固形成的粗大枝晶结构;WC、Ti、Ni60 沉积层的微观组织结构与 Stellite 6 沉积层类似。

除了单一材料沉积层的微观结构表征以外,WC/SS316L、WC/Stellite 6、Diamond/Ni60 等复合材料沉积层保持了黏结相与增强相的微观组织结构和物相,避免了 WC、Diamond 等热敏感材料在激光熔敷过程中的分解相变问题。图 4-2-2 和图 4-2-3 分别是超音速激光沉积与激光熔敷 Diamond/Ni60 复合材料沉积层的内部微观结构以及拉曼光谱对比。超音速激光沉积层中仍然可以看到完整的金刚石颗粒;而激光熔敷沉积层中金刚石则完全石墨化。从图 4-2-3 的拉曼光谱也可以看出,超音速激光沉积层中只出现了金刚石的特征拉曼峰,而激光熔敷沉积层中则出现了石墨的特征拉曼光谱峰。

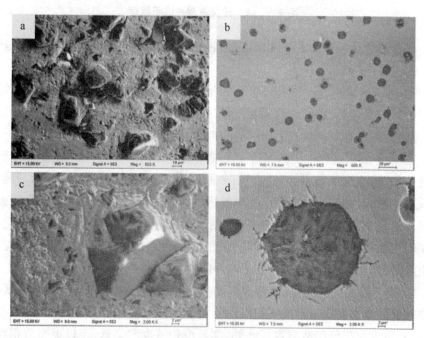

图 4-2-2　超音速激光沉积(a、c)与激光熔敷(b、d)Diamond/Ni60 复合沉积层显微结构对比

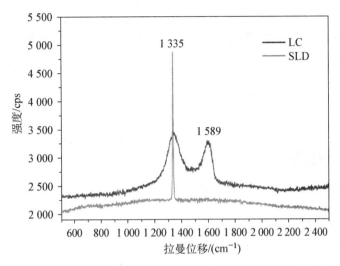

图 4 -2 -3　超音速激光沉积与激光熔敷 Diamond/Ni60 复合沉积层拉曼光谱对比

超音速激光沉积虽然引入了激光加热,但其作用不同于激光熔敷中的熔化过程,只是对沉积材料和基体材料进行软化而不熔化。材料的沉积过程仍然保持了冷喷涂的固态沉积机制,可以减少再制造过程中的热输入,保持原始材料的微观结构和物相组成,减少对再制造件的热损伤,特别适合于薄工件以及热敏感材料的增材再制造过程。

2. 电磁场复合激光再制造技术

由于熔池存在时间极短以及多工艺参数之间的相互影响复杂,仅凭激光再制造工艺参数实现组织控制难度高,如激光工艺参数的调节只能改变再制造层熔池的外部传热边界,但无法控制熔池内部流体的运动方向,因此单纯调节激光工艺参数难以获得凝固组织和其性能的趋向性;而且在快速凝固条件下,由于熔池传热条件不一致性,再制造层极易形成型态、大小和方向各异的不均匀凝固组织,再制造层内的气孔和夹杂等微观缺陷也往往难以及时排出而残留在再制造层的组织中,严重影响了再制造层的质量。

针对熔池强烈对流的控制及溶质元素的分布状态调控问题,可采取将磁场与激光再制造相复合。随着静态磁场强度的增大,再制造熔池的对流被洛伦兹力所"缓冲",熔池内部的主要传热过程由对流转变为热传导,使再制造层表面宽度减小,而且再制造过程中的飞溅现象也将得到了抑制。要明显抑制熔池中的对流运动,静态磁场的强度需要达到1 T以上。但在熔池区域内,要达到如此高的磁场强度,难以通过普通的永磁铁或电磁铁来实现。微分形式欧姆定律:

$$j = \sigma(E + u \times B) \qquad (4-2-1)$$

其中,j 为电流密度矢量,B 为磁场强度矢量,σ 为电导率,E 为电场强度,u 为熔池内部流速。

洛伦兹力为

$$F_{\text{Lorenz}} = j \times B。 \qquad (4-2-2)$$

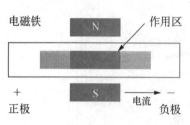

图4-2-4 **电磁复合场辅助激光再制造的原理**

为克服单纯磁场对激光所致熔池作用效率较低、作用形式相对单一、无法控制熔池流体的趋向性流动等缺点,根据欧姆定律中的描述,引入外加电场 E,利用电磁复合场的协同作用能实现熔池流体强有力的控制。图4-2-4所示是其工作原理示意图。由于电场 E 为矢量,$\sigma \cdot E$ 在宏观上的表现即为电流密度,因此可以向熔池通入不同方向的电流,获得不同方向的洛伦兹力(宏观上也称安培力)。由于外加电场强度远大于熔池流动在磁场中得到的感应电流所产生的,因此外加电场所产生的洛伦兹力要大于感应电流所产生的洛伦兹力,成为影响熔池内部流动的主要外力。

利用电磁复合场的协同作用可对激光再制造产生以下效果:

① 利用静态磁场和稳态电场复合,在熔池内部形成定向恒稳的驱动力(洛伦兹力),使熔池内部产生方向性对流,从而获得具有方向性的结晶组织,避免或减少组织中与所受最大主应力垂直的晶界,实现零件的选区定向强化。

② 利用静态磁场和交变电场复合,在熔池内部形成振动方向可调的交变驱动力,使熔池内部产生特定紊流,利于气孔和夹杂物的逸出,获得均匀的结晶组织和平整表层。

③ 根据熔敷层熔池原有的对流模式,通过静态磁场和稳态电场复合,在熔池内产生方向可调的阻力,在规定方向上抑制熔池的对流,使外加溶质元素或硬质相都能集中在熔池的近表层或特定区域,实现控制熔敷层成分和性能的差异化。

以 316L 奥氏体不锈钢为基体,在激光熔注 WC 的过程中耦合稳态磁场,图4-2-5是相同工艺参数条件下,不同附加的稳态磁场强度时获得的 WC/316L 复合材料涂层的纵截面 SEM 形貌,在相同激光熔注工艺参数条件下,改变磁场强度获得的复合材料层的最大深度基本相同,这是因为在激光熔注过程中,所附加的稳态磁场并不影响粉末的注入和材料对激光能量的吸收。为了定量分析 WC 颗粒在复合材料层深度方向的分布情况,将每个磁场强度下的复合材料层从近表层至底部分成 5 层,近表面为第一层,靠近底部为第五层,每层深度为 400 μm,利用软件计算出每一层 WC 颗粒所占整个复合材料层的面积比,得到了 WC 在复合材料层深度方向的分布曲线,如图 4 - 2 - 6 所示。未添加稳态磁场时,复合材料各层中 WC 含量差别不大,在复合材料层深度方向,WC 的体积分数先略有增加,而随着深度的进一步增加,WC 的体积分数又略有减少,总体分布较为均匀。添加稳态磁场后,在复合材料层深度方向,随着深度的增加,WC 的体积分数逐渐减少,整体上呈梯度分布,且磁场强度越大,梯度分布的趋势越明显。由此可知,添加稳态磁场可以明显改变复合材料层中 WC 颗粒的分布,WC 颗粒分布的改变是由熔池流动的变化而引起的。

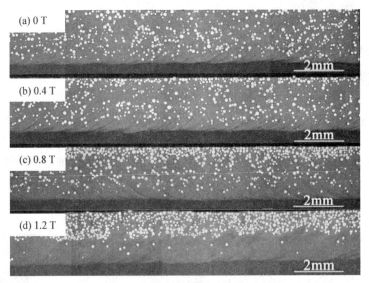

图 4 - 2 - 5 不同磁场强度下激光熔注 WC 复合材料层纵截面颗粒分布

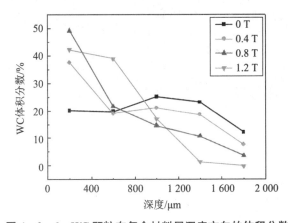

图 4 - 2 - 6 WC 颗粒在复合材料层深度方向的体积分数

（四）前后期处理技术

激光再制造的前后期需要某些技术处理，包括清洗、热处理、机加工及无损检测等。

1. 清洗

废旧零部件拆解下来后，首先需要清洗表面的油污、旧漆层、水垢、锈斑和积炭等各种污染物。

图4-2-7　工程机械液压箱刷洗

（1）刷洗　靠刷子与废旧零件表面的机械摩擦清洗表面，如图4-2-7所示。一般根据需要，刷洗过程中会配合使用专用的清洗剂。常用的清洗剂包括工业汽油、煤油、轻柴油等石油类溶剂，以及含有氢氧化钠、碳酸钠、磷酸钠等碱性水溶液。

（2）饱和蒸汽清洗　利用高压的饱和蒸汽产生冲击力清除工件表面的油渍和污物，并通过饱和蒸汽的高温将其气化蒸发。特点是不受零件形状的制约，可以清洗工件表面任何细小的间隙和孔洞，剥离并去除其上的油渍和残留物，是一种高效、节水、洁净、低成本的一种清洗方法。图4-2-8所示是CMD-BX 360型高压饱和蒸汽机及其清洗现场。

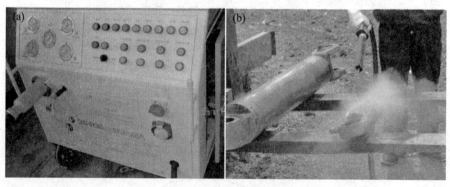

图4-2-8　CMD-BX 360型高压饱和蒸汽清洗机及其清洗现场

（3）高压水射流清洗　高压水泵产生具有巨大能量且以超音速运动的高压水流，破坏坚硬的结垢物和堵塞物，如图4-2-9所示。控制高压水射流的压力小于金属的抗压强度时，对金属部件不产生任何破坏作用。由于高压水射流的冲刷、契劈、剪切、磨削等复合破碎作用，可以将结垢物打碎脱落。由于是纯物理方法,故对金属表面无任何腐蚀作用,可实现高质量的清洗。

图 4 - 2 - 9　废旧零部件高压水射流清洗现场

(4) 超声波清洗　超声波转换器将高频振荡电讯号转换成调频机械振荡,以纵波的形式在清洗液中传播。纵波的扩张与收缩使清洗液产生声空化气泡,空化气泡突然闭合时发生高压冲击波。该冲击波一方面破坏了污物与清洗件表面的吸附力;另一方面也引起污物层破坏并脱离清洗件表面,进而分散至清洗液中。超声波清洗具有很强的渗透作用,能使清洗液渗入到工件表面的微小凹陷与微孔处,将隐蔽其中的污垢爆裂、剥落。

(5) 化学剥离清洗　采用特殊配比的化学溶液对废旧零部件表面油漆、金属保护层进行剥离及清洗。图 4 - 2 - 10 所示是加拿大 Liburdi 公司的化学剥离清洗生产线,该生产线可以有效地去除航空发动机热端部件表面的保护涂层,如航空叶片表面的 MCrAlY 系列涂层。

图 4 - 2 - 10　Liburdi 公司的化学剥离清洗生产线

(6) 干冰冷喷射流清洗　利用干冰的超低温、绝缘、易升华等物理特性,使用干冰颗粒并以压缩空气为载体作用于污物表面,使金属部件表面的污垢在极短的时间内冷冻至脆化及爆裂,形成一种微型的"爆炸",从而去除金属部件表面的污物。对于带有橡胶、聚氨酯及聚乙烯等残留物的去除效果特别好,不仅清洗效率高,而且避免了化学清洗所带来的二次污染问题。

(7) 激光清洗　高能激光束辐照工件表面,使工件表面的污物、锈斑或涂层瞬间蒸发或剥离。激光清洗常见的有以下 4 种去污方式:

① 激光干洗法,即利用脉冲激光直接辐照去污。

② 激光＋液膜法,即首先在工件表面沉积一层液膜,然后激光辐照,使液膜急剧受热产生爆炸性气化,爆炸性的冲击波使工件表面的污物松散化,并随冲击波飞离零件表面。

③ 激光＋惰性气体法,即在激光辐照的同时,用惰性气体吹扫零部件表面的污染物,可以避免工件表面的二次污染与氧化。

④ 运用激光使污染物松散后,再用非腐蚀性化学法清洗。

激光清洗具有简单方便、无二次污染、适用范围广等优点,尤其在除锈、除漆、除泥污等方面效果显著。

各种清洗技术各有其优势和缺点,表 4 - 2 - 1 列举了几种主要表面清洗技术的优缺点。实际生产中,往往需要几种清洗技术配合使用方能达到要求。

表 4 - 2 - 1　各种清洗技术特性对比表

清洗方法	优　点	缺　点
高压水射流清洗	清洗效果好,速度快;能清洗形状和结构复杂的工件,能在狭窄空间内进行作业;节能、节水;污染小,反冲力小	清洗液在工件表面停留时间短,清洗能力不能完全发挥
干冰射流清洗	清洗速度快,成本低,无污染,经济环保,属于干式清洗,避免了水洗造成的零件生锈问题	不适用于对温度敏感的零件
超声波清洗	清洗彻底,剩余残留物很少;对被清洗工件表面无损伤;不受清洗件表面形状的限制;清洗速度快;清洗成本较低;对环境污染小;易于自动化控制	设备造价昂贵;对质地较软、声吸收强度高的材料清洗效果差;被清洗工件需处于声波振动中心
激光清洗	无机械接触,不损害零件;定位准确,可清洗不规则的表面;可实时控制和反馈,效率高,能有效去除微米级及更小尺寸的污物	激光器成本较高
化学清洗	清洗速度快,效率高,清洗剂可选择种类多,操作简便	化学清洗剂会造成环境污染;对被清洗零件表面会造成一定损伤

2. 热处理

镍基高温合金按强化机理主要分为固溶强化型、沉淀强化型及氧化物弥散强化型3类,其中使用最为广泛的是固溶强化型及沉淀强化型合金。然而,想发挥合金最佳的力学性能,不管是固溶强化型合金或是沉淀强化型合金都需要经历长时间的高温固溶或时效处理。而当废旧部件经历了长时间的高温服役之后,如图4-2-11所示,热端部位的合金微观组织会老化,要再制造后的合金恢复新品的性能,需重新经历高温热处理。

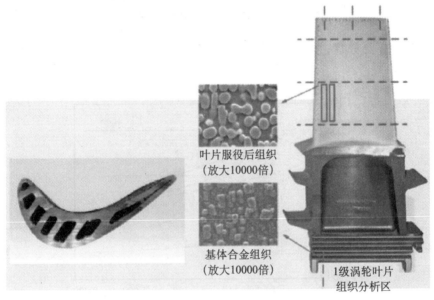

叶片服役后组织
(放大10000倍)

基体合金组织
(放大10000倍)

1级涡轮叶片
组织分析区

图4-2-11 镍基高温合金叶片长时间服役后热端与基体部位微观组织特征

如图4-2-12所示,由于激光再制造修复过程往往只针对局部损坏区域,而修复层由于没有经历高温热处理,其综合力学性能将明显弱于其他未修复的区域,因而需热处理。

镍基高温合金的热处理往往需要较高的处理温度和保温时间。如IN718合金时间温度转变曲线(time、temperature、transformation,即TTT曲线),如图4-2-13所示,为了同时形成其主强化γ''和次强化相γ',需要经历较长时间的高温保温以形成沉淀强化相(时效处理);为了消除合金凝固过程中形成的元素偏析,将有益于表面强化的元素回溶到基体中,在时效处理前,往往还需要更高温度的固溶处理。因此,IN718的标准热处理工序为:1 150℃×1 h,空冷,980℃×1 h,空冷,720℃×8 h,炉冷至620℃×8 h,空冷。由于热处理温度高,保温时

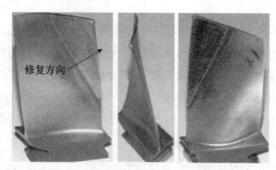

图 4‑2‑12　镍基高温合金叶片局部修复

间长,部件在热处理过程中容易发生变形,这是实际生产中亟待解决的技术难题。

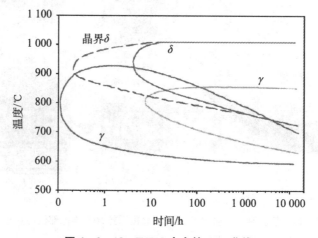

图 4‑2‑13　IN718 合金的 TTT 曲线

3. 机加工

再制造零部件的机加工是指采用传统的车、洗、刨、钻、磨等机械加工方法对再制造前、后的零部件进行加工。

(1) 修复前机加工　图 4‑2‑14 所示是工程机械装载机十字轴在长期服役后表面的疲劳层形貌,其表面疲劳层厚度在 20～30 μm。为了使再制造修复能够恢复到其原先水平甚至超过新品,在再制造修复前首先需要通过机加工将这些疲劳层去除。

(2) 修复后的机加工　修复后,需要采用机加工的方法将修复区恢复到新品的尺寸。图 4‑2‑15 所示是 PW2000 型航空发动机三级叶片激光再制造前、后以及机加工后的形貌。

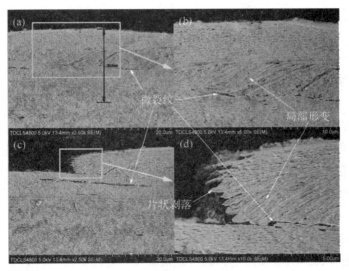

图 4-2-14　工程机械十字轴长期服役后表面疲劳层的微观组织形貌

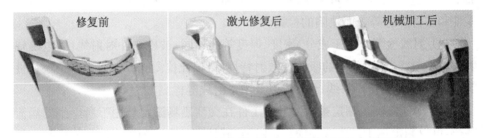

图 4-2-15　PW2000 型航空发动机三级叶片激光再制造前后形貌

4. 无损检测

无损检测是在不损伤被检测对象的条件下,利用材料内部结构存在的异常或缺陷所引起的对热、光、电、磁、声等的反应,探测各种零部件内部或表面缺陷,并对缺陷的类型、性质、形状、数量、尺寸、位置及分布等作出判断和评价。无损检测技术主要包括渗透检测、超声检测、磁粉检测、射线检测、涡流检测、红外检测、发声检测等检测技术。

(1) 渗透检测　通过毛细作用,将渗透液渗入到细小的表面开口缺陷中,清除工件表面多余的渗透液,干燥后施加显像剂,缺陷中的渗透液在毛细现象的作用下被重新吸附到零件表面上,形成放大了的缺陷显示像。这种检测方法主要用于检测非疏孔性的金属或非金属零部件的表面开口缺陷,简单有效,但有一定的局限性,即只能检测表面裂纹缺陷,对于藏在表面以下的内部缺陷无能为力,也不适合检查多孔性材料或多孔性材料的表面缺陷。

(2) 超声波检测　超声波探头产生的超声波脉冲射入被检工件并在工件中传播,如果工件内部有缺陷,则有一部分入射超声波在缺陷处被反射,由探头接收并在示波器上表现出来,根据反射波的特点可以判断缺陷的部位及其大小。使用频率高的超声波具有指向性好、缺陷的分辨率高等特点,可应用于厚板、圆钢、锻件、铸件、管子、焊缝、薄板等型材和工件检测,也可以检测各种被测工件的腐蚀厚度和内部缺损等缺陷。超声波对钢板内部的层叠、分层和裂纹的检测分辨率较高,但对单个气孔的检测分辨率则比较低。检测时需要注意选择探头和扫描方法,使得超声波尽量能垂直地射向缺陷面。

(3) 磁粉检测　有横向裂纹的强磁性材料(钢铁等)工件,磁化处理后在裂纹等缺陷处,由于磁性的不连续性将呈现磁极,磁力线绕过空间出现在外面,此即为缺陷漏磁。把磁粉散落在工件上,裂纹处就会吸附磁粉,可显示缺陷。磁粉检测由预处理、磁化、施加磁粉、观察、记录以及后处理等几个基本步骤组成,适用于检测磁性材料工件表面裂纹等缺陷,特别适宜检测钢铁等强磁性材料的表面缺陷。这种检测方法可以探测出很浅的裂纹,如对铸件、锻件、切削加工后的零件和零件焊缝等表面缺陷的检测。

(4) 射线检测　由于成分、密度、厚度等的不同,被检测件对射线(即电磁辐射或粒子射线)产生不同的吸收或散射特性,可依此检测工件的质量、尺寸、特性等。比较常用的有 X 射线、γ 射线以及中子射线等检测方法。

(5) 涡流检测　测定被检测导电工件在交变磁场激励作用下所感生的涡流特征,可以判定该工件中有无缺陷,或评定其技术状态。利用小波包分析和小波变换方法对采集到的信号进行降噪处理,利用人工神经网络和最小二乘法进行多层工件的厚度测量,利用主元分析法进行裂纹的类型识别与分类。基于各种算法的脉冲涡流信号的分析与处理技术,大大促进了涡流检测技术在降噪、测厚和裂纹模式识别等方向的发展。随着对涡流检测技术研究的深入,出现了远场涡流、脉冲涡流、多频涡流等新检测技术。

(6) 红外检测　这是利用红外热像设备测量被检对象表面的红外辐射能,并将其转换为可用于试验分析的电信号,将其温度场以彩色图或灰度图的方式显示出来,根据其温度场的分布情况,推算被检试件是否存在缺陷。红外无损检测对材料表面的缺陷比较敏感,但是受其原理影响对内部缺陷的检测有一定的困难,同时由于红外无损检测当前并未获得较大范围的应用,仪器设备的成本较高,并且这种检测手段需要被检测工件具备较高的发射率和较低的导热性,因此有一定的局限性。

(7) 发声检测　材料局部能量快速释放产生声发射信号,此声信号中包含着有关声发射源特性的重要信息。释放能量的区域为应力集中区域,通过仪器检测、记录并分析该声发信号,可以推算出声发射源的位置,进而寻找到应力集中区域,达到缺陷检测的目的。

表4-2-2列出了几种主要无损检测技术的优缺点及其应用。

表4-2-2 无损检测技术优缺点及应用

检测方法	优点	缺点	应用
磁粉检测	直观,灵敏度较高,工艺简单,费用低,限制较少	零件表面要求,只能检测铁磁性材料的表面或近表面缺陷	轴、管、盘等金属构件的检测
涡流检测	速度快,效率高,不与零件接触,便于实现自动化	不直观,形状要求严格,只能检测导电材料的表面或近表面缺陷	不同领域的导电金属
射线检测	直观,容易定量、定位,结果利于保存	成本高,被检测物体不能太大,不安全	各个领域中的铸件和焊缝检测
声发射检测	范围广,灵敏,利于定位,不接触	成本高,噪声污染,信号接收困难,有Kaiser效应,	大型及高端机械装备等在线监测
红外检测	直观,效率高,定位准,操作安全,非接触性在线监测	费用高,对环境太过敏感,导热好的材料不易检测	电力石化设备、航空发动机涡轮叶片等

三 再制造质量控制技术

再制造质量控制技术主要包括再制造毛坯的质量检测技术、再制造加工过程的质量控制技术、再制造成品检测技术。而其中的再制造成品质量能否达到要求,关键也就在于再制造加工过程的质量控制技术,它主要包括再制造应力控制、裂纹控制和在线质量控制。

(一)再制造应力

再制造技术仍然存在一些亟待解决的问题,其中再制造应力是最棘手的问题之一。由于激光熔池自表及里温度场和成分分布不均匀及快速凝固特性而形成再制造应力,极易导致再制造层开裂、变形以致产品报废。

再制造应力是指再制造层内部保持平衡的应力,主要可分为 3 类:第一类为宏观内应力,其作用区域覆盖很多个晶粒,通常在几百微米以上;第二类为残余应力,其作用范围仅包含几个有限的晶粒尺寸,主要由晶粒或亚晶组织之间不均匀变形产生;第三类为晶格畸变应力,其作用范围很小,仅限于晶胞范围内的尺度。根据应力性质,再制造应力可分为热应力、机械应力和相变应力等。在激光再制造过程中,再制造应力主要为热应力和机械拘束应力,对于发生同素异构转变的材料,相变应力也起主要作用。

1. 再制造应力的产生

不均匀的温度场和成分不均匀分布均会使材料内部出现再制造应力,当应力大小在再制造层的弹性极限之内时,再制造应力将不存在;当再制造应力超过再制造层弹性极限时,则会诱发再制造层内部发生塑性变形,再制造层内部将仍然存在内应力,这种内应力也称为残余应力。温度场和成分分布不均匀是残余应力场的诱因,不均匀塑性变形是残余应力出现的必要条件。从原子尺度上讲,再制造层中某一区域出现内应力,则该区域原子间距会偏离该原子之间平衡距离,在拉应力区会出现原子间距离大于原子之间的平衡距离;在压应力区,实际原子间距离小于理想原子之间平衡距离。温度场或成分分布不均匀导致塑性变形后,由于周围材料的限制,会导致应力区域的原子无法回复到原来平衡位置。

再制造应力的产生和演化比较复杂。在不考虑固态相变的情况下,单道激光再制造区将经历快速熔化、快速凝固过程,导致激光熔池周围的材料被迅速地加热膨胀,但膨胀又受到邻近材料的制约,这种约束导致了压应力的产生。由于高温下材料的屈服强度降低,因而熔池周边的压应力区会出现伴塑性变形。激光熔池快速凝固,使原先的高温区立即收缩,这种收缩也受到周边较低温度区域的约束,因此,再制造区冷却后,原高温区受到拉应力作用,出现拉应力区;而在熔池形成及激光束移动过程中,塑性变形区外围温度较低部分及弹性变形区将会出现压应力区,该部分材料出现压应力。然而,实际的激光再制造过程中,需要多道激光搭接,而不同再制造区之间温度场、应力场会相互叠加,因而再制造应力值及分布将会变得更复杂。

不均匀的温度场与成分分布会导致塑性变形,在温度场与成分恢复均匀化的过程中;由于周围材料的约束作用,应力存在区域将不能自由伸缩,导致了再制造应力的存在。影响再制造应力的主要因素有:

(1) 专用材料物性　材料的物性主要包括屈服强度、硬化率、膨胀系数。密度、比热容等参数是影响再制造应力的主要因素,如材料屈服强度及硬化率较低时,则热收缩累积的拉应力极易通过塑性变形得到释放,拉应力水平受限于屈服应力及硬化率。反之,则会导致高水平拉应力累积。又如,在其他条件类似的情况下,降低相同的温度会使低膨胀系数材料累积的拉应力低于高膨胀系数材料。

(2)再制造温度场的均匀性　再制造过程不均匀的塑性变形将导致再制造应力,而这种不均匀塑性变形的根源是不均匀的温度场,因此,降低温度场的不均匀性可以降低残余应力的水平,以及改善残余应力的分布。降低温度场不均匀性的工艺手段主要有降低线能量、降低扫描速度、预热及后热处理等。

(3)堆积策略及约束条件　再制造需要多层多道堆积,此时热循环变得复杂,弹性、塑性变形也更复杂,因而相应的应力演化也变复杂,而且不同堆积层产生的应力会相互叠加。好的堆积策略在保证可操作性的同时,能够改善温度场的不均匀性、降低材料实际拘束度,避免拉应力持续积累增长,最终获得较好的残余应力分布和较低的残余应力水平。采用短光束路径或由内向外螺旋堆积的方式,残余应力水平较低,这种堆积方式降低了残余应力的累积程度的同时也降低了温度场的不均匀性。

(4)相变应力　材料发生固态相变会伴随一系列效应,如材料的体积和相变塑性突变等,这些效应会影响再制造层的应力场。

2. 再制造应力的消除

降低再制造应力的措施可分为两类,一类是调整影响应力演化的各种因素,控制再制造工艺过程中再制造层应力的产生和积累;另一类是再制造后,采用适当措施降低再制造应力及分布等。对于第一类措施,选用与基材热物性匹配度高的再制造专用材料,或采用高塑性材料,来降低温度场不均匀性与拘束度,避免不同再制造层之间应力相互累加等措施降低残余应力值。具体处理工艺包括降低线能量、降低激光束扫描速度、成型前预热、成型后缓冷以及激光束扫描方式,如采用短光束路径或由内而外螺旋式堆积方式等。对于第二类措施,采用一定再制造工艺,促使应力区域原子间距回复到对应温度下的原子间平衡距离,具体方法包括:

① 高温回火。温度升高的时候,降低约束应力区域材料的屈服强度,让应力区域的能量得到释放,相应地降低应力。

② 震动法、爆炸法、敲击法。这些方法均为施加外载,使再制造层内某些部位发生塑性变形,从而调整残余应力的分布和水平。

③ 自然时效。外界环境变化伴随着反复的温度循环,材料内部必然伴随反复的温度应力,在这种循环过程中,材料中某些应力集中的部位会出现微塑性变形,长期温度应力应变循环促使残余应力发生松弛。

第一类措施往往受实际工况、零件服役性能要求、生产成本及效率等因素限制,且对应力的调整程度有限,并不总能满足实际生产的要求;后热处理及其他生产后消除应力的方式是实际生产中常用的消除应力方式,但也有其弊端和限制,比如,大型零件热处理难度及成本高,某些材料再制造层热处理很容易诱发相变等。目前再制造应力问题仍然是再制造质量控制过程中最棘手的问题之一,还需要发现更有效调控再制造应力的方法。

（二）裂纹的控制

裂纹通常表现为沿晶界或亚晶界萌生和扩展,按再制造裂纹产生的性质和不同区域,可划分为凝固裂纹、高温失塑裂纹和液化裂纹等。

1. 再制造裂纹的产生

再制造的凝固裂纹是由冶金因素和力学因素相互作用而形成的,其中冶金因素包括材料的凝固行为、化学成分、晶粒尺寸以及低熔点共晶相的形态和分布等方面;而力学因素则是由材料的热物理性质、再制造层的形状和刚度、拘束条件,以及焊接温度场等因素确定的应力的大小、分布以及应力的增长。

再制造的高温失塑裂纹是在一定温度范围内由于塑性降低而形成的沿晶界裂纹,通常出现在受热影响的多层再制造层或近层中,断口特征呈微塑性,晶界处不存在液化膜。影响高温失塑裂纹的因素主要包括化学成分、晶界滑移、析出相、晶界取向、杂质和间隙元素的含量、元素的偏析、晶粒尺寸和晶粒长大等。

再制造液化裂纹主要分为两种。一是热影响区或再制造层间金属由于偏析形成的低熔点共晶相被重新加热熔化,并在再制造拉伸应力的作用下沿奥氏体晶界开裂;另一种是在非平衡快速加热作用下,由于晶界处第二相的溶解和溶质元素的扩散,在局部区域发生共晶反应,引起晶界局部位置液化,这种液化现象通常也称为组分液化。与凝固裂纹类似,液化裂纹也是冶金因素和力学因素相互作用的结果,同样产生于脆性温度区间。在脆性温度区间内,焊接热影响区或焊缝层间金属由于存在低熔点共晶相或因组分液化,晶界塑性和强度急剧下降,在焊接冷却过程中产生的拉应变主要集中于塑性和热强度接近于零的液化晶界上,当拉应变超过由液化形成的晶界液膜的塑变能力时,就会沿液化晶界开裂并沿晶界扩展。

2. 再制造裂纹的抑制

基材预热能减少再制造层热应力,因而可降低凝固过程中裂纹萌生倾向。这种做法能够降低熔池内的热应力,抑制凝固裂纹,也可防止基材热影响区发生马氏体相变诱发的裂纹。在再制造阶段,还可选用专用修复材料匹配性,即选用与基材热物理性能参数匹配和有利于实现梯度结构设计的再制造专用材料。由于构成再制造层的合金成分直接决定了其显微结构和塑韧性,而结构和性能又决定了其抗裂性。所以在满足使用性能的前提下,适当调整再制造材料的组分,降低再制造层内部裂纹萌生和开裂倾向,减少凝固后裂纹数。

引入相应的辅助技术也可以抑制激光再制造层的开裂倾向,主要包括电磁感应辅助、电磁复合场辅助、超声振动辅助等技术。其中,电磁感应辅助激光再制造是指在激光再制造过程中使用激光和电磁感应作为热源,使再制造过程熔池内热量充足,可预防再制造层凝固过程中的开裂。电磁复合场辅助激光再制造是指在激光再制造区域同时耦合稳态电场和稳态磁场,利用电磁复合场的协同作用,在再制造层熔池区域产生感应洛伦兹力和定向洛伦兹力,作为一类外加体积力,影响熔池内部的对流速度,同时改变强化相在熔池中所受到的等效浮力,实现对再制造层裂纹的抑制。超声波振动是利用超声振动能量对凝固过程施加影响,可以区域性改善溶体的流动性,打碎生长中的枝晶,利于熔液向晶间孔隙的补缩,利于内部气泡的逸出;同时破碎的枝晶臂可提供异质形核基底,改善显微组织分布的均匀性。最终消除因偏析而产生的组织应力,减少残余拉应力造成的再制造层裂纹萌生几率。

(三) 气孔的控制

激光修复层的气孔多为球形,主要分布于熔敷层中、下部。这种球形气孔易于应力集中而诱发微裂纹,气孔数量极少是允许的,但如气孔数量过多则易于成为裂纹萌生地和扩展通道。因此,控制修复层内的气孔率是保证修复层质量的重要因素之一。

激光熔敷层内的气孔是在激光熔化过程中产生的,是由于气体来不及逸出而形成,其主要成因是熔体中的碳与氧反应或金属氧化物被碳还原形成的反应性气孔。自熔合金用于火焰喷涂时,不产生反应气孔,这是因为此类合金含有大量的硼和硅,优先与金属氧化物反应生成可上浮的硼硅酸盐,只要脱氧造渣时间足够长,金属氧化膜就会完全脱掉,从而防止了不溶于液态合金的 CO_2 气体的产生。但是用激光熔化时,由于加热熔化时间极短,脱氧造渣过程不充分,在溶液中残留着氧或氧化物,高温下与碳发生了造气反应。

WC‑Co 系合金反应性气孔的产生根源主要是 WC 的溶解或分解。WC 在 1 340℃就开始溶解,析出碳的温度下降到 1 400℃,这就为反应气孔的产生提供了碳源。由于没有硼、硅的脱氧造渣反应,再加上钴又极易氧化,而熔体中又存在较多的氧,因此造成比自熔合金更为激烈的造气反应。

黏接法预置合金粉末的修复层中,如黏接剂选择不当,也可能在熔化中产生气孔,形成修复层中残留的气孔。

综上所述,激光修复层的气孔是难以完全避免的,但可以采取某些措施加以

控制,使气孔率降至不足以危害修复层质量的程度。常用的方法主要有:

① 严格防止合金粉末贮运中的氧化。

② 激光同步送粉时,尽量减少基材和粉末的氧化程度,尤其是非自熔合金更应在保护气氛下熔化。

③ 熔敷或合金化层应尽量薄,以便于熔池内气孔的逸出。

④ 激光熔池存在时间应尽量延长,以增加气孔逸出的时间。

(四)在线质量控制

在线质量控制是为保证质量形成过程中某个环节的质量要求而采取的相关作业活动。目前,激光再制造产业规模不大,发展速度达不到预期,其主要原因是再制造产品质量不理想与服役安全性能不稳定,确保再制造产品质量不低于新品,是实现再制造产业规模化发展的关键。涉及再制造产品质量的主要环节有原材料设计、机加工以及检验测试等过程,每个过程都需要制定相应的质量要求,根据其要求制定相应的控制策略,据此采取相应的质量控制活动,控制调整再制造过程的,保证当前再制造过程的质量水平。质量控制活动贯穿于再制造形成的全过程,以保证最终再制造层的质量性能能够满足需求。

在线质量控制是过程控制技术与质量管理理念的有机结合,它强调了过程的增值性、过程业绩和有效性的结果,通过对检测结果进行处理、分析,为过程质量的持续改进提供数据支持。过程由输入、转换活动、输出 3 个部分组成,质量控制将贯穿这 3 个环节,通过一定的技术手段和活动对这 3 个环节中影响质量的各类因素进行辨识、控制,从而使整个过程处于受控状态,保证过程输出符合质量要求的再制造层。在激光再制造过程中,涉及材料选择、工艺选择、工艺稳定性监控、再制造层组织调控及性能调控等,需要通过对每个过程的识别、分解和控制,来实现对整个过程中影响质量的相关因素监控和优化,确保每一个过程的特性满足质量要求,进而达到控制再制造产品整体质量的目的。

4-3 激光再制造装备

按照使用功能,激光再制造装备可以分为固定式激光再制造装备、可移动式现场激光再制造装备和其他激光再制造装备。

 一 **固定式激光再制造装备**

固定式激光再制造装备一般不宜频繁搬运,具有功能齐全多样、运行稳定性高等特点。通常由激光器、光纤、激光加工头、材料输送系统、运作系统、控制系统及其他辅助系统等组成,图4-3-1所示是一种固定式激光再制造装备。

图4-3-1 固定式激光再制造装备

激光器一般选用大功率的半导体激光器、光纤激光器、碟片状固体激光器、CO_2激光器和YAG:Nd激光器等。激光器都带有厂家自身的控制系统,这类控制系统具备完善的设备运行监测能力,能实时检测激光器运行过程中的各项参数及出现的故障,能及时保护激光器。

光纤是连接激光器及激光加工头的器件,起到传输激光的作用。LLK、QBH、DQ等标准光纤接口在工业中应用最广。

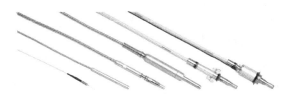

图4-3-2 大功率激光用的光纤

激光加工头是对激光进行准直、整形、聚焦后,输出至被修复或强化表面,一般带有粉末喷嘴或送丝嘴,如图4-3-3所示。

图4-3-3 激光加工头

　　材料输送系统的功能是输送激光再制造专用的粉末材料或丝形材料,通过粉末喷嘴或送丝嘴送至激光熔池,其中送粉器用于输送粉末材料,送丝机用于输送丝形材料,如图 4-3-4 所示。

(a) 送粉器　　　　　　　　　　　(b) 送丝机

图 4-3-4　激光再制造专用材料输送系统

　　运作系统主要有数控机床和工业机器人两大类,如图 4-3-5 所示。这两类运作系统都带有输出数字/模拟信号的能力,也可通过扩展功能模块输出工业现场总线信号,可通过程序控制整个固定式激光再制造系统。

(a) 数控机床　　　　　　　　　　(b) 工业机器人

图 4-3-5　激光再制造运作系统

控制系统有独立的控制器,也可通过数控系统的 PLC、工业机器人的扩展卡等方式实现信号输出,从而实现控制整个固定式激光再制造系统,如图4-3-6所示。

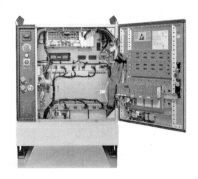

(a) PLC控制器   (b) 触摸式控制器   (c) 工业机器人控制器

图 4-3-6 激光再制造控制系统

其他辅助系统包括水冷系统、气体保护系统等。

二 可移动式现场激光再制造装备

可移动式现场再制造装备主要面向不便拆卸、运输困难的大型零部件以及再制造工期短的重要工件,具有耗时少、成本低、修复效果好等特性,具有广泛的应用前景,是一项蕴藏着巨大经济效益和社会效益的激光再制造工艺。

现场激光再制造装备组成与固定式激光再制造设备类似,但各组成部件功能较固定式简单,面积小、重量轻、性能稳定、运输不易损坏,如直接输出半导体激光器、便携式激光器,如图4-3-7、图4-3-8所示,可以大幅度地节约现场空间。

图 4-3-7 直接输出半导体激光器   **图 4-3-8 便携式激光器**

三 其他激光再制造装备

其他激光再制造装备包括激光复合再制造装备、专用激光再制造装备等,如超音速复合激光沉积再制造系统、电磁场复合激光再制造系统、电弧复合激光再制造装备、增减材一体化激光再制造装备(如图4-3-9所示)、模具专用激光再制造装备(如图4-3-10所示)、轴类专用激光再制造装备、手持式激光再制造设备等。

图4-3-9 增减材一体化激光再制造装备

图4-3-10 模具专用激光再制造装备

4-4 激光再制造典型案例

一 汽轮机叶片的激光再制造

(一) 汽轮机叶片的失效

汽轮机叶片主要失效原因是工况条件恶劣,每级叶片的工作温度都不相同,最高可达500℃,最低100℃左右,圆周速度在300 m/s以上,回流的蒸汽携带的水滴冲击,造成旋转的动叶片下半部的进汽边产生大范围的回流,甚至达到叶片高的2/3以上。由于进汽边的水冲蚀非常严重,使用后其外观为蜂窝状,边缘为锯齿状,严重时出现缺口,影响叶片的振动特性,降低叶片强度,使叶栅的气动性能恶化,效率下降,甚至增加了断裂的危险性,尤其对具有显著节能和改善环境效果的超临界、超超临界火电机组,超超临界组炉内蒸汽温度不低于593℃,蒸汽压力不低于31 MPa。表面强化手段跟不上使用要求,报废严重,没有更有效的手段使其再生。

（二）汽轮机叶片失效后的解决方案

目前主要有3种类型的解决方案,一是替换基体材料,如采用高合金材料;二是新品表面强化处理,如采用电镀硬铬、火焰淬火、高频淬火、激光淬火、激光合金化等技术;三是修复失效件,如堆焊、镶嵌司太立合金片和激光再制造等。这些解决方案的主要性价比见表4-4-1。

表4-4-1 失效叶片的解决方案主要性价比的对比

方案	成本	操作	产品合格率	耐蚀性	变形	结合力
替换为高合金材料	高	简单	/	差	/	/
电镀铬	低	简单	高	较差	无	易脱落
火焰淬火	低	简单	低	较差	大	硬化层不均匀
高频淬火	中	感应圈难制作	低	中	大	硬化层不均匀
堆焊	中	复杂(预热)	低	较好	大	良
镶嵌合金片	较高	中等	较高	较高	较小	易脱落
激光强化与再制造	低(为新品1/7~1/8)	自动控制	高	高	小	冶金结合

（三）激光修复汽轮机叶片工艺技术

（1）材料为2Cr13的小型机组叶片 原工艺为火焰淬火,现改为激光淬火,其工艺参数为:激光功率密度18~22 W/mm²,激光束扫描速度0.5~1 m/min,光斑10 mm×2 mm,硬化层深为0.25~0.45 mm,硬化层硬度由表至里呈梯度递减,最高硬度为HV690,平均硬度为HV588,产品合格率100%,现已列入企业标准,代替了火焰淬火。

（2）材料为2Cr13的大容量机组叶片 原工艺采用感应淬火,现改为激光合金化,其工艺参数为:激光功率密度22~44 W/mm²,激光束扫描速度0.2~0.4 m/min,合金化层深为0.1~0.3 mm,合金化层内部还有淬火硬化层,平均硬度为HV701。合金化层成分分析结果见表4-4-2,合金化层表面相组成如图4-4-1所示。同样的技术也适用于17-4PH材料的叶片。

表 4 - 4 - 2 激光合金化层能谱分析

元素	Si	Cr	W	Ni	Mo	Fe(C)
$wt\%$	0.29	13.78	10.59	0.47	1.32	余量

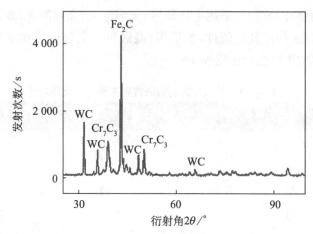

图 4 - 4 - 1 激光合金化层 XRD 分析结果

（3）材料为 17 - 4PH 的汽轮机叶片　原工艺用整体常规热处理固溶强化，变形大，处理周期长，现改为只在进汽边进行激光表面固溶强化，其工艺参数为：激光功率密度 1.7 kW/cm²，光斑尺寸 16 mm×1 mm，扫描速度 120 mm/min，表面温度控制在 1 450℃，叶片硬化层深 2 mm，硬度大于 $HV_{0.2}400$，满足一般工况条件下的技术要求。

（4）材料为 17 - 4PH、工况条件更恶劣的超超临界汽轮机叶片　要求提高表面硬度和深度，则可采用激光合金化与表面固溶同步强化的工艺技术，其工艺参数为：激光功率 2.2 kW，扫描速度 400 mm/min，激光合金层最高硬度为 $HV_{0.2}604$，平均硬度 $HV_{0.2}536$，固溶层最高硬度 $HV_{0.2}377$，平均硬度为 $HV_{0.2}$ 361，硬化层深（合金层＋固溶层）为 2.5～3 mm。

二　汽轮机转子的现场激光再制造

（一）汽轮机转子的失效

转子的高速旋转使其受到叶片和自身的离心应力以及转子挠度在旋转中引起的拉压交变应力，尤其是转子件一部分处于蒸汽包围的环境之中，与蒸汽存在强烈的热交换，影响着转子的温度和热应力分布，转子易磨损失效。且直径

200 mm以上的大型汽轮机转子,不便运输,因此实际应用中需解决失效转子的现场修复技术。由于转子为回转件,处理完毕还需做电跳测试,修复后汽轮机转子的综合跳动值应与修复前的基体基本一致,轴颈档外圆综合跳动量不得超过6.35 μm。

(二)汽轮机转子的激光再制造工艺

以S1L合金粉末作为激光修复材料。通过工艺优化,选用3 kW直接输出半导体宽带激光熔敷系统,激光功率密度为60.4 kJ/mm^2,送粉速率为20 g/min,N$_2$作为送粉气体,Ar为保护气体,在28CrMoNiV转子基体上进行激光再制造实验。

激光熔敷层显微组织如图4-4-2所示。在靠近基体处,出现了柱状晶,这是因为靠近基体的位置热传导导致温度梯度较大。而在熔敷层上部最后冷却的地方,温度梯度较小,因此出现了大量等轴晶。

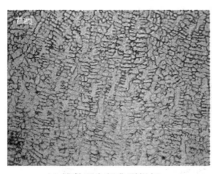

(a)熔敷层上部典型组织　　　　(b)熔敷层底部典型组织

图4-4-2　激光熔敷层显微组织

(三)汽轮机转子的激光现场再制造

针对大轴现场修复,对实验室设备进行了改进和集成以适应现场修复的需要,并针对现场修复的实际条件对工艺进行了进一步的探索。现场修复不同于实验室修复,在空间、实验条件、工艺和设备集成上要求更高,需要有针对性地对设备和工艺进行改进和调整。

图4-4-3所示是可移动车载现场激光再制造系统体构示意图。

(1)激光系统　主要由额定功率2 500 W、最大功率3 000 W的半导体激光头、激光手动控制器、控制主机和驱动电源组成。

(2)水冷系统　为两台水冷机,为激光头提供去离子水和冷却水。

图4-4-4所示为现场设备搭建照片,图4-4-5所示为大型转子轴现场修复后照片。熔敷后进行后续加工和测试,其电跳测试结果见表4-4-3。

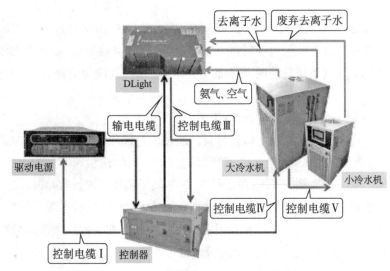

图 4-4-3 现场激光再制造系统结构示意图

图 4-4-4 现场搭建设备

图 4-4-5 汽轮机转子轴熔敷宏观形貌

表 4-4-3 转子轴激光再制造后电跳测试结果

粗车	转速/(r/min)	50
	进给量/(mm/r)	0.21
	切削深度/mm	0.7—0.8

粗车后涂层厚度/mm	精车后涂层厚度/mm
0.91	0.80

	相对端面距离/mm	机跳/μm	电跳/μm
电跳测试	30	5	6.25
	60	5	6.25
	90	5	5

3 点电跳测试结果均合格。再制造层平均硬度为 HV460，在性能提高的前提下，提高了转子轴修复部分的车削性能，达到预期要求，无裂纹、气孔等缺陷，如图4－4－6所示。

三 注塑机螺杆激光再制造

（一）注塑机螺杆的失效

注塑机中的螺杆、机筒等关键件的工况条件恶劣，工作温度在 400℃ 以上，机筒不仅要承受高压，同时还承受熔料的腐蚀和预塑时的频繁负载启动。而且，螺杆在工作过程中要承受压力和扭矩。螺杆和机筒多因磨损造成间隙过大不能正常挤、注而报废。

图 4－4－6　汽轮机转子轴探伤结果

磨损加大螺棱与机筒间的间隙，导致降低塑料熔融速率及泵出能力，造成物料温度不均匀及压力波动，使产品质量下降，生产率降低，能耗增加。

目前，大多数螺杆采用高温气体氮化强化工艺，渗氮层小于 0.3 mm。螺杆在起始工作时处于悬臂状态，高速旋转导致螺杆螺旋线的顶部与机筒强烈刮擦，螺棱磨损严重，降低了使用寿命。如图 4－4－7 所示，由于螺杆表面抗高温黏着磨损和腐蚀磨损能力不够，造成失效。

图 4－4－7　螺杆失效状况

（二）注塑机螺杆激光再制造工艺

螺杆在装机前多采用渗碳、氮化、电镀工艺提高其表面硬度，力图提高螺杆的耐用性,但收效甚微。采用双金属螺杆,使用寿命提高了,但价格昂贵。

失效的螺杆目前多采用热喷涂或堆焊工艺,提高了螺杆的耐磨性,但热喷涂层易脱落,影响注塑机生产的产品质量和生产效率。堆焊工艺热输入大易变性,需增加磨削工序。

用激光再制造解决的方案主要有:用 40Cr 替代原螺杆基材(38CrMoAl),可降低 1/3 的成本;在 40Cr 新螺杆表面进行激光合金化,提高新螺杆的使用寿命;二是在已失效的螺杆局部用激光熔敷技术修复,使其达到双金属螺杆的性能。

1. 激光合金化工艺技术

在 40Cr 螺杆基体表面加入以 WC 为基的耐高温、抗腐蚀、耐磨的微米合金粉(1~6 μm),或以 Co/W 为基的合金粉(200 目),高功率密度的激光加热合金元素迅速向基体表面扩散,并快速冷却凝固形成所需的合金层。其工艺参数为:激光功率 3 kW,光斑尺寸 10 mm×2 mm,扫描速度 0.2 m/min。为了防止表面氧化应采用氩气体保护措施。

图 4-4-8 所示分别为渗氮与激光合金化处理后横截面形貌。图(a)可见中上部有极薄的亮层为渗氮层,深度为 0.05 mm,40Cr 中的 Cr 与氮的亲和力较高,能提高氮在 α 相中的溶解度并形成氮化物如氮化铬、氮化铬铁 $(Cr, Fe)_2N$ 等硬质相。图(b)为 Co/W 激光合金化处理后的显微组织全貌,白亮层为合金层,深度约为 0.25 mm,右下方为过渡区和基体。合金层组织致密,与基体呈冶金结合。合金化层主要由 W_3C、FeO、Co_3W_3 等硬化相构成,提高了硬度和强度。

图 4-4-9 和图 4-4-10 分别为渗氮与激光合金化处理后涂层的硬度分布和摩擦磨损曲线,显示工件最外层(0~0.05 mm)渗氮层的硬度比 WC 和 Co/W 合金化层高,次表层(0.05~0.20 mm)渗氮层硬度下降快,硬度值也比后两种合

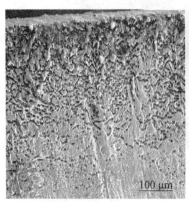

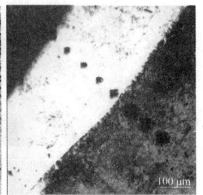

(a) 渗氮层截面形貌　　　　　(b) Co/W激光合金化层截面形貌

图 4-4-8　渗碳与激光合金化微观组织

金化层低。WC 和 Co/W 激光合金化层耐磨损性能分别比 40Cr 基体提高 80％、40％，比渗氮层分别提高 60％和 25％。

提升现有螺杆的抗腐蚀、抗冲蚀性能的优选工艺技术是：WC 或 Co/W 激光合金化，前者的硬度和耐磨性略优于后者，但抗高温性能后者更占优势。激光合金化时间(含准备时间)约 30 min；而氮化处理需 24 h(不含准备时间)，硬化层也比激光合金化层浅(≤0.1 mm)。

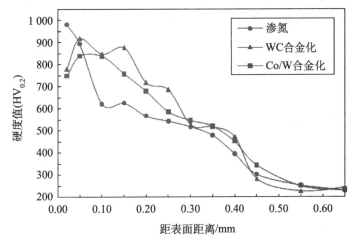

图 4-4-9　渗氮与激光合金化后涂层硬度分布

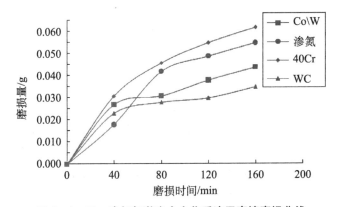

图 4-4-10　渗氮与激光合金化后涂层摩擦磨损曲线

2. 激光熔敷工艺技术

选用专用 H 系列激光再制造合金粉，采用专用送粉装置，激光功率为 2.5～1.5 kW，激光束扫描速度为 2.5～1.0 m/min，送粉量为 8～15 g/min，大面积熔敷，熔敷层表面和截面形貌如图 4-4-11 所示，熔敷层表面成型良好，无气孔、

(a) 熔覆层表面宏观形貌　　　　(b) 激光熔覆横截面微观形貌

图 4-4-11　激光熔敷层表面宏观形貌

裂纹等缺陷，熔敷层组织呈现梯度分布。

图 4-4-12 所示为熔敷层自表至里的硬度分布，单层激光熔敷层厚为 0.85 mm，表层最高硬度为 $HV_{0.2}900$，层深在 0.1 mm，以后平均硬度为 $HV_{0.2}814$，且分布均匀。

激光熔敷的层深可根据需要多次熔敷，其性能与双金属螺杆的性能相当。

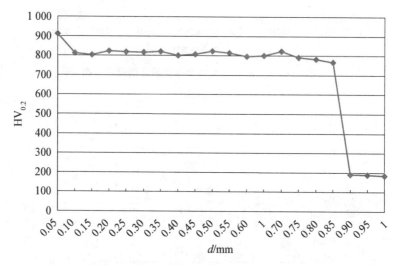

图 4-4-12　熔敷层硬度沿深度方向的分布

（三）应用推广

采用激光再制造技术对 $\phi150\times160$ 等多种型号的注塑机螺杆、橡机螺杆、机筒进行了激光再制造处理。着色前后的螺杆如图 4-4-13 所示，螺杆表面光滑平整，无变形，经着色处理后未发现裂纹、气孔等缺陷。

激光合金化处理的螺杆在相同工况条件下，比高合金氮化螺杆使用寿命提

(a) 螺杆激光强化后的螺杆

(b) 着色后的激光强化螺杆

图 4-4-13 用激光再制造技术修复螺杆

高 50%—60%。用激光再制造技术修复的螺杆比高合金氮化螺杆使用寿命提高 38%，未发现螺杆的螺旋线顶部磨损脱落。

该技术可以推广到其他行业的易腐蚀、易冲蚀磨损的零部件上。

参考资料

第一章参考资料

［1］高子叶,激光二管泵浦新型掺镱全固态飞秒激光器[D],西安电子科技大学,2016.

［2］宋明等,超宽谱钛宝石飞秒激光器的研究进展[J],计测技术,2008,28(3)：1—4.

［3］梁培辉等,一个通用激光波长测量系统[J],光学学报,1986,6(6)：532—535.

［4］付林等,光栅衍射法实时测量脉冲激光波长和方向[J],光电工程,2005,32(7)：30—41.

［5］陆宏等,光栅法和法布里—珀罗干涉仪法实时测量激光波长的对比研究[J],哈尔滨工业大学学报,1995,27(4)：29—34.

［6］陆耀东等,积分球技术在高能激光能量测量中的应用[J],强激光与粒子束,2000,12(增刊)：106—108.

［7］田莉等,测量高功率激光的体吸收能量计[J],激光与光电子学进展,1995,8：24—27.

［8］向立人,激光功率和能量测量[J],激光,1979,9：53—60.

［9］谭威等,激光测距机脉宽测量技术研究[J],电子测量技术,2014,37(4)：61—63.

［10］董光焰等,利用光谱法测量飞秒激光脉冲宽度研究[J],长春理工大学学报(自然科学版),2010,33(1)：39—40.

［11］冷长庚,微微秒激光脉冲的几种测量方法[J],激光与红外,1979,3：36—37.

［12］李港,皮秒激光脉宽的宽带测量[J],北京工业大学学报,1990,16(1)：69—73.

[13] 逯美红等,简易自相关仪对飞秒激光脉冲宽度的测量[J],大学物理,2008,27(4):37—42.

[14] 谢树森,雷仕湛,光子技术[M],北京:科学出版社,2011.

第二章参考资料

[1] 辛凤兰,高质量激光打孔技术的研究[D],北京工业大学,2006.

[2] 王琼娥等,三维激光切割技术在空间曲线加工中的应用[J],机械制造,2005,43(490):36—38.

[3] 阎启,刘丰,工艺参数对激光切割工艺质量的影响[J],应用激光,2006,26(3):151—153.

[4] 司俊杰,激光切割条纹形成机理[D],燕山大学,2014.

[5] 黄鑫,液晶显示(TFT方式)超薄玻璃基板的激光切割[C],上海市激光学会2005年学术年会论文集.

[6] 汪旭煌等,基于热裂法的液晶玻璃基板激光切割技术研究[J],激光技术,2011,35(4):472—476.

[7] 虞钢等,异种金属激光焊接关键问题研究[J],中国激光,2009,36(2):261—268.

[8] 姬宜朋等,激光—电弧复合热源焊接技术[J],焊接技术,2009,38(12):1—6.

[9] 李俐群等,铝合金双光束焊接特性研究[J],中国激光,2008,35(11):1783—1788.

[10] 杨海锋,铝合金高功率双光束激光及与TIG复合焊接特性研究[D],机械科学研究总院,2016.

[11] 余世航,陈岱民,YAG激光焊接不锈钢薄板焊接工艺参数优化[J],长春大学学报,2013,23(2):134—137.

[12] 高世一等,激光焊接过程监测及焊缝质量检测技术研究现状[J],世界钢铁,2010,3:51—34.

[13] 张大文,铝合金激光焊接工艺研究[D],长春理工大学,2012.

[14] 张永忠等,金属零件激光快速成型技术研究[J],材料导报,2001,15(12):10—13.

[15] 牛爱军等,基于选区激光烧结技术的金属粉末成型工艺研究[J],制造技术与机床,2009,2:99—103.

[16] 王杰军等,激光快速成型加工中扫描方式与成型精度的研究与实验[J],中

国机械工程,1997,8(5):54—55.

[17] 陈光霞,覃群,选择性激光熔化快速成型复杂零件精度控制及评价方法[J],组合机床与自动化加工技术,2010,2:102—105.

[18] 宋金山等,影响选择性激光烧结成型件精度因素的研究[J],林业机械与木工设备,2016,44(6):26—30.

[19] 段玉岗等,激光快速成型中影响光固化材料收缩变形的研究[J],化工工程,2000,28(6):53—56.

[20] 任旭东等,激光参数对 Ti6Al4V 钛合金激光冲击成型的影响[J],中国有色金属学报,2006,16(11):1850—1854.

[21] 季忠等,激光冲击成型研究进展[J],激光与光电子学进展,2010,47(6):8—22.

[22] 李刚等,GCr15 钢表面激光淬火的组织与性能[J],材料热处理学报,2010,31(4):129—132.

[23] 吴钢等,激光淬火工艺参数对层深及硬度影响敏感性研究[J],激光技术,2007,31(2):163—165.

[24] 张峻巍等,2A$_{12}$ 铝合金激光表面熔凝工艺[J],辽宁科技大学学报,2012,35(4):343—346.

[25] 赵玉珍等,高碳高合金钢的激光表面熔凝处理的耐磨性研究[J],材料工程,2003,2:37—40.

[26] 董丹阳等,扫描速度对硅钢表面激光熔敷层组织和硬度的影响[J],东北大学学报(自然科学版),2008,29(6):849—852.

[27] 栾景飞等,铸铁表面激光熔敷层的抗裂性和耐磨性[J],材料研究学报,2003,17(2):173—179.

[28] 李智等,激光表面合金化工艺进展[J],材料科学与工程,1999,17(2):81—84.

[29] 郑启光等,激光非晶化处理的研究[J],华中理工大学学报,1991,19(4):123—130.

[30] 谢发勤,关丽,NdFeB 合金表面激光非晶化的改性技术[J],材料导报,2003,17(3):16—19.

[31] 侯果等,激光冲击强化对 TC17 微观组织和表面硬度的影响[J],激光技术,2017,41(1),68—73.

[32] 赵荔等,大耕深旋耕刀激光冲击强化后的表面性能[J],扬州大学学报(自然科学版),2014,17(3):36—40.

[33] 叶亚云等,用激光清洗金膜表面硅油污染物[J],强激光与粒子束,2010,22 (5):968—972.

[34] 张魁武,物体表面的激光清洗技术[J],产品与技术,2007,3,84—89.

[35] 付冰,激光表面清洗的原理和实际应用[J],洗净技术,2004,2(9): 31—33.

[36] 薛蕾等,飞机用钛合金零件的激光快速修复[J],稀有金属材料与工程, 2006,35(11):1817—1821.

[37] 回丽等,航空钛合金结构件的损伤修复技术[J],机械设计与制造,2005, 11:125—126.

[38] 谭超,飞秒激光加工金属微孔工艺及表面质量研究[D],中南大学,2012.

[39] 夏博,飞秒激光高质量高深径比微孔加工机理及其在线观测[D],北京理 工大学,2016.

[40] 贾威,飞秒激光在材料微加工中的应用[J],量子电子学报,2004,21(2): 194—201.

[41] 王锋,飞秒激光高精细加工柴油机喷油嘴倒锥孔法[J],光子学报,2014,43 (4):0414003-1~0414003-4.

[42] 于海娟等,飞秒激光加工过程中光学参数对加工的影响[J],激光技术, 2005,29(3):304—307.

[43] 周广福,基于飞秒激光的光纤微加工基础研究[D],武汉理工大学,2013.

[44] 戴娟等,飞秒激光切割神经细胞突起[J],激光与光电子学进展,2008,45 (7):61—65.

[45] 谭超等,飞秒激光切割金属的表面粗糙度[J],中南大学学报(自然科学 版),2015,46(12):4481—4487.

[46] 丁慰祖,杨冠,激光意外性眼底灼伤之跟踪观察[J],外伤职业服病杂志, 1995,17(3):187—188.

[47] 欧阳忠孝,从事激光工作人员的眼部调查[J],兵器激光,1982,3:41—44.

[48] 郭棣华,高松寿,激光对眼的慢性损害的研究[J],中国工业医学杂志, 1988,1(1):20—22.

[49] 廖荣等,低功率激光对人眼损伤的累积效应与防护[J],激光杂志,1991,12 (3):151—155.

[50] 刘海锋等,激光作业人员心血管状态的调查[J],中国工业医学杂志,2002, 15(5):281—282.

[51] 张百雯等,激光对人体外周淋巴细胞微核出现率的影响[J],广医通讯,

1980,80—82.

[52] 高光煌等,激光防护镜性能及其技术指标研究[J],激光技术,1996,20(4):
193—195.

[53] 孙承伟,激光辐照效应[M],北京:国防工业出版社,2002.

[54] 马洛著,刘普和译,激光安全手册[M],北京:人民卫生出版社,1984.

[55] 雷仕湛等,激光发展史概论[M],北京:国防工业出版社,2013.

第三章参考资料

[1] 李延民等,激光打孔人工神经网络工艺优化研究[J],激光杂志,2002,23
(3):27—29.

[2] 覃卫等,激光加工机器人通信协议及其实现[J],计算机工程,2004,30(5),
192—194.

[3] 屠大维,激光二维光机扫描系统设计[J],光学技术,1998,5:89—91.

[4] 王辉林等,基于声光效应的激光束偏转控制方法研究[J],压电与声光,
2010,32(6):939—941.

[5] 冯金垣等,声光—光机二维激光扫描系统[J],半导体光电,2002,23(5):
341—343.

[6] 邹海兴,冯大任,高能激光衰减器—圆孔光栅[J],激光,1980,11:16—20.

[7] 刘强段等,激光束聚焦特性与切割质量关系的研究[J],华中理工大学学
报,1992,20(增刊):55—60.

[8] 何学俭,虞钢,激光智能制造系统中同步控制的实现[J],机械工程学报,
2004,40(5):126—130.

[9] 杨洗陈,激光加工机器人技术及工业应用[J],中国激光,2009,36(11):
2780—2798.

[10] 胡亮等,基于高柔性机器人的光纤激光切割系统研究[J],应用激光,2010,
30(1):20—22.

[11] 孙加强等,基于ABB机器人的光纤激光切割与焊接系统研究[J],应用激
光,2014,34(6):584—588.

[12] 邱志华,机器人同步三维激光切割系统的设计与实现[D],浙江理工大
学,2015.

[13] 张丽芳等,三维视觉系统提升机器人激光焊接效率[J],焊接与切割,2014,
10:42—44.

[14] 邹贤珍等,基于激光跟踪自适应焊接的应用与研究[J],煤矿机械,2015,36

(11)：248—250.

[15] 宋琳琳等,基于 GA 算法的协调机器人双光束激光焊接轨迹规划研究[J],制造业自动化,2014,36(10)：116—118.

[16] 王晶等,基于柔性机器人的光纤激光焊接系统研究[C],中国机械工程学会焊接学会第十八次全国焊接学术会议论文集,2013.

[17] 刘睿,杜庆峰,激光再制造机器人的表面缺陷智能识别[J],激光杂志,2015,36(9)：60—63.

[18] 刘立峰,杨洗陈,基于逆向工程的激光再制造机器人路径规划[J],中国激光,2011,38(7)：1—4.

[19] 饶华铭,智能激光切割机控制算法研究[D],暨南大学,2011.

[20] 杨洗陈等,激光再制造机器人光电视觉技术进展[J],中国激光,2011,38(6)：65—75.

第四章参考资料

[1] 徐滨士等,再制造工程基础及其应用[M],哈尔滨：哈尔滨工业出版社,2005.

[2] 徐滨士,工程机械再制造及其关键技术[J],工程机械,2009,40(8)：1—6.

[3] 金治勇,再制造——工程机械行业下一个增长点[J],建筑机械化,2009,(08)：22—25.

[4] 董世运等,激光熔敷材料研究现状[J],材料导报,2006,20(6)：5—13.

[5] 杨洗尘等.用于重大装备修复的激光再制造技术[J],激光与光电子学进展,2003,40(4)：53—57.

[6] 李胜等,激光熔敷专用铁基合金粉末的研究进展[J],激光技术,2004,28(6)：591—594.

[7] 赵海云,铁基激光熔敷合金设计及微观组织与性能研究[C],中国科学院力学研究所论文集,2001.

[8] 姚妮娜,彭雄厚,3D 打印金属粉末的制备方法[J].四川有色金属,2013(4)：48—51.

[9] 陈士奇,黄伯云,金属粉末气体雾化制备技术的研究现状与进展[J].粉末冶金技术,2004,22(5)：297—302.

[10] 马宁,高硬强韧 WC 涂层的设计及其在工程机械再制造中的应用[D],天津大学,2014.

[11] 张国庆,零件剩余疲劳寿命预测方法与产品可再制造性评估研究[D],上

海交通大学,2007.

[12] 陈源,工程机械轴类零件失效分析及其热喷涂再制造工艺研究[D],天津大学,2012.

[13] 宋明俐等,工程机械再制造的绿色清洗技术[J],工程机械与维修,2015,02):68—71.

[14] 韩杰等,工程机械零部件再制造清洗技术研究[J],机械工程与自动化,2013,2:222—224.

[15] 林乔等,激光清洗及其应用进展[J],广州化工,2010,06:23—25.

[16] 张尧成,激光熔敷 INCONEL718 合金涂层的成分偏聚与强化机理研究[D],上海交通大学,2013.

[17] QI H et al, Adaptive toolpath deposition method for laser net shape manufacturing and repair of turbine compressor airfoils [J], Int J Adv Manuf Technol, 2010,48(1-4):121-31.

[18] THOMAS A et al, High temperature deformation of Inconel 718 [J], Journal of Materials Processing Technology, 2006,177(1-3):469-72.

[19] 赵新明等,无损检测技术在再制造工程中的应用及发展[J],应用科技,2009,6:120—122.

[20] 姚巨坤,崔培枝,再制造工艺技术讲座(四)再制造检测工艺与技术[J],新技术新工艺,2009,4:1—3.

[21] 张无良等,高端机械装备再制造无损检测综述[J],机械工程学报,2013,49(7):80—90.

[22] 丁立红等,面向再制造工程的无损检测方法与应用研究进展[J],江苏理工学院学报,2014,20(2):53—7.

[23] 关振中,激光加工工艺手册[M],中国计量出版社,1998.

[24] 杨理京等,超音速激光沉积法制备 Ni60 涂层的显微组织及沉积机理[J],中国激光,2015,42(3):219—226.

[25] 李祉宏等,超音速激光沉积与激光熔敷 Stellite6 涂层的对比研究[J],中国激光,2015,42(5):124—130.

[26] B. Li et al, Microstructure and tribological performance of tungsten carbide reinforced stainless steel composite coatings by supersonic laser deposition [J], *Surface & Coatings Technology*, 2015,275:58-68.

[27] 李波等,超音速激光沉积 WC/SS316L 复合涂层微观结构及磨损性能研究[J],电加工与模具,2016,1:35—39.

[28] 李鹏辉等,超音速激光沉积与激光熔敷 WC/SS16L 复合沉积层显微组织与性能的对比研究[J],*中国激光*,2016,43(11): 70—77.

[29] 李祉宏等,超音速激光沉积 WC/Stellite 6 复合涂层的显微组织特征的研究[J],*中国激光*,2015,42(11): 99~113.

[30] 杨理京等,超音速激光沉积与激光熔敷金刚石强化涂层的组织形态[J],材料热处理学报,2016,37(6): 221—227.

[31] 骆芳等,激光加热温度对冷喷 Stellite 6 合金沉积层表面特性的影响[J],*兵工学报*,2012,33(7): 840—846.

[32] 姚巨坤等,废旧产品再制造质量控制研究[J],中国表面工程,2006,19(5): 117.

[33] 方金祥.激光熔敷成型马氏体不锈钢应力演化及调控机制[D],哈尔滨工业大学,2016.

[34] 黄卫东等,激光立体成型:高性能致密金属零件的快速自由成型[M],西北工业大学出版社,2007.

[35] 李刚,核电异种金属激光填丝焊接组织与性能及热裂纹形成机理[D],上海交通大学,2015.

[36] 赵志彪,复杂机械产品装配过程在线质量控制方法研究[D],安徽合肥工业大学,2013.

作者介绍

雷仕湛　1941 年出生于广东,中国科学院上海光机所研究员。1964 年毕业于中山大学物理系,同年 8 月考进中科院长春光机所读研究生。1965 年研制成功我国第一台 CO_2 激光器;1976 年开展准分子激光技术研究,研制成功氟分子激光器,并发现新激光谱线;1978 年研制成功我国第一台室温选支 CO 分子激光器;1992 年开始自由电子激光研究,并获得研究成果奖;1996 年开始激光安全防护技术研究,并获得研究成果奖;2001 年开展生物驱暴研究,经上海市科委组织专家鉴定,成果为国际先进水平。

曾获中科院自然科学奖二等奖,上海市科学技术进步奖三等奖,劳动部科学技术进步奖二等奖;1993 年,获国务院颁发政府特殊津贴;2001 年,获第三届中国科协先进工作者;1998 年,获上海市优秀科普作家称号;1997 年,获上海第二届大众科学奖提名奖。

个人或合作出版图书 50 余本。曾获国家教委基础司、新闻出版署图书司、共青团中央学校工作部颁发的优秀科普作品奖,新闻出版署颁发的第一届国家图书奖提名奖,华东地区科技出版社优秀科技图书评选委员会颁发的第 25 届华东地区科技出版社优秀科技图书二等奖,中科院颁发的优秀科普作品奖,科技部颁发的 2015 年全国优秀科普著作奖。

闫海生　1963 年 7 月出生于湖北。1985 年毕业于重庆市中国人民解放军后勤工程学院油料工程系,获工学学士学位,随后服役于中国人民解放军海军东海舰队。

2001 年步入激光技术行业,在军工、冶金、电力、石化、船舶等行业大力推介激光技术应用,积累了丰富的激光工程经验,尤其在不锈钢、汽车薄板、船板及有色金属焊接工艺方面有较丰富经验,并成功地将激光熔敷技术引入海军重大项目工程。

2015 年从事高功率半导体、光纤激光器的开发应用,结合机器人在工业智能制造领域的开发应用,取得了突破性的成果。在激光增材制造领域,开发并领军宝钢轧辊再制造项目;直接参与了大功率 CO_2 气体激光器的研制工作,并正着手承担国家级超万瓦气体激光器的开发。

在海军服役期间,被评为"全军优秀四会教练员";所写的"封岛作战的战役后勤保障体系建设"等多篇学术论文,获得海军优秀学术论文奖。

张群莉 博士,副教授,1979 年出生于湖北省利川市,相继获得武汉理工大学、华中科技大学、浙江大学学士学位、硕士学位和博士学位,主要从事激光表面改性与激光增材制造的研究。曾赴美国内布拉斯加林肯大学作访问研究。现任浙江工业大学激光先进制造研究院副院长、浙江省高端激光制造装备协同创新中心副主任,兼任全国热处理学会高能密度热处理技术委员会秘书长、中国机械工程学会特种加工分会理事、中国光学学会激光加工专业委员会委员等职。先后主持国家自然科学基金、浙江省自然科学基金、浙江省重点科技创新团队项目、重要企业合作项目等 10 余项,作为主要成员参加国家重点研发计划项目、国家国际科技合作项目、国家基金重点项目等多项。发表学术论文 30 余篇,获发明专利 4 项、软件著作权 3 项。作为主要完成人,获国家科技进步二等奖,中国机械工业科学技术一等奖、二等奖,浙江省科学技术一等奖、二等奖。

图书在版编目(CIP)数据

激光智能制造技术/雷仕湛,闫海生,张群莉编著. —上海:复旦大学出版社,2018.6
ISBN 978-7-309-13687-6

Ⅰ. 激… Ⅱ.①雷…②闫…③张… Ⅲ. 激光加工-智能制造系统 Ⅳ. TG665

中国版本图书馆 CIP 数据核字(2018)第 097741 号

激光智能制造技术
雷仕湛 闫海生 张群莉 编著
责任编辑/张志军

复旦大学出版社有限公司出版发行
上海市国权路 579 号 邮编:200433
网址:fupnet@fudanpress.com http://www.fudanpress.com
门市零售:86-21-65642857 团体订购:86-21-65118853
外埠邮购:86-21-65109143 出版部电话:86-21-65642845
大丰市科星印刷有限责任公司

开本 787×1092 1/16 印张 28.25 字数 482 千
2018 年 6 月第 1 版第 1 次印刷

ISBN 978-7-309-13687-6/T·625
定价:58.00 元